中国葡萄酒地理

The Geography of Wine in China

打开葡萄园风土的一把钥匙

主编 | 孙志军

中国轻工业出版社

图书在版编目（CIP）数据

中国葡萄酒地理／孙志军主编．—北京：中国轻工业出版社，2023.11
ISBN 978-7-5184-4495-3

Ⅰ．①中…　Ⅱ．①孙…　Ⅲ．①葡萄酒—植物地理学—中国　Ⅳ．①TS262.61

中国国家版本馆CIP数据核字（2023）第143225号

审图号：GS京（2023）1985号

责任编辑：贺　娜　　责任终审：劳国强　　整体设计：锋尚设计
策划编辑：江　娟　　责任校对：晋　洁　　责任监印：张　可

出版发行：中国轻工业出版社（北京东长安街6号，邮编：100740）
印　　刷：鸿博昊天科技有限公司
经　　销：各地新华书店
版　　次：2023年11月第1版第1次印刷
开　　本：889×1194　1/16　印张：21.75
字　　数：540千字
书　　号：ISBN 978-7-5184-4495-3　定价：128.00元
邮购电话：010-65241695
发行电话：010-85119835　传真：85113293
网　　址：http://www.chlip.com.cn
Email：club@chlip.com.cn
如发现图书残缺请与我社邮购联系调换
230173K1X101ZBW

编委会

主　　编　孙志军

编委会成员　（以姓氏笔画为序）

杜林峰　昌吉州林业和草原局林业技术推广中心
张旭东　昌吉州葡萄酒产业协会
张　晓　烟台市葡萄与葡萄酒产业发展服务中心
张　毳　昌吉州葡萄酒产业协会
陈雯雯　怀来县葡萄酒局
邵黎明　昌黎县碣石山产区管委会
战吉宬　中国农业大学食品科学与营养工程学院
姜英松　烟台市葡萄与葡萄酒产业发展服务中心

编　　辑　李凌峰　申延玲　葛百灵　李玉梅　李　倩

自 序

PREFACE

1980年高考后我被军校录取，报到时从家里携带的唯一一本书就是高中地理。就这样一件不经意的事情却影响了个人的兴趣方向。军事地形学是我很喜欢的一门重要课程，记得最疯狂的做法就是在夜间被放到野外，然后自己判定方位，寻找参照物，在指定时间内到达目的地。指北针、比例尺还有画满等高线的地图是三样我最喜欢的学习用品。

后来到华夏酒报当了记者，到全国各地采访，坐不起飞机，只能在火车、汽车线路中制订最佳方案，于是乎研究地图又成了一大乐趣。采访之余顺便游览了祖国的大好河山。

从1998年开始出国采访到2003年正式出国学习，在10多年的时间里走过20多个国家，称不上环球旅行，对世界各地葡萄酒产区却有了更多感性认识。

从事酒类媒体工作之后，除了收集酒标、古董之外，还收集了不少地图。从各个国家和中国省市地图，到不同葡萄酒产区的地图，从景点旅游地图到城市地铁线路图，到现在已经有三四个档案袋了。2021年开始编辑《中国葡萄酒地理》一书，各类地形图、地质图等几乎是一网打尽。

随着对葡萄酒行业的深入，你会发现葡萄酒个性化的特征都离不开土壤、气候等自然因素。特别是在我们举办中国优质葡萄酒挑战赛的过程中，发现了中国很多优秀产品，于是便试图从地理学的角度去解析这些产品的奥秘。

2020年4月27日中国葡萄酒信息网发表了第一篇中国葡萄酒地理系列文章《中国马瑟兰地理》，到2022年4月共发表系列文章17篇，详细解读了马瑟兰、蛇龙珠等中国葡萄酒热点品种发展现状，并对贺兰山东麓、胶东半岛、焉耆盆地、天山北麓、伊犁河谷、河北碣石山、河北怀来等国内主流产区进行了深度报道。该系列报道一经推出便得到了广泛好评，累计阅读量数万次。为此，编辑部在反复论证之后决定将其内容进行充实完善后编辑成书。2021年4月，我们正式启动《中国葡萄酒地理》编纂工作。

本书以中国葡萄酒产区地理、中国酒庄地理、中国葡萄酒品种地理为主要内容，以国内35家精品酒庄为典型案例，详细阐述了地理学与葡萄、葡萄酒之间千丝万缕的联系。同时以翔实的产区数据为基础，以大量高清地图、精美图片为支撑，让读者直观感受自然地理条件对葡萄种植及葡萄酒风格的影响。

本书语言风格方面力求深入浅出，以浅显易懂的文字展现葡萄酒地理博大精深的知识奥秘，让产业科研者、从业者有案可稽，让普通读者有据可循，使之成为一本真正的中国葡萄酒风土档案。

为了做好本书的编辑工作，中国葡萄酒信息网成立了编辑委员会，邀请各产区管理机构、行业内的资深专家参与进来，从而保证了本书的权威性和严谨性。感谢各大产区管理部门及各个酒庄对此书的编辑出版所给予的大力支持。由于水平有限，对葡萄酒地理诸多学科的研究还不够深入，错误及不足在所难免，恳请各界人士批评指正。

二〇二三年三月二十二日

前 言

F O R E W O R D

地理一词根据《现代汉语词典》解释，是指“全世界或一个地区的山川、气候等自然环境及物产、交通、居民点等社会经济因素的总的情况”。古代的地理学主要探索关于地球形状、大小的测量方法，或对已知的地区和国家进行描述。如今的地理学则是研究地球表面的地理环境中各种自然现象和人文现象，以及它们之间相互关系的学科。

葡萄酒是大自然的产物，是与自然界诸多因素关联度颇为密切的一种产品。从土壤类型到周边环境，从地块朝向到地面坡度，从地球方位到气候类型，从大气环流到天体运行……所有能够想到的这些因素，无不对葡萄酒的风格及品质产生着影响。而对上述诸多因素的研究，都离不开自然地理与人文地理的发展。葡萄酒地理便是这些研究中诞生的一门新的学科。

葡萄酒地理（The Geography of Wine），按照地理学的分支可以划入自然地理的范畴，同时与人文地理又有密切的联系。它是研究地球地质、地貌、土壤、天气和气候等自然元素以及这些元素如何对葡萄与葡萄酒产生影响的一门系统科学。在中国，虽然有关土壤科学、环境科学以及卫星遥感等地理学技术已经开始应用于葡萄酒行业，但是还没有形成一套系统的理论及研究方法。因此，我们有必要从现在开始，对地理学与日常生活的关系进行新的认识，倡导教学及科研领域的研究者、酿酒师、种植者等从业人员加强对地理学的关注。

消费者与葡萄酒地理的关系，从没有像现在这样变得如此密切。今天，葡萄酒成为深受欢迎的健康饮料，在中国也是挑战白酒与啤酒的理想饮品。由于葡萄酒日益盛行，市场上也冒出来无数的品牌与酒种，在给消费者带来选择的同时也招来了抱怨。人们对尝试来自世界上不同地区的新葡萄酒很感兴趣，但数以千计的品种和无尽的地理标志名称着实令人费解。如何让选择葡萄酒的过程变得更简单容易？如何给消费者带来更明智的选择？了解葡萄酒的地理信息，无疑会给消费者带来极大的帮助。

“饮用葡萄酒就是‘品尝风土’”（Drinking wine is “tasting the geography” Percy H. Dougherty，2012）。葡萄酒无疑是颇能反映葡萄生长环境、社会和经济条件的农产品。对地理知识了解越多，越能理解葡萄酒的内涵。

葡萄酒地理是打开风土大门的一把钥匙。世界上大多葡萄酒都有一个与葡萄种植的地理区域相关联的名字，而不是葡萄的品种。对于产区管理部门与酒庄营销人员来说，可以发掘当地独有的自然地貌等风土特征，熟悉自然环境与文化环境的关系，以便讲清楚为什么特定地区能够生产特殊风味的葡萄酒，从而为产区品牌与企业品牌的推广提供更多的事实依据。对于酒庄庄主以及葡萄种植与酿酒专业人员，葡萄酒地理就是打开葡萄园风土大门的一把钥匙，通过掌握一套系统的分析方法，你对葡萄园里吹过的风，对脚下每一颗沙粒会萌生出不同的情感。

通过地理学知识激发消费者对葡萄酒的兴趣，增加欣赏葡萄酒的愉悦度；把地理学在葡萄酒行业的应用技术和理论研究进行归纳整理，使其更好地服务于这个行业。如果能够达到上述目的，这本葡萄酒地理专著也就有了出版的意义。

目 录

C O N T E N T S

第一篇

地理学在葡萄酒行业的应用

OOI

第一章
地理学与葡萄种植及酿酒密切相关 / 002

第二章
地理学在葡萄酒行业的应用 / 007

第三章
风土　葡萄酒地理学的核心 / 014

第二篇

中国葡萄酒产区地理

017

烟台产区

仙境海岸 葡酒之都 / 019

河北怀来产区

河川酒乡 风土典范 / 029

河北碣石山产区

山海之间 美酒家园 / 036

贺兰山东麓产区

山河浩荡 佳酿奇观 / 043

天山北麓产区

生态葡园甲天下 / 051

焉耆盆地

山湖戈壁 美酒故里 / 062

伊犁河谷

西域湿岛 美酒天堂 / 068

第三篇

中国酒庄地理

075

张裕爱斐堡酒庄——
燕山南麓 大国佳酿 / 076

安诺酒庄——
丘山风土 安诺表达 / 082

新疆张裕巴保男爵酒庄——
欧式庄园 天山佳酿 / 088

张裕丁洛特酒庄——
一座收藏级名人酒庄 / 094

国菲酒庄——
乌什塔拉河畔的绿色宝藏 / 100

华东·百利酒庄——
崂山风土成就干白典范 / 106

华昊酒庄——
打造中国马瑟兰IP / 114

长城华夏酒庄——
东临碣石 酒业新篇 / 120

君顶酒庄——
葡萄海岸 东方名庄 / 126

张裕卡斯特酒庄——
中国第一座专业化酒庄 / 132

张裕可雅白兰地酒庄——
百年传承 大师之酿 / 140

兰一酒庄——
镇北堡里“小而美” / 146

朗格斯酒庄——
樵夫山下的欧式庄园 / 152

留世酒庄——
王陵景区那片神奇葡园 / 160

龙亭酒庄——
当爱酒人遇上蓬莱风土 / 168

龙谕酒庄——
平视世界的底层逻辑 / 174

蒲昌酒庄——
吐鲁番盆地里的“原始部落” / 182

张裕瑞那城堡酒庄——
渭北旱塬 中国腔调 / 188

长城桑干酒庄——
开启中国风土复兴之路 / 194

丝路酒庄——
伊犁风土的探路者 / 202

台依湖国际酒庄——
半岛南部的酒旅小镇 / 210

长城天赋酒庄——
打造贺兰山东麓新地标 / 218

天塞酒庄——
熠熠生辉的人文酒庄 / 224

中法合营王朝葡萄酒酿酒有限公司——
时代旗帜 品质标杆 / 232

正大月谷酒庄——
攀西高原上的一颗明珠 / 240

乡都酒业——
南疆第一庄 / 246

中粮长城葡萄酒（新疆）有限公司——
“长城”味道中的新疆风土 / 252

中粮长城葡萄酒（蓬莱）有限公司——
打造海岸葡萄酒的旗舰品牌 / 258

怡园酒庄——
中国精品酒庄的探索者 / 266

元森酒庄——
东戈壁生存法则 / 274

张裕黄金冰谷冰酒酒庄——
长白山“破冰之旅” / 280

中菲酒庄——
石头阵里的优质葡园 / 286

中国长城葡萄酒有限公司——
河谷风起 五星之魂 / 294

紫晶庄园——
官厅南岸的风土典范 / 300

中信国安葡萄酒业——
丝绸之路上的尼雅传奇 / 306

第四篇

中国葡萄酒品种地理

313

蛇龙珠的百年孤独 / 314

中国马瑟兰地理 / 323

你说的白是什么白？ / 328

第一篇

地理学在葡萄酒行业的应用

你看到的那些山川峻岭、江河湖海、风霜雨雪、日月星辰，它们是如何真切地影响着酿酒葡萄的生长以及葡萄酒的风格？世界各地有哪些成熟理念与前卫科技？地理学能给你想要的答案。

第一章 地理学与葡萄种植及酿酒密切相关

第一节 地理学及其分支

地理学（Geography），是研究地球表层空间地理要素或者地理综合体空间分布规律、时间演变过程和区域特征的一门学科，是自然科学与社会科学的交叉，具有综合性、交叉性和区域性的特点。随着地理信息技术发展与研究方法变革，新时期的地理学正在向地理科学进行转变，研究主题更加强调陆地表层系统的综合研究，研究方式经历着从地理学知识描述、格局与过程耦合，向复杂人地系统的模拟和预测转变[1]。

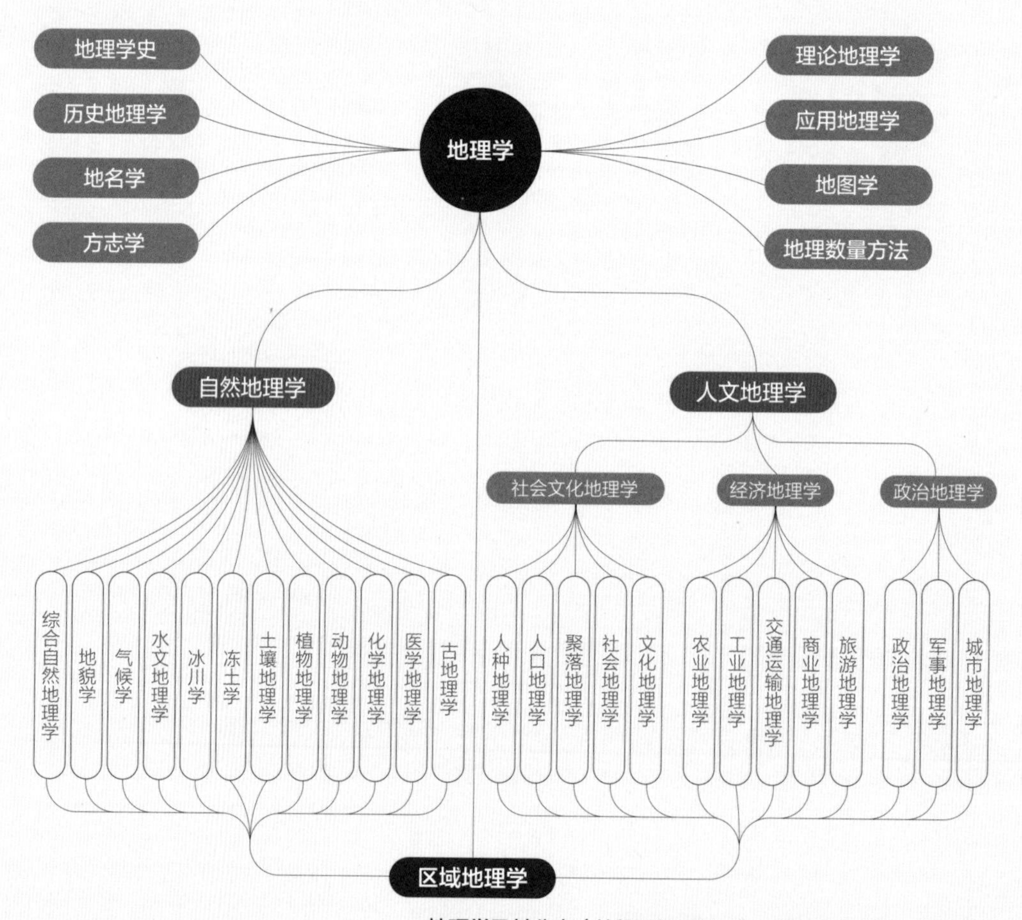

地理学及其分支（林超和杨吾扬，《中国大百科全书·地理学》）

① 傅伯杰. 地理学：从知识、科学到决策［J］. 地理学报，2017.

从此表不难发现，与葡萄酒直接关联的两门科学是“自然地理学”与“农业地理学”。

自然地理学，研究自然地理环境的特征、结构及其地域分异规律的形成与演化，是地理学两个基本学科中的一个。其研究对象是地球表面的自然地理环境，包括大气对流层、水圈、生物圈和岩石圈上部。所属的分支按研究特点分为两组：一组是综合性的，包括综合自然地理学、古地理学等；一组是部门性的，包括地貌学、气候学、水文地理学、土壤地理学、生物地理学，还包括新发展起来的、同其他自然学科结合而成的一些边缘学科，如化学地理学、医学地理学，以及以特殊自然因素为研究对象的学科，如冰川学、冻土学等。

农业地理学是经济地理学的一个分支，也是农业科学的一个研究领域，研究农业生产的地域差异特征及其表现形式、形成条件及发展变化规律。其特点是：地域性，科学地阐明和揭示农业生产的地域分异规律；综合性，从自然、经济、技术、社会等多方面进行综合分析研究；边缘性，处于地理科学和农业科学的交汇领域；实践性，与农业生产密切结合，属应用基础学科[①]。

第二节 | 与葡萄种植及酿酒相关的自然要素

影响葡萄品质与葡萄酒风味的自然因素包括气候特征、土壤植被、水文地质、地理位置、地形地貌、生物多样性等。最直接的地理因素有：

地理位置，包括经纬度位置、海陆位置、相对位置、半球位置等。

地形特征，包括高原、平原、山地、丘陵、盆地以及山谷或河谷、冲积扇、三角洲等陆地类型，同时还包括地势特征、地面起伏状况（坡度陡缓、相对高度）、海拔高度、地形的组合状况及组合结构等方面。

一、气候类型以及对葡萄质量的影响

1. 气候类型

根据气候特征结合地理区域进行划分，目前世界上主要的气候类型包括热带雨林气候、热带草原气候、热带季风气候、热带沙漠气候、亚热带季风气候、地中海气候、温带季风气候、温带大陆性气候、温带海洋性气候、极地气候（包括苔原和冰原气候）以及高山高寒气候等12种。其中大陆性气候、海洋性气候及地中海气候是三个重要的气候类型（李记明，2021）。

大陆性气候，通常指处于中纬度大陆腹地的气候，一般是指温带大陆性气候。内陆沙漠是典型的大陆性气候地区。大陆性季风气候有三个主要特征：其一，气温年较差和日较差较大，冬夏极端气温较差更大。其二，降水分布很不均匀，主要表现在年降水量自东南向西北

① 郑度. 地理区划与规划词典［M］. 北京：中国水利水电出版社，2012.

逐渐减少。在季节分配上，冬季降水少，夏季降水多。其三，冬夏风向更替十分明显，冬季，冷空气来自高纬度大陆区。大陆性气候主要分布在南、北纬40°～60°的亚欧大陆和北美大陆内陆地区和南美南部。

海洋性气候，海洋性气候是地球上最基本的气候类型。在海洋性气候条件下，气温的年、日变化都比较缓和，年较差和日较差都比大陆性气候小。春季气温低于秋季气温。气候终年潮湿，年平均降水量比大陆性气候多；降水量比较稳定，年与年之间变化不大，而且季节分配比较均匀。

地中海气候，地中海气候是出现在纬度30°～40°的大陆西岸的一种海洋性气候，是世界上分布最为广泛的气候类型，以地中海沿岸最为明显。其特点是高温时期少雨，低温时期多雨，总体呈现“夏季炎热干燥、冬季温和湿润”，是一种雨热不同期的独特气候类型，所以地中海气候又称为“亚热带夏干气候”。

2．气候因子的作用

温度　温度主要包括平均温度、最高温度、最低温度、昼夜温差、有效积温等，温度对葡萄园的分布及葡萄的生长起着至关重要的作用。温度影响着葡萄生长的每一个环节。

平均温度影响葡萄栽培的界限及品种分布。

有效积温决定葡萄栽培的界限、品种分布及葡萄成熟潜力。

昼夜温差影响葡萄的含糖量、含酸量及风味成分。

生长期温度影响葡萄各阶段生长速度和质量。

降水　降水的多寡和季节分配，强烈地影响葡萄的生长和发育，影响着葡萄的产量和品质。葡萄是需水量较多的植物，在生长期内，从萌芽到开花对水分的需要量最大，开花期减少，坐果后至果实成熟前要求均衡供水，成熟期对水分的需求又减少。

光照　光照通常用光照强度和日照时数表示。光照是影响果实发育的一个最重要的气候因子。葡萄是长日照植物，当日照长时，新梢才会正常生长；日照缩短，则生长缓慢，成熟速度加快。日照时数的长短，对浆果品质有明显的影响，尤其是7～9月份的日照时数。日照时数长的地区，浆果含糖量高，风味好。

无霜期　无霜期长短常常是栽培晚熟和极晚熟品种的重要限制因子。无霜期小于160天的地区，酿酒葡萄经济栽培所需的热量条件不足；无霜期在160～180天的地区，其热量基本适合酿酒葡萄的生长，但有些地区有霜冻；无霜期在180～200天的地区，热量条件非常适宜酿酒葡萄的生长；无霜期大于220天的地区，其热量条件完全符合酿酒葡萄的生长所需，但由于夏季过于炎热，会使酿酒葡萄品质受到影响（李记明，2021）。

二、地形特征对葡萄质量的影响

1. 纬度与海拔

纬度与海拔是影响温度和热量的重要因素。为了满足葡萄生长所需要的温度，并且保证葡萄树有一定的休眠期，全世界的葡萄园大多集中在南纬20°～40°和北纬20°～50°。一般来说，纬度越高，温度越低。

葡萄种植区域的纬度对于葡萄质量的影响，是通过该地区的气候条件实现的。这些气候条件主要包括：积温、降水、光照、无霜期等。

海拔每增加100米，温度就会下降0.5～0.6℃。因此，海拔会显著影响葡萄果实成熟和生长期的长短。一般来说，在高纬度选择低海拔地块，而在低纬度选择高海拔地块更为合理。光强，特别是紫外线辐射强度随海拔的升高而升高。

海拔越高，平均气温越低，日间温度降低，使得葡萄糖分积累变慢，而夜晚的低温，最大限度降低了葡萄藤夜间的能量消耗，支撑后续的香气和风味生成；夜间的低温，也有利于酸度的保持。

2. 坡向和坡度

在大致地形条件相似的情况下，不同坡向的小气候有明显差异。在北半球通常以南向（包括正南向、西北向和东南向）的坡地受光热较多，平均气温较高。

朝向赤道方向的葡萄园会获得更多的热量，有利于光合作用，提高了热辐射。也就是说，在北半球应选择朝南坡向，在南半球应选择朝北坡向。坡度较大的斜坡，葡萄受益也较多（李记明，2021）。

3. 水面、霜冻和风向

海洋、湖泊、江河、水库等大的水域，由于吸收的太阳辐射能量多，热容量较大，白天和夏季的温度比陆地低，而夜间和冬季的温度比内陆高。因此，邻近水域沿岸的气候比较温和，无霜期较长。临近大水面的葡萄园由于深水反射出大量的蓝紫光和紫外线，浆果着色和品质好，所以选择葡萄园时应尽量靠近大的湖泊、河流与海洋。

在与湖泊和河流相连的坡地葡萄园，水能进一步调节葡萄园的小气候，水既可以作为热量的“源”，也能作为热量“库”来缓冲大的温度波动。大的湖泊和海洋产生的气候调节作用更加明显。但靠近海洋或湖泊的地区，由于湿度较大，一般都会多云雾，多阴天。

在高纬度地区，为了便于耕作，葡萄行一般顺着陡坡方向定植。在坡地上修建梯田可使行向与主导风向一致，但梯田削弱了陡坡地的许多优点，也加剧了水土流失。

在湿润的气候条件下，将葡萄行向与主导风向呈90°，通过增加风的湍流而加快植株表面干燥，以减缓病害。在干燥环境条件下，如果行向与主导风向平行，可能会降低叶片对风的阻力和蒸腾量，而垂直排列可能会由于白天气孔长期保持开放导致水分胁迫加剧。

三、土壤对葡萄质量的影响

土壤的影响主要是通过土壤的保温性、持水力、养分状况等特性间接影响葡萄的生长和果实质量。而土壤的各种物理化学特性，如质地、团粒结构、养分有效性、有机质含量、有效深度、pH、排水性和水分有效性、土壤的一致性等均对葡萄有重要影响。最适宜葡萄生长的是土质疏松、肥力适中、通气良好的沙壤土和砾质壤土，这类土壤通气、排水及保水保肥性良好，有利于葡萄根系的生长。

总的来说，欧亚种葡萄适合种植在结构松散、排水性好、相对贫瘠的土壤上，比如石灰岩、砾石和花岗岩土壤等[①]。

第三节 葡萄酒地理的研究方向

有关葡萄酒地理的研究方向，尽管目前还没有一个学科来详细说明，但是我们从2008年美国出版的《葡萄酒地理》(*The Geography of Wine——How Landscapes, Cultures, Terroir, and the Weather Make a Good Drop,* Brian J. Sommers. Plume)，可以对这个话题有一个大致轮廓，主要包括以下方面：

——地理与葡萄酒研究
——葡萄酒景观和葡萄酒产区
——气候学与葡萄栽培
——微气候和葡萄酒
——葡萄、土壤和风土
——生物地理学与葡萄
——葡萄栽培、农业和自然灾害
——葡萄酒和地理信息系统
——葡萄酒酿造与地理
——葡萄酒的传播、殖民主义和政治地理
——城市化与葡萄酒地理
——经济地理与葡萄酒
——地理学与葡萄酒的竞争者：啤酒、苹果酒和蒸馏酒
——葡萄酒、文化和禁酒地理
——地理标志、葡萄酒与跨国贸易
——本土主义与葡萄酒旅游

① 李记明. 葡萄酒技术全书[M]. 北京：中国轻工业出版社，2021.

第二章 地理学在葡萄酒行业的应用

第一节 葡萄酒地理学的兴起与发展

对葡萄酒地理学的研究起源于欧洲。有关葡萄和葡萄酒的地理学研究最早见于古典希腊和罗马的遗著当中，尤其是荷马（Homer）和维吉尔（Virgil）的传奇著作，比如在荷马史诗《奥德赛》中就包含有关食物和文化的描述。维吉尔（公元前70—前19年）把他《农事诗》第二卷献给了酒神巴克斯，其中对葡萄栽培（特别是意大利的葡萄）做了富有诗意的记述。维吉尔甚至还有一个长长的葡萄酒单，其中许多都是根据其独特的品质来划分的。

关于葡萄栽培历史发展的经典性研究是法国1959年出版的《葡萄和葡萄酒历史》（*Histoire de la Vigne et du Vin en France des origins au XIXe Siècle*）一书，作者是罗杰·迪昂（Roger Dion）。这本学术著作探讨了法国不同地区有关葡萄栽培的环境和地理因素，并追溯了葡萄酒的发展历史：从古希腊到中世纪时期，直到18世纪香槟酒的出现。

自20世纪60年代初开始，法国开展了很多有关地区性葡萄栽培研究，最著名的研究者是Pijassou（1980）和Roudié（1988），1977年波尔多举办的一场关于葡萄栽培历史地理的讨论会，把此方面的研究活动推到一个新高度。讨论会的论文集被编辑成两卷出版，作者在书目中列出了法国作者的图书及文章701篇，其中470篇与法国有关，大多数是17世纪以来当地或者区域性葡萄栽培研究，有关葡萄酒营销、分销或消费的问题涉猎不多。这些法国地区主要是波尔多地区、朗格多克和勃艮第（Tim Unwin，1991）。

1971年，Stanislawski在地理杂志（*The Geographical Journal*）发表了一篇题为“酒神的风景”（*Landscapes of Bacchus. The Vine in Portugal*）的文章，通过对葡萄牙葡萄种植文化景观的探索，为人们提供了一个不同寻常的地理学视角。

关于葡萄酒和葡萄栽培的最全面的英文地理书籍是Harm de Blij 1983年出版的《葡萄酒：地理学的贡献》（*Wine:A Geographic Appreciation*），作者的研究范围涉及历史地理、自然地理、政治地理、经济地理和文化景观等领域。

1991年，Tim Unwin出版了《葡萄酒与葡萄树》（*Wine and The Vine——An Historical Geography of Viticulture and the Wine Trade*），从历史地理的角度探讨了葡萄酒贸易与葡萄栽培的密切关系。

1992年，OIV发布了关于对地理标志与原产地的认可决议（RESOLUTION ECO 2/92）。

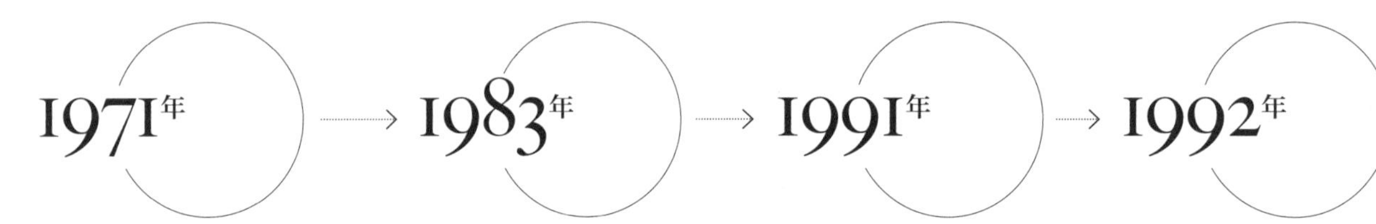

2018年

2018年，《葡萄园、岩石以及土壤：爱酒人士地质学指南》（*Vineyards, Rocks, and Soils: The Wine Lover's Guide to Geology*）出版，作者在书中详细介绍了葡萄园岩石类型的多样性及土壤的形成，给读者提供了一个关于风化、地形和景观形成的描述。

1997年出版的《美国葡萄酒景观》(*American winescapes: The cultural landscapes of America's wine country*)(G. Peters, 1997),第一次提出了"葡萄酒景观"的概念,揭示了与葡萄酒酿造相关的经济与社会环境。其主要特点包括对30多个葡萄品种的详细论述、美国主要葡萄酒产区的介绍以及葡萄酒出版物和葡萄酒节的调查。

1998年,美国地理学家协会AAG(The American Association of Geographers)年会在费城(Philadelphia)举办,其中有一个名为"葡萄酒、啤酒和烈酒的地理分会(Geography of Wine, Beer, and Spirits)"的葡萄酒分支正式成立。

2006年,OIV发布了关于葡萄酒地理区划的决议(RESOLUTION VITI 4/2006),建议使用在国际科学层面上验证过的方法,升级和完善相关分区标准;在分区研究中使用新技术(遥控技术,精准葡萄栽培等);要考虑风土、品种与产品之间的关系,考虑到人为因素对产品质量和葡萄栽培景观的影响等。

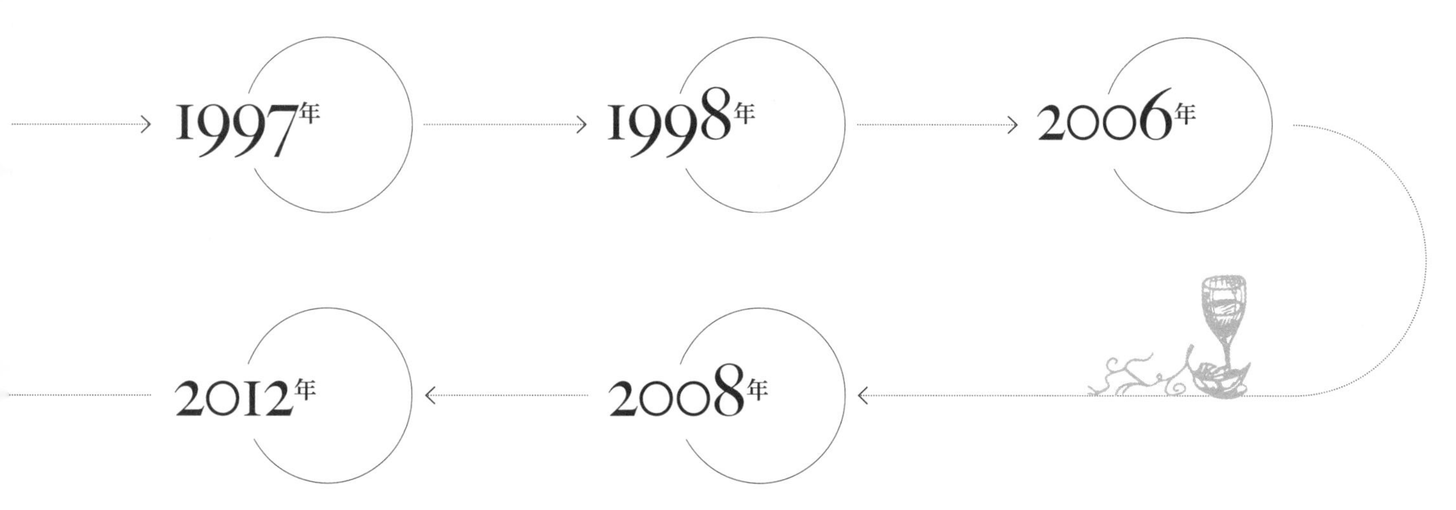

2012年出版《葡萄酒地理:产区、风土与工艺》(*The Geography of Wine——Regions, Terroir and Techniques*, Percy H. Dougherty)。

2008年,美国出版了第一本专著《葡萄酒地理》(*The Geography of Wine——How Landscapes, Cultures, Terroir, and the Weather Make a Good Drop*),作者Brian J. Sommers和Plume以波尔多、勃艮第、意大利中部、加利福尼亚州等世界著名产地为例,详细系统阐述了葡萄酒地理学的研究方向和重要课题。

第二节 | 中国葡萄酒产区概念的兴起与发展

中国葡萄酒产区概念的提出始于20世纪70年代，以郭其昌老先生为代表的老一代专家，在经历了十多年酿酒葡萄品种的试验，特别是走出国门看到欧洲国家的栽培管理模式之后，开始倡导国内酿酒葡萄的区域化种植。

2005年

2005年，李华、火兴三、房玉林发表《我国酿酒葡萄气候区划指标体系的研究》，在总结前人研究成果的基础上，全面详细地论述了中国酿酒葡萄的区域化研究，成为近年来学术价值与指导性较强的研究成果。

2008年

2008年，《葡萄酒》国家标准GB15037—2006开始实施，这是中国葡萄酒第一个强制性国家标准，对年份葡萄酒、品种葡萄酒及产地葡萄酒做出了明确规定。

2017年

2017年11月新疆“玛纳斯酿酒葡萄小产区”通过中国酒业协会专家组评审，成为全国首家酿酒葡萄小产区。截至2022年，包括蓬莱一带三谷、秦皇岛碣石山及北京房山在内的四个地区获“中国葡萄酒小产区”认证。

2018年

2018年2月22日，“蓬莱海岸葡萄酒”被国家市场监督管理总局核准通过，正式注册为国家地理标志证明商标，是国内第一个带有地貌特征的葡萄酒地理商标。

2019年

2019年8月，中国酒业协会葡萄酒分会启动了中国《葡萄酒产区》团体标准的制定工作。提议将国内产区划分为葡萄酒生态大区、葡萄酒大产区、葡萄酒产区及葡萄酒小产区等多级产区。它标志着中国葡萄酒产区名称将改变“约定成俗”的不规范状态，“产区化表达”将有章可循。

1980年7月，在通化“第二届葡萄酿酒和葡萄栽培技术协作会议”上正式提出了“加速原料基地化、基地良种化、良种区域化”。

1980年，黄辉白教授发表了“我国北方葡萄气候区域的初步分析”（北京农业大学学报 第二期），参考国外经验和理论，对我国北方各地的气候因素，结合葡萄的生物学反应进行初步的分析，以生长季积温为主要指标，划分出“最凉”“凉爽”“中温”“暖温”“最热”五类地区。

1994年，贺普超、罗国光教授出版《葡萄学》（中国农业出版社，1994），书中提出葡萄栽培区划的方法和主要指标以及中国葡萄栽培区划的意见。

1999年，国家质量技术监督局颁布了《原产地域产品保护规定》和《原产地域产品通用要求》，标志着具有中国特色的原产地保护制度正式确立，迈出了国内葡萄酒法规与国际惯例接轨的第一步。2005年6月国家市场监督管理总局颁布了《地理标志产品保护规定》替代《原产地域产品保护规定》。

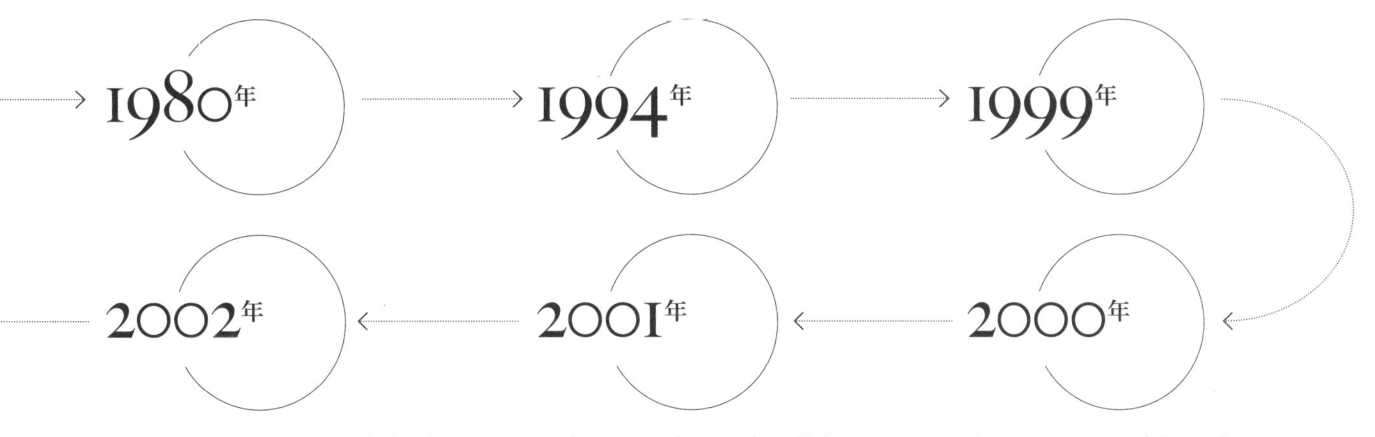

2002年8月、9月，“昌黎葡萄酒”与“烟台葡萄酒”先后被核准为我国第一批葡萄酒原产地域保护产品。

2001年，罗国光、吴晓云等发表“华北酿酒葡萄气候区划指标的筛选与气候分区”（园艺学报，2001），完成了葡萄气候区划指标及分区标准的核定与华北地区酿酒葡萄气候区划方案的制订。

2000年12月19日，国家轻工业局颁布实行《葡萄酒生产管理办法（试行）》，这是我国第一部葡萄酒行政法规，在“葡萄酒标签标识”上对葡萄酒年份、葡萄品种、葡萄产地、产品等级、原酒来源等信息的标注提出了明确要求。

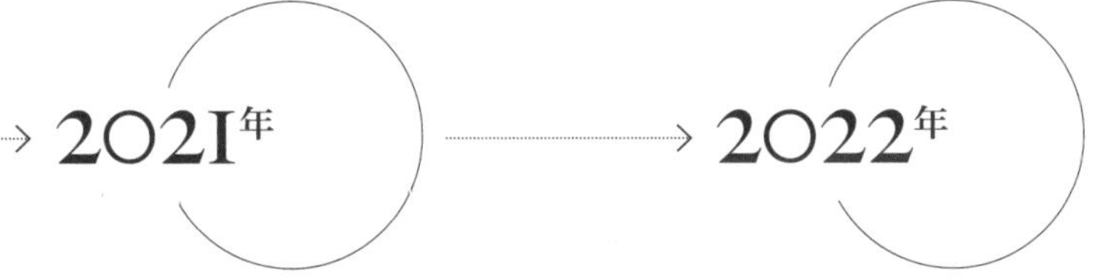

2021年8月，《吐鲁番产区葡萄酒》团体标准正式发布，这意味着吐鲁番葡萄酒产业走上标准化、规范化发展道路。

2022年5月，《蓬莱海岸葡萄酒》《蓬莱海岸葡萄酒技术标准体系》团体标准项目立项。该标准的制定将进一步细化海岸葡萄酒的溯源、认证和管理，加强地理标志产品的保护和推广使用。

第三节　地理科学在葡萄酒行业的应用

近年来，地理科学取得了长足发展，首先是卫星遥感技术在农业上的应用，可以进行农作物的监测、农业资源的管理、灾情的监测，而且技术研究相对成熟。其次，土壤学与地质学进展为人们最终揭开葡萄园的风土密码提供了先进的科技手段。

1. 遥感数据与气象数据相融合的葡萄种植面积测算技术研究与应用

该技术以贺兰山东麓酿酒葡萄种植面积为对象，利用遥感数据结合气象数据，构建深度学习和迁移学习融合的算法，对酿酒葡萄种植区遥感影像进行作物分类，之后提取面积。最后基于C#语言结合ArcEngine实现种植面积提取算法及软件开发。

2. 无人机高光谱遥感监测葡萄长势与缺株定位

中国农业大学马会勤团队利用无人机连续两年在同一个葡萄园开展了4个品种长势监测和缺株定位探索，利用多光谱相机共获得数据6000多万个。本研究结果表明基于无人机的高光谱遥感成像技术在葡萄园风土（terrior）划分、植株长势分析与霜冻评估中均有良好的应用前景。

3. 卫星遥感技术有助于监测葡萄园动态

欧盟航天局（ESA）同帕维亚大学（Università di Pavia）合作，共同启动了一个通过卫星遥感技术监测葡萄园动态的项目。该项目将综合分析来自卫星与地面气象站的数据，将葡萄园的环境条件、周边植被指数与所生产葡萄酒的特性进行联系。此外，这项技术还能准确地计算葡萄园面积、打击非法开辟未认证葡萄园的行为、获取葡萄园所在土地的坡度、土质、湿度等精确数据。

4. GIS空间分析技术在葡萄园选址中的应用

以清徐县马峪乡土地利用现状图、土壤图及气象图叠加形成评价葡萄园选址的图，选取对葡萄生长影响较大的9个因子，通过累计分析计算得出选址结果。将GIS空间技术与层次分析法有效结合，可以对葡萄园选址进行科学评价，并直观展示选址结果，为葡萄项目建设提供科学依据，大大提高选址的效率。

5. 基于GIS的宁夏酿酒葡萄种植区划

本项研究在前人工作基础上，采用气候资源的小网格推算技术，结合前期研究结果和GIS技术对宁夏全境进行气候和种植区划，进一步明晰优质酿酒葡萄生产区域，给生产者选择基地提供理论指导，挖掘优质酿酒葡萄产区气候资源，为酿酒基地选择提供更多酿酒葡萄开发空间和精细区划结果，这对提升酿酒葡萄区划精细化水平，推动宁夏乃至中国北方地区的酿酒葡萄生产有很大的现实意义。

6. 桑干酒庄智慧葡园大数据项目

中粮长城桑干酒庄技术团队与稷天下（北京）科技有限公司及宁夏地信科技有限公司合作，依托四十余年种植经验和智慧葡园信息系统，利用大数据分析指导全年种植作业。该系统能够精准分析气象、土壤指标30项，包括物候期、生长期平均气温、降雨、空气湿度及风速与降雨量对比、土壤水势及灌溉情况、生长期主要气象指标及植保情况等。

7. 中国葡萄酒真菌菌群生物地理研究取得进展

由中国农业大学黄卫东、战吉宬等专家主导的本项研究以代表性的赤霞珠（红）和霞多丽（白）葡萄品种为研究试材，采集中国9个葡萄酒主产区，42个酒庄（或葡萄园）的葡萄果实，通过高通量测序分析葡萄汁和自然发酵葡萄醪中的真菌菌群。通过系统评估我国葡萄酒产区和酒庄不同层级间微生物菌群的差异性，解析我国不同葡萄酒主产区真菌菌群的生物地理分布模式，初步构建真菌菌群的“微生物风土”模型，揭示其形成机制及其对葡萄酒品质和风格特性的影响，从而为我国葡萄酒产业合理利用“微生物风土”，生产出更具风土特色的多样性的高品质葡萄酒提供理论基础。

8. 地质研究发现世界优质葡萄园在地质断层附近

国外地质研究发现，断层附近分布着众多优质葡萄园。不同时期的土壤和碎石混合存在的风土条件，是断层带来的最重要影响所在。很多酿酒师也认为全世界最好的葡萄园都位于地质断层附近。

第三章 风土　葡萄酒地理学的核心

第一节 中国古代“风土论”

“风土论”是我们的先人对时宜和地宜观念的新概括。在这个新的概括中，“风”代表气候条件，其中包括寒暑、燥湿、风日等条件；“土”代表土壤、地形、地势等土地条件。按照气候和土壤条件，种植适宜作物，采取恰当措施，获取农业丰收，是“风土论”的基本内涵（试论徐光启在农学上的重要贡献，郭文韬）。

早在公元前二三世纪，我国就有《禹贡》《管子・地员篇》等关于古代土壤分类的著作。《禹贡》被看作中国最早的地理著作，其成书时间大约是战国时期。《禹贡》按照九州的区域划分对土壤进行分类，分天下为九州：冀州、兖州、青州、徐州、扬州、荆州、豫州、梁州、雍州。所对应的土壤名称分别是白壤、黑坟、白坟、赤埴坟、涂泥、壤与坟垆、青黎、黄壤等[①]。

在春秋时期管仲的著作《管子・地员篇》是中国最早的土地分类专篇，分别从地形地势和质地等级角度进行了分类，分别分为二十五种和九十种。按地形地势分为平原（即渎田）、丘陵、山地和高山之上；按质地等级分为上等土、中等土、下等土共六大类。这种分类方法基本上做到了以土壤的肥力、植被、颜色、质地、水文和酸碱度作为准则。该书在土壤利用和保护上的认识对后人很有启示，比如要因地制宜，发展生产，水土关系谐调，较科学地认识土壤的物理性质以及植物群落与土壤的关系等。从《地员篇》我们看到了先秦时期人们已开始探索自然环境与人的关系，探讨各种自然因素的经济、生态价值，并深刻地认识到合理利用自然因素和保持良好的生态环境对人的重要性[②]。

我国汉唐时期曾经涌现出许多著名的风土记著作，其中又以周处《风土记》为代表。风土是“自然与人文”结合的产物，是特定区域文化的积累与沉淀，是岁时节令、物质生产、信仰生活的一体融合，是人类生活与习俗中与自然环境息息相关的最紧密、最稳定的部分（中国古代风土观述论，李传军，2011）。

明代学者徐光启在风土问题上坚持有风土论，不唯风土论，重视发挥人的主观能动性，是他对我国传统农学理论的一大贡献（试论徐光启在农学上的重要贡献，郭文韬）。

---

① 崔增磊，赵慧.《地员》与《禹贡》的土壤学知识比较. 青岛农业大学学报（社会科学版），2008，2.

② 张军.《管子・地员》关于土壤的认识利用与保护. 华夏文化，2008，4.

第二节 | 欧洲的风土概念

“风土”法语为“Terroir”，它来自拉丁语中的“Terra”。《牛津葡萄酒指南》（*The Oxford Companion to Wine*）将风土解释为“葡萄种植地所有自然环境的总和”。具体指影响葡萄酒风味的特定产区的特定气候、特定土壤以及特定地形等因素，包括土壤类型、地形、地理位置及决定葡萄园中气候和微气候的大气候间的相互作用。不管范围大小，它具有不可复制性。所有这些因素的良好结合给予某一个地区独特的风土，它表现在年份葡萄酒间的稳定一致性，而不管葡萄栽培方法和酿酒技术的差异（葡萄酒技术全书，李记明，2021）。

国际葡萄与葡萄酒组织（OIV）对风土的定义：“风土是一个地区概念，一个关于可识别的物理和生物环境与葡萄栽培实践之间相互作用的集体知识发展的区域，它为源自该地区的产品提供了独有的特征。”风土包括特定的土壤、地形、气候、景观特征和生物多样性特征。

法国国家原产地命名与质量监控委员会（INAO）：风土是一个包含人类活动的地理空间，人类在其历史过程中建立了一套独特的文化、知识和实践体系，它们基于自然环境和人类因素之间的相互作用。风土揭示了产品的独创性，为它赋予典型性，使人们认可原产于该地区的产品或服务，认可生活在该地区的人。风土是一个活生生的、不断创新的领域，不能简单地与传统相提并论。

第三节 | 风土 葡萄酒地理的核心

风土，勃艮第人的精神图腾

勃艮第坐落于法国的东北部，为古老的葡萄酒产区，葡萄酒以单一品种葡萄酒为主，拥有悠久的历史，其出色的品质一直到今天仍然传承。经过漫长的历史耕作和酿造，在这里形成了非常独特的精确辨别和尊重珍视一小片葡萄园土地自然风土特性（climat）的文化传统，这些特性包括了气候和土壤条件，年份的天气条件和人的作用。

勃艮第葡萄园风土（The Climats，Terroirs of Burgundy）已经在2015年7月5日被联合国教科文组织（UNESCO）正式列入世界遗产名录。

该系列遗产突出而又有普遍性的价值在于：在长期葡萄种植、葡萄酒生产过程中所表现出的这些特征，即人们对于自然环境的深刻理解、相关技术与专业能力，在此过程中所形成的独特的人与土地及环境的关系，以及独特的生产方式为基础而形成的城镇景观与地方传统和文化，是一个真正的“地理系统”，涵盖了以葡萄园地为核心的地理、历史、技术、制度和文化要素。

罗曼尼康帝酒庄庄主奥贝尔·德维兰（Aubert de Villaine）曾经说道：“佳酿和普通酒的区别，在于它是否能表达风土，即有没有灵魂。只有风土葡萄酒才有灵魂，这个灵魂透过葡萄酒传递，这就是我品尝一款葡萄酒所寻找的。如果风土的灵魂融入葡萄酒，我认为这就会是一款伟大的酒。我定义的‘伟大’并不是指酒的名气，一款小产区的葡萄酒也可以是伟大的酒，只要它能够准确地表达它的风土。”

风土是一个要落地的概念，或者说风土是有“籍贯”的。风土须立足于产区、土地、葡萄园、葡萄；基于气候、地理、地质、水文环境；也因人对自然的态度和对葡萄酒的理解不同而存在差异，即，某区域的天、地、人决定了某产区某酒庄某地块的风土特征。当中国的葡萄酒消费者和爱好者开始谈论葡萄酒“风土”的时候，当知道可以沿着天、地、人、产区、土地、气候、品种、葡萄的蛛丝马迹去寻找“好的葡萄酒”的时候，则标志着中国葡萄酒消费已经开始成熟，渐入佳境了[①]。

地理标志 全世界的通用语言

风土概念的产生有着特殊的历史与人文条件，风土在现代葡萄酒世界中有其独特的重要性，同时也引发一些争议。首先，大家普遍认可种植葡萄的特定土块确实具有影响葡萄酒风味的特殊因素；其次，世界不同地区葡萄种植者或酿酒师对于风土的理解有着各自独特的兴趣方向；第三，很多关于风土的争论都取决于对葡萄酒质量的认识。

有人认为法国的“风土说”显然不成立，如今，高质量的葡萄酒在许多不同的环境中都能生产。在很多产地，风土与葡萄酒的质量没有什么直接关系，只不过不同产地葡萄酒的香气和风味特征有所不同罢了。

某些生产商试图利用风土的概念来强调他们的特定环境必然比其他环境更好，并能够生产质量最高的葡萄酒，这个说法很难让人信服。不可否认，在世界上的某些地方、某些土地确实能够生产出品酒师所说的高品质葡萄酒，但并非总是如此。酿造葡萄酒是把葡萄转化成一种具有特殊风味的酒精饮料，一个人必须同时具备葡萄种植和酿酒的知识才能做到这一点。

在过去，这两门科学之间的权重不尽相同，但要想在任何一块特定的土地酿造出最好的葡萄酒，就必须掌握地理环境的相关属性，知道如何利用这些因素酿造出符合生产商市场预期的葡萄酒。可以说，地理学对理解今天的葡萄酒至关重要（Tim Unwin 1991）。

地理标志是一种用于具有特定地理来源的商品的标志，这些商品具有可主要归因于产地的品质、声誉或特征。一个标志要作为地理标志发挥作用，必须能够识别产品源自特定产地。此外，该产品的品质、特征或声誉在本质上也要归因于其原产地。由于质量取决于地理产地，因此在产品及其原产地之间存在明显的联系[②]。

① 郝林海. 风土，在中国启蒙，在宁夏实践. 知味葡萄酒杂志，2019-1-1.

② 引自世界知识产权组织。

第二篇

中国葡萄酒产区地理

过去的人与事，无论如何惊心动魄，最终要落在大地之上。在历史与文明的发展进程中，每一个阶段都离不开地理的约束。中国葡萄酒产区的形成，葡萄酒产业的发展，也是如此。

中国葡萄酒产区地图

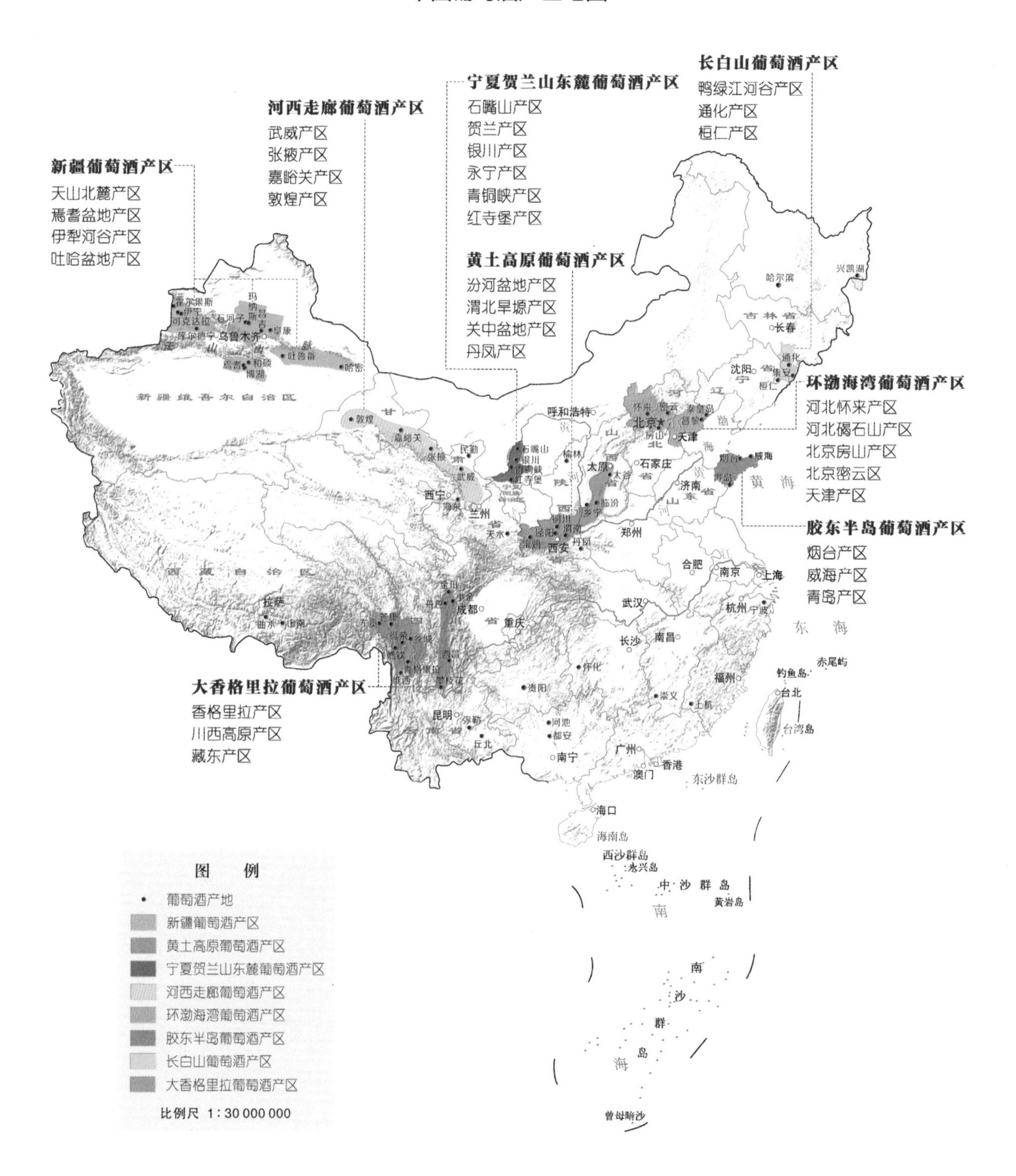

新疆葡萄酒产区
天山北麓产区
焉耆盆地产区
伊犁河谷产区
吐哈盆地产区
河西走廊葡萄酒产区
武威产区
张掖产区
嘉峪关产区
敦煌产区
宁夏贺兰山东麓葡萄酒产区
石嘴山产区
贺兰产区
银川产区
永宁产区
青铜峡产区
红寺堡产区
黄土高原葡萄酒产区
汾河盆地产区
渭北旱塬产区
关中盆地产区
丹凤产区
长白山葡萄酒产区
鸭绿江河谷产区
通化产区
桓仁产区
环渤海湾葡萄酒产区
河北怀来产区
河北碣石山产区
北京房山产区
北京密云区
天津产区
胶东半岛葡萄酒产区
烟台产区
威海产区
青岛产区
大香格里拉葡萄酒产区
香格里拉产区
川西高原产区
藏东产区
新疆维吾尔自治区
西藏自治区
乌鲁木齐
吐鲁番
哈密
敦煌
嘉峪关
张掖
武威
西宁
兰州
天水
石嘴山
银川
青铜峡
红寺堡
呼和浩特
太原
石家庄
北京
天津
济南
郑州
西安
丹凤
成都
重庆
拉萨
昆明
贵阳
南宁
武汉
长沙
南昌
合肥
南京
上海
杭州
福州
台北
台湾岛
广州
香港
澳门
海口
海南岛
沈阳
长春
哈尔滨
兴凯湖
通化
烟台
威海
青岛
黄海
东海
钓鱼岛
赤尾屿
东沙群岛
西沙群岛
永兴岛
中沙群岛
黄岩岛
南沙群岛
南海
曾母暗沙
图 例
葡萄酒产地
新疆葡萄酒产区
黄土高原葡萄酒产区
宁夏贺兰山东麓葡萄酒产区
河西走廊葡萄酒产区
环渤海湾葡萄酒产区
胶东半岛葡萄酒产区
长白山葡萄酒产区
大香格里拉葡萄酒产区
比例尺 1：30 000 000

烟台产区

仙境海岸 葡酒之都

概述

烟台，跨越北纬37°，三面环海，坐拥千里海岸，气候温和，拥有温和的海洋、充足的阳光和富含沙砾的土壤。这里是中国葡萄酒工业的发源地，亚洲唯一的国际葡萄与葡萄酒城。近年来，烟台市以建设特色葡萄园、发展精品酒庄、打造知名产区为目标，全力推动葡萄酒产业高质量发展，一、二、三产业横向融合、协同发展的产业格局正在显现，一座以葡萄酒文化旅游与生产贸易为重要特征的“世界杰出葡萄酒之都”呼之欲出。

关键词

仙境海岸　张裕葡萄酒　葡萄酒文化旅游城市　近代中国葡萄酒工业发源地
国际葡萄与葡萄酒城　葡萄酒全产业链

烟台市景图　台本敏摄

风土档案

烟台产区风土档案	
气候带	暖温带大陆性季风气候
年平均日照时数	2488.9h
年平均气温	11.1～12.5℃
最低温、最高温	-12℃；35℃；最冷月平均气温-2.5℃，最热月平均气温25.3℃
有效积温	3600～4200℃
活动积温	4162.0℃，生长季节有效积温1625℃
年降水量	平均641.6～771.2mm，60%集中于夏、秋两季
无霜期、历史早晚霜日	平均216d；早霜11月初，晚霜4月中旬
气象灾害	雨热同期，春季干旱风大，夏秋阴雨连绵，冬季低温变温
地貌地质	
主要地形	低山丘陵
土壤类型	棕壤，表土层多为沙壤土或壤质沙土，剖面中部多为粉质壤土，土中多砾石
地质类型	中朝准地台胶辽台隆；沉积岩
酿酒葡萄	
主要品种	红葡萄品种：赤霞珠、蛇龙珠、品丽珠、梅鹿辄、马瑟兰、小味儿多 白葡萄品种：霞多丽、贵人香、小芒森、白玉霓

发展简史

烟台是中国近现代葡萄酒工业的发源地。1892年，南洋爱国华侨张弼士投资300万两白银，在烟台创办张裕酿酒公司，开启了中国工业化生产葡萄酒和白兰地的历史先河。1915年，在美国旧金山举行的巴拿马太平洋万国博览会上，张裕可雅白兰地、红葡萄酒、琼瑶浆（味美思）和雷司令白葡萄酒分别获得甲等大奖章和金牌奖章以及最优等奖状，成为民族工业的骄傲。

1987年6月15日，烟台被国际葡萄与葡萄酒组织（OIV）授予“国际葡萄与葡萄酒城”称号，成为亚洲唯一的“国际葡萄与葡萄酒城”。在张裕、中粮、威龙三家龙头企业的带领下，烟台葡萄酒的产业规模、产业效益和产业链条不断发展完善，烟台由此成为中国葡萄酒产业的典范产区。2000年以后，烟台葡萄酒企业如雨后春笋般涌现，逐渐形成了葡萄酒酒庄集群。2007年君顶酒庄开业，引领蓬莱区进入酒庄发展时代。2009年，由法国拉菲罗斯柴尔德男爵集团投资建设的瓏岱酒庄落户蓬莱，2019年，瓏岱酒庄正式开庄。

2005年、2010年，蓬莱市葡萄与葡萄酒局和烟台市葡萄与葡萄酒局相继成立。后更名为葡萄与葡萄酒产业发展服务中心，为烟台葡萄酒产业发展提供了政策、资金及人才等方面的强有力保障。

烟台张裕葡萄酿酒股份有限公司是烟台产区的龙头企业，目前已成为中国乃至亚洲最大的葡萄酒生产经营企业，已在全球布局14座专业化酒庄，拥有25万亩葡萄基地，实现横跨亚洲、欧洲、美洲、大洋洲四大洲的原料基地布局。张裕依托卡斯特、龙谕等国内八大酒庄，打造了一条由东往西的葡萄与葡萄酒文化主题旅游线路，以寓教于乐的方式弘扬中国葡萄酒文化。

如今，烟台已经成为中国最大的酒庄酒及大单品葡萄酒产地，并形成了以张裕国际葡萄酒城、蓬莱“一带三谷”酒庄聚集区、莱山瀑拉谷酒庄群为代表的酒庄集群，构建起了以葡萄酒产业为主，配套产业为辅，教育培训、文化传媒、葡萄酒旅游、影视体育、会展服务等一、二、三产业横向融合协同的发展格局，是国内外最具文化底蕴与竞争实力的著名葡萄酒产区，世界葡萄酒之都。

张裕柳林河谷　张旭峰摄

产区风土

（一）地理位置与地貌特征

烟台市地处山东半岛中部，位于东经119º34′~121º57′，北纬36º16′~38º23′。东连威海，西接潍坊，西南与青岛毗邻，北濒渤海、黄海。

烟台地形为低山丘陵区，山丘起伏和缓，沟壑纵横交错。低山区位于市域中部，主要由大泽山、艾山、罗山、牙山、磁山、昆嵛山等构成，山体多为花岗岩，海拔在500米以上。丘陵区分布于低山区周围及其延伸部分，海拔100~300米，起伏和缓，连绵逶迤，山坡平缓，沟谷浅宽，沟谷内冲洪积物发育，土层较厚。

部分酿酒葡萄还分布在龙口莱州平原区，位于胶北低山丘陵区的西北边缘。西濒渤海，东以海拔50米等高线与山地丘陵区为界。行政区属龙口、莱州及招远的一部分。在烟台中部山地栖霞和南部沿海地区的海阳也有少量酿酒葡萄的种植。

（二）气候条件与土壤地质

烟台葡萄酒子产区风土特征

	蓬莱产区	柳林河谷	瀑拉谷产区	龙口	莱州
气候指标					
年日照时数	2826h	2429h	2602h	2781.9h	2637h
有效积温	3726℃	2260℃	2157.7℃	1825℃	2100℃
活动积温	4164℃	4162℃	—	4162℃	4162℃
年降水量	644.6mm	>600mm	512mm	583.4mm	566mm
无霜期	216d	≥210d	198d	191.6d	204d
地貌地质					
主要地形	丘陵山地，地势南高北低	低山丘陵	丘陵地带，地势南高北低	丘陵与低山过渡地带，东南高、西北低	山地丘陵为主、坡度较缓、地势较平的剥蚀型丘陵地带
土壤类型	棕壤土，有机质含量丰富	沙壤土和沙砾土为主，矿物质丰富	沙壤土	沙壤土为主	耕作层以沙壤土、石渣土为主

海洋性特点明显。烟台北邻渤海和北黄海，海岸线曲长，属于暖温带大陆性季风气候，四季变化与季风进退明显。在胶东气候区内根据水分热量条件的差异，烟台、蓬莱、龙口等地属于半岛北部半湿润温凉气候区。由于黄海和渤海对气候的调节，让烟台产区的气候具有海洋性特点。烟台地区海陆风环流盛行，夏季天气更加干爽凉快，冬季空气更加湿润。海陆风对半岛地区酿酒葡萄的生长温度提供了良好的调节作用。

气候温和，冬季不埋土。受海洋影响，烟台成为我国北方少有的在冬季不需对葡萄藤进行埋土防寒的优良产区，确保了葡萄树成为老藤的潜力，也成为国内少有的生态友好型产区。与内陆相同纬度地区相比，空气湿润、气候温和，冬无严寒、夏无酷暑，具有独特的生产优质葡萄原料的气候优势，也为烟台生产清新、雅致风格的葡萄酒奠定了基础。果实发育期没有高温伤害，成熟进程缓慢更加有利于葡萄风味物质累积。无霜期长能够避免葡萄遭受早霜和晚霜危害，尤其是有利于晚熟和极晚熟品种充分成熟。光照充足有利于葡萄着色均匀、缓慢降酸和积累香气物质。冬天降雪较多，增加了大气和土壤湿度，减轻枝条的抽干，增加土壤含水量，有助于缓解春天的干旱对葡萄萌芽新梢生长的影响。

阳光充足，降雨适中。烟台产区年平均日照时数为2488.9小时，最高达2800多小时。5月底至6月份（164.45小时）是葡萄开花坐果的关键期，光照充足利于葡萄丰产以及明年的花芽分化。9～10月份是风味物质累积的关键时期，光照充足利于葡萄着色均匀、缓慢降酸和积累香气物质。烟台产区年平均降水量641.6～771.2毫米，能够满足葡萄生长发育需要。但降雨分布不均衡，7、8月份降雨超过50%，但进入8月份下旬，降雨明显减少，由于烟台主栽的酿酒葡萄都是中晚熟品种，8月中旬之后开始着色，正好避开了降水高峰。

葡萄园土壤类型以棕壤土、沙壤土为主。pH为5.8～6.5；有机质含量为0.8%～2.0%，肥力中等；质地较粗，表土层多为沙壤土或壤质沙土，剖面中部多为粉质壤土，土中多砾石，土质疏松，透气性好，易于排水，利于根系生长、深扎；矿物质含量丰富，尤其硅、磷、铁、钙、镁元素含量丰富，有利于控制营养生长，增加葡萄中多酚、芳香等有益物质，为酿酒葡萄的产量和质量提供保证。

葡萄园管理模式。烟台产区积极吸取国内外酿酒葡萄种植经验，结合产区自身气候特点，走出了一条适合本产区的基地发展道路。勇于创新基地管理模式，在国内首创“公司+基地（合作社）+农户”的基地建设模式，公司与农户一体化经营，标准化生产，实现了农民增收、企业增效，推动了基地的低成本快速扩张，全面提高了基地建设效益，为中国葡萄酒行业优质原料生产闯出了一条成功的路子，实现了葡萄酒产业与农业产业的同步发展。在国内率先推出标准化种植模式，推广基地建设新技术，实现了由扦插苗向无毒嫁接苗、小行距大密度向大行距中密度、扇形架式向单干双（单）臂架式的“三个转变”。同时，全面推进机械化管理模式，首先实现了从苗木嫁接到葡萄采收等主要流程的机械化操作。当地企业的配套基地成为主流，鼓励引导企业发展自有基地，利用优质无病毒嫁接苗建园，保障了优质酿酒葡萄原料的生产。不断创新葡萄质量验收评价方法，从“以糖计价”到“优质优价”，再到根据酒的等级进行“分类定价”“分级加工”，引领国内酿酒葡萄质量的稳步提升。

影响葡萄生长的不利因素。烟台春季易发生干旱，但正常年份不用灌溉基本满足葡萄生长需要。前期受季风气候影响，烟台产区具有雨热同期特点，60%降水集中于夏秋两季。在葡萄转色、成熟的7～8月份，如果降雨集中容易给葡萄园带来霜霉病、炭疽病、灰霉病的威胁。但得益于梯田地块，土质疏松，易于排水，葡萄园不会形成洪涝。此外，冰雹、冬季低温现象也偶尔发生。

（三）主栽品种与葡萄酒风格

近年来，烟台产区的葡萄品种及葡萄酒产品结构发生了巨大变化，红色品种约占75%，主栽红色品种有赤霞珠、蛇龙珠、梅鹿辄、品丽珠，其他品种也有少量栽培，比如马瑟兰、小味儿多、西拉等。白色品种约占25%，主要是贵人香和霞多丽，此外还有小芒森、白玉霓、雷司令等。

烟台产区种植晚熟红葡萄品种、白葡萄品种更有优势，酿造的葡萄酒以果香优雅细腻著称，呈现出“香气馥郁、柔顺平衡、优雅细腻、回味悠长”的特点。

蛇龙珠，我国本土葡萄品种中种植面积最大的葡萄品种，仅在中国独有，被誉为“中国酿酒葡萄”的典型代表，在烟台产区已有100多年的种植历史。目前，蛇龙珠葡萄经过长期的自然、人工选育，已经成为适应烟台风土、表现优异且被广泛接受和认可的优良酿酒葡萄品种。张裕公司现拥有全球最大的蛇龙珠葡萄种植基地，其产量占了烟台地区蛇龙珠总产量的80%，占了全国总产量的70%。烟台产区蛇龙珠以红樱桃、草莓等红果香气为主，酒体中等，单宁柔顺，优雅平衡。

马瑟兰已成为烟台产区极具发展优势的特色品种，烟台产区也是国内成片种植马瑟兰葡萄最大的产区。中粮长城、君顶、国宾、龙湖、龙亭、瓏岱、苏各兰、安诺等8家企业基地种植马瑟兰品种，总面积5000多亩，占蓬莱产区酿酒葡萄基地面积的14.5%。马瑟兰果粒松散、果皮厚、抗性强的品种特性与温和的海洋性气候非常契合，酿出的葡萄酒具有颜色深邃、果香甜美优雅、单宁细腻柔美、陈酿耐储性好的风味特点。除了酿造高品质干红，产区酿酒师也在进行马瑟兰干白、起泡酒及加强酒的风味创新。

小芒森是近年来烟台蓬莱产区表现尤为引人关注的白葡萄品种。蓬莱产区的无霜期较长，冬季无须埋土防寒，晚熟、高糖、高酸的小芒森表现独特，抗病能力强，是酿造高品质甜白的首选品种。在蓬莱产区，品种香气以菠萝、梨、香蕉类为主，非常细致，酿制的甜型葡萄酒酒体平衡性较好，在饱满甜润的基础上，后味比较清爽，与其果酸有良好的平衡度。

白玉霓，其栽培历史可追溯到1892年，由张裕公司引入种植。烟台作为白玉霓葡萄的主要产地，葡萄基地主要分布于开发区牟子国、工业园，莱州朱桥等地，栽种面积约5000亩。受胶东半岛北部温润季风气候影响，有适宜的日照与降水滋养，且得益于天然的砾石板质土壤，白玉霓表现出糖度低、酸度高，果实香气呈弱香型，具有丰产且抗病性强的品种特点。由白玉霓酿造的白兰地澄清透明、醇和爽口，回味绵延，具有植物、桂皮和丁香等典型香气，还有柠檬等柑橘类水果的香气，间或可以闻到一点松脂的气息。

瓏岱酒庄：与丘陵地貌融为一体的酒庄建筑　高远摄

产区分布及代表企业

（一）产区管理

烟台市委、市政府高度重视葡萄酒产业发展，列为市委“1+233”工作体系的重要内容及全市重点发展的16条产业链之一，提出了“建设国际知名的葡萄酒产区和享誉中外的葡萄酒文化名城”工作目标。先后出台一系列政策文件，制定出台《烟台葡萄酒产区保护条例》《关于促进烟台葡萄酒产业高质量发展的实施意见》《烟台市葡萄酒产业链“链长制”实施方案》《关于推动烟台葡萄酒产区建设的实施方案》等文件，全力培大做强葡萄酒产业。

自2021年，烟台产区按照“协同联动、集约集聚、特色发展”的布局原则，以打造世界知名葡萄酒产区为目标，建设定位清晰、特色鲜明、配套完备、绿色生态的“1+2+X”葡萄酒产业空间布局，加强核心产区培育、产业融合推进、标准体系完善、科技人才支撑、酿酒基地提质、产区品牌提升等领域建设，着力打造蓬莱“一带三谷”核心产区、柳林河谷子产区、瀑拉谷子产区以及龙口、栖霞、海阳、莱州等特色子产区。

烟台市以建设特色葡萄园、发展精品酒庄、打造知名产区为主攻方向，加快一、二、三产业融合发展，推动葡萄酒产业高端化、生态化、智慧化、融合化、品牌化发展。总体目标是在“十四五”期间，力争实现“五个一”的发展目标，即培育一个特色优势产业、壮大一批龙头企业、打造一个世界知名产区、创出一个国际性节会品牌、建成一座葡萄酒名城。

烟台市葡萄酒产区图

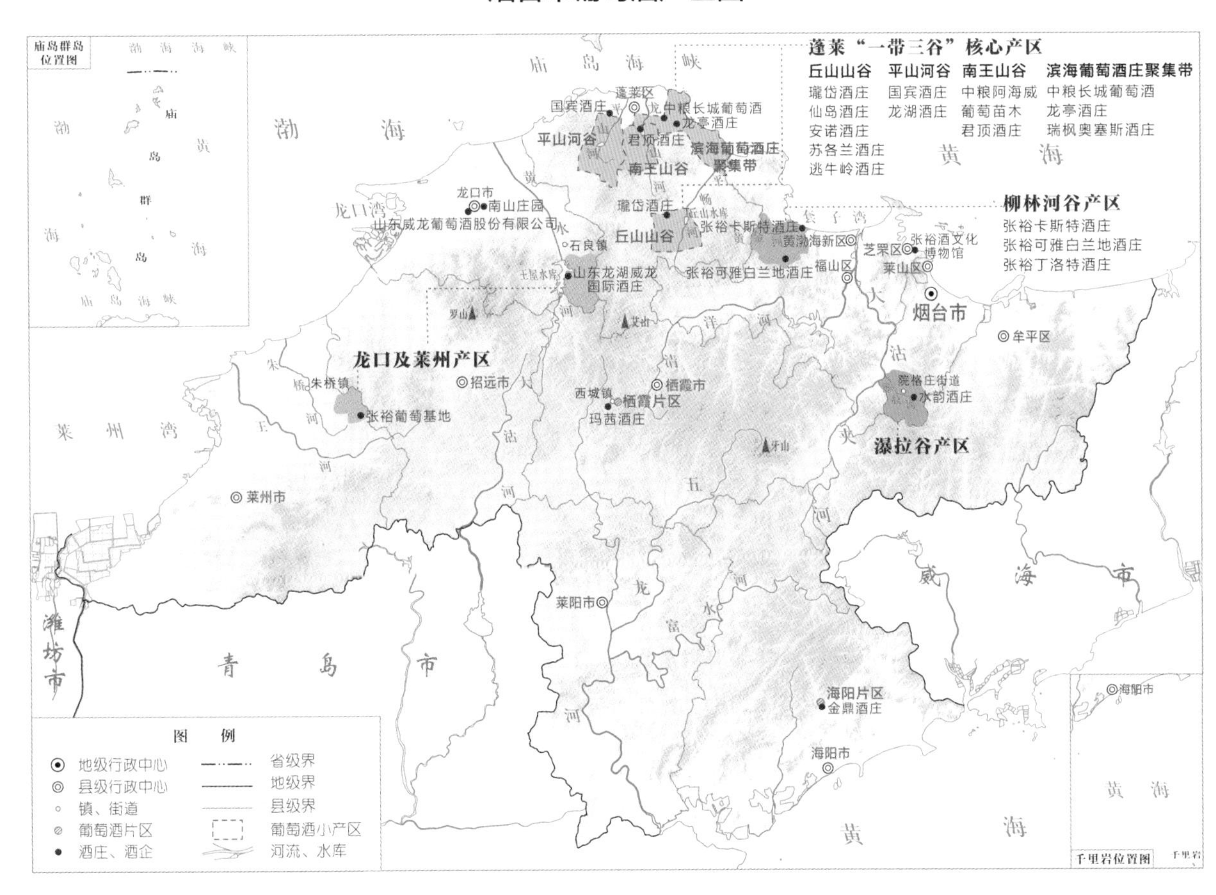

（二）产区分布

根据烟台市行政区划及地理单元，可以把烟台葡萄酒产区分为蓬莱“一带三谷”核心产区、柳林河谷子产区、瀑拉谷子产区以及龙口莱州特色子产区。

1. 蓬莱“一带三谷”核心产区

蓬莱位于山东半岛北海岸，受海洋影响较大，拥有优质酿酒葡萄生长所需的阳光、沙砾、海洋的优越条件，是世界公认的葡萄种植黄金纬度。境内多为丘陵山地，南接栖霞境内的胶东屋脊牙山山系，北临渤海、黄海，地势南高北低、西高东低。南部地形多为山地，岩石结构为花岗岩；中部以丘陵为主，岩石结构为花岗岩和石灰石混生；北部沿海一带，地势较为平坦，岩石结构为玄武岩。蓬莱产区形成了以棕壤土类为主要土壤的分布规律，土壤有机质含量丰富。土壤偏酸到微酸，pH约6.3，土壤的含沙量约30%，适宜葡萄根系的生成。

蓬莱“一带三谷”是中国酒业协会认证的“中国葡萄酒小产区”，区内有滨海葡萄酒庄聚集带、南王山谷、平山河谷、丘山山谷四个区域，总面积243.73平方千米。滨海葡萄观光带规划面积958公顷，南王山谷1758公顷，平山河谷2144公顷，丘山山谷1455公顷。马瑟兰和小芒森是蓬莱产区最具潜力的特色品种，这里是国内拥有马瑟兰种植面积最大的产区。所酿造的马瑟兰葡萄酒优雅甜美，单宁细腻，是中国“海派”马瑟兰的代表。小芒森则以菠萝、香蕉等热带水果香气为主，酿制的甜型葡萄酒酸度高，后味清爽。

丘山山谷包括大辛店镇木兰沟、榛子沟、夏侯村、丘山店村周边区域，葡萄园3000亩。丘山山谷位于蓬莱市区外28千米处。东面1760立方米的丘山水库缓和了极端气温。北面丘山挡住了寒风。西面起伏的山丘，形成天然屏障，保护场地不受强风侵袭，同时允许温和的海风通过。丘山山谷土壤由广泛的花岗石页岩风化而来。土壤类型，从页岩的粗砾到具有中等肥力的沙壤土，存在明显变化。

内有瓏岱酒庄、仙岛酒庄、安诺酒庄、苏各兰酒、逃牛岭酒庄、纳帕溪谷、盛萄菲酒庄等多家酒庄入驻。

南王山谷北至206国道，南至孙家沟村，东至蓬栖高速，西至石门张家，共有葡萄园4900亩。土壤属棕壤土，多为壤土至壤黏土，成土母质以变质岩、砂板岩类为主。区内有中粮长城龙山葡萄基地与金色时代公司葡萄基地，代表性企业为君顶酒庄。

平山河谷包括登州街道七里庄、钱家庄，南王街道闫家村、牛山杨家区域，土壤属淋溶褐土，其成土母质富含石灰，共有葡萄基地3100亩。代表性企业有国宾酒庄、龙湖酒庄。

滨海葡萄酒庄聚集带，东至马家沟村，西至开发区立交桥，206国道为轴线周边区域，共有葡萄园2300亩。土壤属棕壤土，质地更轻，多为砂质壤土。

代表企业｜中粮蓬莱长城、龙亭、泰生小镇、香格里拉玛桑、瑞枫奥塞斯等酒庄。

2. 柳林河谷产区

产区所处的烟台黄渤海新区是山东四个省级新区之一，位于胶东半岛、黄渤海交界处。张裕国际葡萄酒城坐落于烟台至蓬莱的黄金旅游线上。围绕打造葡萄酒现代大工业酿造示范区，打造中国原产地标准的种植酿造示范区及中国葡萄酒工业旅游5A级景区，张裕国际葡萄酒城项目为烟台“国际葡萄与葡萄酒城”增添新的城市亮点，为国内外葡萄酒爱好者提供一个体验葡萄酒文化的殿堂。

张裕国际葡萄酒城所在的柳林河谷产区，位于黄渤海新区古现街道办事处，北邻黄海。该地区西部、南部为低山丘陵，东部、北部为开阔缓坡地带。西南部有洪钧山、大顶山和将山等3处山峰。大顶山与洪钧山、大顶山与将山之间各形成一处沟谷，两沟谷于林家村处汇集成柳林河，流经马家由东北方向入海。柳林河不仅对上游的酿酒葡萄产业起着至关重要的作用，下游也已成为城市休闲居住的理想场所。

柳林河谷周边土地以沙壤土和沙砾土为主，原始土表土厚度在20~30厘米，主要以沉积型片麻岩风化土为主，部分为黏土层或花岗岩结构。这种土壤含有较丰富的磷、钙等矿物质，对葡萄根系向土壤深处生长有一定影响。地下水资源缺乏，年均降雨量600毫米以上，充足的自然降水为葡萄生长提供水分。全年太阳辐射较强，平均气温12.5℃，年均温差8.4℃，平均日照时数2429小时，年均有效积温2260℃，无霜期可达210余天。中晚熟酿酒葡萄可充分成熟。

柳林河谷产区自然灾害年份较少，受地理位置和地形影响，产区少有冰雹、台风等极端天气影响。冬季最低温度在-10℃以上，酿酒葡萄可露天过冬。为充分发掘柳林河谷产区优越自然条件和对酿酒葡萄原料的需求，张裕公司已在该产区发展酿酒葡萄3500余亩，主要栽植蛇龙珠、赤霞珠、马瑟兰、西拉、白玉霓等品种。

代表企业｜张裕卡斯特酒庄、张裕国际葡萄酒城、烟台可雅白兰地酒庄、张裕丁洛特酒庄。

3．瀑拉谷子产区

瀑拉谷休闲产业集群位于烟台莱山区院格庄镇，是莱山南部生态新城建设的重要组成部分。瀑拉谷产区分为南岸区、北岸区、凤山区三个区域。瀑拉河流域两岸，南有朱雀山，北有擎山，中间自东向西流淌的瀑拉河，把河谷天然分割成南岸区和北岸区，河水流经凤山，转势由南向北流去，因而形成凤山区。瀑拉谷南岸与北岸区规划为集葡萄种植、葡萄酒酿造、观光、科普科研、接待为一体的综合性基地。瀑拉谷凤山区将结合当地资源，规划为集葡萄酒、温泉、健康疗养为一体的葡萄酒庄园和旅游度假区。

目前，瀑拉谷葡萄种植面积2万亩，已建成酒庄8个。新建的朱唐夼、院格庄两处品种试验葡萄园已试种并推广的葡萄品种有：赤霞珠、蛇龙珠、黑比诺、西拉、品丽珠、美乐、霞多丽、雷司令、长相思。作为国家现代农业产业园之一，园区实现智慧农业和精细化管理，出产的白葡萄酒香气细腻、优雅，具有苹果、柠檬等香气；红葡萄酒具有黑浆果、胡椒等香气，口感柔顺，醇和圆润。

代表企业｜水韵酒庄、莱源堡酒庄。

4．龙口及莱州产区

龙口市地处渤海湾南岸，属温带季风型气候，冬无严寒，夏无酷暑，四季分明，气候宜人。南部是山区和丘陵，北部是平原和大海，地势由东南向西北呈台阶式低落。

威龙国际酒庄位于龙口市石良镇，靠近王屋水库。环山临水，景色秀丽。湖水给葡萄园带来了浑然天成的湖陆小气候。葡萄园面积3000多亩，发展种植赤霞珠、蛇龙珠、马瑟兰、白玉霓、霞多丽、小芒森。

张裕龙口石良葡萄园区东邻艾崮山脉，西接517国道与王屋水库相望，北与东营河遥望，属黄水河河谷与崮山山前冲积、侵蚀形成的丘陵和低山地带。园区地处丘陵与低山过渡地带，地势东南高、西北低，呈台阶式下降。由于长期风化侵蚀，山顶呈浑圆状、坡度平缓，山腰呈散射状、坡度中缓，沟谷呈喇叭状、沟浅谷窄。葡萄园区地形整体多呈“U”字形，形似低山与小盆地组合式分布。

山顶区域土壤以黏质土、疏石、沙壤土为主，山腰区域土壤以疏石、砾石、沙土为主，沟谷内土壤以沙壤土为主。山顶土层较厚且厚度多在60厘米以上，土壤透气性中等，保水保肥性相对较好；山腰土层中等且多在40～60厘米、土壤透气性较好，土壤肥力较低、保水保肥能力较差；沟谷为冲洪积物发育且土层较厚，在60厘米以上，土壤透气性较差，土壤肥沃、保水保肥能力较强。

莱州市朱桥镇张裕葡萄基地，2013年开工建设，目前基地面积8000亩，已经成为国内葡萄酒行业面积最大的自营葡萄园。根据土质不同葡萄园被细分成了1498块地，种植了赤霞珠、蛇龙珠、白玉霓、贵人香、小芒森等品种，每年产出3500～4000吨高品质葡萄原料，可酿出约2000吨葡萄酒。

该区域气候属暖温带东亚季风区大陆气候，地形以山地丘陵为主，坡度较缓、地势较平的剥蚀型丘陵地带，地势两边高、中间低，由东向西呈阶梯式下降。该区域土层较厚，土壤相对肥沃。表土（耕作层）以沙壤土、石渣土为主，土层厚度多在50cm以上（除山顶外），土壤透气性较好。

代表企业｜山东龙湖威龙酒庄。

参考文献：

1 烟台市人民政府门户网站——烟台概览。https://www.yantai.gov.cn/col/col11751/index.html.

2 山东省地方史志编纂委员会. 山东省志 · 自然地理志[M]. 济南：山东人民出版社，1996.

3 宫淑香，张修平. 胶东半岛温度北高南低分布特征的分析[J]. 海洋气象学报，1989，03：007.

部分资料由烟台市葡萄与葡萄酒产业发展服务中心、蓬莱区葡萄与葡萄酒产业发展服务中心提供

河北怀来产区

河川酒乡 风土典范

概述

位于北京西北方向的河北怀来，承载着两千多年古朴厚重的历史。燕山、太行山的余脉在此地相汇，群山逶迤间桑干河、洋河合流为永定河汇入官厅水库，河道、水库、湿地共同铺就出一条舒缓绵长的“V”字形河川走廊，构成了多彩迷人的风土地貌，使怀来成为国内乃至国际知名的葡萄酒产区。中国第一个葡萄种植标准化示范县、中华人民共和国成立后第一瓶新工艺干白葡萄酒的诞生地、开创中法两国葡萄酒合作之先河、行业领军企业等一大批精品酒庄的建设，“龙兴之地”怀来已经成为中国葡萄酒的风土典范。

关键词

燕山余脉　桑干河畔　冰雪胜地　首都三十分钟经济圈

第一瓶新工艺干白葡萄酒诞生地　中法葡萄种植及酿酒示范项目

怀来葡萄酒产区图

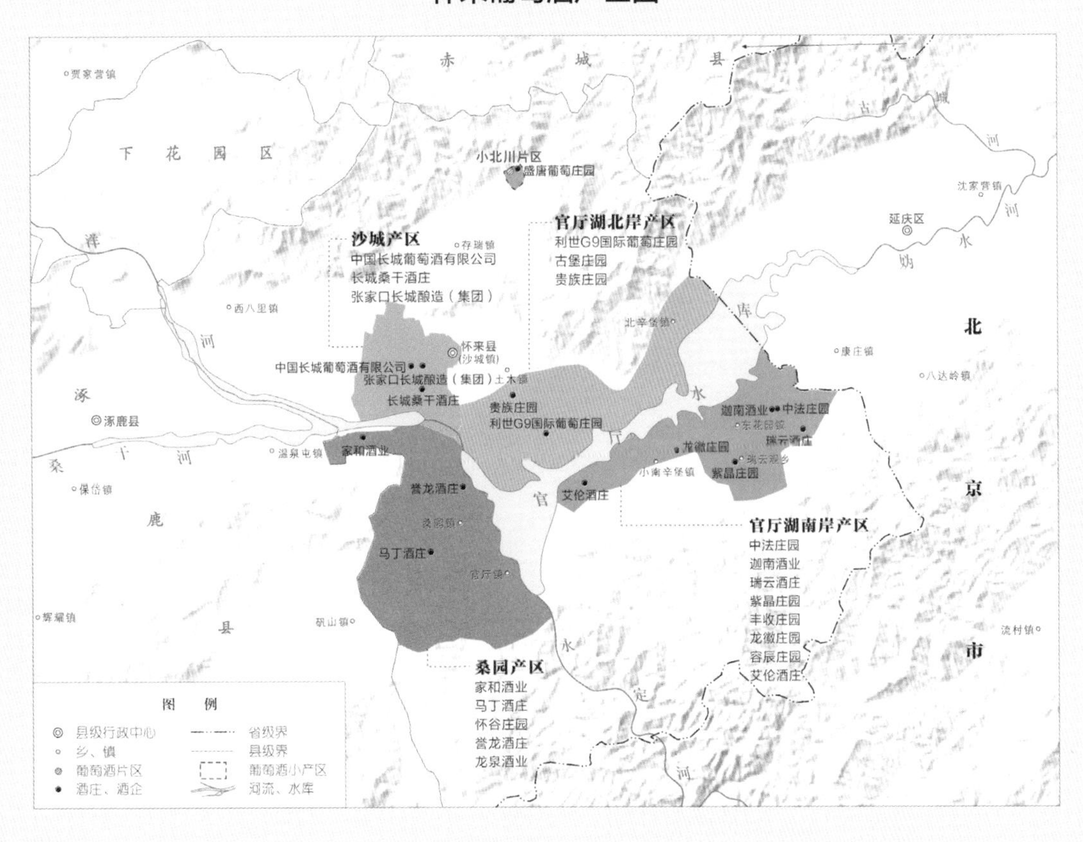

河北怀来产区产业数据
（截至2022年）

葡萄园面积	酒庄数量	葡萄酒产量
6.5万亩	41家	33000千升

葡萄酒产能	综合产值
150000千升	20多亿元

数据来源：怀来葡萄酒局

风土档案

河北怀来产区风土档案	
气候带	中温带半干旱区，温带大陆性季风气候
年日照时数	3027h
活动积温	葡萄生长期（4～10月）积温（≥10℃）在2900～3650℃
年降水量	228～653mm
无霜期	120～160d
平均终霜日	5月上旬
主要气象灾害	风沙、干旱、冰雹、霜冻
主要病虫害	霜霉病、灰霉病；葡萄斑叶蝉、鸟害等
地貌地质	
主要地形	河川平原、丘陵、山地等
海拔	394～1978m
主要土壤类型	褐土、沙土、壤土
地质类型	燕山沉降带
酿酒葡萄	
白葡萄品种	龙眼、霞多丽、白玉霓、小芒森、雷司令、琼瑶浆、长相思、维欧尼、白诗南
红葡萄品种	赤霞珠、马瑟兰、蛇龙珠、西拉、梅鹿辄、黑比诺、品丽珠、小味儿多
栽培方式	篱架栽培、棚架栽培，冬季埋土防寒

发展简史

怀来葡萄栽培历史悠久，距今已有上千年历史。1949年，怀来沙城酒厂伴随着中华人民共和国的成立也宣告诞生，“沙城葡萄酒”也成为时代的经典。怀来历经70年的发展已经成为极具影响力的葡萄与葡萄酒产区之一。

1949—1978年为起步阶段，这段时间以鲜食葡萄栽培为主，葡萄酒的生产以沙城酒厂为主，到20世纪60年代，怀来地区优越的葡萄资源及自然优势开始引起世人的关注。

1979—1999年为稳步发展阶段，轻工业部“干白葡萄酒新工艺研究项目”获得成功，怀来诞生中华人民共和国成立后第一瓶符合国际标准的新工艺干白葡萄酒，带动了当地葡萄栽培、酿酒科研的发展，开启怀来葡萄酒产业化之路。1980年，轻工业部选址在怀来建立国际名贵葡萄品种母本园，是中国首次多品种、成批量地引进国际著名酿酒葡萄品种，开创中国葡萄酒业先河。

2000年至今为产业升级阶段，当地政府加大对葡萄及葡萄酒产业的发展力度，并出台了一系列政策法规及扶植措施，在产区的标准化建设及三产融合等方面做出有益的探索，走在了全国的前列，怀来产区影响力与日俱增。中法葡萄种植与酿酒示范农场的落地，带来了国际酿酒葡萄品种，还引进了一流的种植和酿造技术，标志着怀来进入葡萄酒庄规范化时代。2002年，国家质量监督检验检疫总局实施对沙城产区葡萄酒产品原产地域保护，2006年更名为“沙城葡萄酒”国家地理标志保护产品。2021年，“怀来葡萄”地理标志证明商标在国家知识产权局成功注册。

产区风土

（一）地理位置与地貌特征

河北怀来产区隶属于张家口市，位于河北省西北部，北纬40º4′10″～40º35′21″，东经115º16′48″～115º58′0″。这里地处燕山山脉、太行山余脉交会地带，也是永定河上游。怀来东南部与北京市延庆、昌平及门头沟区接壤，西北部与宣化、下花园区相连，西南部与涿鹿县毗邻，北部与赤城县交界；东西横距63千米，南北纵距61千米。

怀来北依燕山、南靠太行余脉，处于北纬40度葡萄种植黄金线、400毫米等降雨量线和中国地势第二、第三阶梯的分界线三线交汇处。过境的洋河、桑干河汇流为永定河，与妫水河一同汇入中华人民共和国成立后的第一座大型水库——官厅水库，产区地形呈两山夹一川之势，构成了一条舒缓绵长且呈“V”字形的河川走廊，这条走廊也有一个为外界所熟知的名字——“怀来盆地”，向西与涿鹿并称“怀涿盆地”，向东与延庆并称“延怀河谷”。

怀来是华北平原与内蒙古高原的交会地，地貌类型复杂，中山、低山、丘陵、阶地、河川、旱地皆有，地势从中间“V”字形盆地分别向南北崛起，并整体呈“西北高东南低”走向。产区适宜种植区海拔在450~1000米，形成了不同高差带的小气候区域，为葡萄品质的多样化发展提供了良好的地理条件。产区葡萄园目前多分布在部分丘陵和全部河川，近年来在高海拔地块的种植探索也有所突破。

燕山

怀来属燕山山地，燕山支脉向西北和西南两个方向延伸。境内群山耸立，海拔1000米以上的山峰有40多座。大海陀山、燕然山在北，军都山在南，两道支脉构成了天然屏障。夏季，盆地东部、东南部的燕山余脉在一定程度上阻隔了东南暖湿气流，减少了雨水和湿度；再加上官厅水库开放性的水面，和附近湿地、植被蒸发的同时吸收大量热能，有效降低周边环境温度，令怀来产区得以安然度过雨季。冬季，虽然燕山山脉对西北冷空气的阻挡作用不大，但也在一定程度上削弱了寒流的强度，不至于出现极端低温天气。两山之间的河川平原为东西走向，与盛行风向平行，在地形的狭管作用下，使得经过这里的气流速度加快，产区大风天气偏多。

永定河（桑干河、洋河）

永定河由洋河和桑干河两大支流组成。桑干河发源于山西高原管涔山北麓，流经大同盆地、阳原盆地、石匣里峡，东北流至怀来朱官屯、夹河村之间与洋河汇合，此为永定河干流起点，后在官厅附

位于怀来盆地内的酿酒葡萄园

近纳入妫水河后进入官厅水库。

河流是人类文明的源泉和发祥地，怀来境内的河流孕育了这片土地上百万年的人类文明，形成了独特的人文风俗，见证了这个区域内的发展，河流的冲刷、搬运作用造就了沿途质地细腻的土壤，并营造出多样化的生态环境，对当地葡萄酒产业发展具有重要意义。

官厅水库

官厅水库是海河水系永定河上历史最久的大型水库，也是中华人民共和国成立后建立的第一座大型水库。整个流域涵盖张家口市的桥东、桥西、宣化、崇礼和下花园五个区以及怀来、蔚县、阳原、涿鹿、怀安和万全等六个县，库区主体部分在怀来县，还囊括北京市延庆区，地理位置十分特殊。

官厅水库位于燕山两列山脉之间，水质良好，碧波万顷，风光如画。官厅水库二百多平方千米的开放性水域，有效调节了河川地区中气候，早春时分有效降低晚霜的风险，夏季吸收大量热能，降低周边环境温度，减少病害发生。冬季有助于提升周边地面气温和湿度，帮助冬埋的葡萄更好越冬，抵御极端天气，为来年的生长蓄积能量。

上图：位于河北怀来南部山区的大营盘长城
下图：冰雪胜地——张家口

（二）气候条件与土壤地质

怀来地处中温带半干旱区，属温带大陆性季风气候。受地理位置、地形和大气环流等因素的影响，气候具有四季分明、光照充足、雨热同季但降水偏少、风力强劲等特点。

四季分明。怀来产区一年中，春季天气多变，干旱少雨多风。夏季受太平洋副热带高气压影响，天气温暖湿润，降水增多。秋季暖湿气流逐渐减弱，西北来的干冷气流加强，天气晴朗变凉。冬季冷空气活动频繁，严寒少雪。当地最高气温42.2℃，最低气温-23.3℃，平均气温9.1℃；温度条件十分适合葡萄的生长，不仅可以积累更多的色素、香气物质和糖度，还可以保持很好的酸度。

光照充足。怀来地处中纬度地带，属长日照地区；加之干冷气流的作用，云层稀薄空气干燥，大气透明度好，光照充足且少雨。年平均日照时数3027小时，年太阳辐射量为146.36kcal/cm^2（1kcal=4.184kJ，余同），≥10℃期间日照时数为1618小时，占年总日照时数的53%。全年无霜期149天。

雨热同季且降水偏少。怀来年平均降水为418毫米，且降水分布不均，西北两山偏多，年均在420～480毫米；河川区降水较少，官厅水库以东在400毫米以下。夏季降水量占全年的70%左右，秋季降水量占全年的13.9%～16.2%。9月降水较少，只有30～40毫米，对酿酒葡萄成熟期的冲刺非常有利。

风力强劲。冬、春季节冷空气自西伯利亚经蒙古进入我国，狭管效应使经过这里的气流速度加快。冬季刮风日最多，春季大风日占全年大风日的32%，夏秋季节各占11%和17%。大风会给嫩枝嫩叶带来损伤，也让这里的冬季过于干燥，必须耗费人力物力进行冬埋；不过，大风也能驱散云层和湿气，带来更长的日照时长，使空气干燥纯净，降低了病虫害发生的概率。

土壤地质特征

怀来产区土壤类型丰富，包括褐土、风沙土、水稻土、灌淤土等6大类10个亚类，地貌复杂，丘陵、阶地、河川旱地皆有。土地和丘陵区主要为褐土和风沙土，盆地、河川区主要为灌淤土。

在古地质年代太古代和早远古代时期，现怀涿盆地所在区域为下沉区，被海水覆盖。在古生代发生的一次大的地壳运动加里东运动后，怀涿盆地逐渐露出水面。燕山运动在现冀西北地区形成多条东北东—西南西的地堑，由地堑发育而成的谷地和盆地成串珠式分布，怀涿盆地成为其中最大的盆地，地貌按成因可分为剥蚀构造地形、剥蚀堆积地形和冲积堆积地形。盆地两岸堆积为冲积平原，海拔500~800米，盆地边缘发育成冲积扇和洪积锥，坡度一般3°~8°。怀来产区所在怀涿盆地经历持续的地质演化，特别是在燕山运动和喜马拉雅运动作用下，不断抬升、剥蚀、沉积、断陷，形成今天多样化的地貌和土壤类型。

怀来产区土壤母质主要为残积物、风积黄土和冲洪积物等，土壤类型以褐土为主，pH为7.8~8.3，个别地区土壤pH达到9。葡萄多数种植在燕山余脉的北坡，河川地区多为沙壤土，坡地多为风积粉细沙质土壤。土层具有良好而有效的排水功能，以防止根系淹水引起氧的阶段性缺乏。土层深厚，上下一致。往往深达数十米，土质不变。根系的相对活力强，可汲取深层的养分，利于葡萄营养的储存，同时有丰富地下水可打井灌溉。土壤中有机质含量中等偏低，钾元素最多，属于富钾土壤，其中无机物中富含锰、锌、钙等微量元素。

葡萄品种及葡萄园管理模式

目前，怀来种植的酿造红葡萄酒的主要品种有：赤霞珠、梅鹿辄、品丽珠、蛇龙珠、西拉、马瑟兰、黑比诺、小味儿多；酿造白葡萄酒的主要品种有：龙眼、霞多丽、白玉霓、白诗南、长相思、琼瑶浆、雷司令、小芒森、维欧尼。

怀来产区酿酒葡萄主要栽培模式分为棚架栽植和篱架栽植两种，前者主要针对龙眼品种，大部分酿酒葡萄品种采取后者。怀来产区葡萄种植行向多为南北向，官厅北岸土木一带早期种植葡萄园为保护葡萄藤减少风害，选择种植行向为东西向，但这样也会造成葡萄藤阴阳面受热和光照不均，成熟不一致等缺陷。架型方面，怀来葡萄园原本多为主蔓扇形篱架，现逐渐更改为更先进的斜杆水平篱架，葡萄果实品质均一度更高；当地白葡萄品种面积逐渐减少，中晚熟红葡萄品种面积逐年增加。

灌溉方面，怀来河流、水库以及地下水等资源丰富，绝大多数葡萄园采取传统的漫灌模式，随着高标准葡萄园的增加，水肥一体化的滴灌设备也开始略有增加，以便缓解春季干旱。怀来产区冬季平均温度为-5~2.9℃，极端低温-23.3℃，冬季必须采取埋土防寒措施。防寒方式为深沟浅埋和半地下式，厚度以枝蔓上部土层不低于30厘米为宜。

通过怀来产区近十五年的气象资料，选用活动积温、年均气温、降水量、日照时数、风速的表现进行验证，结果表明：怀来产区温度和光照充足，可以满足各酿酒葡萄品种各个生长期对温度和光照的要求；在出土萌芽期、埋土期须注意低温、霜冻的影响；开花、坐果期的风力影响，可以达到自然疏花疏果，保证果穗松散；产区成熟前温差较高，气候凉爽，成熟过程缓慢，有利于形成高品质酿酒葡萄。

影响葡萄质量的不利因素

由于受地理位置、地形、地势等多种因素的影响，怀来产区常出现的气象灾害主要以风沙、干旱、冰雹、霜冻等为主，对葡萄种植生产、葡萄酒年份差异产生重要影响。

由于地形地貌特殊，以及冬春季节干旱少雨、地表植被少等因素，遇风易形成风沙灾害。怀来县春季少雨，春旱发生频繁，有“十年九旱”之说。怀来几乎每年都会有雹灾发生，多集中在六、七月，降雹往往伴有大风暴雨。冰雹的大小不等，直径一般在2厘米以下。怀来西部、西北部是多雹地带，官厅湖东南沿岸降雹相对较少。

霜冻的出现与纬度位置和大气环流规律关系密切。怀来霜冻有两个高峰期：一是十一月前后，二是四月前后。霜冻并不是每年都有，但它势力强，侵入范围广，并伴有大风降温，常给农业生产带来灾害，对通信、交通等方面也有破坏作用。

怀来产区主要病虫害有霜霉病、灰霉病、白粉病、白腐病、毛毡病、葡萄二星叶蝉等；多为暴雨、冰雹等气象灾害带来的次生病虫害，需精准化葡萄园管理并配合相对应的病虫害试剂进行防治。

葡萄酒的风格特征

怀来产区具有很强的品种多样性，比如马瑟兰、西拉、丹魄、黑比诺、长相思、雷司令、小芒森、琼瑶浆等在怀来都有非常好的表现；并且具有很强的品种典型性，品鉴饮用的辨识度极高。

怀来葡萄酒风格多样且典型。高海拔地块展现出明显的冷凉气候特征，出产的白葡萄酒有明显的白花、柠檬、核果类香气，酸度活泼；红葡萄酒有草莓、蔓越莓等红色浆果香气，以及植物香气；酒体偏轻盈，单宁感明显且突出；回味中等、平衡感好。

低海拔地块的葡萄表现兼具冷凉和干热气候特点，白葡萄酒有苹果、黄桃、白梨以及芒果、甜橙等香气，酸度悦人，口感圆润感强；红葡萄酒则有着蓝莓、黑李子、黑醋栗等成熟黑色水果香气，单宁细腻柔顺但足够强劲，口感平衡浓郁。

怀来产区葡萄成熟期较长，葡萄果实健康干净，有漂亮、深邃的颜色。葡萄酒酸度高，糖酸比平衡，酚类物质丰富，耐储存，具有良好的陈酿潜力。

产区分布及代表企业

怀来产区暂未通过官方片区划分，从区域上可大致分为官厅湖南岸、官厅湖北岸、沙城、桑园、小北川等五个小产区。

官厅湖南岸

位于怀来县官厅湖南岸，包含小南辛堡镇、东花园镇和瑞云观乡部分区域。燕山余脉北侧河川平原，地形南高北低，海拔在480～600米。酒庄集中，土壤主要以沙砾土为主，渗水性好，也因为离水较近生长期也更长，适合中晚熟红色品种，往往可以种出颜色和味道更为浓郁的葡萄。

代表企业丨紫晶庄园、中法庄园、迦南酒业、红

产区主要土壤分布

土壤类型	亚型	分布位置
棕壤区		分布在海拔大于800m的中山区，山体走势较缓。透水性较差，易引起水流失，多为林果业用地
褐土区	石灰性褐土	分布在高丘陵地区外围到岗地的过渡区域，碳酸钙含量较高，呈弱碱性，气候相对干燥
	褐土性土	分布于高丘陵区的前缘地带以及山地余脉延伸部分。因地形因素限制，多用于林业和果业
	潮褐土	分布于河川的山前冲积物平原，土壤无盐化威胁，宜灌溉，抗旱力较强，是作物高产的农业区

叶庄园、瑞云酒庄、艾伦酒庄、丰收庄园、龙徽庄园等。

官厅湖北岸

位于怀来县官厅湖北岸，包含土木镇、狼山乡和北辛堡镇部分区域。燕山南侧V字形河川平原，海拔在490～660米，土壤主要以沙砾土为主；常年盛行的河谷风使得空气干燥度好，利于病虫害的防治。由于季风与官厅湖开放性水汽的影响，该片区更适宜种植相对早熟的葡萄品种。土木镇、狼山乡以酿酒葡萄为主，北辛堡镇以鲜食葡萄为主。

代表企业｜利世G9国际葡萄酒庄园、古堡庄园、贵族庄园。

沙城

位于怀来县中西部，桑干河、洋河和永定河北岸，包含沙城镇部分区域。河川平原，海拔在500米左右。适宜种植各积温组品种。干旱频率较大，易发生雹害。土壤多为沙质土到沙壤土。

代表企业｜中国长城、桑干酒庄、长城酿造（集团）、沙城庄园。

桑园

位于怀来县官厅湖西岸，包含桑园镇和官厅镇部分区域。山前平原，地势略为南高北低、西高东低，海拔高度在450～700米，适宜种植中高积温组品种。这里既是酿酒葡萄优质原料适宜生产区域，也是优质鲜食葡萄露地栽培和设施栽培的重要区域之一。

代表企业｜马丁酒庄、家和酒业、怀谷庄园、誉龙酒庄、龙泉酒业。

小北川

位于怀来县北部，包含存瑞镇和王家楼回族乡部分区域。丘陵为主，海拔大多在800～1000米，属于旱热凉温区，气候较湿润，霜冻危害较重，易发生倒春寒，可种植低积温组品种；气候较湿润，土壤多为壤质土到沙壤土。

代表企业｜盛唐葡萄庄园。

参考文献：

1 于庆泉，于海森. 怀来产区气候条件对酿酒葡萄适应性的评估[J]. 酿酒科技，2022，8.

2 河北资本. 2020. 怀来：中国现代葡萄酒产业的摇篮. https://mp.weixin.qq.com/s/5G0rQ2dFhdKvhOlWpzdORg[2020-12-18].

3 李德美，孙志军. 中国怀来与葡萄酒[M]. 北京：中国轻工业出版社，2022.

4 滕刚. 2022. 全面解读怀来产区风土. https://mp.weixin.qq.com/s/jFAaqVFQQEnD2UCjeWOBIQ[2022-05-12].

5 中葡网团队. 2020. 怀来产区：河谷盆地 老树新枝. http://www.winechina.com/html/2020/11/202011302806.html[2020-11-13].

图片与部分文字资料由怀来县葡萄酒局提供

河北碣石山产区

山海之间 美酒家园

概述 河北碣石山产区在中国葡萄酒产业发展历史上有着举足轻重的地位，是中华人民共和国成立后自主研制的第一瓶干红葡萄酒诞生地，是国内知名的“中国干红葡萄酒之乡”。该产区北依燕山，东临渤海，西南挟滦河，“山、海、河”成为碣石山产区独特的风土缩影。该产区坚持走“葡萄酒＋大旅游＋大健康”多产融合之路，以龙头企业为带动、以精品酒庄为核心，优化资源配置，助推转型升级，碣石山小产区正成为高质量产业集群新高地。

关键词 中国酿酒葡萄之乡　中国干红葡萄酒城　葡萄酒特色产业集群区　首批“中国葡萄酒小产区”　中华人民共和国成立后自主研制的第一瓶干红葡萄酒诞生地　全域旅游发展葡萄酒产业特色产区

河北碣石山葡萄酒产区图

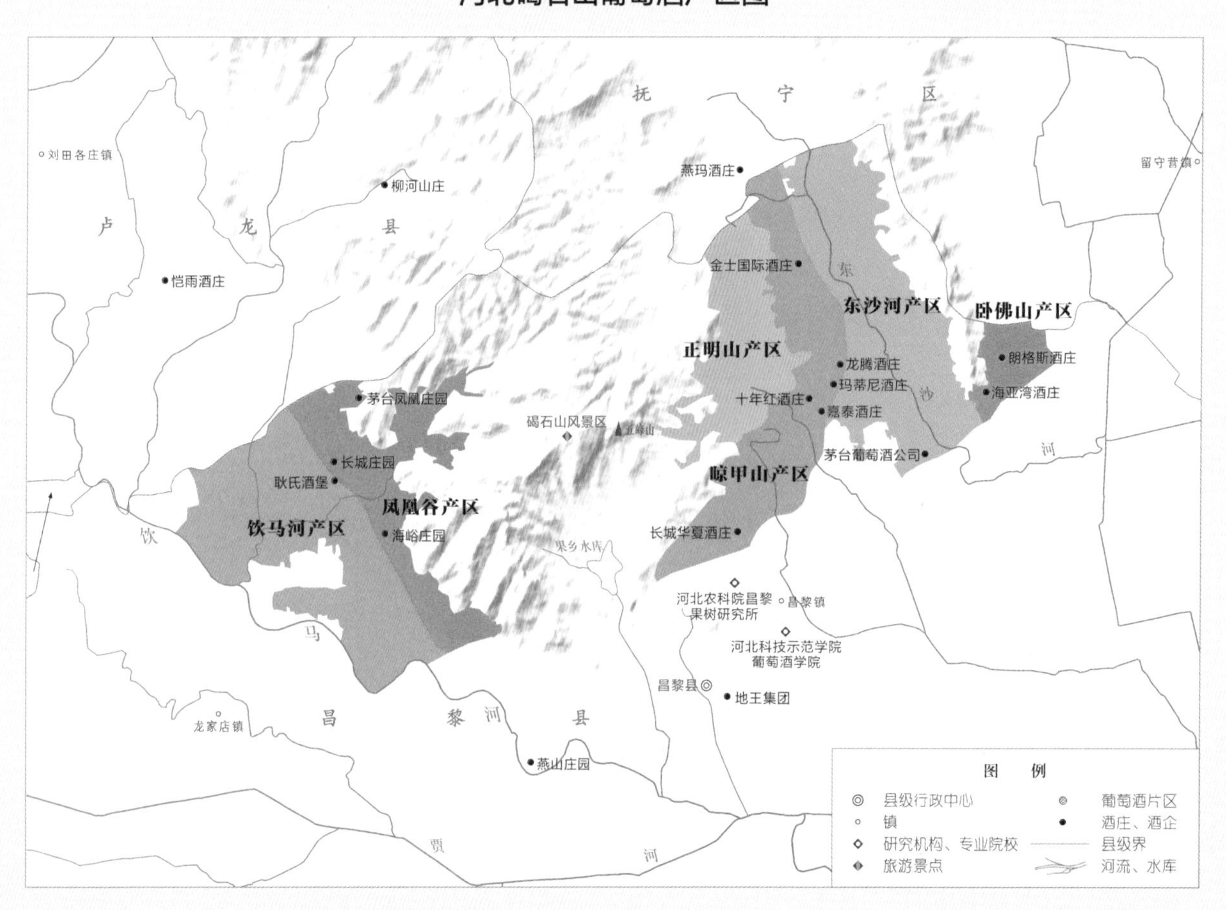

昌黎县产业数据
（截至2022年）

葡萄种植面积
5 万亩

葡萄酒生产许可企业
30 家

葡萄酒年产量
19300 千升

全产业链综合产值
43 亿元

数据来源：昌黎县葡萄酒产业发展促进中心

风土档案

河北碣石山产区风土档案	
气候带	暖温带半湿润大陆性季风气候
年平均日照时数	2809h
年平均气温	11℃
有效积温	≥0℃积温4231℃，≥10℃积温3814℃
年降水量	538.33mm
无霜期	186d
气象灾害	雨热同季，且降水不均；偶有冰雹
地貌地质	
主要地形	山地丘陵、山前平原、滨海平原
土壤类型	土壤呈多样性，主要为褐土
地质类型	土层深厚，轻壤质，通透性好。地层基底岩系为花岗岩和变质岩中的混合岩，地层露出部分主要为中生代侏罗纪岩浆活动的花岗岩，新生代第四纪全新统地层分布最为广泛
酿酒葡萄	
主要品种	红葡萄品种：赤霞珠、马瑟兰、美乐、小味儿多、西拉、玫瑰香 白葡萄品种：霞多丽、小白玫瑰、小芒森、白玉霓、威代尔、阿拉奈尔、胡桑

发展简史

昌黎拥有500多年的葡萄种植历史，现代化葡萄酒产业的发展始于20世纪80年代初期。昌黎是中国北方重要的果露酒产地之一，河北省第一个果露酒生产企业——昌黎果酒厂就诞生于此。1980年昌黎果酒厂更名为“昌黎葡萄酒厂”并承担了轻工业部重大科研项目“葡萄酒新技术工业性试验”。1983年，在国家轻工业部葡萄酒专家郭其昌先生的带领下，中华人民共和国成立后第一瓶自主研制的干红葡萄酒——“北戴河”牌赤霞珠干红诞生，填补了中国干红葡萄酒的历史空白。此后，昌黎县先后被授予“中国酿酒葡萄之乡”和“中国干红葡萄酒城”称号，“昌黎葡萄酒”也成为全国葡萄酒行业第一个国家地理标志保护产品。

2000年昌黎县成立了葡萄酒管理局，专门负责协调统筹葡萄酒产业发展工作。2016年成立的昌黎县碣石山片区开发管理委员会确定了今后全域葡萄酒产业及碣石山片区发展总体思路。近几年来，碣石山产区坚持走庄园化、精品化、高端化发展之路，规划实施了“碣阳酒乡”“凤凰酒谷”“葡萄小镇”“干红小镇”等葡萄酒产业集群项目，形成了集酿酒葡萄种植、葡萄酒酿造、橡木桶生产、酒瓶制造、塞帽生产、物流集散、旅游观光、休闲康养为一体的葡萄酒特色产业集群。

河北省政府、秦皇岛市政府以及昌黎县委、县政府历来高度重视葡萄酒产业的发展，并出台了一系列的产业发展规划及政策扶持措施。同时，还出台了产区规范性标准文件及资金保障措施。昌黎县将打造“中国葡萄酒产业要素集聚引领区”列入了昌黎县的“十四五”规划，率先出台了《河北碣石山产区马瑟兰酿酒葡萄栽培技术规程》《河北碣石山产区马瑟兰葡萄酒标准》，同时，启动了《秦皇岛市碣石山葡萄酒产区保护条例》立法工作，为指导产区葡萄酒产业的科学良性发展制定了标准和规范。2019年，中国酒业协会授予碣石山产区“中国葡萄酒小产区”称号，成为河北省首个、全国第三个被授予称号的小产区。2021年，中国酒业协会再次授予碣石山产区“中国马瑟兰葡萄酒优质产区”称号。

位于渤海之滨的昌黎县黄金海岸

产区风土

（一）地理位置与地貌特征

河北碣石山产区位于东经118°45′~119°20′，北纬39°22′~39°48′。核心区域位于昌黎县东北部碣石山周边。东临抚宁区，西临饮马河，北与抚宁区、卢龙县相邻，南侧与205国道——韩愈大街（含东延伸线）为界，与城区相邻。总体面积102平方千米。东临渤海，北依燕山，西南挟滦河，碣石山产区形成了独特的“山、海、河”区域小气候特点。

碣石山

碣石山曾是中国北方远古的地理坐标。由于地处渤海沿岸的山海交界之地，既是内陆山脉、河流通向渤海的标识，又是航海时遵海入河的航标，因此，常常被早期的地理书籍作为地理坐标而记载。碣石山因其独特山貌和“山之尽头，海之畔”的地标位置曾被记载于《尚书·禹贡》《水经注》等古籍名著，又因九代帝王相继亲临，加之其本身具有的神秘色彩，而成为中国古代北方名山。曹操的一首“东临碣石，以观沧海”更使此山声名远播。

位于昌黎城北的碣石山形成于中生代燕山造山运动，为燕山山脉伸向东南海边的余脉，南北长近24千米，东西宽约20千米，跨越昌黎、卢龙、抚宁三县境界。碣石山大体由三道东西横列的奇峰险隘组成，与仙台顶巅连的锯齿崖、五峰山等山峰海拔均在500米以上，为昌黎县城的一道异常险峻的天然屏障。

此外，在昌黎县境内的碣石山地东部，由老虎山、尖山、乱砟山等峰峦组成的“联峰山”和居南的樵夫山构成的组峰，大体呈南北走向，形成了昌黎县东北部的又一道天造地设的屏峰障岭。

渤海

渤海地处中国大陆东部北端，是中国最北的近海。昌黎县所在的秦皇岛地区位于冀东平原东部，渤海西岸，地处渤海湾与辽东湾的结合部。由于渤海西岸处于中纬度西风带、东亚季风区，该地区气候受海洋影响较为显著，也是海陆风的多发地区，具有典型的海陆风环流特征，海陆风环流对该地区的天气和气候有重要的影响。

海陆风是一定范围内影响热量和水分状况的另一大因素，也是影响气候形成的重要下垫面因素。水体由于热容量较大，吸收的太阳辐射能较多，白天和夏季的温度比陆地低，而夜间和冬季的温度比陆地高。因此，水域沿岸的气候比较温和，无霜期较长。

由于受东亚季风环流的影响，形成了典型的温带季风气候，冬季受西伯利亚高压的影响，盛行西北风，寒冷干燥，夏季则受夏威夷高压和亚洲低压的影响，盛行东南风，高温多雨。从葡萄生长季节（4～10月）的环流形势来看，昌黎多盛行东南风，恰为来自太平洋的迎岸风，成为昌黎该季节降水的主要水汽来源。所以，在葡萄生长季（4～10月）昌黎产区均能受到海风的吹拂（迎岸风）和海水的影响。

七里海潟湖湿地

滦河

滦河，是独流入（渤海）的河流。发源于坝上高原，流经燕山山地，进入冀东平原，经迁西县、卢龙县、昌黎等地县，在乐亭县南兜网铺注入渤海。滦河冲出山地后几经改道，形成了大面积的冲积洪积扇，并在渤海西岸形成了巨大滦河三角洲，为海岸地貌的形成起到了重要的作用。

（二）气候条件与土壤地质

碣石山产区属于中国东部季风区、暖温带、半湿润大陆性气候。虽以大陆性季风气候为主，但受海洋影响较大，日照充足、四季分明，秋季延续时间长，无霜期长，水热系数小。年总日照时数2809.3小时，年平均气温11℃，无霜期186天，年平均降水量538毫米。气候条件十分适宜酿酒葡萄生长。

碣石山产区拥有独特而优越的自然地理和地貌特征。东临渤海，西北依燕山，地势由西北向东南倾斜，地貌类型由山地丘陵向山麓平原和滨海平原逐渐过渡。由于燕山余脉对西北部冷空气的阻挡，形成了背风、向阳、面海的独特而优越的自然环境。山地丘陵主要分布在北部地区，海拔50～350米。山麓平原分布在京哈铁路两侧及滦河以北的广阔区域，海拔高度5～50米。滨海平原分布在东部沿海一带，海拔高度0～5米。

土壤结构呈多样性，以中性和微酸性棕壤和沙土为主，通透性良好，富含有机质。北部山区的低山、丘陵地带为褐土，石砾含量高，粗沙含量大，疏松。其下层为黏土，结合部深度约为一米左右，土壤母质多为风化石，且含有大量腐殖质。昌黎葡萄种植区多处于上风口，水质甜，周围无污染，特别适宜葡萄生长。山前平原区及铁路沿线为褐土，土层深厚，轻壤质，通透性好。中南部沙地为潮

碣石山远眺

土，土质瘠薄。东部滨海区轻壤质，中性或轻度盐碱。昌黎地区多样化的土壤性质为酿酒葡萄种植的多样化打下了良好基础。

目前，碣石山产区拥有以玫瑰香为代表的优质葡萄品种100余种，70年以上葡萄树近百株，最长树龄达150多年。碣石山产区已形成酿酒专用（赤霞珠、霞多丽、品丽珠、马瑟兰）、鲜食专用（红提、巨峰、马奶）、酿酒鲜食兼用（玫瑰香、巨峰）三大系列。经过骨干企业多年风土研究和酿酒实验，产区内品种、酒种的结构更加多样化。除优势品种赤霞珠外，马瑟兰、小味儿多以及个性化白葡萄品种已崭露头角。

产区基地管理主要有公司自有基地和公司与合作社合作建基地的模式，以保证高质稳定的原料供应。同时产区内各公司在自有基地上，栽培了美乐、西拉、黑比诺、马瑟兰、长相思、贵人香等大量酿酒葡萄品种进行栽培与酿酒试验，以确定适合本产区气候特性和土壤类型的葡萄，优化产品结构，使葡萄即使在困难的年份也能通过不同品种葡萄之间的配合，达到保质保量的目的。

碣石山产区对优势产区内特色小产区进行区划，选择具有代表性的地理特征的葡萄园，包括经纬度、海拔高度、坡度、坡向等地势条件，葡萄园土壤金属元素含量，土壤养分氮、磷、钾含量，土壤水分和颗粒度等土质状况，建立酿酒葡萄园，科学选址扩大发展建立精品小产区葡萄园。制定基地采收、运输管理规定，基地药品、肥料使用管理规定，基地种植操作规程，对树形、架势、负载量、土肥水与植保管理做了相关要求，使该小产区的葡萄酿出具有本产区的典型风格。

碣石山产区也存在影响葡萄质量的不利因素，诸如6～8月冰雹天气常有发生，影响葡萄坐果并造成不同程度减产。而7、8月份多降雨，雨水不仅让葡萄园空气湿度偏高，葡萄病虫害的防治压力增大，还加速葡萄果粒膨大生长，降低酿酒葡萄收获时的果皮与果肉比值，影响葡萄酒的质量。葡萄园常见病虫害有霜霉病、灰霉病、白腐病、炭疽病、绿盲蝽、叶蝉、蓟马。

连绵的葡萄园风光

（三）葡萄酒风格

昌黎干红小镇地标

碣石山产区生产干红、干白、桃红葡萄酒，其中以干红葡萄酒为主，葡萄酒香气浓郁、细致。白葡萄酒呈现如梨、苹果、杏、桃子香气；红葡萄酒则是樱桃、李子、树莓、醋栗、薯干等香气，经木桶成熟及陈酿后会产生香料、药草、烟盒、雪松、可可、巧克力、烘烤等香气，香气较集中，进一步陈酿会产生无花果干、干红枣、培根、烤肉等动物类香气，入口甜润，质感细腻优雅，口感较为紧致，酒体中强，适宜中长陈酿。与高热产区的张扬奔放、热情洋溢的香气不同，本产区酒香气优雅含蓄、清新细致，酒体平衡浓郁、持久有力。

由于得天独厚的自然条件，本产区大多数酿酒葡萄都能够正常成熟，尤其适合中、晚熟品种，诸如赤霞珠、马瑟兰、小味儿多等品种能充分体现产区风土特色，糖酸比平衡，多酚和风味物质积累丰富，品质突出。小白玫瑰、小芒森、维欧尼等白葡萄品种表现出了良好的风土适应性。另外，依托本地种植玫瑰香葡萄的原产地优势，企业开始注重研发生产玫瑰香葡萄酒，以及甜型、半甜型、起泡酒、无醇葡萄酒及桃红葡萄酒等，进一步丰富产品品类。

由于本产区基本处于葡萄栽培的北界，因此葡萄酒的品质受年份影响比较大，有些年份葡萄的成熟进程和成熟质量会受到影响，这就需要根据当年的气候状况确定采收期，通过葡萄破碎度、浸渍时间、微氧管理、橡木桶陈酿等手段调整酿造工艺，以保证葡萄的潜在质量完美充分发挥出来，达到当年的原酒等级计划。

产区分布及代表企业

昌黎县拥有晾甲山、凤凰谷、卧佛山、东沙河、饮马河、正明山六个子产区，其中晾甲山、凤凰谷、卧佛山三个核心区域是获中国酒业协会认证的碣石山小产区，共有核心认证基地14645亩，其中晾甲山区域6443亩，凤凰谷区域5877亩。

中粮华夏长城葡萄酒有限公司地处碣石山东坡的晾甲山小产区，一直致力于产区风土的研究，从多个酿酒葡萄品种引进、苗木选育、适宜性研究，架势改良，控产限产，到基地区划分级推出年份酒、小产区酒。长城华夏亚洲大酒窖赤霞珠干红葡萄酒为中国“浓郁厚重”型葡萄酒典型代表。

秦皇岛金士国际葡萄酒庄有限公司坐落于昌黎县两山乡，属于晾甲山小产区。公司以马瑟兰为发展战略，推行葡萄酒精细化、个性化、差异化的管理理念，建立健全标准化、可追溯的质量管理体系，将葡萄酒产业真正与大健康产业、文化旅游产业深度结合，成为产区产业融合的典范代表。

贵州茅台酒厂（集团）昌黎葡萄酒业有限公司拥有现代化工厂、精品化酒庄、国际化原料基地等产业布局。茅台凤凰庄园属于凤凰谷小产区，位于凤凰山右翼。

贵州茅台酒厂（集团）昌黎葡萄酒业有限公司以凤凰庄园为核心，整合茅台葡萄酒全球产区资源，聚合国内优质产业链，建立基地推动企业发展，让市场运作有源可溯，打造“新世界葡萄酒的东方典范”。

朗格斯酒庄（秦皇岛）有限公司坐落于卧佛山小产区。酒庄发挥示范引领作用，推广传统酿酒方式，扩大绿色生态酿酒葡萄基地面积，筛选出赤霞珠、马瑟兰、小味儿多、维欧尼等特色品种，打造葡萄酒高端品牌。

燕玛酒庄位于秦皇岛市抚宁区黄宝峪村，葡萄园三面环山。酒庄因地制宜种植小芒森、小白玫瑰、赤霞珠、马瑟兰等特色品种，推出了既符合品种特性又反映产区风土的特色产品。此外，酒庄也试验酿造甜白葡萄酒、风干葡萄酒、起泡葡萄酒。

参考文献：

1 何志利. 2016. 碣石山——中国北方的古代名山. https://mp.weixin.qq.com/s/1laO8_qelXV7KfgfikO1lg[2016-06-14].

2 中酒协葡萄酒分会，中国葡萄酒酒庄酒CADA. 2020. 中国人喝中国葡萄酒——印象碣石山. https://mp.weixin.qq.com/s/LhYY44ZprHfhmo4jtOnjSw[2020-07-03].

3 中共昌黎县委宣传部. 昌黎风光通览（初稿）. 2007，5.

4 碣石山葡萄酒小产区申报书. 2019-7-16.

5 昌黎县葡萄酒特色产业集群发展规划（2020—2035）.

部分资料由昌黎县碣石山片区开发管理委员会提供

贺兰山东麓产区

山河浩荡 佳酿奇观

概述

高空下的贺兰山，犹如孤岛般矗立在黄土高原与阿拉善沙漠之间。这里山麓与平原交错，平静的黄河水抚过塞上沃野。穿过一行行葡萄园，能看见那一座座风格迥异的葡萄酒庄分布在雄伟的贺兰山下。山与水，风与土共同营造出宁夏贺兰山东麓多样的地理环境、地貌特征与气候表现，最终成就了她独特的风骨与韵味。

关键词

贺兰山　黄河　宁夏平原　塞上江南　酒庄最多的中国葡萄酒产区　世界级葡萄酒旅游目的地

风土档案

贺兰山东麓产区产业数据
（截至2022年）

葡萄园面积 58.3万亩

酒庄数量 228家

葡萄酒产量 97500千升

葡萄酒产能 200000千升

综合产值 261余亿元

数据来源：宁夏贺兰山东麓葡萄酒产业园区管委会

贺兰山东麓产区风土档案	
气候带	**温带大陆性气候**
年日照时数	1700～2000h
有效积温	葡萄生长期（4～10月）积温（≥10℃）3400～3800℃
年降水量	150～240mm
无霜期	160～180d
平均终霜日	4月中旬至5月上旬
主要气象灾害	旱霜、晚霜、暴雨、山洪
主要病虫害	霜霉病、白粉病等；葡萄斑叶蝉、葡萄缺节瘿螨等
地貌地质	
主要地形	山麓山地、冲积平原
海拔	1100m
主要土壤类型	沙砾土、沙壤土、黏土
地质类型	冲积扇平原
酿酒葡萄	
白葡萄品种	霞多丽、贵人香、雷司令、维欧尼、长相思、小芒森、威代尔、白玉霓
红葡萄品种	赤霞珠、蛇龙珠、美乐、品丽珠、西拉、马瑟兰、黑比诺、小味儿多、紫大夫、马尔贝克
栽培方式	篱架栽培、冬季埋土防寒

宁夏贺兰山东麓葡萄酒产区图

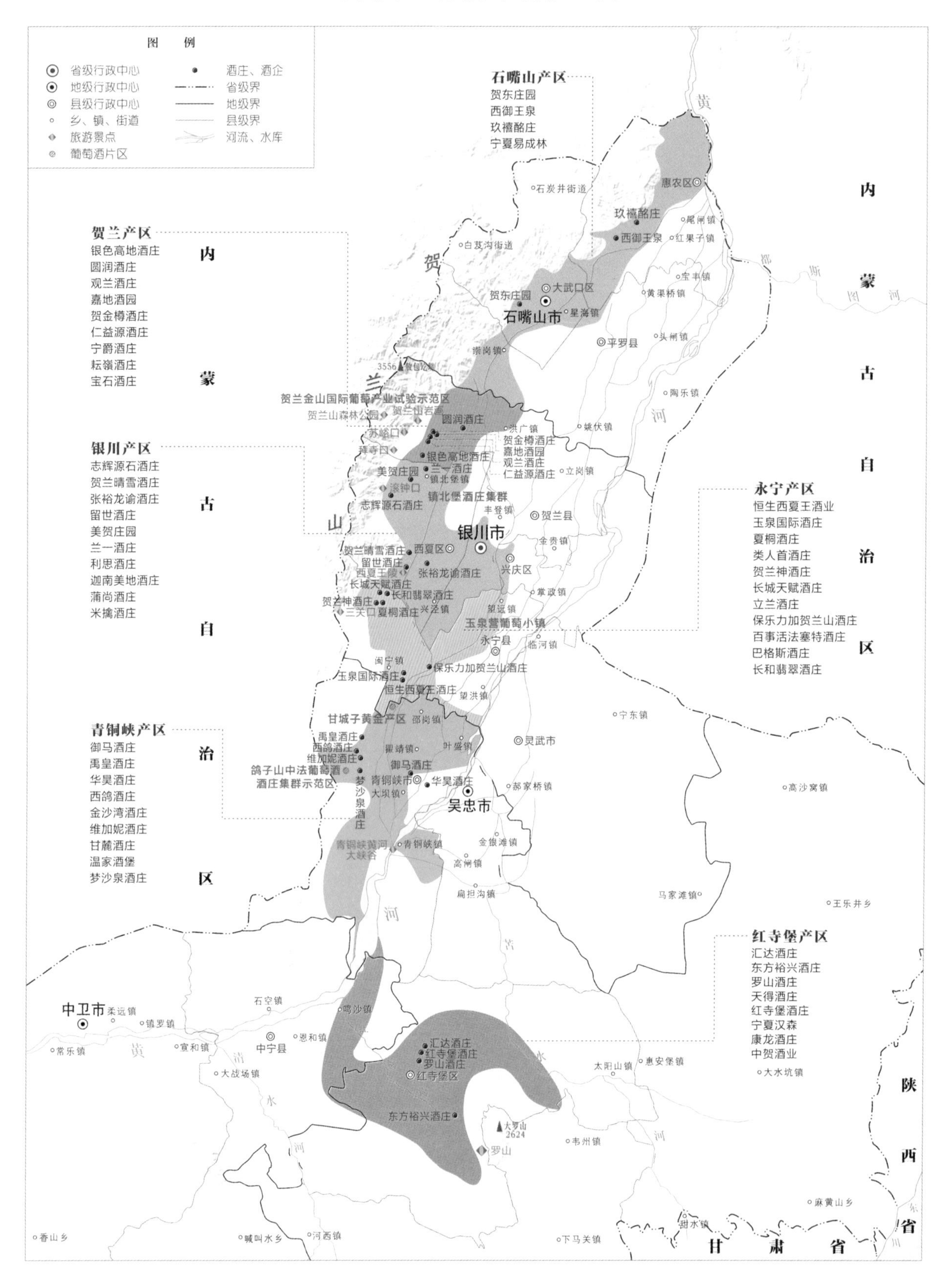

发展简史

早在1959年，宁夏灵武农场按国家农业部部署，首次承担了从保加利亚引进的5个酿酒葡萄品种苗10万株的栽种，但因冬季寒冷及晚霜侵害等因素失败。直到1983年，在张国良、刘效义、李玉鼎等技术专家的实践探索下，玉泉营农场葡萄栽培终获成功，被视为宁夏现代葡萄酒产业的正式起步。1984年，宁夏第一瓶干红、干白葡萄酒在玉泉营农场诞生，这也是宁夏第一家葡萄酒厂——玉泉营葡萄酒厂（西夏王葡萄酒业有限公司前身）。

20世纪90年代中期，经过了多年的探索发展，贺兰山东麓得天独厚的风土优势渐渐被中国葡萄酒行业发现。1994年，“第四次全国葡萄科学研讨会”上与会专家们认为“以银川为代表的西北地区是我国最佳的葡萄产区之一，是生产高档葡萄酒最有竞争力的潜在地区”。

1996年，宁夏将葡萄和葡萄酒产业列为自治区经济发展的六大支柱产业。随着广夏（银川）实业股份有限公司、宁夏民族化工集团有限公司两家上市公司和农垦等多家企业（集团）先后加入，宁夏葡萄酒产业迎来了第一次大发展。

2003年，宁夏贺兰山东麓葡萄酒产区被确定为国家地理标志产品保护区（总面积20万公顷，共涉及12个市县区），这一年“王朝”“张裕”“长城”和国际著名的葡萄酒生产商保乐力加、轩尼诗相继落户宁夏，宁夏葡萄产业的规模和发展潜力逐渐显现。

2012年是宁夏贺兰山东麓里程碑式的一年。《宁夏贺兰山东麓葡萄酒产区保护条例》颁布，成为国内首个以地方人大立法的形式对产业发展进行保护的产区。之后，宁夏成为中国第一个国际葡萄与葡萄酒组织（OIV）省级观察员；先后成立宁夏葡萄花卉产业发展局、宁夏贺兰山东麓葡萄产业园区管委会办公室（自治区葡萄产业发展局）、宁夏贺兰山东麓葡萄产业园区管委会，出台了《中国（宁夏）贺兰山东麓葡萄产业文化长廊发展总体规划》等一系列政策性文件。

2016年7月、2020年6月，习近平总书记先后两次在考察宁夏时对葡萄酒产业做出重要指示，宁夏要把发展葡萄酒产业同加强黄河滩区治理、加强生态恢复结合起来，提高技术水平，增加文化内涵，加强宣传推介，打造自己的知名品牌，提高附加值和综合效益。

2021年7月10日，全国首个特色产业开放发展综合试验区、宁夏国家葡萄及葡萄酒产业开放发展综合试验区正式挂牌成立，标志着宁夏葡萄及葡萄酒产业发展正式纳入国家战略。

今天，贺兰山东麓已成为中国最大的集中连片酿酒葡萄产区和酒庄酒产区，酿酒葡萄种植面积达58.3万亩，超过全国种植面积三分之一；现有酒庄（企业）228家，已成为中国葡萄酒产业高质量发展的“领头羊”、对外开放的“桥头堡”。

产区风土

（一）地理位置与地貌特征

贺兰山东麓葡萄酒产区位于宁夏回族自治区西北，黄河冲积平原与贺兰山冲积扇之间的洪积平原地带，产区向北辐射至石嘴山市惠农区，向西南辐射至中卫市沙坡头区，向东南辐射至吴忠市同心县；涉及4市12县（市、区）以及农垦集团9个国有农（林）场，总面积约4820平方千米。

“一山一河一平原”是贺兰山东麓葡萄酒产区独特的地貌特征。

贺兰山

贺兰山，宁夏最高的山，主峰敖包疙瘩海拔3556米。从地貌上讲，贺兰山是一个典型的拉张型外倾式断块山地。北起于巴彦敖包，南至毛土坑敖包及青铜峡，贺兰山200多千米的延绵山体阻挡了来自西面的风沙与寒流。

宁夏段黄河航拍

贺兰山分北、中、南三段。石嘴山市大武口以北为北段，西夏王陵西南的三关口至大武口间为中段，三关口以南为南段。山势自北向南倾斜，北段高南段缓，东坡峻西坡缓，贺兰山东侧紧临宁夏平原和鄂尔多斯高原，西麓地势高且和缓，连接阿拉善腾格里沙漠，贺兰山宛如连接东西两侧的台阶。

贺兰山重叠绵亘的山体如一道天然屏障，有效遏制了阿拉善荒原的风沙东移南侵，减缓了东麓平原农田、牧场的沙化，有效地阻挡了西北方向袭来的高空寒流，也将东南季风的水汽留下，无论是从多年平均气温还是≥10℃积温看，山体东侧都要比西侧更温暖，平原地带的无霜期可以达到120~170天。

放眼今日的贺兰山东麓，百里长廊、风景如画，宁夏葡萄酒产业的核心区域正位于贺兰山中段东南侧的冲积扇平原上。一片片种植基地，一座座特色酒庄，宛如星辰在怀，贺兰山对于宁夏葡萄酒产业乃至整个宁夏农业就是这般至关重要。

黄河

“天下黄河富宁夏”，没有黄河水，就没有宁夏的葡萄酒产业。

黄河自黑山峡进入宁夏，水流平缓充沛，河面宽阔、洪灾甚少，水面与河岸的落差大体在2米左右，为引黄灌溉提供了得天独厚的自然条件。黄河在平缓的宁夏平原上冲刷奔流遗落下了星罗棋布般的湿地湖泊，改善了宁夏的生态环境，也是塞上江南的由来。

黄河为宁夏酿酒葡萄种植提供了可靠的灌溉水源保障。跃进渠、东干渠、西干渠、宁东供水及典农河等一大批工程构成了宁夏完善的供水、排水、水保、防洪等工程体系。之后，宁夏还先后建设了盐环定、红寺堡、固海扩灌等大型扬水工程，吴忠、中卫等地区酿酒葡萄园也都是因这些水利工程而得以建设。

高标准配套葡萄长廊水利基础设施，高质量保障葡萄酒产业发展用水需求，现代化的贺兰山东麓葡萄产业灌溉供水工程体系，既保护区域生态环境，又提高灌溉用水保证率和水资源利用效率，“黄河水流淌到哪，宁夏的葡萄就可以种到哪!”——就是宁夏贺兰山东麓葡萄酒产业快速发展的一个缩影。

宁夏平原

宁夏平原位于贺兰山以东的黄河两岸，由贺兰山山前洪积扇平原和宁夏黄河平原两部分组成，北起石嘴山，南止黄土高原，东到鄂尔多斯高原。宁夏平原东西宽10~50千米，南北长165千米，面积7000余平方千米，海拔1100~1200米，自南向北缓缓倾斜，地面坡降由0.6~1‰不等。由于地势平坦，土层深厚，引水方便，利于自流灌溉，是中国西北地区重要的商品粮基地，自古有“塞上江南”之美誉。

贺兰山东麓产区葡萄园则主要分布于山前洪积扇区域和平原西部区域，这里地势开阔，气流通畅，交通方便，是理想的葡萄种植区。在黄河左岸分布着众多知名的葡萄酒产地，包括石嘴山的惠农、大武口和平罗、银川的贺兰、西夏和永宁、吴忠的青铜峡等。

（二）气候条件与土壤地质

- 积温适宜，有利于葡萄成熟
- 日照时间长，促进葡萄风味物质形成
- 气候相对干燥，病虫害较少
- 昼夜温差大，有利于糖分累积

贺兰山东麓属于大陆性干旱半干旱气候，产区的全生育期积温（≥10℃）在3400～3800℃·d，气温日较差在12～15℃；降水量在150～240毫米；日照时数在1700～2000小时；无霜期为160～180天。

从降水情况看，贺兰山是季风区与非季风区的分界线，来自太平洋的暖湿气流越过陆地到达贺兰山东麓时已成强弩之末，再也无力继续西行。降水量由山麓向山顶逐渐增多，降水量具有明显的垂直分异现象。降水的年内分配也极不均匀，全年降水量的60%～80%集中在6～8月份。近十年的数据显示，贺兰山东麓年降雨量保持在200毫米左右，在8、9月份葡萄浆果成熟期间平均降雨量只有50毫米和23毫米左右，绝大多数年份基本能避开降雨高峰期。

这种气候的最显著特征是日照时间长，太阳辐射强，降水较少，空气湿度小，气温日较差较大；西面横亘的贺兰山挡住了风沙和西北的冷空气，从而形成气候边际效应，增加了产区的积温，降低了霜冻对葡萄造成的危害，是一种相对独特的小气候，相比较世界一些著名产区，贺兰山东麓气候夏季干热，但春秋季冷凉，既有冷凉又有干热的气候特点。

土壤特点：

- 未曾被开垦的戈壁荒滩
- 风沙、灌淤、砾石土壤（砾石土壤为主）
- 有机质含量低，贫瘠
- 通气透水性强

宁夏贺兰山东麓产区土壤类型多样，土质的变化主要是土壤中的沙粒、砾石和黏粒的比例不同。由于受到沙漠的影响，土壤中都会含有风沙土，只是不同区域灰钙土与风沙土的含量不同。由于洪水多年冲刷贺兰山，更靠近山体的土壤中砾石含量较高，也含有更多矿物质等。产区土壤基本特性是贫瘠和干燥，有机质含量低，通气透水性强，保水性差。

贫瘠的土壤有效地控制了葡萄产量；土壤持水低，经常保持干燥的状态，限制了葡萄吸水，也促进了葡萄根系下扎，吸收深层土壤的元素，形成不同特色的葡萄酒。

（三）葡萄品种及葡萄园管理模式

目前，宁夏贺兰山东麓产区有21个品种27个品系酿酒葡萄，已成为中国最大的世界优质葡萄品种的资源集聚区。其中，白色葡萄品种包括霞多丽、贵人香、雷司令、小芒森、维欧尼、威代尔等，红色葡萄品种包括赤霞珠、蛇龙珠、美乐、品丽珠、黑比诺、西拉、马瑟兰、丹菲特、小味儿多、北玫、北红等。

宁夏贺兰山东麓产区葡萄园冬季必须下架埋土越冬，葡萄种植模式特别是树形选择首先考虑埋土的问题。宁夏原有的树形是“直立龙干形”，2013年以来，产区变革了树形及配套栽培技术，推广“厂”字形、“爬地龙”“矮干居约”等树形，在一定程度上简化了埋土防寒问题，并提高了葡萄栽培标准化和机械化水平，提升了葡萄品质。

贺兰山下 塞上江南

（四）影响葡萄质量的不利因素

宁夏的气候特点可以归纳为：干旱少雨、风大沙多、日照充足、蒸发强烈，冬寒长、春暖快、夏热短、秋凉早，气温的年较差、日较差大，无霜期短而多变，干旱、冰雹、大风、沙尘暴、霜冻、局地暴雨洪涝等灾害性天气比较频繁。

宁夏冬季寒冷，全境平均最低温均在-20℃左右，近30年最低温≤-15℃的年数较多，基本上大于10次。为了保证酿酒葡萄能安全越冬，埋土厚度往往高出枝蔓30厘米以上。

春季回暖推迟年份，晚霜冻时有发生。夏季强对流天气也容易造成暴雨，引发山洪。由于降雨时空分布不均，7～9月正值葡萄成熟之际，冰雹发生概率增加。

由于气候干旱，宁夏葡萄的病害较轻，但有些病害，如霜霉病、白粉病、灰霉病等，每年都会对葡萄造成威胁。有些年份秋天在白葡萄成熟季节降水较多，使白葡萄易染白腐病，因为产区禁止在葡萄成熟期打药，所以会造成葡萄减产。

（五）葡萄酒风格

日照时间长，光照强，葡萄酒表现出更深的色度。葡萄中的酚类物质积累充足，让葡萄酒表现出浓郁的香气；不同的小产区由于土壤的不同，表现

贺兰山东麓分区地质地貌对葡萄种植影响评价表

所辖区域	海拔/米	地质地貌	土质	对葡萄种植影响
银川市	1100～1200	贺兰山洪积物冲积而成的扇倾斜平原	沙砾土	贺兰山东麓中部腹地，泥土质地好，适合香气发育
青铜峡市	1100～1200	贺兰山洪积扇冲积平原	灰钙土、风沙土和灌淤土相结合	沙质土壤，有利于葡萄成熟，糖分积累高
石嘴山市	1090～3476	贺兰山洪积扇冲积平原	沙砾土和灌淤土，盐碱化高	气候环境多变，促使葡萄香气发育良好
红寺堡区	1240～1450	三山环抱，中央盆地，地势南高北低，缓坡丘陵，洪积平原	沙壤土、沙砾土	海拔相对高，泥土有机质相对几个区域高，相对冷凉，适宜白葡萄种植
农垦	1100～1200	贺兰山洪积扇倾斜平原，地势相对平坦	沙石地，碎石地	葡萄生长势旺盛，糖酸平衡度好

出不同的香气特征和复杂度。

高积温，温差大，葡萄果实糖度含量高，使得葡萄酒酒精度高，酒体强劲；由于产区无霜期较长，葡萄的生长期较长，葡萄酒中的优质单宁含量高，单宁表现丰富而柔顺。

在贺兰山东麓，既可以酿造浓郁厚重、单宁强劲、骨架宏大并有着高酒精度的陈酿葡萄酒，也可以酿造优雅平衡，单宁细腻，带有充沛果味的酒。贺兰山东麓也因此被誉为"酿酒师的天堂之地"，在这里不仅能找到众多优秀的波尔多混酿红葡萄酒、勃艮第陈酿霞多丽等风格酒款，也有有机酒、自然酒的小众佳酿，能同时得到普通葡萄酒消费者、资深葡萄酒爱好者以及世界顶级酒评家等群体的热衷和青睐。

产区分布及代表企业

宁夏贺兰山东麓产区可分为银川（贺兰、西夏、金凤、永宁）、吴忠（青铜峡、红寺堡、同心）、石嘴山（惠农、大武口、平罗）、中卫（中宁、沙坡头）、农垦系统等多个子产区。其中目前以红寺堡区种植面积最大，种植面积超过11.6万亩。其次为青铜峡、农垦系统，分别达到10.6万亩和9.82万亩。最小的种植区域为石嘴山区域，葡萄种植面积0.61万亩。

银川产区

银川产区是宁夏最早集中发展精品酒庄的子产区。贺兰山东麓产区最高级别的三家列级酒庄——志辉源石酒庄、贺兰晴雪酒庄、巴格斯酒庄均分布于此。银川产区主要包括贺兰、西夏、金凤、永宁四个县区行政区划，现已建成贺兰金山、西夏镇北堡、永宁闽宁镇、农垦玉泉营四大葡萄酒产业小镇集群，酿酒葡萄种植面积17.54万亩，主要种植品种：赤霞珠、美乐、蛇龙珠、霞多丽、马瑟兰、雷司令；已建成酒庄47家，在建酒庄80家。银川产区靠近山脚的土壤类型为沙石土壤，砾石含量高，开发时需要大面积筛土和改良土壤。

代表企业｜志辉源石酒庄、贺兰晴雪酒庄、张裕龙谕酒庄、长城天赋酒庄、留世酒庄、银色高地酒庄、迦南美地酒庄、贺兰神酒庄、嘉地酒园、巴格斯酒庄、立兰酒庄、利思酒庄、美贺庄园、兰一酒庄、圆润酒庄等。

农垦系统

宁夏农垦集团一直是贺兰山东麓产区葡萄酒产业的主力军和"领头雁"。1984年，宁夏第一家葡萄酒企业——玉泉葡萄酒厂开工建设，宁夏第一瓶葡萄酒在这里诞生。

宁夏农垦集团现有玉泉营农场、黄羊滩农场、暖泉农场、贺兰山、连湖农场等9个农场，葡萄种植基地6.11万亩。

代表企业｜宁夏农垦玉泉国际酒庄、夏桐酒庄、保乐利加、圣路易·丁酒庄、类人首、兰山骄子酒庄、阳阳国际酒庄、长和翡翠酒庄等。

青铜峡产区

青铜峡处于贺兰山南部末端，随着贺兰山山势趋缓，风力较大，气候更加干旱。土壤以中灰钙土为主，含较多沙质，矿物质丰富，有机质缺乏，保水保肥力弱。青铜峡也是宁夏日照时数最长的产区，可以让葡萄的单宁更加细腻优雅。干旱的气候和长时间日照使得病虫害很少发生。

青铜峡产区自1998年起步建设，目前酿酒葡萄种植面积11.88万亩，并形成甘城子黄金产区、鸽子山中法葡萄酒酒庄集群示范区和广武产区三个特色小产区，建成酒庄19家，在建酒庄16家。主要种植品种赤霞珠、美乐、马瑟兰、蛇龙珠、霞多丽、贵人香。

代表企业｜御马酒庄、禹皇酒庄、华昊酒庄、西鸽酒庄、金沙湾酒庄、维加妮酒庄、甘麓酒庄、温家酒堡、梦沙泉酒庄等。

红寺堡产区

位于宁夏贺兰山东麓葡萄酒产区最南端，也是起步较晚的子产区之一，自2007年开始发展酿酒葡萄产业，2011年被纳入贺兰山东麓葡萄酒国家地理标志产品保护范围。

红寺堡产区位于吴忠市烟筒山、大罗山和牛首山三山之间盆地，地势呈南高北低，平均海拔1240～1450米，是宁夏平均海拔最高的葡萄酒产区，也是宁夏平原与南部山区的过渡带。该产区土壤类型为淡灰钙土，土壤多沙壤，粉粒比例高，沙粒和黏粒含量较少。土层厚度3～10米，土壤有机质含量在0.39%～0.91%，土壤粗粒含量在20%～30%。

红寺堡产区酿酒葡萄种植区域主要分布在红寺堡镇、新庄集乡、柳泉乡、大河乡4个乡镇区划，酿酒葡萄种植面积10.81万亩，主要种植品种：赤霞珠、美乐、蛇龙珠、黑比诺、霞多丽、贵人香，其中赤霞珠比例占90%，其他品种10%，品种结构较为单一；建成酒庄19家，在建酒庄8家。

代表企业｜汇达酒庄、东方裕兴酒庄、罗山酒庄、天得酒庄、红寺堡酒庄、宁夏汉森酒庄、康龙酒庄、中贺酒业等。

石嘴山产区

位于宁夏贺兰山东麓葡萄酒产区保护范围的最北端，也是气候表现较为冷凉的产区之一。葡萄园均靠近贺兰山脚下，土壤类型为重砾石及沙石土壤，种植区域包括大武口区、惠农区、平罗县，现有葡萄种植面积0.7万亩，品种主要为赤霞珠、品丽珠、蛇龙珠、黑比诺、霞多丽等。

代表企业｜贺东庄园、西御王泉酒庄、玖禧酩庄、宁夏易成林酒庄。

参考文献：

1 宁夏回族自治区葡萄产业发展局. 宁夏贺兰山东麓产区葡萄酒初阶讲师教程[M]. 银川：阳光出版社，2018.

2 农外发〔2021〕1号. 宁夏国家葡萄及葡萄产业开放发展综合试验区建设总体方案. 农业农村部、工业和信息化部、宁夏回族自治区人民政府. 2021.

3 宁政办发〔2021〕110号. 宁夏贺兰山东麓葡萄酒产业高质量发展“十四五”规划和2035年远景目标. 宁夏回族自治区人民政府办公厅，2022.

4 宁夏贺兰山国家级自然保护区管理局. 宁夏贺兰山国家级自然保护区概况. http://hlsbhq.com/index.php/lists/389.html?eqid=8ae6e92400000012300000002642e3e05[2022-7-16].

5 马丽娟. 2022. 贺兰山东麓葡萄酒获批筹建国家地理标志产品保护示范区. https://m.gmw.cn/baijia/2022-10/27/1303179228.html[2022-10-27].

6 李玉鼎，李欣，张光弟. 贺兰山东麓酿酒葡萄适宜栽培架式与修剪方法的调查. 中外葡萄与葡萄酒，2015，5.

7 中葡网团队. 2020. 贺兰山东麓产区：河套明珠 佳酿奇观. http://www.winechina.com/html/2020/11/202011302848.html[2020-11-18].

天山北麓产区

生态葡园甲天下

概述

天山北麓产区处于北纬43～45°，是国际公认的优质酿酒葡萄种植带。作为我国新疆葡萄酒工业化发展的发源地，资源禀赋丰富，自然条件独特，自古就是全新疆乃至全国重要的酿酒葡萄和葡萄酒产地。中信国安葡萄酒业、张裕、中粮长城、王朝酒业国内四大葡萄酒龙头企业均落户于此，还培育出印象戈壁、香海国际、华兴庄园、大唐西域、瑶池西夜、唐庭霞露、沙地酒庄等一批有影响力的特色酒庄，现已形成百余千米葡萄酒产业带。“十四五”期间，天山北麓产区将建设

天山北麓葡萄酒产区图

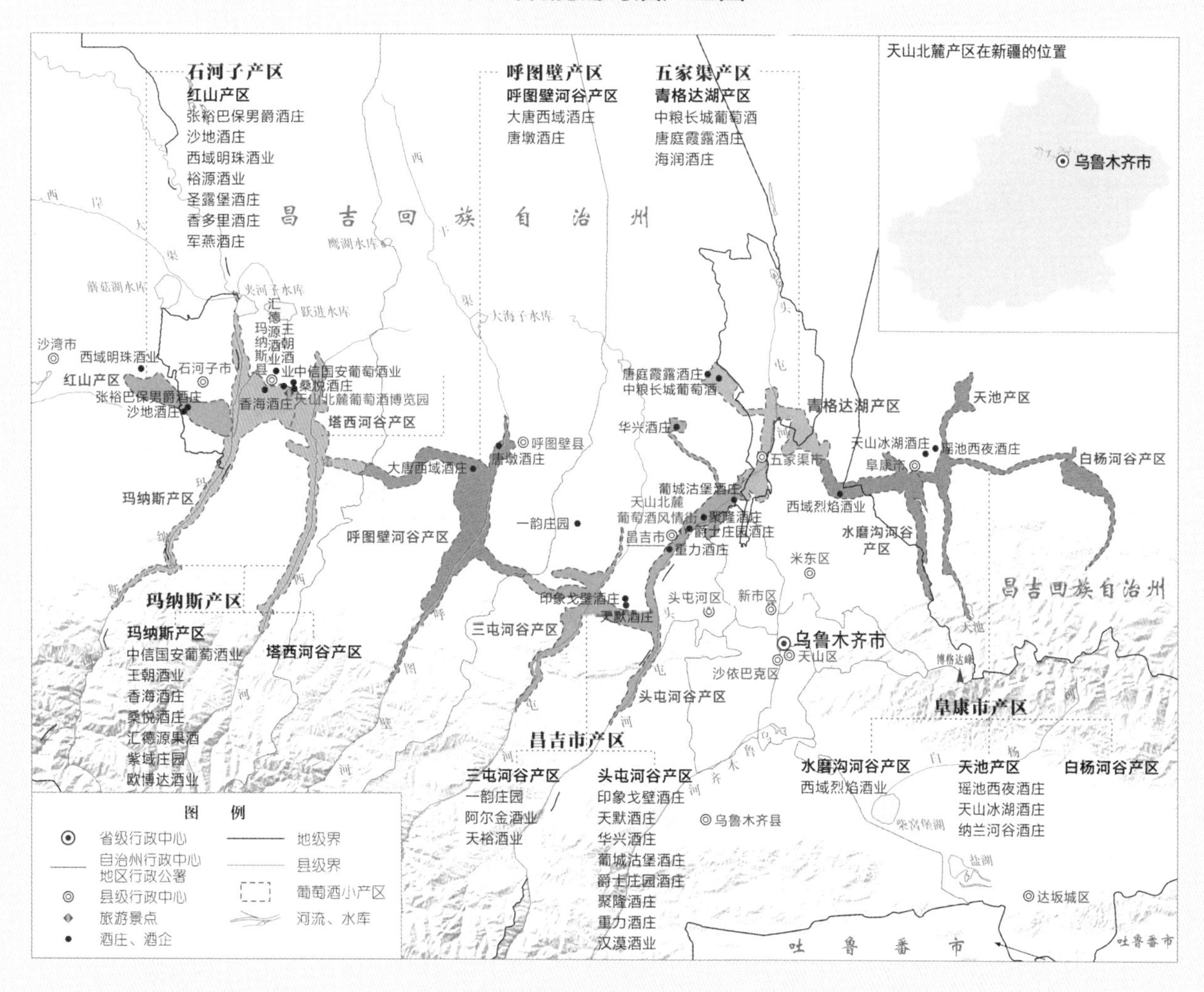

成全国最大的葡萄原酒、葡萄蒸馏酒供应基地和中高档葡萄酒产业集聚区，打造成具有较强国际影响力和竞争力的葡萄酒黄金产业带和葡萄酒庄黄金旅游带，促进天山北坡经济带的高质量发展。

关键词　天山　玛纳斯河　首个葡萄酒小产区　天池

天山北麓产区产业数据
（截至2022年）

葡萄种植面积 12.9万亩

葡萄酒生产许可企业 40家

葡萄酒年产量 72000千升

全产业链综合产值 100亿元

数据来源：新疆天山北麓葡萄酒产业联盟

风土档案

天山北麓产区风土档案	
气候带	温带大陆性气候
年平均日照时数	2800h以上
年平均气温	年平均温6～8℃，年最低气温平均在-32℃以下
有效积温（≥10℃）	1280℃以上
活动积温（≥0℃）	3500℃以上
年降水量、年蒸发量	年降水量170～230mm，年蒸发量1700～2200mm
无霜期	170d左右
气象灾害	早霜冻及晚霜冻
地貌地质	
主要地形	冲积平原或洪积平原
土壤类型	成土母质以砾石—沙壤土为主，属于棕漠土、灰漠土和潮土，富含钙质，土层深厚，透气性良好
酿酒葡萄	
主要品种	红葡萄品种：赤霞珠、美乐、马瑟兰、西拉、小味儿多、马尔贝克、品丽珠、蛇龙珠、丹菲特、玫瑰香 白葡萄品种：霞多丽、贵人香、雷司令、小芒森、白玉霓、小白玫瑰

发展简史

新疆是我国最早种植葡萄、酿造葡萄酒的地区，早在20世纪50年代玛纳斯就是葡萄酒原酒的加工集聚区。改革开放以来，天山北麓地区将种植品种重点转向酿酒葡萄，先后从国外引进了适宜酿制高档干红、干白的赤霞珠、品丽珠、蛇龙珠、美乐及霞多丽等无病毒种苗，大面积推广栽培，并针对当地土壤、气候条件，制定了一系列天山北麓葡萄酒产区规范化栽培技术规程和技术标准。

20世纪80年代末，新疆种植酿酒葡萄引起了日本专家的关注。1985年，日本葡萄酒专家与石河子农业科技开发中心合作，对石河子、玛纳斯一带气候和土壤情况进行了深入的调查研究，1989年从日本引进4个脱毒欧洲品种赤霞珠、雷司令、美乐、霞多丽，栽植到了石河子农科中心的试验田，共定植了200亩。

1998年10月，中信国安（前身为新天国际葡萄酒业股份有限公司）进军葡萄酒领域，自此拉开了天山北麓葡萄酒产业化发展的序幕。

2018年，由新疆中信国安葡萄酒业有限公司携中粮长城、印象戈壁酒庄、华兴庄园等12家酒企共同发起，成立了“天山北麓葡萄酒产业联盟”，2022年在“联盟”基础上成立了葡萄酒产业协会，会员单位增长到39家。2018年，玛纳斯成为全国第一个通过中国酒业协会官方认证的中国葡萄酒小产区。2019年在全国发布首个葡萄酒类《天山北麓生态产区——玛纳斯小产区食品安全白皮书》。以精品小产区为引领的天山北麓葡萄酒“产业与产区高质量发展路径”发展模式正在逐步形成。

产区先后建成天山北麓葡萄酒博览园、天山北麓葡萄酒营销品鉴中心、天山北麓葡萄酒风情街等。以此为依托，天山北麓产区成功举办了丝绸之路核心区葡萄酒产业发展大会、新疆丝绸之路葡萄酒节暨葡萄酒大赛、“一带一路”国际葡萄酒大赛、新疆昌吉天山北麓葡萄酒直播节等大型活动。同时，产区还与多个高校、科研院所的专家团队长期开展科研合作，建成5个国家级科研技术平台、7个省级科研平台。天山北麓葡萄酒产区已成为种植基地、龙头企业、科创中心、检测中心、加工中心、营销中心、旅游资源等产业链要素协同、空间集聚、有深化发展基础、具备全产业链高质量发展潜质的优秀产区。

经过多年的发展，现有酿酒葡萄种植面积12.9万亩，葡萄酒企业40家，生产能力达到34.9万吨，是全国最重要的葡萄原酒供应基地之一。天山北麓产区先后荣获全国首家“酿酒葡萄认证小产区”“中国葡萄酒之都”“世界美酒特色产区”“中国优质葡萄酒产区”“中国质量安全标杆产区”等荣誉。产区葡萄酒在Decanter世界葡萄酒大赛、布鲁塞尔国际葡萄酒大赛、伦敦国际葡萄酒挑战赛等国内外知名赛事中获得各类奖项1000余项。

产区风土

（一）地理位置与地貌特征

天山北麓位于天山山脉和准噶尔盆地古尔班通古特沙漠之间，天山北麓产区主要分布在新疆天山北麓中段，沿线覆盖阜康、乌鲁木齐、昌吉、五家渠、呼图壁、玛纳斯、石河子、奎屯至克拉玛依一带，是新疆经济最发达的地区。天山北麓地形总体地势南高北低，地貌由南向北可划分为山地、低山丘陵、山前倾斜平原、冲积平原。酿酒葡萄种植区地处山前冲积扇与准噶尔盆地之间，平坦开阔，地形起伏小，是酿酒葡萄的优良种植区。

玛纳斯湿地公园芦苇荡　谭成军摄

天山

新疆天山横亘新疆全境，巨大的山系改变了区域大气环流，导致南北两部分呈现显著的自然气候差异，成为温带准噶尔盆地和暖温带塔里木盆地的天然地理分界。新疆天山幅员辽阔，高低悬殊，气候类型复杂多样。大部分山区属中温带半干旱区，南坡山麓地带属暖温带干旱区，并具有显著的垂直气候带，自上而下可划分为寒带、亚寒带、寒温带、温带、暖温带。不同区域温差很大，且年际温差较大，南坡年平均气温高于北坡，东部高于西部。南坡年均气温7.5～10.0℃，北坡年均气温2.5～5.0℃。

天山北麓极佳的生态环境

新疆天山气候明显比周边的中亚沙漠、塔里木盆地、准噶尔盆地湿润，成为荒漠中的巨大“湿岛”。受西风气流影响，新疆天山的降水主要来自大西洋水汽，少量来自北冰洋水汽，因而西部降水多于东部，北坡多于南坡。

准噶尔盆地

准噶尔盆地位于阿尔泰山与天山之间，西侧为准噶尔西部山地，东至北塔山麓。地势向西倾斜，北部略高于南部。盆地西侧有几处缺口，如额尔齐斯河谷、额敏河谷及阿拉山口。西风气流由缺口进入，为盆地及周围山地带来降水。

盆地水汽主要来自西风气流。降水西部多于东部，边缘多于中心，迎风坡多于背风坡。盆地冬季有稳定积雪，除额尔齐斯河为外流河外，盆地其他河流均为内陆河，以盆地低洼部位为归宿。

（二）气候条件与土壤地质

天山北麓葡萄酒产区地理位置优越，处于北纬43°～45°，属于中温带半干旱气候区，典型的大陆性气候。产区气候特点为：干旱、干燥、海拔高，大气透明度高、光能资源丰富，属长日照地区，积温较高，并有便利的灌溉条件。

优越的自然气候条件

从基本气候资源看，天山北麓酿酒葡萄种植区

玛纳斯小产区葡萄园

域年均温6~8℃，年最低气温平均在-32℃以下，属于埋土防寒栽培区；活动积温（≥0℃）在3500℃以上，无霜期170天左右，符合酿酒葡萄的种植条件；种植区域地处内陆，靠近沙漠，湿度较小，不利于真菌性病害发生；4~9月活动积温完全能够满足晚熟品种正常成熟的需要；成熟期日温差较大，有利于酚类物质如色素和单宁的增长，也有利于光合产物的积累，浆果成熟过程糖分增高，酸度下降；种植区域年日照时数2800小时以上，生长季节1600小时以上，较长的日照时间对本地葡萄花芽形成、产量和质量起着重要作用，尤其是8~9月日照时间长，有利于果皮颜色和单宁的形成、积累，使浆果的颜色较深，含糖量较高，适宜酿造富含优质单宁的葡萄酒。另外，酿酒葡萄生长成熟阶段，昼夜温差较大，较大的日温差出现的积温升值现象，对本地积温有重要作用，使成熟期较晚的赤霞珠品种能够充分成熟。

天山北麓海拔较高，天山山脉作为天然屏障，有效地阻挡着冬春南下的风沙和寒流对该地区的侵害，气温较周边地区高。酿酒葡萄种植区海拔500~1000米。局部区域形成了逆温带小气候，年降雪厚度稳定在20厘米以上，保证根系不受冻害。

种植区域处于内陆地区，区域年降水量170~230毫米，年蒸发量1700~2200毫米，属绿洲灌溉型农业区。各酿酒葡萄基地所处的区域均有发源于天山的河流经过，如头屯河、呼图壁河、玛纳斯河等，供葡萄生长所需的灌溉水均为天山雪水或储量丰富的地下水，水源无污染，是生产绿色有机原料有利条件之一。在树体管理上可根据葡萄生长的需水规律进行人工灌溉，受自然降水影响较小，因而可以保持连续的优质丰产，并保持葡萄酒稳定的风味。

种植区域主要分布在远离城市的农业区，周围基本没有造成空气污染的工业污染源，空气质量较好。各项污染物含量低于国家NY/T391-2021《绿色食品产地环境技术条件》限值。酿酒葡萄灌溉用水为天山冰川融水，适宜种植绿色或有机酿酒葡萄。

土壤及地质特性

天山北麓产区处于丘陵与河流洪积扇、冲积扇交汇处，基地分布区域多为冲积平原或洪积平原，土地成土母质以冲积物为主，其中含有砾石、沙粒，土质粒径较细，土质疏松，通水透气性能强，有利于葡萄根系的生长发育（成土母质以砾石—沙壤土为主，属于棕漠土、灰漠土和潮土，富含钙质，土层深厚，透气性良好）。土壤以淡灰钙土为主（土壤类型属于砾质沙壤土），有机质含量在0.2%~0.8%，pH达到7.8，呈弱碱性，富含硒、钾、钙等矿物质。

从总体上看，天山北麓酿酒葡萄种植区域的土壤特征为缺氮、少磷、富钾、富硒，在这类土壤上种植的葡萄表现出树体生长不会过旺，果实品质较好的特点。土壤条件造就了天山北麓葡萄酒的质量和特色：适宜栽种的品种为赤霞珠、美乐、马瑟兰、霞多丽等品种；土壤中较少的有机质含量，控制了葡萄植株的生长树势，使葡萄浆果有较高的质量；砾石和沙砾土壤，可生产具有优雅香气的高质量白葡萄酒和精美的红葡萄酒；沙质土可生产出酒味醇厚、耐储藏的白葡萄酒和红葡萄酒。

葡萄品种及管理模式

天山北麓酿酒葡萄种植过程中，从园地选择、良种引进、土壤培肥、栽培定植、整形修剪、水肥调控、病虫害防治、产量控制、采摘最佳时间选择等各个生产环节都能严格按照地方标准《酿酒葡萄育苗技术规程》《酿酒葡萄生产技术规程》《酿酒葡萄采收技术规程》等进行标准化操作，从而保证了酿酒葡萄的质量。

在园址选择上，天山北麓酿酒葡萄种植区域葡萄园坡度在0.3%以内，地下水位1.5米以下，排灌条件较好的沙砾土和沙壤土地块，较适合葡萄的生长。由于天山北麓酿酒葡萄种植区域分布范围较大，拥有不同肥力特征、各具特色的土壤条件，为生产丰富多变、各具特色的葡萄酒奠定了基础。

天山北麓酿酒葡萄种植区域畜牧业较发达，为优质葡萄的生产提供了充足的有机肥。通过施用有机肥，提高了葡萄的品质，减少了化肥对土地的污染，是生产有机葡萄酒的有利条件之一；同时，对大规模集中连片种植葡萄园中存在的不良地块，也起到了改良土壤理化性质的作用。

整体天山北麓产区品种仍然以赤霞珠、美乐等品种为主，近年来引进了马瑟兰、西拉以及赤霞珠169品系和191品系等葡萄品种品系；白葡萄品种主要以霞多丽、贵人香、雷司令为主。各品种的生长特性不同，因此不同品种实施不同的栽培技术，而按照产量划分可细分为普通园、亩限产800千克园、亩限产600千克园。

影响葡萄质量的不利因素

天山北麓酿酒葡萄种植区域所在区域常年有风，但大风天气较少，且多发生在春季葡萄出土前，对葡萄生长基本不造成危害。天山北麓酿酒葡萄种植区域属于埋土栽培区，葡萄出土适期为4月下旬，终霜期一般在5月10日以前（保证率90%以上），此时葡萄尚未完全展叶；初霜期一般在10月5日以后（保证率90%以上），此时葡萄已基本采收完毕；总体来看，葡萄受霜害的可能性很小。

天山北麓葡萄酒产区由于气候干燥、葡萄园通风透气性较好，与世界范围内各葡萄酒产区相比病虫害发生率相对较低。真菌性病害霜霉病、白粉病、白腐病、虫害毛毡病个别年份偶有发生。在药物防治上，天山北麓酿酒葡萄种植区域采取春季葡萄出土后、秋季埋土前全园喷洒石硫合剂，并且在埋土后清园，以减少病虫来源；在树体管理上，通过控制合理负载，适当提高结果部位，加强夏季修剪减少下部枝条数量的措施，通风透光，增强树

天山北麓原生态葡萄园

势，提高树体的抵抗能力，基本可以做到生长季节不发病。

（三）葡萄酒风格

在天山北麓特定生态环境条件下种植的酿酒葡萄，果实有可溶性固形物含量高、酸度适中、色泽鲜亮、香味浓厚的特点。红葡萄色深、结构感强，适合陈酿。糖度230毫克/升以上，高于国内中东部产区，酸度6克/升以上，高于疆内其他产区，糖酸比适中、果味浓郁，有利于酿制优质高档葡萄酒。

葡萄酒表现出优质单宁多、干浸出物质含量高、水果香气足，酒体甘润平衡，浓郁度和协调性高于国内其他产区。晶莹悦目的颜色，馥郁优雅的香味，醇厚柔谐的滋味，构成了天山北麓葡萄酒与众不同、独树一帜的风格。

干白葡萄酒有清新爽口、果香浓郁的感官特性。色泽微黄带绿，呈浅黄、禾秆黄色，清亮透明；干红葡萄酒呈紫红、深红、宝石红、深宝石红，晶莹光亮，令人赏心悦目。

香气上，葡萄酒中所含醇类、酯类、有机酸、酚类以及萜烯类、羰基类化合物等多种成分的复合香味，与独特的果香融为一体，香气浓郁，幽雅别致。

天山北麓葡萄酒将甜、酸、苦、咸、涩五种滋味和谐地融为一体，藏而不没，宣而不张，平衡协调，和谐可口。

产区分布及发展规划

历经数十年的发展，天山北麓葡萄酒产区初步形成了西自第八师石河子市、玛纳斯县，中部呼图壁县、昌吉市，北至第六师五家渠市、昌吉国家农高区，东至阜康市的百余千米葡萄酒产业带。根据现有葡萄和葡萄酒产业基础、生态自然条件、基础设施分布，天山北麓葡萄酒产区划定六大子产区，进一步细分十大小产区。通过小产区建设，使“市场需求—葡萄酒风格—生产工艺—葡萄品种—适宜的生态条件—地块选址”一一对应，构建具有天山北麓特色的葡萄酒产供销全产业链小产区体系。

（一）六大子产区

玛纳斯子产区

玛纳斯县地处昌吉州最西端，东距首府乌鲁木齐136千米，位于天山山脉北麓中段、准噶尔盆地南缘，玛纳斯河东岸。酿酒葡萄种植区域主要位于乌奎高速公路和312国道两侧35千米范围内，东经85°40′～86°31′，北纬43°21′～45°20′，酿酒葡萄种植面积2.8万亩。玛纳斯子产区中的玛纳斯园艺场和军马场酿酒葡萄种植基地，是我国第一个通过小产区认证的酿酒葡萄集中种植园。

代表企业｜中信国安葡萄酒业、王朝酒业集团（新疆）有限公司、香海国际酒庄、桑悦酒庄、汇德源果酒。

石河子子产区

石河子（新疆生产建设兵团第八师）地处天山北麓中段，准噶尔盆地南缘，东距首府乌鲁木齐150千米，西距边境重镇伊犁州伊宁市549千米。酿酒葡萄种植区域主要位于乌奎高速公路和312国道两侧35千米范围内，东经85°58′～86°24′，北纬43°26′～45°20′，酿酒葡萄种植面积5万亩。

代表企业｜张裕巴保男爵酒庄、沙地酒庄、西域明珠酒业。

呼图壁子产区

呼图壁县地处天山北麓中段，准噶尔盆地南缘，东距首府乌鲁木齐68千米，是重要的区域性综合交通枢纽和物流节点城市，素有“西出隘口、东进咽喉”之称。酿酒葡萄种植区域位于乌奎高速公路和312国道两侧35千米范围内，东经86º05′~87º08′，北纬43º07′~45º20′，酿酒葡萄种植面积1万亩。

代表企业｜大唐西域酒庄、唐墩酒庄。

昌吉市子产区

昌吉市地处天山北麓中段，准噶尔盆地南缘，为昌吉回族自治州州府所在地，东距首府乌鲁木齐30千米，地窝堡国际机场18千米，位于乌昌石城市群，已纳入国家22个核心经济区规划。酿酒葡萄主要种植区域位于乌奎高速公路和312国道两侧35千米范围内，东经86º24′~87º37′，北纬43º06′~45º20′，酿酒葡萄种植面积1.2万亩。

代表企业｜印象戈壁酒庄、华兴酒庄、葡城沽堡酒庄、爵士庄园酒庄、聚隆酒庄、天默酒庄、一韵庄园。

阜康市子产区

阜康市地处天山北麓东段，准噶尔盆地东南缘，东距首府乌鲁木齐57千米，5A级景区天山天池和天山博格达世界自然遗产所在地。酿酒葡萄主要种植区域位于吐乌大高速公路和216国道两边25千米内，东经87º46′~88º44′，北纬43º45′~45º30′，酿酒葡萄种植面积约1.3万亩。

代表企业｜瑶池西夜酒庄、天山冰湖酒庄。

五家渠子产区

五家渠市（新疆生产建设兵团第六师）地处天山山脉博格达峰北麓，准噶尔盆地南缘。南距乌鲁木齐市33千米，西距昌吉市23千米，东距阜康市55千米。酿酒葡萄主要种植区域位于军户农场、共青团农场等地，东经87º17′~87º43′，北纬43º59′~44º39′，酿酒葡萄种植面积1.6万亩。

代表企业｜中粮长城葡萄酒（新疆）有限公司、唐庭霞露酒庄。

（二）十大小产区

玛纳斯–玛纳斯河谷小产区：玛纳斯河谷沿线分布，南山伴行公路风景道沿线，主要为中信国安葡萄酒业和香海国际酒庄所辖葡萄园。酿酒葡萄核心种植区8000亩。我国首个酿酒葡萄小产区认证葡萄园，风土条件优势突出。

石河子—红山小产区：主要指石河子152团内的酿酒葡萄园，酿酒葡萄核心种植区2.3万亩，约占152团总耕地面积的80%；以赤霞珠、美乐、霞多丽和雷司令为主，是张裕巴保男爵酒庄和沙地酒庄的主要优质原料合同基地；整体酒质质量上乘。

呼图壁—呼图壁河谷小产区：S101百里丹霞风景道沿线，主要以大唐西域种植基地为主，气候也相对冷凉，中国农业大学规划院曾经专门做过小产区规划，目前酿酒葡萄核心种植区8000亩，属于生态有机葡萄酒的绝佳产地。

昌吉市—三屯河谷小产区：位于乌鲁木齐、昌吉去努尔加大峡谷、滑雪场、灵香山观音故里、三屯河景观带沿线，旅游资源密集，当前酿酒葡萄核心种植区4000~5000亩；气候相对冷凉，土地贫瘠多沙砾土壤；酒质香气浓郁、特点鲜明，是天山北麓葡萄酒文旅体验胜地。

阜康市—天池小产区：分布在阜康三工河谷沿线，前往天山天池风景区的必经之路，位于博格达人与生物圈自然保护区内，当前酿酒葡萄种植面积约3000亩；气候相对冷凉，土地贫瘠多沙壤土；酒质醇厚平衡。

除以上小产区外，还有**玛纳斯—塔西河谷小产区、昌吉市—头屯河谷小产区、五家渠—青格达湖小产区、阜康市—水磨沟河谷小产区、白杨河谷小产区等**。这些区域是目前认为极具潜力的小产区，海拔600~1000米的区域，气候相对冷凉干燥，光照和水源相对充分，酿酒葡萄的种植区域分布其中，不断呈现出令人惊喜的葡萄酒代表产品。

（三）产区管理及发展规划

2020年12月，新疆维吾尔自治区党委九届十一次全会提出，新疆将立足特色优势，重点抓好葡萄酒等“十大产业”，加快构建现代产业体系。2021年，自治区先后出台《新疆维吾尔自治区葡萄酒产业“十四五”发展规划》和《关于加快推进葡萄酒产业发展的指导意见》，提出“把葡萄酒产业打造成新疆具有较强国际影响力、竞争力的特色产业，使新疆成为丝绸之路经济带上优质高端葡萄酒核心产区”。

2021年以来，昌吉州作为天山北麓葡萄酒产区主导政府，先后成立葡萄酒产业发展专项工作专班，出台了《天山北麓葡萄酒产业高质量发展实施方案》《昌吉州支持葡萄酒产业高质量发展政策措施》等政策。2021年、2022年昌吉州本级分别落实产业扶持资金2000万元和5000万元，强力推进了天山北麓葡萄酒产业高质量发展。八师石河子市也出台了《关于加快推进葡萄酒、白酒、啤酒行业发展的若干措施》，助推产区高质量发展。

2022年11月，自治区党委十届六次全会提出，立足新疆资源禀赋和区位优势，在构建新发展格局中推动高质量发展。加快形成以“八大产业集群”为支撑的现代化产业体系。2022年11月18日，自治区第十三届人民政府184次常务会议指出，着力打造绿色有机果蔬产业集群，是发挥新疆特色资源优势、培育发展“八大产业集群”、推动高质量发展的重要任务。

为推动天山北麓葡萄酒产业高质量发展，昌吉州委托中国农业大学葡萄产业体系首席科学家段长青教授团队编制了《天山北麓葡萄酒产业发展总体规划》，提出了“一带系八脉，双环融多彩”的总体空间布局。一带：沿阜康至玛纳斯、石河子的天山北麓分布的酿酒及鲜食葡萄种植适宜区，打造葡萄酒黄金产业带和葡萄酒文化黄金旅游带；八脉：八条高山河谷，是特色葡萄酒文化与自然融合的旅游休闲体验脉；双环：沙漠南缘产业环与天山北坡产业环，在风土、风格、文化、民俗、景观上形成两种类型，是葡萄酒产业融合发展环；多彩：指全产业融合示范，博物馆、小镇、民俗村、兵地共建等的融合区。

“一带”作为天山北麓葡萄酒产业主发展区，在主要节点布局为“双轮六区”“产业——文旅”双轮驱动——在昌吉市重点建设天山北麓葡萄酒文旅消费、体验展示为主的头部平台，以文旅拉动天山北麓产区效益持续倍增；在玛纳斯重点建设科创中心平台，以创新驱动天山北麓产区不断升级发展；“六区”指石河子、玛纳斯、呼图壁、昌吉、五家渠、阜康六个片区，依托现有基地的气候土壤等因素，

天山北麓葡萄采收

打造多个高品质、个性定制化的葡萄酒产业集聚片区，形成天山北麓小产区发展模式引领的葡萄酒全产业链聚集片区。同时，紧抓伴行公路建设的重大发展机遇，推进周边园林绿化、葡萄种植、特色酒庄、自然景点、文化景观、生态防护林等一体化建设，打造以葡萄酒文化为特色，以“三产融合”为重点的葡萄酒文化黄金旅游带。

在目标定位方面，依托产区生态优势，通过对葡萄酒市场的分析和精准定位以及现有企业的发展基础提出了三大产区定位：国际一流的“中国风格”葡萄酒黄金产区；全国知名的“多样化”优质葡萄酒和“高品质”休闲旅游深度融合区；国内外“著名葡萄酒品牌”的生产供应基地。依托现有葡萄酒产业集聚优势、区位优势，围绕政策推动、科技创新、机制优化、多产融合等提出三大产业定位：以小产区为引领的葡萄酒“产业与产区高质量融合”发展样板；中国葡萄酒产供销一体化“全产业链科技创新示范”高地；全国领先的“葡萄酒产业三产融合”的产业发展模式样板。

规划提出：到2025年，天山北麓产区酿酒葡萄种植基地面积达35万亩，葡萄酒产量达22.2万吨，销售收入116亿，蒸馏酒产量达1.36万吨，销售收入13亿。建设精品特色酒庄60家以上，销售过5亿的酒企1家，酒庄年接待游客超过500万人次。将天山北麓葡萄酒产区打造成具有较强国际影响力和竞争力的葡萄酒黄金产业带和葡萄酒庄黄金旅游带。

参考文献：

1 昌吉州文旅局. 昌吉州葡萄酒产业发展情况报告. 2021.

2 昌吉回族自治州人民政府. 昌州政函〔2021〕31号. 天山北麓葡萄酒产业发展分析报告. 2021-3-18.

3 新疆维吾尔自治区人民政府办公厅. 新疆维吾尔自治区葡萄酒产业“十四五”发展规划. 2021-6-11.

4 昌吉州葡萄酒专项工作专班. 昌吉州天山北麓葡萄酒产业高质量发展实施方案. 2021，4.

5 中国大百科全书总编辑委员会. 中国大百科全书·中国地理[M]. 北京：中国大百科全书出版社，1992.

6 中国自然遗产网——新疆天山自然遗产地（Xinjiang Tianshan）. https://www.travelxj.cn/NaturalHeritage/zh-cn/.

7 中国科学院新疆综合考察队. 新疆地貌[M]. 北京：科学出版社，1978.

部分文件资料由新疆天山北麓葡萄酒产业协会（联盟），昌吉州葡萄酒产业专项工作小组办公室提供；图片均由中信国安葡萄酒业提供

焉耆盆地

山湖戈壁 美酒故里

概述 从新疆首府乌鲁木齐向南出发穿过群峰绵延的天山山脉，在塔克拉玛干沙漠的边缘，有一片惊艳的绿洲盆地，这里有常年积雪的山峰、绿意盎然的草原、碧波荡漾的湖水和蜿蜒流淌的河流，也有荒芜的戈壁和无垠的沙海。这就是焉耆盆地，一个具备了新疆所有地理风貌的神奇之地。依托得天独厚的自然优势，焉耆盆地已成为丝绸之路经济带上重要的酿酒葡萄生产基地和优质葡萄酒核心产区。

关键词 山湖戈壁　开都河　霍拉山　博斯腾湖

焉耆盆地葡萄酒产区图

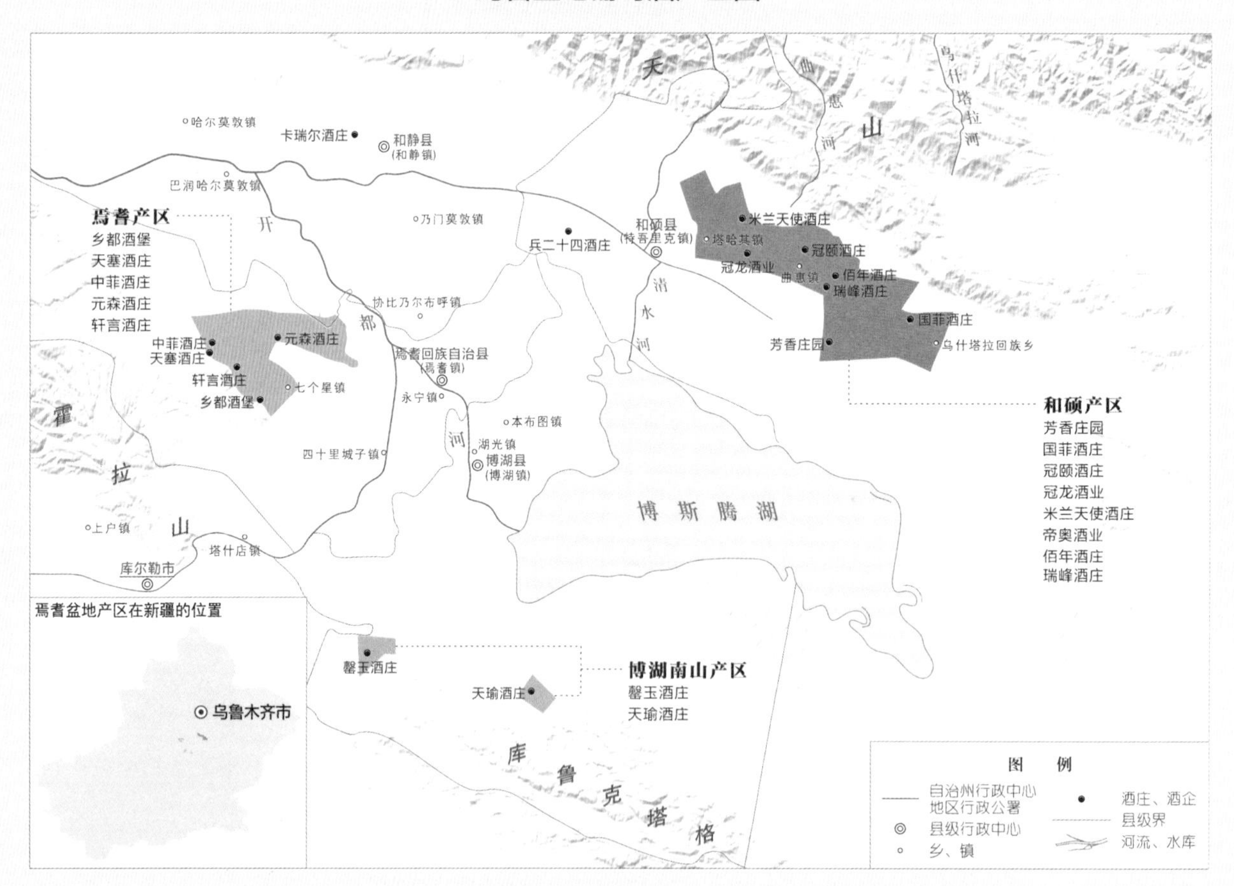

焉耆盆地产业数据
（截至2022年）

葡萄园面积
12万亩

企业数量
40家

酿酒葡萄产量
15000千升

葡萄酒产量
11000千升

葡萄酒产能
80000千升

数据来源：新疆酿酒工业协会

风土档案

新疆焉耆盆地产区风土档案	
气候带	**中温带的大陆性气候**
年日照时数	2980h
有效积温	葡萄生长期（4～10月）积温（≥10℃）3511℃
年降水量	79.8mm
年蒸发量	1876.7mm
相对湿度	57%
无霜期	185d
平均终霜日	4月底至5月初
主要气象灾害	冬季冻害、春季晚霜、大风、冰雹
地貌地质	
主要地形	山间盆地、冲积平原
海拔	1100m
主要土壤类型	沙砾棕漠土
地质类型	天山主脉与支脉间的中生代断陷盆地
酿酒葡萄	
白葡萄品种	霞多丽、贵人香、雷司令、维欧尼、长相思、威代尔、白玉霓、白水晶
红葡萄品种	赤霞珠、西拉、马瑟兰、品丽珠、美乐、歌海娜、蛇龙珠、黑比诺、马尔贝克
栽种面积	12万亩
栽培方式	篱架栽培、冬季埋土防寒

发展简史

作为西域古国之一，历史上的焉耆曾有过灿烂的葡萄酒文化，魏书、隋书、旧唐书等史书中都有所记载。进入20世纪90年代，在西部大开发战略指导下，焉耆盆地内各县充分利用自然资源，调整农业产业结构，开发戈壁荒滩，发展以林果为主的特色农业。1998年，在乡都酒业创始人李瑞琴的示范带动下拉开了产区发展的大幕。

2007年，和硕县大力实施“退白扩红”农业产业结构调整战略，重点发展以酿酒葡萄为主的“红色”产业，连续多年出台了《葡萄产业发展实施意见》，政府统一规划，负责基础设施建设，交由农民进行种植，引导和扶持基本农户发展葡萄产业，促进农户增收致富。同时，大力扶持瑞峰、冠龙、芳香等葡萄酒品牌首先发展起来。

2009年，焉耆盆地葡萄酒产业进入快速发展期，焉耆县葡萄产业园区管理委员会成立，同一年，一大批精品酒庄陆续出现，到2012年，基本形成了现在的规模。并在短短二十年的时间里，形成了焉耆七个星产区、和硕产区、博湖南山产区、和静产区等各具特色的小产区。除乡都、天塞、中菲三大颇具规模的酒庄之外，还有芳香庄园、国菲、罄玉、冠颐、冠龙、轩言、元森、佰年等一大批酒庄拔地而起。

目前，有7家酒庄通过“中国葡萄酒酒庄酒”商标认证，酿酒葡萄种植面积达12万亩、产量1.1万吨，酒企、酒庄40家，种植品种30多个，焉耆盆地成为最具潜力的中国葡萄酒产区之一。

产区风土

（一）地理位置与地貌特征

焉耆盆地位于新疆维吾尔自治区中部，中天山南麓，塔里木盆地东北侧。盆地东西长170千米，南北宽80千米，由西北向东南倾斜，最低处为博斯腾湖。盆地四周被西侧的霍拉山和东部的克孜勒山、南部的库鲁克塔格山和北部的萨阿尔明山所围限，是典型的山间陷落盆地。内部又可分为四个部分，即环绕盆地的洪积—冲积倾斜平原、盆地西半壁的开都河三角洲、博斯腾湖以及阿克尔库姆沙丘。

霍拉山

霍拉山位于新疆巴州焉耆县七个星镇，属天山山脉的中段，最高峰霍拉峰海拔3647米，有明显向东倾斜的高原面，高原面海拔2800～3400米，是塔里木盆地与焉耆盆地的分水岭。

霍拉山对于焉耆盆地产区的酿酒葡萄有着重要地理意义，它在焉耆盆地西侧形成了一道天然屏障，在一定程度上削弱了西北而来的冷空气以及西南方向的风沙侵袭，寒潮、霜冻等强降温天气减少。山前坡地背风向阳，有效积温增加，光照充足，昼夜温差大，通风条件好，有利于葡萄风味及糖分的积累。

东、西戈壁其实是霍拉山的山前冲积扇与开都河三角洲的结合部，处在霍拉山断裂带与焉耆断裂带之间。西戈壁靠近霍拉山，海拔相对较高，植被覆盖率低，建园前需在周边种植防风林带，防风固沙。裸露的沙石让西戈壁升温降温都很快，温差更大，积温更高。东戈壁则靠近开都河流域的绿洲地带，微气候表现上相对平和，物候期比西戈壁要晚7～10天。

开都河

开都河发源于天山中部依连哈比尔尕山，出峡谷后坡度骤降，携带泥沙沿河大量堆积，形成广大的三角洲：盆地西南部的开都河为古代三角洲；近代三角洲分布在古代三角洲之北，其分布范围西起哈拉毛墩、龙口，东至保浪苏木库勒，南至解放渠与孔雀河汇口以北，北至七个星—紫泥泉；现代三角洲在保浪苏木库勒以下。

三角洲中部堆积较高，向南北两侧坡度逐渐缓坦，其间遗留有许多古河道，从开都河河床分别向南向北岔出。许多灌溉渠道即在古河道的基础上修整而成，如大巴伦渠、开来渠等渠道皆是。由于这一带土质较细，又可引河水灌溉，河渠两旁几乎全已辟为农田。

开都河并不是焉耆盆地酿酒葡萄的主要灌溉水源，但其河道周边水草丰茂，对微气候改善和生物多样性的丰富性有着重要作用。

洪积倾斜平原

焉耆盆地的边缘是由洪积冲积扇联合组成的倾斜平原。和静以西，冲积扇的坡度较为平缓；在和静和和硕之间，为由洪水沟造成的连片的小洪积锥，坡度较陡；和硕以东到乌什塔拉一段，洪积扇一直伸展到博斯腾湖北岸，坡度较为平缓，沉积物为砾石和粗沙。这里扇缘潜水溢出带与湖滨低地重合在一起。

如今，平原区大多已开垦为农田，其范围包括

博斯腾湖的芦苇、水鸟，交相辉映成一幅天然的美丽画卷

清水河、曲惠河及乌什塔拉河以东、博斯腾湖东部和东南部各乡场，是和硕产区酿酒葡萄的集中地。

这里也是焉耆盆地最大的雨影区，天山阻挡了北方而来的湿冷空气，在山南侧形成“雨影效应”。受此影响，当地昼夜温差大、空气干燥，通风良好，酿酒葡萄产量虽低，但却有着较高的成熟度和风味物质积累。

博斯腾湖

博斯腾湖位于焉耆盆地东南面博湖县境内，属于山间陷落湖，是中国最大的内陆淡水吞吐湖。由于博斯腾湖水体夏季蓄热冬季释热的现象，客观上缓和了焉耆盆地的气温变化。春天气温回升，湖面的升温比周围的地表要慢，相对温暖的空气吹过冷水面时，被冷却下来，升温速率放缓，推迟葡萄的萌芽，减少春天霜冻的危害；秋季冷空气吹过没有冻结的湖面，降温速度减缓，可以延长葡萄生长期，使得焉耆盆地能够种植不同成熟期的葡萄品种。

沿湖地区有明显的湖陆风现象。湖陆风最大影响范围，在西部为10～20千米，东部为20～30千米。湖陆风垂直厚度达2500～3000米，陆风强度大于湖风，湖陆风每年出现达200天以上。每年4～11月最为盛行，覆盖了整个葡萄生长期。深夜至中午为陆风盛行，干爽的山风从陆地吹向湖面，为葡萄园提供凉爽的环境；中午过后湖风盛行，风携着水汽由湖面吹向陆地，缓解了午后高热的温度。

在博斯腾湖的南岸，库鲁克塔格山北麓是博湖南山产区的所在。这里湖泊、沙漠相连，临近湿地，具有独特的地貌类型，气候稳定、湿润，极适宜酿酒葡萄的生长。

焉耆盆地内的湖泊与雪山

（二）气候条件与土壤地质

1．气候、温度带、季风、降雨等气候条件

焉耆盆地是典型的大陆性干旱气候，加之焉耆盆地受四周高山环绕和千余平方千米博斯腾湖水体的影响，春季气温回升迅速，夏季气候炎热，秋季气温下降快，冬季干燥寒冷，是南北疆气候交错带。当地无霜期长，平均为185天；光照充裕，年日照时数2561～3340小时；热量较丰富，≥10℃活动积温平均3511℃；气温日较差大，7～9月均在15℃左右；降雨量少，年降雨量79.8毫米，蒸发量大，年总蒸发量1876.7毫米，空气干燥，整体气候属于典型的干旱区绿洲气候，并兼有山地、水域、岸边等小气候。

影响焉耆盆地降水的水汽来源主要有三个方面，一方面是来自西北方向北冰洋寒流；另一方面，气温较高时，南印度洋水汽进入焉耆盆地形成降水；第三方面是焉耆盆地西风环流的大西洋水汽。

2．地质地貌、土壤特性

焉耆盆地内地表条件复杂，产区内的葡萄园均位于盆地边缘、土壤贫瘠。大多属沙砾棕漠土，偏碱性，土壤多由卵石、沙砾、细沙、淤泥等经河水、洪水沉积而成。土壤富硒，适合发展富硒农业。

3．葡萄品种及葡萄园管理模式

酿酒葡萄主栽品种有赤霞珠、马瑟兰、西拉、品丽珠、美乐、歌海娜、马尔贝克、蛇龙珠、霞多丽、雷司令、贵人香、玫瑰香、威代尔、白水晶等。其中以赤霞珠、西拉、品丽珠、马瑟兰、霞多丽、雷司令等品种表现最佳。

焉耆盆地产区葡萄园主要分为企业自有葡萄园、农户自管葡萄园、兵团葡萄园，其中管理程度较高的是焉耆东西戈壁酒庄自有葡萄园，诸如天塞酒庄、中菲酒庄、乡都酒业等，多采用厂字形架势，品种多为后期企业独立引种，品种纯度较高，品质稳定性好。农户自管葡萄园多为独龙干、双龙干架形，并存在品种混杂、品质不稳定、管理效率低下等诸多问题，多数老旧葡萄园亟需更新改造。

4．地质、气候等影响葡萄质量的不利因素

焉耆盆地地处内陆，大陆性气候特征明显，强对流天气频发。

在气候灾害表现上，春季3～4月出土后的晚霜冻害会造成幼芽冻死冻伤，造成减产。

4月之后一直到9月采收季，时常会有大风天气，主要集中在葡萄花期、果实膨大期，会造成花穗折损，甚至有龙卷风吹倒葡萄架的灾害发生，通常采用加固架杆来预防。偶尔也会出现暴雨、冰雹天气，但影响并不大。

在8～9月的葡萄成熟阶段，焉耆盆地温度高、日照强，葡萄园一般通过叶幕管理减少日灼伤害，并适时采收以保证最佳的成熟度。

焉耆盆地气候干燥，病虫害发生概率较低，大部分酒庄都采用有机种植。

（三）葡萄酒风格

焉耆盆地属于温暖干燥型葡萄酒产区，酿酒葡萄能够充分成熟，香气物质积累充足，干物质含量高，特别是中晚熟红葡萄品种表现优异，迟采甜酒也很有特色。

红葡萄酒颜色深邃，果香充沛，酒体醇厚平衡，单宁紧致细腻，活泼有力，余味回甘，具有陈年潜力。马瑟兰、西拉、品丽珠、蛇龙珠、赤霞珠等红葡萄品种在全国享有很高的知名度，多次在国内外重大比赛中揽金夺银。比如中菲酒庄，有全国种植面积最大的马瑟兰单一园，酿造的马瑟兰葡萄酒，色深味浓，香料、果酱类气息丰富，富有层次，独具风格，已成为产区的明星品种；西拉热情奔放，紫罗兰香料味突出，厚重均衡，具有陈年潜力，天塞、中菲、国菲都有代表性酒款；品丽珠果香浓郁、活泼细腻，乡都酒庄的单品种品丽珠干红在本地是有名的大单品，用品丽珠等品种采用创新性二氧化碳浸渍工艺酿造的昙花新酒，其风格完

霍拉山下的焉耆盆地葡萄园

全可以媲美法国的博若莱新酒；冠颐酒庄有产区面积最大的蛇龙珠老藤葡萄园，其酿制的单品种葡萄酒，圆润平衡，单宁细腻，屡获荣誉。

白葡萄酒酸度适中，花果香馥郁，入口圆润协调，爽脆纯净，具有温暖产区的典型特点。霞多丽、雷司令、贵人香是产区种植面积最大的白葡萄品种。天塞霞多丽多次荣获世界霞多丽大赛最高奖项，是产区的经典之作；国菲雷司令干白，清新爽利，特色鲜明，也是畅销酒款；贵人香酸度高、适应性强，通过延迟采收酿造的甜酒，甜润平衡，风格独特，很受青年尤其是女性消费者欢迎。

近年来有机种植、富硒土壤的发现和技术创新，葡萄酒产品更加多元化。桃红葡萄酒、迟采甜型葡萄酒、加强（加香）型葡萄酒等产品种类齐全。佰年酒庄的“小甜甜桃红”“冠颐茶葡萄酒”等产品颇具特色。葡萄烈酒也成为当地一大特色产品。在不锈钢罐或传统陶罐中陈年酿造的葡萄蒸馏酒，具有葡萄的芬芳，滋味甘洌醇厚，很有新疆特色；按照国家标准、经过橡木桶陈酿的白兰地，色泽金黄，酒香馥郁，醇厚绵柔，很有市场潜力。

产区分布及代表企业

目前，产区内葡萄酒加工企业及酒庄40家，已经取得生产许可证的达20家。10余家葡萄酒企业已经发展成为国家、自治区、巴州及农业产业化龙头企业。依照《巴州葡萄与葡萄酒产业发展规划（2013—2020年）》，业已形成焉耆七个星产区、和硕产区、博湖南山产区与和静产区四个子产区。

七个星产区。位于博斯腾湖西岸焉耆县七个星镇G218国道两侧，霍拉山山前冲积扇中部，东西戈壁产区分为泰葡庄、华葡园两部分，是焉耆盆地发展最早的产区。产业集中度高，精品酒庄多分布于此，种植面积9.8万亩。代表企业：乡都酒业、天塞酒庄、中菲酒庄、元森酒庄、轩言酒庄、中伟揽胜酒业。

和硕产区。位于博斯腾湖北岸山前冲积扇上，坐落在吐和高速南北两侧，自西向东分布于塔哈其镇、曲惠镇、特吾里克镇、乌什塔拉回族乡一线，小酒庄较多，种植面积9.7万亩。代表企业：芳香庄园、国菲酒庄、冠颐酒庄、冠龙酒业、米兰天使酒庄、帝奥酒业、天葡酿造（巴州天葡果汁酿造有限责任公司）、佰年酒庄、瑞峰酒庄。

博湖南山产区。位于博斯腾湖西南，距离博斯腾湖直线距离最近的子产区，种植面积2.3万亩。代表企业：磐玉酒庄、天瑜酒庄。

和静产区。位于焉耆县北、和硕县西，博斯腾湖西北方向，新兴子产区之一，种植面积0.3万亩。

代表企业｜卡瑞尔酒庄。

参考文献：

1 新疆葡萄酒产业发展第三调研组. 焉耆盆地主产区葡萄酒产业发展调研报告. 新疆维吾尔自治区人民政府. 2020.

2 杨华峰. 2019. 葡萄酒个性化（风土）解读. http://www.winechina.com/html/2019/02/ 201902297155 html[2019-02-20].

3 张仕明. 焉耆盆地酿酒葡萄气候适宜性分析[J]. 沙漠与绿洲气象，2012，12（6）：6.

4 荣其瑞. 博斯腾湖气候效应初探[J]. 干旱区地理，1989，9（12）：3.

5 中国科学院新疆综合考察队. 新疆地貌[M]. 北京：科学出版社，1978.

6 新政发〔2021〕42号. 新疆维吾尔自治区葡萄酒产业“十四五”发展规划. 新疆维吾尔自治区人民政府. 2021.

7 巴州工信局. 2021. 焉耆盆地葡萄酒产业发展情况报告.

8 中葡网团队. 2020. 焉耆盆地：山湖戈壁 美酒天堂. http://www.winechina.com/html/2020/12/ 202012302946.html[2020-12-01].

图片由新疆芳香庄园酒业股份有限公司提供

伊犁河谷

西域湿岛 美酒天堂

概述 伊犁河谷是我国唯一受大西洋暖湿气候影响的地域，也是国内公认的酿造优质葡萄酒的独特葡萄酒产区。目前伊犁河谷酿酒葡萄种植面积3.5万余亩，主要以四师团场为主。随着67团葡萄酒产区的崛起以及河谷其他产区的建设与发展，伊犁河谷已经成为新疆葡萄酒产业一张靓丽的名片。

关键词 伊犁盆地 乌孙山 北疆湿岛

伊犁河谷葡萄酒产区图

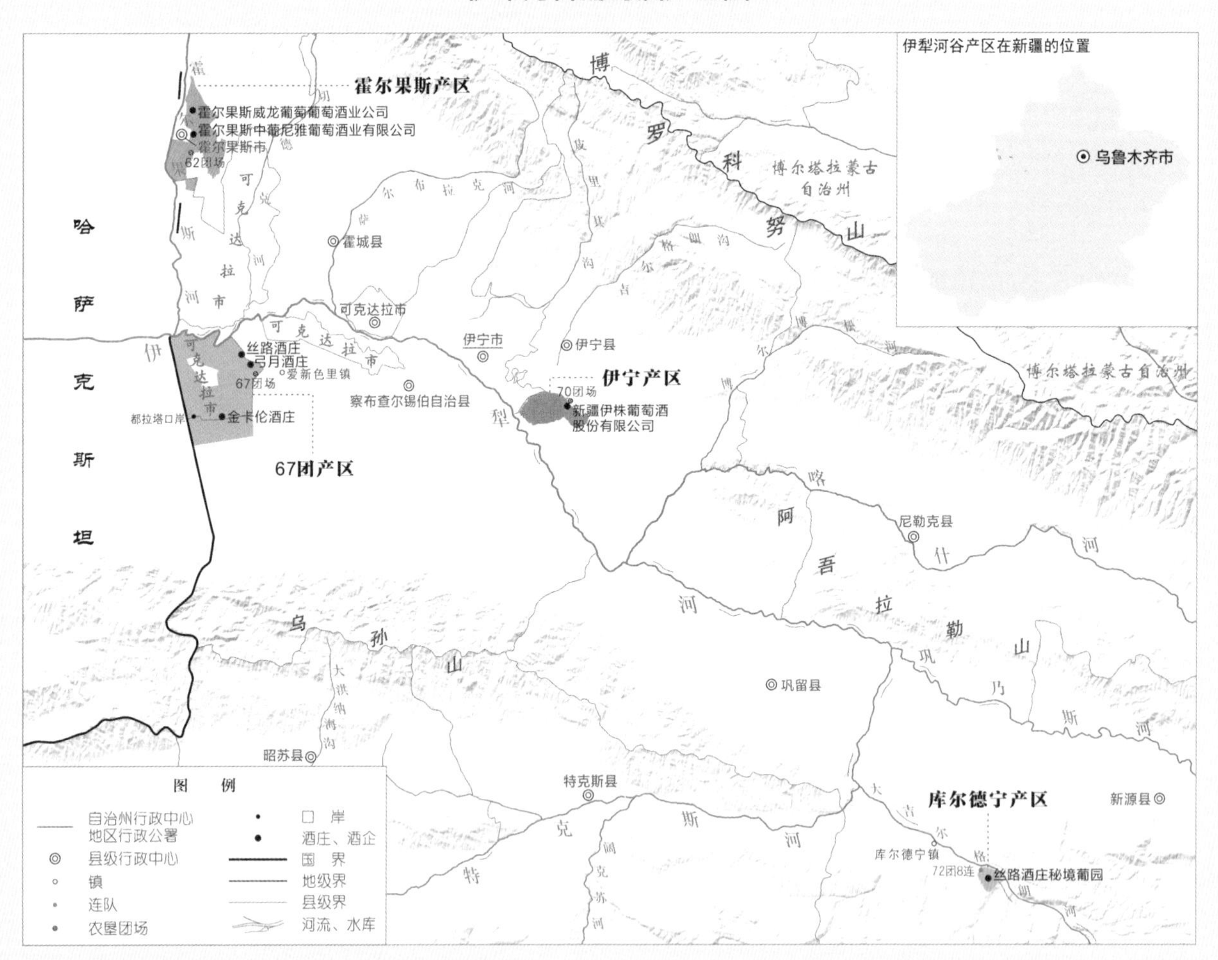

伊犁河谷产业数据（截至2022年）		
葡萄园面积 3.5万亩	酒庄数量 20家	葡萄酒产量 35000千升
葡萄酒产能 100000千升	综合产值 10亿元	

数据来源：新疆酿酒工业协会

风土档案

伊犁河谷风土档案	
气候带	**温带大陆性气候**
年日照时数	2870h
有效积温	3540℃
年降水量	200～417.6mm
无霜期	155～188d
平均终霜日	10月中旬；来年4月中旬
主要气象灾害	霜冻、大风、冰雹
主要病虫害	霜霉病、白粉病
地貌地质	
主要地形	伊犁河冲积细土平原及河漫滩、左岸山麓平原、长岗前山带、冲积黄土平原
海拔	最低处为伊犁河流域，海拔500多m；最高处为那拉提山脉喀班依峰，海拔4257m。伊犁河谷平均海拔在530～1000m，葡萄园分布于700m左右地块
土壤类型	沙砾土、黏土、沙土
地质类型	伊犁河冲积细土平原及河漫滩
酿酒葡萄	
红葡萄品种	赤霞珠、美乐、蛇龙珠、西拉、马瑟兰、小味儿多、桑娇维塞、歌海娜、黑比诺
白葡萄品种	霞多丽、雷司令
栽种面积	3.5万亩
栽培方式	篱架栽培

发展历史

20世纪70年代，新疆生产建设兵团在伊犁河谷试种酿酒葡萄，并建设了伊犁葡萄酒厂，后改为新疆伊珠葡萄酒股份有限公司。

1999年，新天国际在62团投资建设霍尔果斯酒厂，2003年该厂更名为霍尔果斯中葡尼雅葡萄酒业有限公司。2004年宁夏御马在62团建厂。2009年威龙酒厂在62团建厂，并定植10000亩酿酒葡萄基地。

2010年67团开始种植酿酒葡萄，种植面积最大时达2万亩，已成为伊犁最大的酿酒葡萄产区。主要品种有赤霞珠、梅鹿辄、雷司令、霞多丽。

2013年11月，67团第一家标准化的葡萄酒企业——新疆千回西域葡萄酒业公司（弓月酒庄）成立。六十七团第一瓶葡萄酒、第一台酿酒葡萄粒选设备都是由弓月酒庄完成和引进。

新疆丝路酒庄自2012年起在67团陆续试种酿酒葡萄。2016年9月丝路酒庄葡萄采收，2021年6月丝路酒庄建庄奠基仪式在67团成功举行，企业发展步入新阶段。

2016年新疆卡伦酒庄成立，2022年与兵团资产管理公司实现混改，更名新疆金屯卡伦酒业有限公司。

产区风土

（一）地理位置与地貌特征

伊犁河谷位于新疆西北角，天山西部，地处东经80º09′～84º56′，北纬42º14′～44º50′。伊犁河谷北、东、南三面环山，北面有西北—东南走向的科古琴山、婆罗科努山；南有北东东—南西西走向的哈克他乌山和那拉提山；中部还有乌孙山、阿吾拉勒山等横亘，构成“三山夹两谷”的地貌轮廓。

可克达拉市67团位于伊犁州察布查尔锡伯自治县最西缘。西与哈萨克斯坦共和国接壤，边境线长达73.4千米，东与察布查尔县的琼博拉乡、爱新舍理镇为邻；北与四师63团隔伊犁河相望；南抵中天山克特敏山山脊与昭苏四师77团相接。

伊犁河

伊犁河，是一条跨越中国和哈萨克斯坦的国际河流。新疆境内的伊犁河流域为上游部分。下游流经哈萨克斯坦境内，至博勒库依干汇入巴尔喀什湖。

新疆境内伊犁河流域形似向西开口的三角形，有3条自西向东逐渐收缩的山脉，北为天山北支婆罗科努及伊连哈比尔尕山段，南为天山南支哈尔克及那拉提等山段，中为山势较低的克特绵、伊什格里克等山段。北部和中部山段之间为伊犁河谷与喀什河谷，南部和中部山段之间为特克斯河谷与巩乃斯河谷。因向西开口，全流域处于迎风面，降水丰富，谷地年降水量约300毫米，山地年降水量500 ~ 1000毫米。（《中国大百科全书》中国地理卷 P586）

乌孙山

天山支脉乌孙山，海拔2000 ~ 3000米，位于伊犁河谷中部，将喇叭形的伊犁河谷分为南北两个部分。

67团地处乌孙山北麓，伊犁河以南。地势自南向北形成多级阶梯，东窄西宽，南高北低，自东向西渐趋开阔，自南向北逐渐平坦，形状像一面打开的旗帜。地形分为南部山区、山麓丘陵地带、中部倾斜平原、北部河流阶地和河漫滩等五个地貌类型。

乌孙山前冲洪积平原又可细分为三个区域：冲洪积平原中下部，土壤相对贫瘠，植被稀疏，以浅灰钙土为主，风灾以及水土流失危害严重，其中地形平坦带适宜发展农业；冲洪积平原中上部为半荒漠草地，地表倾斜，土层瘠薄，植被稀疏，以浅和暗灰钙土为主；冲洪积平原上部及黄土覆盖的丘陵

伊犁河谷葡萄园风貌

逆温带，海拔800～1100米，地形倾斜或起伏较大，植被覆盖度较中下部增多，降水量增多，冬季无严寒，适宜于林果业和牧业发展（来源：《中国伊犁河流域生态建设战略与互动模式》）。

（二）气候条件与土壤地质

伊犁河谷气候温和湿润，属于温带大陆性气候，年平均气温10.4℃，年日照时数2870小时。年降水量417.6毫米，山区达600毫米，是新疆最湿润的地区。伊犁河谷自然条件优越，农业、牧业发展优势显著。

伊犁河谷是中国唯一受大西洋地中海暖湿气流影响的区域。河谷三面环山，地形呈向西开口的喇叭状，大西洋的水汽远距离接力输送至新疆西部，最先受到影响的就是东西长达250千米的伊犁河谷，伊犁河则由东向西横贯其中。由于谷地地形较为平坦，南、北、东三面高山环绕，西风气流受山地抬升，降水丰富；同时，由于海拔较高，气温较低，蒸发较弱，气候湿润；北天山对北方寒流的阻挡，也使得河谷冬季平均气温较高。伊犁所在的亚欧大陆腹地，受南部青藏高原的阻挡，印度洋的水汽难以到达，而伊犁的西方却是平坦的欧洲平原、欧亚草原，相距超过5000千米的大西洋水汽可以一路向东，直达伊犁河谷。

从大气环流上看，大西洋所携带的暖湿气流，可以随高空大气环流槽脊系统，波动式输送到地势相对较低的中亚地区，也可以随中纬度西风气流，经地中海—黑海—里海—咸海一带，将水汽接力式输送至中亚地区的巴尔喀什湖附近。有时，还有一支低纬度阿拉伯海的水汽，将西南暖湿气流输送至巴尔喀什湖南部，并在合适的大气运动条件下进入新疆西部。当受到海拔高度很高的天山山脉阻挡时，山脉就如同一道屏障，将水汽汇聚在新疆西部的伊犁河谷，从而形成充沛的降水。

河谷南部山区海拔4000米左右，北部山区海拔2000米以上，东部山区海拔均在1000米以上，中西部海拔在600～700米。这样的地形，造成降水时空分布极不均匀，年降水量由河谷西部的200毫米左右，逐渐上升到河谷东部山区的600～700毫米，夏半年降水占全年的60%左右（三面环山的伊犁河谷：大西洋西风带最后眷顾的地方，来源：中国气象报社）。

逆温层是伊犁河谷重要的气候资源。谷地北有天山作屏障，冷空气不易入侵，冬季平均气温-10～12.5℃，加之盆地、谷地的“冷湖”效应，使冬季在谷地、浅山和丘陵区边沿等坡地上，形成有不同厚度的逆温层，即坡面气温高于谷底的现象，葡萄享有较长的成熟期。伊犁河谷逆温层广泛发育且持续时间长，逆温从10月至翌年3月，长达半年之久。1月份的坡地逆温层厚达400米，逆温强度达5℃。逆温带由于不受寒流和暴风雪袭击，有效地提高了谷地在冬季的温度水平，为葡萄及其他果树越冬提供了良好的生存条件，较长的生长期能够使葡萄具有复杂精细的风味，同时也能够保持糖分和酸度的平衡。

67团葡萄基地坐落在伊犁河南岸，背靠乌孙山，山坡天然呈15‰坡度，排水性好。这是人类几千年来第一次在此耕种农作物，是伊犁河谷最佳的酿酒葡萄种植产区。当地光照量年均3010小时，有效积温3540℃，生长季降雨量为200～300毫米，干燥度适中，生长季湿度40%～60%，白天温暖，夜晚却沐浴在清凉的河谷风中，昼夜温差大使成熟的葡萄依然保有天然的酸度。

特殊的河谷地貌，使这里长年流行东西向的谷风，所以葡萄园大部分也呈东西走向，而不是与山坡的走势相一致，另外再加上山谷风的微循环，空气湿度小，通风通光好，葡萄极少受到病害影响，是真正天然的有机葡萄产区。

（三）葡萄品种及管理模式

伊犁河谷产区酿酒葡萄主要分布于霍尔果斯市

（农四师62团）、可克达拉市（农四师67团）、伊宁市（农四师70团）三块区域。其中，可克达拉市（农四师67团）葡萄园面积最大，位于河谷南岸，目前约有1.2万亩；种植品种有赤霞珠、美乐、桑娇维赛、西拉、马瑟兰，小味儿多、雷司令、霞多丽、贵人香等。

霍尔果斯市（农四师62团）目前拥有6000亩葡萄园，位于河谷北岸，主栽品种为赤霞珠、马瑟兰、雷司令。

伊宁市（农四师70团）现有葡萄园面积500亩左右；品种有赤霞珠、美乐、蛇龙珠、威代尔、霞多丽、沙布拉维。

库尔德宁有200亩雷司令，是伊犁河谷地区唯一无须灌溉的产区。

67团酿酒葡萄浇水采用滴灌方法，葡萄园土肥条件好，管理水平高，气候条件代表了新疆伊犁大部分葡萄产区。酿酒葡萄树形多采用多主蔓扇形（“篱”形）为主，有少量的单蔓斜拉式（厂字形）。

春季的晚霜和大风、秋季的早霜是影响当地酿酒葡萄安全的不利因素。

（四）葡萄酒风格

伊犁河谷产区以干红葡萄酒为主，南岸67团的赤霞珠、北岸62团的马瑟兰、东部库尔德宁的雷司令等是当地最有代表性的产品。

干红葡萄酒往往表现出深宝石红色带紫色调，果香优雅，桑葚等黑色水果带烟草、荔枝、桂皮、胡椒类香气，果香、橡木香融合，入口柔顺、紧致，酒体平衡，结构感好，余味长。

赤霞珠：亮丽的宝石红色，舒服的红色水果香气，些许甜椒气息，入口甜润，酒体协调，单宁细腻，舒适易饮，回味悠长。南岸产区的赤霞珠，香气以黑色水果为主，有花香、西梅、树上干杏及少许香料香气。单宁较北岸强，酒体略显粗犷，但整体仍属优雅型。

马瑟兰：浓重的亮紫色，紫罗兰及黑色浆果香气，入口甜润，酒体协调饱满，单宁足骨架强，回味悠长。北岸马瑟兰红色水果的香气更多一些，酒体更为轻盈。与本产区的赤霞珠相比在颜色、单宁柔顺度、酸度等方面具有更多优势；南岸的马瑟兰早熟，容易丰产，抗病害。有紫罗兰、桑葚、薄荷、红枣、树莓酱等香气，单宁极为优雅，酒体细长。回味果香明显，酸度好。新鲜型、陈酿型均可。

70团是伊犁河谷三个产区气候最凉爽的产区。酒体较以上两个产区更为柔顺，单宁更加细致，以红色水果香气为主。美乐在该产区表现优良。

雷司令：浅禾秆黄色，浓郁优雅的百香果、柠檬、柑橘香气，些许蜜瓜等黄色水果气息，酒体轻盈，酸度活泼，层次性好，回味悠长。

北岸的雷司令香气丰富，诸如百香果、柑橘类、甜橙、水蜜桃、槐花等，以上香气因原料的成熟度不同会有不同的呈现，以柑橘类香气为主，陈年后有矿物质香气，类似于长相思的风格。酸度适中，酒体轻盈、舒爽、飘逸。回味丰富，有明显回甘。与法国阿尔萨斯产区风格较为相似。

库尔德宁的雷司令以柑橘类香气为主，酸度高，酒体如天山冰河清新爽利。风格与德国雷司令有相似之处。

美乐、西拉、蛇龙珠、歌海娜、桑娇维塞、小味儿多，都能在该产区充分成熟。品种典型性强。多汁、大粒类品种表现也十分良好。

产区分布及代表企业

伊犁河谷产区可以细分为四个副产区：67团产区、霍尔果斯产区、伊宁产区及库尔德宁产区。

67团产区。作为伊犁河谷重要产区，是自然条件优越、葡萄种植面积最大、酒庄最多的子产区。目前有丝路酒庄、弓月酒庄、金卡伦、欣思诺等五家企业。

丝路酒庄自2012年起在67团陆续试种酿酒葡萄，2021年6月丝路酒庄建庄奠基仪式成功举行，是最早宣传伊犁河谷的葡萄酒企业。丝路酒庄种植的葡萄品种有赤霞珠、蛇龙珠、品丽珠、美乐、马尔贝克、黑比诺、小味儿多、马瑟兰、歌海娜、沙别拉维、雷司令、霞多丽、贵人香等1500亩，全部采用滴灌方式，葡萄行间覆草，充分保持土壤水分。

丝路酒庄创始人李勇，为了寻找具有新疆风土特点的葡萄酒，一直在探索最佳的酿酒葡萄风土，经过十几年的时间，走遍了新疆种植葡萄的山山水水，最终把伊犁河谷作为丝路酒庄种植葡萄基地。丝路酒庄在库尔德宁景区还拥有一片风光绝美的秘境葡萄园。

新疆千回西域葡萄酒业公司（弓月酒庄），是兵团农四师67团招商引资企业，2017年完成总投资1500万元，并完成了年生产能力为3000吨的发酵和灌装能力。二期工程计划投资1500万元，公司原料基地位于伊犁河谷67团，酒庄现拥有发酵罐、精品罐、冷冻机、粒选线等设备，具备高端酒生产条件和优势。公司的目标是致力于优质干红葡萄酒的酿造及高端品牌的打造。

霍尔果斯产区。位于伊犁河谷右岸山前长岗地带。代表性企业有霍尔果斯中葡尼雅葡萄酒业有限公司、霍尔果斯威龙葡萄酒业公司、霍尔果斯梦诗园葡萄酒业有限公司等。

伊宁产区。70团伊宁产区是伊犁地区葡萄酒的发源地，主要企业是新疆伊株酒业公司。现有酿酒葡萄基地500亩，先后引进雷司令、贵人香、佳丽酿、晚红蜜、赤霞珠、蛇龙珠、梅鹿辄、品利珠、法国兰等十余种。

伊犁河谷67团，葡萄园工人正在进行绿肥播施

参考文献：

1 中国科学院新疆综合考察队. 新疆地貌. 北京：科学出版社，1978.

2 新政发〔2021〕50号. 关于加快推进葡萄酒产业发展的指导意见. 新疆维吾尔自治区人民政府. 2021.

3 张国庆，唐勇. 2018. 伊犁67团酿酒葡萄产业现状分析. http://www.winechina.com/html/2018/04/201804294583.html[2018-4-14].

4 中葡网团队. 2020. 伊犁河谷：北疆湿岛 佳酿天成. http://www.winechina.com/html/2020/12/202012303010.html[2020-12-20].

5 李冬梅，张云惠. 2021. 三面环山的伊犁河谷：大西洋西风带最后眷顾的地方. https://baijiahao.baidu.com/s?id=1690671875879394396&wfr=spider&for=pc[2021-02-03].

图片与部分文字资料由新疆丝路酒庄有限公司提供

处在转色期的酿酒葡萄——（蒲昌酒庄）

第三篇

中国酒庄地理

如同世上没有两片完全相同的树叶，世上也没有两瓶一模一样的葡萄酒。而地理条件是让每一片葡萄园都独具特色的最基本要素，它会在每一瓶葡萄酒中被反映出来。

张裕爱斐堡酒庄

——燕山南麓 大国佳酿

张裕爱斐堡酒庄位于北京密云潮河下游，地处燕山南麓怀密盆地的中央，毗邻密云水库。群山、河谷、湖泊等地理要素共同构成了爱斐堡酒庄独特风土，更有OIV国际葡萄酒组织的加持，从而造就了比肩世界的国际品质。

爱斐堡的“国际范”

爱斐堡酒庄的创建离不开已故国际葡萄与葡萄酒组织（OIV）名誉主席罗伯特·丁洛特（Robert Tinlot）的慧眼识珠。2005年，受张裕邀请，丁洛特先生来华考察中国葡萄酒产区，在北京密云的潮河下游左岸的巨各庄镇东白岩村附近发现了一块山坡地。他认为，这里的风土条件优渥：砾石土壤中富含石灰质，土壤排水性、通透性极佳，有利于葡萄根系下扎，保证葡萄充分地汲取土地深层的微量矿物质养分，能够酿造出风味复杂、内涵深厚的高品质葡萄酒。

丁洛特先生以OIV名誉主席的身份与时任OIV主席雷纳、总经理卢西携同一批国际著名葡萄酒专家到访北京参加张裕爱斐堡项目前期论证会，并表示向爱斐堡酒庄提供包括酿酒、种植、栽培及旅游、培训在内的全方位技术支持，使之成为该组织在全球的酒庄示范基地。之后，张裕公司选址于此，并融合了美国、意大利、葡萄牙等多国资本投资7亿余元，于2007年5月建成占地1500余亩的张裕爱斐堡酒庄，“伯乐”丁洛特先生被张裕公司授予北京张裕爱斐堡酒庄名誉庄主荣誉。

张裕爱斐堡国际酒庄采用哥特式建筑风格依山而建，并采取不同装修风格，融合了乡村田园风格、中产风格、乡绅风格、骑士风格多重元素，在中国的土地上完美呈现“国际范”的酒庄风情。首创了“四位一体”的经营模式：即在原有葡萄种植及葡萄酒酿造基础上，爱斐堡还配备了葡萄酒主题旅游、专业品鉴培训、休闲度假三大创新功能，开启了中国酒庄新时代。

张裕爱斐堡酒庄位于京郊，紧邻密云市区，属于北京1.5小时生活圈之内，交通极为便利，北京有名的山区公路密三路从酒庄北门前穿过，国家高速公路网北南方向主干线之一的大广高速也与酒庄仅一河之隔。酒庄周边自然风景秀丽，空气清新怡人，旅游资源丰富，酒庄分为街道生活区、餐饮服务区、娱乐休闲区、教堂博物区四个功能区。这里有无法复制的百年张裕品牌文化，这里有无法比拟的美酒美食之旅，无不诠释着张裕爱斐堡酒庄“国际酒庄新领袖”的非凡气质。

怀密盆地 优异风土

爱斐堡酒庄位于密云区巨各庄镇最西端的东白岩村，这里是首都北京的东北方，华北平原与燕山山脉在此交汇。燕山南麓从西到东有三个大的盆地，其中西部的“怀密盆地”对北京最为重要。这里曾是历史上著名的“平冈道”，是古代华北通往东北4条通道之一。“怀密盆地”是一条伸入燕山山脉的平原带，中部丘陵将之切割为两部分，北部是“燕落盆地”，其核心部分是由潮、白两河冲积出来的平原。为保障首都人民用水，燕落盆地已经变成了“密云水库”。“怀密盆地”的南部，是一个半开放的地理结构，与华北平原之间已经没有丘陵阻挡，爱斐堡酒庄就处在这个平原过渡带上。

酒庄北距华北最大的水库、首都北京最重要地表饮用水水源地——“燕山明珠”密云水库仅有数千米，从密云水库流出的潮河下经酒庄西侧，酒庄、葡萄园均位于潮河左岸一块坡地上，平均海拔在100米左右。酒庄西北方向十余千米处是海拔1400米，有“北方小黄山”之称的云蒙山，东北、东南、正南均有群山丘陵环抱，西侧潮河对岸则是密云市区，地势平坦。纵观密云周边地貌，爱斐堡酒庄宛如一颗精致的钻石镶嵌于丘陵、平原之间。

密云受温带大陆性季风气候影响，气候特点偏冷凉。高大的燕山山脉，使得季风气候中含水气团在逐渐爬坡翻山的过程中形成降雨；同时云蒙山、密云水库共同构成了一道天然屏障，在冬季不仅削弱了西北季风的影响，更为周边区域空气补充了湿度，不致过于干燥。当地全年累计日照时数较长，可达2400小时以上，年有效积温4400℃以上，无霜期210天左右，历史最早下霜日10月7日，历史最晚下霜日10月29日，冬季多东北风和西北风，夏季西南风，全年的主导风向为东北风，平均风力0.08m/s。受丘陵山地、水库水域作用影响，爱斐堡酒庄葡萄园形成了昼夜温差大的局部微气候特点，8月（葡萄膨大期）前后昼夜温差10℃左右，9月（葡萄转色期）下旬达到15℃左右。10月（葡萄成熟期）前后，当地几乎无降水，且受水库温度调节影响，冬暖夏凉，延长了酿酒葡萄的生长期，对保证葡萄糖、酸、酚类物质三者的平衡有非常积极的作用。即便是较晚成熟的赤霞珠也能在此获得良好的成熟度，含糖量可达到250g/L。

海河水系的重要支流潮河自密云水库流出，流经爱斐堡酒庄之后在密云区河槽村与白河汇合成潮白河。潮河下游水草丰茂，两岸植物长势良好，郁郁葱葱，爱斐堡酒庄葡萄园也因此得益，生物多样性极佳。爱斐堡酒庄地处山脉、平原交会处，侧旁又有河流经过，酒庄土壤极为特殊，主要由两种土壤类型构成，地势较低处土壤以河流冲积而成的沙壤土为主，而地势高处则为以片麻岩类风化物为主的沙砾土，矿物质含量极其丰富；两种土壤类型各有特点，但相同之处是受周围山峦地势影响，葡萄园内土质疏松，排水、透气性佳，特别适合葡萄根系下扎。酒庄建庄前曾对土壤深层结构进行了分析，从上到下依次为沙砾型沉积壤土（0~60厘米）、冲积型花岗岩风化沙土（60~110厘米）、冲积型沙石性沙土（110~400厘米）、半风化花岗岩层（400厘米以下），多元化的土壤结构让葡萄根系充分汲取土壤深层的微量矿物质元素，有利于风味物质的积累。

赤霞珠

霞多丽

独特的地理环境造就了张裕爱斐堡酒庄所在地周边的特殊微气候和土壤条件，张裕爱斐堡酒庄技术团队二十年来，充分利用这些风土优势酿造出了世界级品质的葡萄酒，时间和荣誉也给出了他们想要的答案！

位于北京密云巨各庄东白岩村的爱张裕爱斐堡酒庄葡萄园

密云深处 大国佳酿

北京密云自古也是我国华北地区重要的葡萄产地，葡萄种植历史可追溯到清朝康熙年间的皇家葡萄园，距今已有三百多年历史，当地居民对于葡萄种植有着丰富经验。近些年，密云在张裕爱斐堡酒庄的带动下倾力发展葡萄产业，自2010年起随着密云巨各庄镇“酒乡之路”的建设，目前已发展鲜食葡萄2100亩，酿酒葡萄1800亩，葡萄基地6家，葡萄长廊1万米，葡萄年产量达50万千克。

张裕爱斐堡酒庄建成前，酒庄原址上便已经有近千亩葡萄园，均是栽种于20世纪90年代的葡萄老藤，酒庄建设过程中，对原有葡萄园进行了品种、架型改造和梳理，酒庄葡萄园面积共有1100亩，分3个大区（分布于酒庄主楼北区、南区和东区）、12个小区、18个地块，种植师由波尔多著名种植专家让·米歇尔·拉帕鲁担任，“科学种植，生态优先”是他极力倡导的种植理念。

葡萄园均位于向阳坡地上，采用水平式独龙蔓树形和单臂篱架架式，此种栽培模式易于优质化控产栽培和简易化省工栽培。植株行距控制为2.5米、株距为1.5米，一亩地仅栽种266株葡萄树，并进行人工疏果，将平均亩产严格控制在300千克以下；葡萄结果带均分布在离地60～85厘米，成熟度高度一致。主要品种包括赤霞珠、霞多丽、美乐、西拉，后又新增包括马瑟兰、小味儿多等其他品种。

葡萄灌溉由园区井水滴灌完成，11月葡萄需下架埋土，来年3月下旬出土上架。近年来，张裕爱斐堡酒庄先后承担《葡萄—高端红酒文化产业聚集区生态循环模式建设》北京市重大科研项目课题和密云产区高端葡萄酒酿造关键技术研究项目，并针对密云风土特点，结合多年种植经验，主导编制了《密云产区葡萄种植技术规范》，带动了密云葡萄产业的科学发展。

张裕爱斐堡酒庄的建设不仅融合了多国资本的投入，更引入了美国、意大利、葡萄牙等国的酿酒技术，并有国际葡萄与葡萄酒组织（OIV）全程提供技术支持。建庄之初，酒庄首席酿酒师哥哈迪秉承张裕百年酿造精神，融入其法国20多年酿造经验，改良了爱斐堡酒庄十大工艺，将其品质推向完美极致。在干白酿造过程中，葡萄低温采收，通过干冰防护杜绝氧化，并在橡木桶内完成苹果酸-乳酸发酵；带精细酒泥陈酿。干红葡萄酒则通过三级精细选料、低温浸渍、双酵母发酵，全程控氧、旋转木桶支架应用、多类型橡木桶综合使用、错流过滤、真空负压灌装、酒

富含石灰质的土壤能为葡萄根系提供水分，促进矿物质的吸收

窖瓶储等多道工艺。由张裕爱斐堡酒庄率先提出的“一株葡萄树只产一瓶味道复杂、内涵深厚的好酒”酿酒理念，深刻地实践于栽培、酿造过程之中。

匠心独运，功到自然成。2020年，在全球权威媒体Drinks Business于伦敦举办的“全球最佳国宴酒盲品赛”上，爱斐堡酒庄在与法国拉菲酒庄（CHATEAU LAFITE ROTHSCHILD）、法国木桐酒庄（CHATEAU MOUTON ROTHSCHILD）、法国拉图酒庄（CHATEAU LATOUR）、美国杜鲁安酒庄（DOMAINE DROUHIN）、德国艾伯巴赫修道院（KLOSTER EBERBACH）、美国长影酒庄（LONG SHADOWS）、意大利拉加齐酒庄（VILLA RAGAZZI）、西班牙慕卡酒庄（BODEGAS MUGA）、法国玛歌酒庄（CHATEAU MARGAUX）的PK中，以94分的好成绩位列TOP3。

凭借一流的品质，爱斐堡酒庄产品还接连斩获布鲁塞尔国际葡萄酒大赛、柏林葡萄酒大奖赛、MUNDUS VINI世界葡萄酒大赛等大赛金奖。在2021年Decanter世界葡萄酒大赛（DWWA）上，爱斐堡酒庄A8霞多丽干白夺得最高奖项——铂金奖，这是中国葡萄酒在此次赛事中获得的最高荣誉，也是中国干白葡萄酒首次夺得“铂金”。

园内土壤质地疏松，透气性极佳

砾石混合土壤

张裕爱斐堡酒在国际葡萄酒舞台上赢得万千荣誉，其优异品质早已彰显于庄重盛大的外交场合。作为外国元首访华宴会用酒，自2007年酒庄正式开业以来，爱斐堡已40余次登上国宴舞台，包括2010年上海世博会、2014年上海亚信峰会、2015年上合组织峰会、2015年世界互联网大会、2016 年G20杭州峰会、2018年首届中国国际进口博览会、2019年第七届中日韩工商峰会等国际盛会，款待过美国前

总统奥巴马、德国总理默克尔、俄罗斯总统普京、英国前首相卡梅伦、法国前总统奥朗德在内的300多位外国元首和贵宾，已成为国家形象的一张“名片”，中国葡萄酒文化和品质的代表。

最佳品种及年份

爱斐堡（A8）赤霞珠干红：爱斐堡酒庄赤霞珠具有典型黑李子、樱桃等成熟黑浆果香气，以及协调的醇香和橡木香，口感醇厚，酒体丰满，单宁细腻，结构平衡，典型性强。

最佳年份：2009、2012、2015、2017、2018

爱斐堡（A8）霞多丽干白：爱斐堡酒庄的霞多丽干白葡萄酒浑厚而优雅，以柠檬、青柠和轻盈的花香打底，展现出青木瓜、芒果、黄油以及白桃的风味，橡木风味更像是旁观者，而不是主角，精工细作，十分有型。

最佳年份：2008、2011、2015、2018

风土档案	
气候带	**半湿润、半干旱大陆性季风气候**
年平均日照时数	2400小时以上
年平均气温	11.6℃
葡萄成熟前日温差	10～15℃
葡萄生长有效积温	2294.4℃
年活动积温	4422.6℃
年降水量	550mm
无霜期、历史早晚霜日	210d，早霜10月7～29日，晚霜最迟至4月30日
主要气象灾害	暴雨、霜冻、冰雹
地貌地质	
主要地形及海拔	以丘陵、平原、山地多种地形组合，26～112m
土壤类型	富含石灰质的砾石混合土壤
地质类型	沙砾结构土质
酿酒葡萄	
主要品种	红葡萄品种：赤霞珠、美乐、西拉 白葡萄品种：霞多丽、长相思

参考文献：

1 爱斐堡酒庄. 2022. 国宴上的爱斐堡，见证中国葡萄酒力量. https://mp.weixin.qq.com/s/caNvlR2FfO373AgokRCccA[2022-05-10].

2 钱江晚报. 2021. 25年匠心酿造，这款刷屏浙江的酒什么来头？https://baijiahao.baidu.com/s?id=1718093257682177072&wfr=spider&for=pc[2021-12-03].

3 凌川儿. 2021. 这张中国名片，又更新了！https://baijiahao.baidu.com/s?id=1719775083207835129&wfr=spider&for=pc[2021-12-22].

图片与部分文字资料来源于张裕爱斐堡酒庄官方资料

安诺酒庄

——丘山风土 安诺表达

从荒地到酒庄，历经八年打磨，由安诺香港控股、上海诺毅投资和安诺其集团联合打造的安诺酒庄于2020年9月正式开庄。集天地灵气的大雁湖、层层叠叠的葡萄梯田、西班牙建筑风格的酒堡，安诺酒庄已经成为丘山山谷独具风格的唯美酒庄。

山谷梯田　最美景观

蓬莱“一带三谷”是获认证的中国葡萄酒小产区，其中丘山山谷范围包括大辛店镇木兰沟、楝了沟、夏侯村、丘山店村周边区域，是一块海拔100米以上的丘陵台地。安诺酒庄位于台地东南部，处于丘山山谷的核心地段。正北方向，海拔200多米的丘山与酒庄的直线距离约为4千米，丘山水库离酒庄7千米。酒庄北面与东面距离海岸线25千米左右，西面与南部为艾山山脉，受海洋性凉爽气候影响较大，从而形成独特的气候环境。

安诺酒庄葡萄园地形以丘陵为主，呈梯田状环绕在酒庄周围。梯田地块，通风透光条件较好，有利于葡萄生长和营养物质的积累，使得葡萄园光照、葡萄成熟更均匀。葡萄栽培架势为单臂双干，主干离地高度80厘米，提高株距之间的通风透光，以减少病害发生。土壤以沙壤土和沙砾土为主，北坡黏土较多，南坡多沙壤土，结构松散，排水性极佳，为葡萄生长构建了完美的透气性，利于吸收更多的矿物质。

夏成宏摄

酒庄丘陵地势绵延起伏，形成了极利于葡萄种植的独特山谷环境。占酒庄八分之一面积的大雁湖给葡萄园创造了独特的微气候条件，广阔的大雁湖水域能较多地吸收太阳辐射能量，使邻近的葡萄园气候比较温和，无霜期长，能满足晚熟、极晚熟品种葡萄的充分成熟；同时湖泊反射出的大量蓝紫光和紫外线，有利于葡萄果实的着色和风味物质的积累。一年1300小时的日照，长达210天的生长期，有利于芳香类物质积累并给予葡萄最好的成熟度和最适宜的糖酸比。

安诺庄园坐落在梯田山谷之中

这里年平均降水量600毫米左右（8～9月降雨量偏多），葡萄成熟期的降雨以及个别年份的冰雹、风害会对葡萄生长有一定影响。自2014年以后，气候逐渐产生变化，7、8月份降雨明显减少。为此安诺酒庄未雨绸缪，在2016年开始新建水利设施，充分利用区域内大雁湖的有利条件，实现葡萄园先进的水肥一体化管理。

海风、晨雾是影响酒庄小气候的重要因素。受到北面丘山的阻挡，海风减弱的同时会使葡萄园气候变得更加温润。晨雾多出现在9月份葡萄成熟的关键时期，对葡萄成熟与养分累积有利。晨雾形成的水滴会降低果实表面温度，尤其上午时间，避免摘叶后的果实产生日灼；同时晨雾一般不会持续太长时间，上午8、9点钟基本消散，不会明显增加空气湿度，给葡萄园带来霉病风险。

特殊品种 别有“乾坤”

安诺酒庄葡萄种植面积有450亩，目前主要种植8个葡萄品种，红葡萄品种：马瑟兰、美乐、赤霞珠、小味儿多；白葡萄品种：小芒森、霞多丽、维欧尼、爱格丽。葡萄园以酒庄为中心分布，马瑟兰分布在酒庄大雁湖的南、北两坡，东西行向；霞多丽分布在大雁湖北坡，东西行向与南北行向各占一半；小芒森分布在大雁湖北坡，东西行向；赤霞珠

小味儿多

美乐

分布在酒庄西面地块，南北行向；美乐分布在大雁湖北面、酒庄西、南坡地，基本全部为东西行向。小味儿多分布在酒庄南坡坡顶，南北与东西行向分布；目前，维欧尼和爱格丽种植面积比较小，分布于酒庄西面，南北行向。

虽然安诺酒庄葡萄园较为集中，但同一品种分布在不同地块也会略有差异，主要是与不同地块的土壤构造、地块高度、地块朝向以及距离大雁湖的远近有关。每年不同的气候条件，特别是降雨会对偏早熟的品种产生一定影响。表现最好的是大雁湖两边的地块，诸如马瑟兰、霞多丽、小芒森，其次是种植于南坡顶部的小味儿多。马瑟兰、小味儿多、小芒森在不同年份之间品质表现比较稳定，也成为酒庄的特色品种。

在葡萄园管理方面，酒庄加强人工精细化管理，精准控产，科学种养，让果实更健康，更具风味特色。对降雨易导致的霜霉病、炭疽病、灰霉病、虫害绿盲蝽、斑衣蜡蝉等病虫害，酒庄以防治结合为主。每年的萌芽期与落叶期，基地人员都使用石硫合剂对树体与园区内部实施全面杀菌作业，从根本上减少病原对葡萄的影响。此外，通过深施天然有机肥、滴灌肥料等措施保证葡萄树的健康。为提高葡萄质量，在控产方面，酿酒师会根据葡萄品种、当年葡萄树长势、葡萄指标变化、葡萄风味

沙壤土地块

性物质等方面制定产量与质量平衡方案，同时基地人员会在转色前对葡萄实施控产疏果作业，亩产严格控制在350 ~ 500千克。

马瑟兰目前是国内相当走红的红葡萄品种之一并在各个产区各具风格。在安诺酒庄，马瑟兰也极具特点，浓郁的果香、甜美的酒体非常适合国人口感。在葡萄成熟期，湖面光照被折射到两面葡萄园中，使得葡萄上下受到光线均匀照射，果实成熟充分。马瑟兰整个生长期光照充足，促使葡萄成熟度极其完美。安诺马瑟兰香气方面表现更多的是浓郁且丰富的黑色浆果香气，以及浓艳的月季、玫瑰等

花香，同时口感也更为甜美丰富。由于马瑟兰种植于大雁湖南、北坡两面，酒庄便以大雁湖为名，推出了100%马瑟兰酿造的雁湖干红，深受消费者喜爱。

当初选种小味儿多的时候，酒庄考虑效仿国外产区将其作为调配品种进行混酿，混酿使用比例5%~10%，利用小味儿多增加其他品种的颜色与结构。但在2018年葡萄结果后，酒庄发现该品种的数据指标与风味性物质极为充足，便根据原料表现制定特殊的工艺措施，酒的品质出乎意料。受风土影响，该品种的成熟度与糖度达到了非常理想的标准，呈现浓郁的果香，饱满的酒体，细腻且丝滑的单宁，最终酿酒师决定将其作为主要品种混合少比例的赤霞珠、美乐、马瑟兰进行调配，推出酒庄高端产品安诺丘谷干红。产品上市后斩获国内外诸多大奖。

大家一提到小芒森都想到适合酿造甜白，干白产品在市面上并不多见，而在安诺酒庄小芒森被誉

春季抹芽定梢

行间机械除草

为百变星君，既可以酿造11%vol果香型甜白，也可酿造18%vol陈酿型甜白，甚至可以酿造干白。2020年，安诺酒庄通过把控小芒森采收时间并经严格工艺实施，成功酿造出了小芒森干白葡萄酒，实现了工艺的创新。该酒款对比常规白品种具有浓郁且成熟的热带水果香气，口感更为甜美饱满，果味极其丰富而持久。产品一经推出获得行业内外诸多好评与大奖。

丘谷风土 安诺表达

安诺酒庄自建庄开始，一直本着打造精品百年酒庄为目标，立足海岸葡萄酒产区，依托丘山山谷独具优势的风土条件，在年轻而富有创造力的管理团队的带领下，极具匠心地打造出了富有丘山山谷风土特色的高品质产品。目前，酒庄葡萄酒年产量100吨，已成功推出开庄以来第三个年份产品，包括丘谷、雁湖、久诺、庄园等四个产品系列。

丘谷、久诺、雁湖属于酒庄级别高端产品，严格控产，主打品质。丘谷干红是酒庄最高端产品，小味儿多为主要品种，陈酿后调配赤霞珠、美乐、马瑟兰等，是一款珍藏级干红葡萄酒；排在之后的久诺系列红葡萄酒以赤霞珠为主，调配少许美乐、小味儿多；久诺干白则是采用100%霞多丽进行酿造；以大雁湖命名推出的一款单品雁湖马瑟兰干红葡萄酒，浓郁丰富的果香，甜美柔顺的口感非常受国人喜爱；庄园系列则是果香新鲜、清新易饮的风格，主打性价比，这一系列有庄园美乐、庄园马瑟兰、庄园小芒森干白、庄园甜白等产品。

采用特色酿酒葡萄品种与意大利先进酿酒设备，传统工艺与现代科技相结合，安诺酒庄积极探索产区的风土表达。工艺方面，安诺酒庄采用小锥体发酵罐结合冷浸渍酿造工艺，可以更好地浸渍颜色转化果香。陈酿阶段采用法国橡木桶与美国橡木桶混合陈酿方式，香气呈现美桶的甜美奔放，酒体

则表现为法桶的细腻优雅。白葡萄酒酿造更加追求果香、纯净、细致的风格特点，红葡萄酒酿造根据品种与原料情况在传统酿造工艺基础上增加了冷浸渍工艺、二氧化碳浸渍工艺、热浸渍工艺与浓缩工艺等现代工艺处理方法，而甜白葡萄酒采用酒庄独特的小芒森葡萄品种酿造，极具风格。

安诺酒庄以“酿一瓶丘谷风土的酒庄酒”为理念，致力于实现丘谷风土的纯粹表达。目前，酒庄是“蓬莱海岸葡萄酒”国际地理标志产品授权使用的酒庄之一，以优质酒庄酒生产为核心，涵盖优质酿酒葡萄种植、葡萄酒文化推广和交流、葡萄酒主题酒店、休闲旅游、康养基地等业态集群，安诺酒庄俨然已成为丘山山谷一颗璀璨新星！

截至目前，安诺酒庄共获得国内外葡萄酒大赛奖牌65枚，其中丘谷、久诺、雁湖等产品系列均获得德国柏林大奖赛与比利时布鲁塞尔大奖赛的8枚金奖；庄园美乐干红葡萄酒2019荣获2021中国优质葡萄酒挑战赛金奖，雁湖干红葡萄酒2022荣获2021中国优质葡萄酒挑战赛品质卓越大奖；小芒森甜白葡萄酒2019荣获2019中国优质葡萄酒挑战赛金星奖，小芒森甜白葡萄酒2020荣获2022德国柏林大奖赛金奖。

最佳品种及年份

马瑟兰：2019年份是马瑟兰推出的第一个年份酒，花果香气浓郁丰富，酒体饱满且甜美多汁，代表着丘山山谷优雅细腻的风土特点。

最佳年份：2019、2021

小芒森：晚熟、高糖、高酸的小芒森在酒庄表现独特，无论小芒森甜白或干白葡萄酒，浓郁且丰富的热带水果香气，酒体甜美芬芳，果香余味干净持久。

最佳年份：2018、2019、2020、2021

风土档案	
气候带	**暖温带季风区大陆性气候**
年平均日照时数	2862h
年平均气温	12.8℃
最低温、最高温	极端最高温38.8℃，极端最低温-17.1℃
有效积温	2244.7℃
年降水量	600mm
无霜期	242天
气象灾害	冰雹、降雨过量、风害
地貌地质	**丘陵地貌**
主要地形	丘陵
土壤类型	沙砾土为主，部分为棕壤土
地质类型	多为花岗岩或片麻岩等残坡积风化物与厚层洪积物
酿酒葡萄	
主要品种	红葡萄品种：马瑟兰、美乐、赤霞珠、小味儿多 白葡萄品种：小芒森、霞多丽、维欧尼、爱格丽

参考文献：

1 安诺酒庄. 2020. 走进安诺酒庄. https://mp.weixin.qq.com/s/LDSGHOXqJfJxYb-oVkL2dA [2020-06-11].

2 安诺酒庄. 2021. 缤纷酒色，匠心酿造. https://mp.weixin.qq.com/s/y76KJWodiif3siiuoX0lkw [2021-08-19].

3 安诺酒庄. 2021. 安之若素 诺守初心|这里是优雅心灵的栖息地. https://mp.weixin.qq.com/s/38jAID5_tRRNyrjCz6KQjA[2021-08-20].

4 蓬小仙. 2019. 国内第二家“葡萄酒小产区”落户蓬莱. https://mp.weixin.qq.com/s/_MSu7qdH_O7qfvr5btR7mw[2019-09-18].

图片及部分文字资料由安诺酒庄提供

新疆张裕巴保男爵酒庄

——欧式庄园 天山佳酿

新疆天山北麓称得上是原生态的天堂级葡萄产区，地处1990年被联合国教科文组织设立的博格达"人与生物圈"自然保护区内，玛纳斯河带来天山冰川融雪的甘洌，涓涓灌溉这里的葡萄园。作为新疆一座专业化酒庄，张裕巴保男爵酒庄传承百年张裕的酿酒技术，以酿造生态、健康、高品质的葡萄酒为目标，让世界品味到了新疆纯净自然的天山风土！

天山北麓 欧式庄园

天山北麓是指准噶尔盆地南部天山北坡的大片区域，中华人民共和国成立初期这里就是中国葡萄酒原酒生产地。随着中国葡萄酒产业的快速发展，国内优质原料出现短缺局面，众多内地葡萄酒生产企业纷纷到新疆寻求优质酿酒原料。由于烟台可开垦的葡萄园越来越少，张裕也把原料基地建设转向西部，新疆天山北麓产区同样也吸引了张裕的目光。作为最早把原料基地移向石河子的内地企业，张裕公司于2009年8月控股新疆天珠葡萄酒业有限公司，拥有了稳定的原酒生产基地。

天山北麓产区属温带大陆性干旱气候，深居欧亚大陆腹部、准噶尔盆地南缘、毗邻古尔班通古特沙漠，地处于1990年被联合国教科文组织设立的博格达“人与生物圈”自然保护区内。玛纳斯河带来天山冰川融雪的甘冽，涓涓灌溉这里的葡萄园，纯自然、无污染。年日照时数2800小时，无霜期160天左右，加之昼夜温差达20℃以上，非常利于葡萄糖分的充分积累与色素的形成，酿造的葡萄酒醇厚馥郁，酒精度不低于13.5度；全年降水稀少，干燥的气候更远离了病虫害的侵袭，避免了使用农药。灌溉引自纯天然的天山雪水，施肥选用附近牧场的有机肥。土壤富含砾石、钙、磷、铁等矿物质元素，具有良好的通透性和排水性，称得上是原生态的天堂级葡萄产区。

由烟台张裕葡萄酿酒股份有限公司投资10亿多元兴建的新疆张裕巴保男爵酒庄是新疆一座专业化酒庄，位于天山北麓产区的石河子市南山新区。透过形似凯旋门的巨大的酒庄大门，可以看到一座19世纪法国古典风格的主城堡。在新疆格外清澈的蓝天白云衬托下，这座气势恢宏的法式经典城堡，与周围的葡萄园、远处的天山融为一体，充满浪漫唯美气息。酒庄于2010年5月18日破土动工，2013年8月投产，2014年6月6日全面开业，是集葡萄酒生

产、销售、文化传播、观光旅游、餐饮接待等为一体的现代化大型酒庄，年可接纳游客100万人次以上。

酒庄以张裕百年前第一任酿酒师马克斯·冯·巴保男爵（Baron Max von Babo）命名，以铭记他的重要贡献。巴保男爵出身于奥地利酿酒世家，为世袭男爵。其父是欧洲名噪一时的葡萄酒专家，因1861年发明了著名的“巴保糖度表”（KMW），被载入欧洲葡萄酒酿造史。自1896年起，巴保男爵在张裕工作了18年。他为引进欧洲葡萄品种、应用西方酿造设备、推行现代酿酒技术，做出了开拓性的贡献，并为张裕酿出了中国第一款葡萄酒和白兰地。而酒庄名誉庄主是有着50余年酿造经验的世界葡萄酒大师约翰·萨尔维伯爵（Count John U Salvi MW）。约翰·萨尔维是意大利萨尔维家族世袭伯爵，八岁起开始接触葡萄酒，擅长葡萄园风土与气候研究。他热爱葡萄酒事业，来到新疆后，他希望在波尔多之外的新疆风土宝地，酿造出风格独特的世界级水平的葡萄酒。

北疆佳酿之源

有机是目前张裕巴保男爵酒庄酒的一大亮点。原生态、零污染的先天生态气候条件，为酿造生态、健康、高品质的葡萄酒提供了优质的葡萄原料。酒庄始终坚持尊重自然、可持续发展的理念，拥有中国质量认证中心（CQC）有机产品认证和中国葡萄酒酒庄酒认证，传承百年张裕的酿酒技术，用专注认真的态度酿造出品质卓越的葡萄酒。

纯净的天山万年雪水灌溉。天山虽然深居内陆、距海遥远，但是由于海拔的原因，在高山之巅，水汽凝结形成雪花飘落，冬季天山最多可积雪100亿立方米，遥望之处一片雪山雪海，从而在峰顶积攒了万年的冰山雪水。这些雪水都是大自然的馈赠，纯净、清冽，纯天然无污染，而用这样的雪水灌溉出来的巴保男爵葡萄园，才能称得上是真正的绿色天然。

大陆性干旱气候带来灿烂的阳光。巴保男爵葡萄园位于中国第二大盆地——北纬44°的准噶尔盆地南缘，是新疆天山北坡玛纳斯河西岸小产区、种植葡萄的“黄金地带”，它深居内陆，属于典型的温带大陆性干旱气候。这样的大陆性干旱气候使得这里平均气温6.6℃，年降水量为125.0～207.7毫米。稀薄的云层，让这里的日照时间达到年均2800小时，无霜期160天，超过了波尔多产区；而稀少的降水和干燥的气候，让葡萄远离了病虫害的侵袭。这样温暖的气候和充沛的阳光才能让巴保男爵葡萄园里的酿酒葡萄风味更加浓郁饱满。

富硒矿物土壤让葡萄更加甘甜醇美。巴保男爵葡萄园位于天山北麓前山带第二排褶皱构造带北部、玛纳斯山麓冲积扇。土壤成土母质以冲积物为主，其中含有砾石、沙粒，土质粒径较细，土质疏松，通水透气性能力强，有利于葡萄根系的生长发育。土壤属于棕漠土、灰漠土和潮土，富含硒、钙等元素，土层深厚，有机质含量丰富。不仅如此，产区土壤其上沉积石炭纪、二叠纪、三叠纪、侏罗纪、白垩纪、第三纪和第四纪地层，由东南向西北倾斜的地势让河流冲刷出古生物遗留下的丰富营养物质，这些物质可以促进葡萄的生长发育，让葡萄的风味更加甘甜醇美。而表面覆盖的砾石、沙粒，比热容较低，昼夜温差大，非常利于葡萄糖分的充分积累与葡萄色素的形成。葡萄种植使用的肥料均为有机质含量丰富的有机肥。

酒庄管理的葡萄园面积约3.5万亩，主要分布在天山北麓石河子152团、141团、142团、144团，主栽赤霞珠、梅鹿辄、雷司令、霞多丽、贵人香、白玉霓。葡萄园按地块进行分级管理，分为A级、B级、C级和白兰地专用基地。其中，A级基地采用厂字形，其他基地采用篱架龙干形，分别制定相应的栽培技术和考核办法。针对不同葡萄园的树形，进行相应的管理。石河子地区适宜种植的品种有赤霞珠、梅鹿辄、马瑟兰、小味儿多、西拉、烟73、雷司令、霞多丽、贵人香和白玉霓。其中白玉霓适宜种植在G312国道以南，梅鹿辄和烟73

巴保男爵酒庄葡萄园

品种较易受冻。近几年，酒庄持续引进新品种，以补充现有品种。

石河子地区葡萄酒特点是口感和风味浓郁饱满，糖度高，酸度较低，单宁强劲厚重，酒庄充分发挥了新疆产区葡萄成熟度高、糖分高的优势，突出果香浓郁的独特风格，同时也在积极引进高酸品种予以补充，进行混酿，打造出了新疆产区极具个性的葡萄酒，主要分为酒庄霞多丽干白葡萄酒及酒庄混酿干红葡萄酒两大品牌系列。巴保男爵酒庄X6干红2018，作为酒庄标杆品质的优秀代表，由赤霞珠和美乐混酿而成，经过12个月法国橡木桶的陈酿和融合，咖啡和巧克力气息突出，单宁柔顺，赤霞珠的刚与美乐的柔，瞬间可使人领略天山北麓产区的独特风味。

新疆张裕巴保男爵酒庄酒产品自投产以来，在很短的时间里获得多个国内外赛事的金奖、银奖等诸多奖项，涵盖了亚洲葡萄酒质量大赛、“一带一路”国际葡萄酒大赛以及Decanter世界葡萄酒大赛、布鲁塞尔国际葡萄酒大赛、柏林葡萄酒大赛、国际葡萄酒与烈酒大赛、国际葡萄酒挑战赛、奥地利维也纳国际葡萄酒挑战赛等，获奖产品则包括了新疆张裕巴保男爵酒庄酒2018、新疆张裕巴保男爵酒庄2017年份西拉干红、新疆张裕巴保男爵酒庄2017年份霞多丽干白、新疆巴保男爵酒庄X6干红2018、新疆巴保男爵酒庄X7大师臻选干红葡萄酒2018等酒庄酒系列产品。

砾石土壤

文化旅游新高地

张裕巴保男爵酒庄是目前新疆首座以葡萄酒为主题的庄园。酒庄不仅酿酒，还承载着葡萄酒文化传播的使命。酒庄规划了大型的张裕酒文化博物馆，与中国西域文化、葡萄酒文化及张裕百年历史文化有机结合，拥有独特的文化魅力；同时，酒庄集葡萄酒酿造、观光旅游、会务休闲于一体，并与天山丰富的旅游资源结合，开设葡萄酒文化旅游路线，年接纳游客达50万人次，让更多的人体验新疆葡萄酒文化，认识到新疆产区完全能够产出媲美世界知名产区的葡萄酒。

以张裕的品牌号召力与市场影响力，张裕巴保男爵酒庄让更多的葡萄酒从业者、消费者关注新疆葡萄酒。大国匠心百年如一，中国风土酿世界品质佳酿。新疆巴保男爵酒庄以原生态的天堂级葡萄产区，酿造出生态有机葡萄酒，是百年张裕大国工匠精神的体现，也是张裕公司坚持可持续发展观、坚守有机酿造方式的创新体现。一代代酿酒人匠心传承，挖掘中国风土，酿造中国风味，讲好中国故事，传播中国文化，展示中国自信，让全世界更多爱酒人爱上中国酿造!

最佳品种及年份

梅鹿辄：梅鹿辄是张裕巴保男爵酒庄的主栽品种，葡萄园位于天山北麓中段、准噶尔盆地南缘，东临玛纳斯河，南面始于天山前山脚下，整体位于红山嘴玛纳斯河出山口地带。海拔450米。温带大陆性气候，昼夜温差大，有利于糖分的积累。土壤以灰漠土

梅鹿辄

和砾石戈壁为土，富含硒、钙等，有机质含量高，土层深厚，透气性强。引入纯净的天山雪水灌溉，沟底铺设除草布，行间种植低矮的植被以调节微气候环境。略冷凉的气候使梅鹿辄葡萄的生长期更长，可充分成熟，果实酚类物质积累丰富。新疆石河子的梅鹿辄干红葡萄酒呈深宝石红色，具有浓郁的红色浆果香气，经过橡木桶陈酿后伴有烘烤、香料的香气，具有丰富的层次感，入口圆润，单宁强劲，酒体丰满，回味悠长。梅鹿辄干红主要用于调配新疆张裕巴保男爵酒庄X6、X5、X3干红葡萄酒。

最佳年份：2019

风土档案	
气候带	**温带大陆性干旱气候**
年平均日照时数	2700～2800h
年平均气温	6.6℃
最低温	39.8℃
有效积温	3260℃
活动积温	3400～3500℃
年降水量	100～200mm
无霜期	160～170d
气象灾害	倒春寒、早霜
地貌地质	**丘陵地貌**
海拔	370～680m
土壤类型	棕漠土、灰漠土和潮土
地质类型	玛纳斯河山麓冲积扇
酿酒葡萄	
主要品种	红葡萄品种：赤霞珠、梅鹿辄、烟73 白葡萄品种：雷司令、霞多丽、贵人香、白玉霓

参考文献：

1 蓝裕文化. 2020. 新疆第一个专业酒庄：张裕巴保男爵酒庄. https://mp.weixin.qq.com/s/dHhQQdMSIFClu-Ey14VZ3g[2020-07-21].

2 巴保男爵酒庄. 2020. 四个维度读懂天山下的巴保男爵酒庄. https://mp.weixin.qq.com/s/kg1uac6wT1ljfc5N3EsZFw[2020-07-24].

3 巴保男爵酒庄. 2021. 揭秘张裕首任酿酒师巴保男爵的家世. https://mp.weixin.qq.com/s/lWoOZxd8OqfNbUHMcemLIg[2021-03-16].

4 巴保男爵酒庄. 2022. 天山下的有机酒庄：巴保男爵新品上市发布会圆满召开. https://mp.weixin.qq.com/s/eTd2PkT7wxHglRVeoChVlw[2022-08-06].

5 文静. 2009. 张裕1亿收购天珠酒业. http://finance.sina.com.cn/stock/s/20091209/00037074813.shtml[2009-12-09].

6 海峡都市报. 2013. 张裕巴保男爵酒庄开业 新疆首座专业酒庄首推13.5度浓郁型葡萄酒. http://dzb.hxnews.com/2013-08/21/content_128849.htm[2013-08-21].

7 蓝裕文化. 2018. 当场签下30余家旅行社，这酒庄旅游又要称霸中国西部了. https://mp.weixin.qq.com/s/O_BErEZhU0EOllbWBaU0Eg[2018-03-20].

图片及部分文字资料由张裕巴保男爵酒庄提供

有机葡萄园的人工除草

张裕丁洛特酒庄

——一座收藏级名人酒庄

张裕丁洛特酒庄坐落于烟台黄渤海新区的张裕国际葡萄酒城内，以国际葡萄与葡萄酒组织（OIV）名誉主席罗伯特·丁洛特先生的名字命名，是国内第一座收藏级葡萄酒庄。半岛北部旖旎的海湾风貌，绵延起伏的丘陵以及柳林河谷的微气候，成为丁洛特酒庄酒品质卓越的风土基础。

以酒界领袖之名 打造第一座收藏级酒庄

在张裕旗下的酒庄品牌中，有两座以人名命名的酒庄，一座是位于新疆石河子的巴保男爵酒庄，而另一座便是位于山东烟台的丁洛特酒庄。酒庄始建于2012年9月，用已故国际葡萄与葡萄酒组织（OIV）名誉主席罗伯特·丁洛特（Robert Tinlot）先生的名字冠名。丁洛特先生曾掌舵国际葡萄与葡萄酒组织11年，在维护产区立法、规范技术标准、建立卫生质量体系、推动全球葡萄酒贸易等方面做出了卓越贡献。在他任期内及退休后曾多次访问中国，对中国葡萄酒行业、烟台产区、张裕的发展给予了莫大的关怀和帮助。

1987年，丁洛特先生首次访问中国，并参加烟台举办的“国际葡萄酒、白兰地品评讨论会”。1992年，丁洛特先生再度来到烟台，亲手为烟台“国际葡萄·葡萄酒城”城徽揭幕。

丁洛特先生曾表示，当他第一次来到烟台时就深深地喜欢上了这座城市。温和湿润的气候，充足的阳光，使得这里成为中国最好的葡萄产区，并造就了一大批中国优秀的葡萄酒企业，而张裕就是其中的佼佼者。自1987年以来，丁洛特先生先后十多次莅临张裕公司考察指导，见证了张裕公司的发展与变化，为张裕葡萄酒走向世界做出了突出贡献。2012年9月，烟台张裕国际葡萄酒城丁洛特酒庄项目奠基。丁洛特先生以八十多岁的高龄从法国赶来出席酒庄的奠基仪式。在奠基仪式上他表示，会继续关注和支持丁洛特酒庄，尽其所能帮助酒庄的发展，争取让全世界的高端葡萄酒爱好者能够早日喝到以他的名字命名的、具备中国特色的高端葡萄酒。2017年，丁洛特先生在法国第戎与世长辞，这位声名显赫的酒界领袖虽然永远地离开了，但他敬畏土地、恪守法规、追求品质的精神却一直影响、激励着后来人，张裕丁洛特酒庄成为他精神永驻的象征。

尽管目前丁洛特酒庄尚未开业，但葡萄酒圈内关于这座收藏级酒庄的传说早已传开：最佳中国葡萄酒、张裕最高端酒款之一、具有超过二十年的陈酿潜力……不难看出，丁洛特酒庄是张裕走向高端化发展的重要一步，高端市场无论是对一个品牌还是对一个厂家来讲，都是实力的体现，这一领域曾被外国品牌牢牢把控，而现在张裕已代表中国葡萄酒品牌跻身世界高端葡萄酒的前列。

打造黄渤海新区生态高地

在烟台黄渤海新区古现街道中部，丘陵阶地与滨海平原的交汇地带上，坐落着占地5500亩的烟台张裕柳林河谷，河谷深处有一座哥特式风格的建筑，这便是张裕丁洛特酒庄。

酒庄背靠胶东半岛北部的低山丘陵，海拔百余米的将山与酒庄相隔不远，G18荣乌高速和龙烟铁路从两者中间穿过。磁山、匹山、三阳顶分别位于酒庄的西北、西、南三个方向，形成一道环抱式的天然屏障。丘陵起伏和缓，连绵逶迤，而酒庄东北方向的海岸平原则一马平川直抵黄海之滨的八角湾，酒庄距海岸仅5千米，站在酒庄高处能清晰俯瞰海岸线。从东吴家水库顺流而下的柳林河自酒庄葡萄园的西侧经过，形成独特的丘陵、河谷交错地貌。

酒庄主楼倚湖而建，2000平方米的湖水兼顾灌溉和观光功能，酒窖就建在湖水之下。主楼北侧不仅栽种着柿子、海棠等各类林木，还有一大片玫瑰花海，玫瑰俗称葡萄酒的“守护骑士”，玫瑰和葡萄的病虫害相似，能起到病虫害防护预警的作用。整座建筑气势恢宏又兼具浪漫优雅，每一处细节都熠熠生辉，极像童话故事里的城堡，也因此被诸多国际媒体称为“葡萄酒界的迪士尼乐园”。

丁洛特酒庄葡萄园所在区域属大陆性季风气候，四季分明，雨量适中，受黄海、渤海调节，气候具有一定的海洋性特点，夏无酷暑、冬无严寒。根据近五年的气象资料显示，丁洛特酒庄葡萄园年平均降雨量为589毫米，其中冬春季节降水偏少，降雨集中于7、8月份，降水量占全年降水量的40%以上，早熟葡萄品种的病虫害防治压力较大。年平均气温12.7℃，最低气温-9℃，冬季葡萄不需埋土防寒。无霜期长达210天，初霜日10月20日至11月10日，终霜日4月10日至4月25日。年平均活动积温（≥10℃）4500℃左右，年平均有效积温（>10℃）2506℃。生长季（4~9月）水热系数1.3，成熟期（8~9月）水热系数1.1。

丁洛特酒庄葡萄园海拔高度约65米，属于丘陵阶地的边缘地带，土壤以沙砾土为主，还有部分海岸地带特有的沙壤土。表层土厚度在20~30毫米，主要以沉积型片麻岩风化土为主。通过对园区土壤分析检测，

丁洛特酒庄的老藤葡萄树

胶东海岸线上特有的沙壤土

土壤有机质较低，大量元素氮磷钾含量较缺乏，中微量元素含量较为丰富，土壤呈弱酸性或中性。土壤整体较为贫瘠，保肥保水较差，但透水、透气性较好。

耕作层以下深层土壤以黏土、花岗岩混合结构为主，岩石层结构不利于葡萄根系下扎，为此丁洛特酒庄通过深翻改土改善土壤结构，在建园时开60～80厘米的深沟，重施有机肥，改善土壤团粒结构，增加土壤的透气性、保水保肥力；冬剪后的葡萄枝条粉碎还田，增加土壤有机质含量；逐年增加有机肥使用量，减少化肥使用量。为提高肥料的使用效率及减少水资源的浪费，丁洛特酒庄还建成了水肥一体化系统，采用滴灌方式进行浇水施肥，可更精准地控制葡萄生长所需水肥的施入时间及用量，增加了葡萄园抗自然风险的能力。酒庄旁天然湖泊为周边葡萄园储存滴灌水源，并能有效改变葡萄园的微气候，保持周边温度、湿度的相对稳定。

张裕丁洛特酒庄拥有约1000亩坡地葡萄园，分为3大区域36个小地块，主要品种为赤霞珠（384.1亩）、西拉（534.4亩）以及少量的马瑟兰、品丽珠和小味儿多，均始栽种于1992年，树龄最长已超过30年。主要栽培架型为单干双臂架型，结果部位离地60厘米，通风良好，光照充足，平均亩产控制在300～350千克。每亩仅仅能酿造一桶225升、300瓶左右的葡萄酒。酿酒师严格把控质量，不是每个年份都能酿造出收藏级酒庄酒，即便在正常年份经过三级分选也仅有50%的葡萄能够用于生产收藏级酒庄酒，每年最多出产10000瓶750毫升正牌酒和3000瓶1500毫升的旗舰酒，数量稀少。

西拉、赤霞珠4月上旬萌芽，5月中下旬进入花期，6月下旬至7月上旬果实膨大，7月下旬后进入转色，西拉较早成熟，自9月下旬采收，赤霞珠稍晚，10月中旬完全成熟。在整个生长季过程中，丁洛特酒庄也面临着海洋性气候影响带来的挑战，例如葡萄生长中后期雨热同期、早春晚霜冻害和生长季节台风。为此，丁洛特酒庄制定了契合的病虫害防治台历，加强园区的规范化管理；并通过田间调查，采用防治结合、改善树体生长条件等措施，加强葡萄的病虫害防治。针对早春冻害，丁洛特酒庄采取冬季包裹防寒布的方式，入冬前浇灌两次封冻水，开春时浇足返青水等措施提前进行预防。

掌握核心技术 酿造顶级产品

“酒庄”起源于中世纪的法国，是酿造高端葡萄酒的庄园，而早在多年之前，丁洛特先生就对中国葡萄酒的未来做了预测，他认为中国的风土完全有

起伏和缓的丘陵葡萄园

嫩芽萌动

盈盈青果

为了保证葡萄品质，酒庄采取夜间采收

葡萄采收后葡萄树需养分回流，为来年生长积攒能量

胶东半岛北部多雪，积雪有助于葡萄园越冬

能力培育出世界级的酒庄。丁洛特认为，顶级酒庄不仅拥有悠久的历史传承，还要对土地和葡萄品种特性有着深入的认识，更要掌握成熟的核心酿造工艺。在丁洛特先生眼中，中国幅员辽阔的地质与复杂多变的气候，蕴藏着很多特点突出的风土，中国不缺少优质葡萄园，缺少的是经验丰富的专业发掘者。时隔多年，丁洛特先生虽然已经故去，但以他的名字命名的酒庄正在用优异品质印证他的预言。

2021年，第28届MUNDUS VINI世界葡萄酒大赛在德国举行，MUNDUS VINI是世界上最权威的葡萄酒比赛之一，赛事共有来自39个国家的7300多款葡萄酒参与，经过为期20天的专业盲品，评选出最终的获奖酒款。这届比赛中，张裕丁洛特酒庄2016年份酒斩获金奖，并被评为赛事“年度最佳中国葡萄酒”（Best of Show China）。无独有偶，在2022年8月举行的中国葡萄酒技术质量发展大会上丁洛特酒庄再次得到一众国家级葡萄酒评酒委员的认可和好评，评委们表示丁洛特酒庄酒拥有充沛的果香，活泼的酸度，丰富优质的单宁，酒体饱满，适合长时间陈年。

张裕丁洛特酒庄之所以有超高的品质水准，其背后是酒庄技术团队掌握了酒庄酒酿造的核心技术，依靠科技创新，攻克了多项“卡脖子”技术难题，在很多方面取得了突破性进展。在酿造方面，丁洛特酒庄工艺独特，先后采用全程控氧、重力酿造、柔性提取、多酵母发酵、漫长陈酿等诸多核心工艺。

全程控氧。整个酿酒过程中，丁洛特酒庄采用干冰保护葡萄除梗、破碎、入罐发酵全过程。干冰升华形成二氧化碳保护层，既可保护葡萄、葡萄汁不与空气接触，同时又可降低原料温度，最大程度地减少葡萄汁的氧化和香气损失。

重力酿造与柔性提取。将葡萄原料提升至罐顶，利用重力自然入罐，避免各类泵对原料产生剪切力，从而保护酒液的品质稳定；并采取人工淋皮和压帽的方式柔性提取葡萄中的有益成分。

多酵母30天发酵。对于葡萄酒酿造来说，酵母菌种堪称葡萄酒的"芯片"，一直以来被国外垄断。张裕经过十余年不懈努力，逐步建立了葡萄酒酿酒酵母种质资源库，并利用生物工程技术定向选育酵母菌，先后培育出3株具有自主知识产权的酵母菌，并应用于生产。张裕丁洛特酒庄开创了多酵母发酵工艺，采用5种酿酒和非酿酒酵母用于酒精发酵，2种乳酸菌用于苹果酸-乳酸发酵，进一步增加了葡萄酒的复杂性。前期低温8～10℃冷浸渍48小时，进一步增加了葡萄酒的复杂性。获取更多的新鲜果香；控温24～28℃缓慢发酵21天；后浸渍7天增强酒体，获取更多酚类物质，提高陈年潜力。

漫长陈酿。丁洛特酒庄沿用了张裕公司创新研发的双桶陈酿技术，首先经过法国225升特细纹理高端橡木桶陈酿24个月以上，再转入大橡木桶中缓慢融合6个月，以此获得更加细腻丝滑的口感。装瓶后在恒温地下酒窖再进行24个月的瓶储，使葡萄酒的色泽缓慢向成熟变化，逐渐出现陈年香气，酒中的香气、酸度、单宁等发展得更加平衡，口感更加圆润柔顺。

酒庄生产的收藏级酒庄酒从葡萄采收、发酵、木桶陈酿、融合、瓶贮到上市至少需要5年时间，因其数量稀少，品质优异，陈酿潜力大（可达20年以上），每一瓶酒都赋予唯一编码，极具收藏价值。

正是这一系列核心技术的应用才造就了丁洛特酒庄的高品质，中国酒业协会执行理事长王琦就曾表示，张裕的崛起，示范和带动了中国葡萄酒产业的发展，这些科技成果的应用，成功促进了技术进步，成为中国葡萄酒产业发展的助推器。纵观全球，能屹立百年且基业长青的企业不多，能在不同时代都走在前列、推动产业升级发展的更是凤毛麟角。显然，先锋者张裕的传奇和中国葡萄酒的故事，随着丁洛特酒庄的开业和产品上市必将掀开更精彩的篇章！

最佳品种及年份

赤霞珠、西拉：丁洛特酒庄葡萄酒具有浓郁的甜樱桃、黑李子、黑莓等香气，伴随着香草、紫罗兰、黑巧克力等复杂香气，入口醇厚圆润，结构平衡，单宁细腻丝滑，余味持久富有张力，随着酒体的软化而历久弥香，具有长时间陈年及收藏潜力。

最佳年份：赤霞珠（2016、2019）、西拉（2016、2019）

风土档案	
气候带	暖温带大陆性季风气候
年平均日照时数	2500h
年平均气温	12.7℃
葡萄成熟前日温差	7～8℃
葡萄生长有效积温	2506℃
年活动积温	4500℃
年降水量	589mm
无霜期、历史早晚霜日	210d，初霜日10月20日～11月10日，终霜日4月10日～25日
主要气象灾害	暴雨、霜冻、冰雹
地貌地质	
主要地形及海拔	低山丘陵，65m
土壤类型	沙砾土
地质类型	表层土厚度在20～30cm，主要以沉积型片麻岩风化土为主，部分为黏土层或花岗岩结构
酿酒葡萄	
主要品种	红葡萄品种：赤霞珠、西拉

参考文献：

1 中国新闻网．2017．世界葡萄酒行业泰斗罗伯特·丁洛特与张裕的深厚情谊．https://www.chinanews.com.cn/wine/2017/11-15/8377281.shtml[2017-11-15].

2 中国新闻网．2012．张裕丁洛特酒庄开建为中国首座投资级葡萄葡酒庄．http://www.yesmywine.com/brand/271/news/5113[2012-9-10].

图片与部分文字资料由张裕丁洛特酒庄提供

国菲酒庄

——乌什塔拉河畔的绿色宝藏

阳光、山脉、湖水、葡萄园，单纯的几何线条交错穿插，勾勒出国菲酒庄的地块形状，这是国菲酒庄品牌的视觉核心。一个简单的酒标，彰显了国菲酒庄时尚前卫的品牌理念，还将阳光、天山、博斯腾湖等和硕产区的地理特点、地域特色娓娓道来。

西北大地探宝人

国菲酒庄的故事要从现任庄主张博的父亲张林平说起。

老庄主曾长期从事矿产行业，在新疆、西藏都有其经营的金矿、铜矿，是寻宝觅藏的行家里手。尽管从矿产生意中积累了厚实的家底，但老先生的眼光却很长远，他认为矿产是资源型产业，资源总有一天会枯竭，始终无法做到可持续发展，更别提世代相传。他便计划着转型，但也一时找不到合适的产业去投资，只好作罢。但2008年一次偶然的欧洲之行让张林平喜欢上了葡萄酒。国外酒庄不仅有着绿色环保的种植酿造理念，还能作为家族产业世代传承，正符合他一直苦寻的转型方向。

他想起了新疆，那里有着广袤的土地和适宜酿酒葡萄种植的气候条件，偏远的西部种葡萄、建酒庄，不仅能完成家族企业的转型，还能改变西部欠发达地区的产业结构，改善当地的生态，葡萄酒是实实在在可以造福后世的绿色产业。2009年，在战吉宬教授的建议下，张林平在和硕乌什塔拉河畔开始规划、种植葡萄园，2011年建成国菲酒庄。

2014年，经过三年的忙碌，老庄主对酒庄经营逐渐感到力不从心，便计划着把酒庄事务交给儿子张博打理。张博，85后，军校毕业，曾做过5年的刑事法官，后又在德国留学获得了工商管理硕士学位。当父亲提出让他接手酒庄时，他也曾有过抵触，但考虑到父亲为企业转型所付出的辛劳，再加之年轻人对未知领域的好奇，他还是高兴地接过了酒庄经营的重担。

“宝藏易得传世难，而国菲酒庄就是我们父子两代人共同发掘出的宝藏，不仅仅我要坚持下去，还要让它一代代传承下去”，直到张博亲自经历了酒庄的运营才体会到父亲当初的苦心和执着，如今他还担任着和硕县葡萄酒协会会长，为产区发展努力奔走着。

拥山揽湖 雨影风动

之所以能让张林平、张博父子二人放下回报更快的矿产生意，而投身于葡萄酒行业，除了更有前景的产业未来外，和硕乌什塔拉适宜酿酒葡萄生长的独特风土也是一个非常重要的原因。

和硕是巴州北四县之一，位于焉耆盆地的东北部，是巴州的东大门，这里北依天山，东邻托克逊县，南接尉犁县，西与焉耆相连，西北与和静相望，西南便是博斯腾湖。这里属中温带干旱性大陆气候，水土光热资源独特。日照时间长，年均日照时数2708.4小时；热量丰富，无霜期207天；降水量少、蒸发量大，年平均降水量74.4毫米，蒸发量1194.7毫米；四季分明，昼夜温差大，春季升温快而不稳，秋季短暂且降温快，多晴少雨；气候适宜葡萄、辣椒、番茄、瓜果等农作物的生长。

和硕县东、南、北三面环山，中间地势低平。国非酒庄北面是连绵的天山，它的余脉哈依都它乌山阻挡了北方来的湿冷空气，在山南一侧形成“雨影效应（Rain Shadow Effect）”。受此影响，当地昼夜温差大、空气干燥，通风良好，酿酒葡萄产量虽低，但却有着较高的成熟度和风味物质积累。

国非酒庄距离西南方向的博斯腾湖仅20千米。博斯腾湖位于焉耆盆地南侧的最低洼处，因百万年前北部天山的隆起和南部库鲁克塔格山的抬升，使得盆地边缘封闭。冰川融水和雨水不断在湖盆中聚集，从而形成了这处断陷构造湖。1646平方千米的宽广水域对附近的气候有着明显的调节作用，例如缓和气温变化，增加降水量，减少蒸发量，营造独特的湖陆风，稳定附近地区气候等。

其中最为独特的便是湖陆风效应，由于博斯腾湖水面与陆面热力的差异，沿湖地区有明显的湖陆风现象，每年湖陆风出现达200天以上，4～11月最为盛行，覆盖了整个葡萄生长期。深夜至中午陆风盛行，干爽的山风从陆地吹向湖面，为葡萄园提供凉爽的环境；中午过后湖风盛行，风携着水汽由湖面吹向陆地，缓解了午后高热的温度。

雨影、风动，是藏在和硕上空的自然密码，而脚下的土地则蕴藏着葡萄生长的植物基因。远古的造山运动使中天山隆起，加之发源于哈依都它乌山的清水河、曲惠河和乌什塔拉河的水蚀搬运，将大量物质携带出山，在山前至博斯腾湖滨有厚达200～500米的松散沉积层，形成了广袤的扇形冲积平原。

山前的平原地貌占和硕县总面积的48.9%，包括国非酒庄在内的和硕产区葡萄园也大都分布在平原之上。目前，和硕县酿酒葡萄种植净面积已达

和硕产区葡萄园地貌

4.95万亩，种植有赤霞珠、梅鹿辄、雷司令、霞多丽等各类酿酒葡萄品种36个，投产酿酒葡萄企业15家，在建3家，出产葡萄酒62个系列218个品类。和硕葡萄酒被批准为国家地理标志保护产品，是新疆首批受到国家地理标志保护的酿酒葡萄产区之一，是西部地区乃至全国重要的酿酒葡萄生产基地。

神秘河畔乌什塔拉

国菲酒庄所在的乌什塔拉乡是和硕版图的中央位置，河水自北向南流淌而过，上游由尼茨肯郭勒、东塔西罕和扎塔西罕三条溪流汇流而成，均发源于哈依都它乌山冰川南坡，过往夏季来水量较大，时常也饱受洪水侵扰，国菲酒庄在酒庄的北侧还修筑了防洪坝，不过随着上游八一水库除险工程竣工，水患早已解除。由天山融雪汇流而成的乌什塔拉河水不仅滋养了沿岸的民众、驻扎的部队，还是国菲酒庄葡萄园主要的灌溉水源之一。

国菲酒庄根据所处的乌什塔拉河流域微气候特点，在葡萄园改造、葡萄品种更新上花费了很多心血。最初葡萄园内种植的是当地统一分发的葡萄苗木，不同品种混种在一起，很难区分。为了提高葡萄的纯度，张博接管酒庄后，与总酿酒师成正龙一起钻进葡萄园，花了几个月的时间才把品种甄别清楚。2014年之后，国菲酒庄将很多混乱种植的葡萄藤拔除，栽种了新的苗木种条，其中便有在干热产区表现更为优秀的西拉。从过去葡萄多样化混合种植，改为对每一片区的葡萄进行统一标准、统一技术、统一管理，实现了规模化、规范化的基地建设。在统一地块品种的基础上，引进和开发大量的优秀葡萄苗木的新品种。2018年，酒庄引入了抗盐碱的5BB砧木，尝试嫁接黑比诺、西拉，成为和硕第一家大胆试验种植黑比诺的酒庄。

另外，庄主张博也聘请了不少专家来到葡萄园现场指导，在树形和架式管理上一点点下功夫，在肥水管理方面坚持施有机肥，不施化肥不打农药，

从空中俯瞰国菲酒庄

把握好抹芽、修剪等每一个关键环节的时间，并将原来的直立龙干形逐渐改为爬地龙与厂字形的改良版，结果部位统一，也有利于埋土防寒。

葡萄园的戈壁砾石土十分贫瘠，每两年就需要大量施用农家肥一次。酒庄在葡萄园中养了200多只土鸡，一些鹅和麻雁，还有400多只羊。在这里葡萄树、杂草与动物们和谐共生，羊只吃葡萄叶子和青草，从不吃葡萄果实；葡萄压榨之后的皮渣做成饲料喂养羊和鸡，而羊和鸡的粪便沤肥之后再施回葡萄园，这就是国菲酒庄葡萄园的生态平衡。

如今，国菲酒庄自有葡萄基地2000亩，其中防护林333亩，葡萄种植地1667亩，主要品种为西拉（32.34%）、赤霞珠（26.68%）和雷司令（20.28%），霞多丽、马瑟兰、黑比诺数量占比小一些。和硕产区阳光强烈，西拉、雷司令在国菲酒庄的适应性非常好，也逐渐成为酒庄的特色和招牌。西拉、雷司令的葡萄树往往留存了较厚的叶幕，减少太阳的照射，保留更为浓郁的香气以及更好的酸度。

最佳品种及年份

雷司令：与传统位于冷凉气候的雷司令不同，国菲酒庄地处天山南麓的和硕境内，这里距离博斯腾湖不远，山风与湖风往来吹拂，给雷司令带来了干燥健康的生长环境，赋予了其成熟的热带水果、蜜瓜和花的香气，以及戈壁滩沙砾土壤带来的矿物质气息，口感清新活泼，微甜的回味带有舒服的酸度。

最佳年份：2016、2019、2020

西拉：西拉是干热气候葡萄品种的代表，而国菲酒庄西拉则更偏向带有饱满果香的风格，其通透、贫瘠的土壤给西拉带来了甜润的口感、跳跃感十足的酸度，风格清新舒顺，但也不乏辛香料的痕迹，层次感极强。

最佳年份：2015、2017、2020

风土档案	
气候带	中温带干旱性大陆气候
年平均日照时数	2708.4h
年平均气温	8.8℃
最低温、最高温	−21.4℃，38.2℃
有效积温	≥10℃积温3580℃
活动积温	≥0℃积温4524℃
年降水量、年蒸发量	112.9mm、1194.7mm
无霜期	207d
气象灾害	晚霜冻害、大风
地貌地质	
主要地形及海拔	冲积扇平原，海拔1120m
土壤类型	偏碱性砾石沙壤土质
地质类型	中部天山隆起带洪积冲积，上土下砾岩性结构
酿酒葡萄	
主要品种	红葡萄品种：赤霞珠、西拉、马瑟兰、北玫 白葡萄品种：雷司令、霞多丽、爱格丽

参考文献：

1 和硕县人民政府. 2022. 和硕县概况. http://hoxut.gov.cn/xjhsx/c110692/202303/8d4cd18dcead4d30887e6e5dfe648051.shtml[2022-01-22].

2 和硕县统计局. 2022. 和硕县经济发展情况分析. https://www.hoxut.gov.cn/xjhsx/c110594/202208/ba2e2eaa4bf847adb7b23acf4badc2ef.shtml[2022-08-04].

3 许洁依. 2017. 国菲酒庄：把握细节成就品质. http://www.winechina.com/html/2017/05/201705290416.html[2017-05-19].

4 李凌峰. 2015. 博湖北岸的一颗新星. http://www.winechina.com/html/2015/08/201508277110.html[2015-08-27].

图片与部分文字资料由国菲酒庄提供

华东·百利酒庄

——崂山风土成就干白典范

华东·百利酒庄创建于1985年，是由英国人百利先生（Michael Parry）在中国青岛建造的第一座符合国际标准的欧式酒庄。依托崂山九龙坡风土条件，加上精细化的栽培管理和酿造工艺，华东莎当妮、薏丝琳葡萄酒成就中国干白葡萄酒的典范！

东方寻宝

1982年，时年34岁的英国葡萄酒商百利先生踏上了中国这块神奇的土地，怀揣在中国酿造优质干白葡萄酒的梦想，他走遍了大江南北，经详细考察，选定了三面环山、景色秀丽的青岛崂山腹地九龙坡并于1985年创建了中国第一座欧式酒庄——华东·百利酒庄。

凭借敏锐的市场嗅觉，百利提出一个大胆且具有前瞻性的想法：就以种植白葡萄品种为主。为从源头上保证产品品质，百利先生从法国引进薏丝琳、莎当妮等13个品种共4.2万株世界优良葡萄苗木，分别栽种在九龙坡和平度大泽山的葡萄基地，开始了高标准的葡萄园艺种植，这为华东干白奠定了优良的先天基因。此后，百利先生又从法国、德国、意大利等地引进先进设备，诸如酵母等酿酒辅料也都是严格筛选并从国外进口。

作为葡萄酒商，百利先生对葡萄酒的品质要求极为苛刻。原料方面，采收前要求做好采样工作，密切关注葡萄成熟度；葡萄采收后第一时间压榨，保证新鲜度并做好防氧化措施；不同品种、地块的葡萄单独发酵；低温压榨发酵并做好每日监测和感

官品鉴。技术方面，学习澳大利亚先进的干白酿造技术。初期聘请澳大利亚新南威尔士州玫瑰山酒庄（Rosemount Estate）首席酿酒师参与酒庄产品酿造，而位于猎人谷的玫瑰山酒庄也是当时澳大利亚酿干白最好的酒庄。同时，选派酒庄酿酒师赴澳大利亚参与压榨季交流和学习。

1986年，建厂后的首个酿酒季，酒庄选用来自平度、莱西的优质葡萄原料并严格按照国际葡萄酒标准酿造出了首批单品种、产地、年份的干白葡萄酒。1987年，“华东莎当妮”荣膺法国波尔多国际葡萄酒博览会最高奖。这说明，酒庄的产品在国内同行业中保持领先水平，并真正做到了与国际接轨。这一奖项的获得也由此奠定了华东干白葡萄酒在中国葡萄酒行业的地位。

书画名家崔子范先生题写的九龙坡石碑

位于崂山腹地的华东·百利酒庄

生态崂山

崂山地处山东半岛南部、青岛市东南隅，东、南濒黄海，属胶东低山丘陵的一部分，因花岗岩侵入形成崂山山脉，东高而悬崖傍海，西缓而丘陵起伏，独特的自然地理环境，造就了它的山海之美。这里属温带季风气候，受来自洋面上东南季风及海流、水团影响较大，故又具有显著的海洋性气候特点。空气湿润，雨量充沛，温度适中，四季分明。春季气温回升慢，较同纬度的内陆，春天迟25天；夏季湿热多雨，少见酷暑。冬季风多温低，极少严寒。

华东·百利酒庄位于青岛市崂山区沙子口镇南龙口社区一个微型山谷之中，地处“海上第一仙山”的崂山宝地——南龙口佛顶山的山腰处。八仙墩、九龙坡，凝聚了青岛崂山的灵气精华。山谷东北高、西南低，呈簸箕状向南方倾斜，西南方有一开口，是一个半封闭式小盆地。酒庄周围是海拔200米左右的低山丘陵地带，葡萄园位于海拔100 ~ 200米的山坡，南与黄海的直线距离约8千米，且无高山阻挡，受海洋气候影响明显。

酒庄葡萄园分布在九龙坡坡麓梯田上，朝南面

酿酒葡萄迎来成熟期

海。光照充足，无霜期长，昼夜温差小，加上成熟期降雨减少，有助于果实糖分的累积，促进葡萄进一步成熟。山上常见雾气环绕，葡萄成熟过程缓慢，糖酸比协调，雾气又可以让果实保留一定的清新感。土壤为沙壤土，偏酸性，花岗岩地质，典型的弱酸性沙壤土更有利于白葡萄的生长。土壤颗粒间孔隙大，小孔隙少，透水性强，土壤不容易板结，耕作方便；沙壤土通透性良好，有利于葡萄根系的呼吸和深扎，同时土壤中微生物活

华东王都葡萄园（澳洲基地）

青铜峡市鸽子山葡萄基地（宁夏贺兰山东麓）

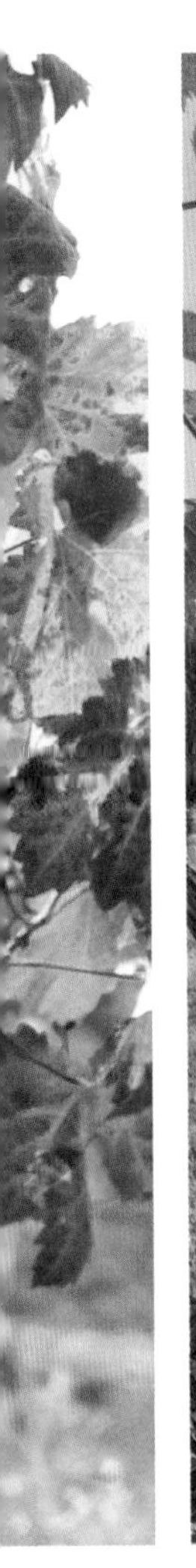

华东百利酒庄内景

性高，施肥见效快，有利于葡萄风味物质的积累。葡萄园周边种植有樱桃、柿子、苹果、蟠桃、板栗、核桃等果树及玫瑰等各类花草。经过30多年的建设，华东百利酒庄已形成方圆5平方千米的九龙坡微生态圈，形成了葡萄园独特的小气候，成为一个独具特色的崂山标本生态葡萄园。

“华东模式”

华东百利酒庄在国内首创的葡萄园管理方式被称为“华东种植模式”，即单干双臂技术、限根生长技术、避雨栽培技术、四维多元配方肥料等技术；同时，在数字化、精细化管理流程下，达到以株定产，使葡萄平均糖度在23度以上，氨基酸含量增加，矿物质含量提高，从而进一步提高白葡萄的品质。

华东百利酒庄借鉴国外先进的葡萄栽培技术，并结合我国华东地区的气候特点独创了“华东单干双臂”整形技术，成为酒庄栽培的一大特色。这一技术具有通风透光、稳产优质、抗病性强、操作简便的优点，使我国酿酒葡萄种植业逐步步入以优质为中心的良性循环。现已在我国冬季无需埋土防寒的产区得到了广泛应用。

酒庄采用独特行间植草技术，选择性预留杂草，利用甩刀割草机修剪控制杂草长势，在调节葡萄行间温度、保持水土的同时，有利于土壤有机质的增加，是高质量葡萄原料的保障。在田间除草方面，主要是通过田间以及葡萄行下覆盖防草布，来达到防草的目的。控产方面，利用葡萄花期、坐果期时精细的疏花疏果管理，减少花穗和果实数量，拉长果穗长度，提高果穗松散度，控制葡萄产量的同时提高葡萄质量以及葡萄内风味物质的积累。

2022年，酒庄开始引进薏丝琳和小芒森抗病性强的葡萄品系，对酒庄梯田葡萄园部分地块进行迭代和升级改造，联合行业内的高校和专家，根据每一个地块不同的特点进行深入的土壤分析，做精细化管理。目前，葡萄基地分布在九龙坡、平度大泽山、莱西以及宁夏贺兰山东麓，品种有赤霞珠、梅鹿辄、莎当妮、薏丝琳等。

酒庄利用先进的进口设备，每年进行干白工艺的技术创新试验，针对不同地块的品种原料摸索更佳的加工方式和工艺，筛选适合不同类型干白的酿酒辅料，采用动态低温发酵，气囊压榨，并通过精细化工艺管理不断提升品质，打造干白葡萄酒知名度，创造干白葡萄酒典范。干白葡萄酒一般经历6～12个月的橡木桶陈酿时间。另外，酒庄也在进行孚澳桶等新型酒桶的尝试，并取得良好效果而逐步量产使用。

干白典范

迄今为止，华东莎当妮干白囊获了包括法国波尔多国际葡萄酒挑战大赛、比利时布鲁塞尔大奖赛、英国伦敦国际评酒会等诸多国际金奖，也成为中国葡萄酒被载入《世界葡萄酒百科全书》的代表酒款之一。在诸多获奖产品中，既有采用独特香型酵母的新鲜果香型莎当妮，也有经过法国橡木桶、带酒泥陈酿、香气口感更佳、

薏丝琳

复杂多变的珍藏级莎当妮。

2016年，酒庄推出华东干白节，积极引导“干白配海鲜、冰镇喝更爽”这一美食新主张和葡萄酒佐餐新时尚。2017年，推出华东·百利酒庄莎当妮新酒，这是全球首款以莎当妮为原料的干白新酒，被葡萄酒爱好者追捧为“果香之王”。此后，每年的12月份定期举办华东百利酒庄新酒节。2018年，华东·百利酒庄韵境莎当妮干白正式成为上海合作组织青岛峰会指定用酒，谱写发展新篇。

作为中国干白的标杆企业，华东·百利酒庄以“坚持打造中国干白第一品牌，引创中国干白时代”的品牌愿景，创新研发了庄园葡萄酒生态化生产模式，实现东西部产区原料互补，不断夯实华东品牌“干白典范”的定位，提升华东干白品类在行业的地位，倡导“有品味更有品位”的健康生活方式，进一步提升“后上合”时代华东品牌高端形象的影响力。

莎当妮

最佳品种及年份

莎当妮（霞多丽）：华东·百利酒庄自建庄以来就致力于酿造中国最好的干白，创造干白葡萄酒典范。近几年新推出了华东·百利酒庄莎当妮新酒，清新、浓郁的热带水果香气，柔和圆润，酸度适中，口感清爽，回味果香持久。作为典型的果香型干白，每年风格一致。

最佳年份：2016、2018

风土档案	
气候带	**暖温带大陆性季节气候**
年平均日照时数	2515.5h
年平均气温	12.1℃
最低温、最高温	-17℃，35.5℃（极端）
有效积温	2144.9℃
活动积温	4398.6℃
年降水量、年蒸发量	734.3mm、1461.1mm
无霜期、历史早晚霜日	4～10月，最早3月24日，最晚4月26日
气象灾害	冰雹、暴雨、雷暴、台风、干旱、倒春寒、大雪、冻害
地貌地质	
主要地形	丘陵
土壤类型	沙壤土
地质类型	花岗岩地质
酿酒葡萄	
主要品种	红葡萄品种：赤霞珠、佳美、梅鹿辄 白葡萄品种：莎当妮、蓍丝琳、长相思

参考文献：

1 崂山政务网. 崂山区概况，崂山志. http://www.laoshan.gov.cn/n206250/n18207580/n18207699/n18207726/index.html.

2 华东葡萄酒官网. https://www.huadongwinery.com/.

图片及部分文字内容由华东·百利酒庄提供

华昊酒庄

——打造中国马瑟兰IP

华昊酒庄位于宁夏贺兰山东麓青铜峡甘城子小产区，依托当地独特的风土条件，酒庄确立了以文化为核心的品牌发展之路，并成为以马瑟兰酿造为主的精品小酒庄。

树新林场最早的葡萄园

马瑟兰生长季

提起华昊酒庄的发展，离不开一个关键人物，那就是酒庄创始人周性善。他原是青铜峡树新林场的一名领导，1999年退休以后，闲不住的他就琢磨着该做点什么。结合自己多年的林场工作经验，他决定培育葡萄苗。2002年，他又开始着手建立酿酒葡萄基地，在这期间，华昊先后建起了450亩自有基地，同时还带动了周边树新林场、甘城子、蒋西等地发展酿酒葡萄10000亩，对青铜峡市的葡萄与葡萄酒产业做出了很大贡献。

华昊酒庄庄主程潜1994年从宁夏林业学校毕业后，被分配到青铜峡树新林场工作。1996年，宁夏回族自治区党委、政府把贺兰山东麓酿酒葡萄产业列为全区优势特色产业。1997年年底，银广夏开始投资葡萄酒产业，在树新林场整体租赁了一个分场。当时，树新林场是宁夏最大的国有林场，程潜正好担任林场技术员，作为既熟悉当地情况又懂技术、管理的年轻人，他被聘到了银广夏出任基地经理。

2001年的一次出国考察经历为程潜日后投身葡萄酒产业埋下伏笔。那一年，在自治区的组织下，他跟随种植专家们到波尔多考察学习。这次出国考察之旅让他感触颇深，更加确信宁夏贺兰山东麓的光照、气候、土壤等条件绝对能种出最好的葡萄、酿出最好的葡萄酒。宁夏葡萄酒产业具有非常好的前景，只是产业发展的历史和文化需要更多的时间积淀。

2003年，也就是在担任树新林场副场长这一年，程潜意识到中国葡萄酒行业即将进入快速发展的黄金期。经过考察与调研，他开始动员家人在树新林场种植酿酒葡萄。2006年9月，宁夏华昊葡萄酒有限公司在青铜峡树新林场建成，实现了当年建厂当年投产，作为青铜峡市较早成立的葡萄酒生产企业之一，对该市葡萄与葡萄酒产业发展起到了示范作用。

据多年的行业观察，程潜认为宁夏在生产低端餐酒方面并不具备优势，更适合发展中高端的精品酒；在宁夏搞酒庄建设，规模不宜过大，要以精品、特色酒庄为主。2009年，基于原有苗圃、基地等良好的产业基础，华昊葡萄酒有限公司决定转型，致力于打造产区精品、特色化的标杆酒庄，并成功注册了“华昊”品牌商标。2018年，程潜辞去公职任公司总经理，开始全面接管华昊酒庄工作。

产量与质量的“平衡把控”

青铜峡地处黄河中上游，宁夏平原中部，东为牛首山、西为分守岭，南有卫宁平原，北有银川平原，位于宁夏引黄灌区的精华之地，黄河穿境而过58千米。甘城子地处柳木高地质断裂带附近，地势由西南向东北、自高而低呈现阶梯状分布。华昊酒庄酿酒葡萄分布于甘城子冲积扇地貌区域，地形较平坦。自有基地位于青铜峡市树新林场树新分场四队，属于甘城子小产区，位于贺兰山冲积扇与银川平原的接合部。土壤类型以沙砾土为主，有机质含量高，由沙砾、沙土、黄土构成，土壤透气性好、持水量低，促进葡萄根系下扎，吸收深层土壤的营养元素，非常适合酿酒葡萄生长。葡萄园地块面积小，处于相对独立而封闭的环境，每年气象灾害对葡萄园不构成较大威胁。

甘城子小产区属典型的大陆性季风气候类型，四季分明，昼夜温差大。年平均日照量3039.6小时，气温8.5℃，≥10℃的平均积温在3350℃以上；年平均无霜期159天左右，降雨量234.2毫米。特别是在葡萄成熟期内，昼夜温差一直保持在10~15℃，有利于糖分的积累和总酸度的下降。春天风沙多，夏季热短，秋季旱凉的气候特点使得酿酒葡萄不易感染病菌。葡萄收获季节雨水甚少，全年病虫害极少发生。而马瑟兰品种具有抗寒、抗旱、抗病性强的特点，表现出了良好的生态适应性。

华昊酒庄现有马瑟兰170亩、小味儿多50亩。酒庄对葡萄园采用精细化标准管理，在疏枝、抹芽、定枝、疏花、疏穗、疏果等方面严格要求并用先进的管理系统监测葡萄种植全过程，诸如葡萄架型选用“厂字形”；严格规定株距0.75米，行距3米，使得每串葡萄受光照均匀；结果部位离地面80厘米左右，保证葡萄成熟均匀；一棵葡萄树最多5个结果枝，每个结果枝留2串果；每年2次黄河水自流漫灌，5~6次滴灌，深施基肥，实现水肥一体化；通常8月底葡萄采摘前一个半月，酒庄会去除葡萄串周边的老叶；每亩地坚持控产300~350千克等。这些细节管理措施得以让青铜峡甘城子的风土优势得到极致的发挥。

打造马瑟兰IP

2008年的一次欧洲考察之行，程潜有机会品尝到了许多国家的不同特色品种，诸如美国仙粉黛、德国雷司令等，尤其一款颜色深、香气突出的马瑟兰葡萄酒给他留下了深刻印象。他认为马瑟兰品种独特，非常适合中国消费者，一定有发展潜力。恰巧2012年，宁夏回族自治区葡萄花卉产业发展局从法国引进50多个新品种，其中就有马瑟兰。于是，华昊酒庄自2014年成功种植了马瑟兰品种，成为青铜峡产区较早大面积种植马瑟兰的酒庄。

目前，酒庄树新林场地块葡萄园均达到产量稳定期和品质最佳时期。通过这几年的观察，马瑟兰这一品种极其适合青铜峡风土。得益于葡萄种植园所处的独特小微气候、地理环境和标准化田间管

鸽子山基地土壤类型：上层灰钙土，下层沙砾土

马瑟兰转色期

理，出产的酿酒葡萄成熟度高、糖酸比均衡、风味物质丰富，马瑟兰果实成熟度好，香气浓郁，品种典型性突出。华昊酒庄是宁夏产区马瑟兰采收最晚的酒庄，近几年最早的一次采收从10月9日开始。采收的酿酒葡萄各方面指标均要求达到酿酒师最理想的品质目标，符合酿造果香浓郁、酒体更为平衡的葡萄酒。

把马瑟兰产品做好做精一直是华昊酒庄坚守的品质信念。从种植、酿造、陈酿到成品上市，庄主程潜层层把关，这也是保证马瑟兰高品质的秘诀。酒庄采用意大利最先进的酿造设备，选用自动控温系统，精确控制每一个发酵罐，运用法国、美国最优质的橡木桶进行科学管理。葡萄采收后，经严格的穗选、除梗、粒选、破碎后入罐，采用冷浸渍工艺发酵以提取更多的品种香气。最后经橡木桶陈酿、瓶储后上市。酒庄聘请国家级葡萄酒评酒委员、国家一级品酒师江涛担任技术顾问，一贯坚持马瑟兰控产、晚采，同时注重酿造技术创新，诸如酵母选择、调配理念、用桶方式等方面都极为讲究，成功开创了华昊马瑟兰的风格印迹。

这片优质的葡萄园诞生出了庄主珍藏·华昊马瑟兰干红葡萄酒、家族珍藏·华昊马瑟兰干红葡萄酒等酒庄旗舰酒款。2018年，华昊酒庄首次推出单品种马瑟兰2017年份酒。当年，这款马瑟兰葡萄酒夺得2018中国优质葡萄酒挑战赛品质卓越大奖，一举奠定了酒庄马瑟兰在行业内外的声誉。2020年，酒庄首次试验酿造马瑟兰利口酒，这在全国也是一个首创。目前，华昊马瑟兰是酒庄当之无愧的金牌酒，在国内外各类赛事中斩获奖项34项，占比50%以上。

为适应新形势和酒庄发展的需要，2022年酒庄在鸽子山东部产区开辟了占地354亩的紫苑基地，距离华昊酒庄8千米。它位于柳木高断裂带东侧，在鸽子山东南5千米处，紧邻110国道，海拔1100米左右，地势平坦，属于尚未开垦的丘陵荒地。土壤为灰钙土，含有沙石砾，地下矿物质丰富。这里光照充足，黄河水灌溉，水源充足。酒庄团队精心选择了马瑟兰、西拉、小味儿多、品丽珠等香气明显且在宁夏具有发展潜力的葡萄品种。新基地将采用新的栽培管理理念，诸如在架型、结果枝、叶幕管理方面实践一些新的模式，打造一个现代化、高品质葡萄园。

有文化内涵的“小而美”酒庄

随着酒庄知名度的提升，尤其是华昊马瑟兰在宁夏产区及全国打响了知名度，一些业内专家及消费者慕名而来。华昊酒庄的创新式发展，也不断吸引产区同行朋友来“取经”学习。目前，华昊酒庄已跻身为宁夏贺兰山东麓葡萄酒产区四级列级酒庄，酒庄着眼长远发展，不断创新，在葡萄种植管理、葡萄酒的酿造及酒标设计、产品包装、品牌文化推广等方面不断做新尝试。

马瑟兰成熟期

华昊酒庄的企业文化来源于几千年来根植在这片土地的中华

文化，一直坚持中国传统文化与中国葡萄酒文化的融合。酒庄致力于酿造出适合中国人喝的葡萄酒，酿出民族特色和风味，打造一家富有文化内涵的精品小酒庄。为更好地响应产区高质量发展和消费升级新需求，酒庄正在规划建设一座文化交流中心，旨在打造以马瑟兰为主题的文化酒庄。文化交流中心将设有文化展示大厅、餐厅、客房、直播间、品鉴中心等。整个酒庄将会覆盖无线网络，邀请网络直播达人和葡萄酒界知名人物做客直播间，在葡萄园、生产车间、酒窖、文化展示大厅进行直播推广，提升酒庄知名度。同时，针对酒庄马瑟兰高端产品，启动了产品的包装升级、品牌焕新等工作。不难看出，华昊这座"小而美"的家族酒庄有着清晰的、差异化的品牌定位和长远的发展规划，以文化为引领、酒庄为品牌的高质量发展注入了新的内涵，未来又将迎来新的发展！

最佳品种及年份

马瑟兰：华昊酒庄马瑟兰果实非常健康、成熟度高、糖酸比均衡、风味物质丰富。选用马瑟兰酿制的家族珍藏和庄主珍藏葡萄酒非常具有典型性。华昊马瑟兰充盈着紫罗兰、蓝莓、黑李子、樱桃等甜美水果风味，口感柔滑多汁，酒体饱满，余味持久而纯净。

最佳年份：2017、2018、2019

风土档案	
气候带	中温带干旱气候区
年平均日照时数	3039.6h
年平均气温	9.2℃
最低温、最高温	最低气温-25.5℃，最高气温37.7℃
有效积温	3300℃
活动积温	3253℃
年降水量、年蒸发量	年降水量175.8mm，年蒸发量1946.1mm
无霜期	159d
气象灾害	大风、沙尘暴、低温冷害、寒潮、霜冻等
地貌地质	洪积扇
海拔	1150～1170m
土壤类型	灰钙土、灌淤土、砾石土
地质类型	沉积岩
酿酒葡萄	
主要品种	红葡萄品种：马瑟兰、赤霞珠、美乐、西拉、品丽珠、小味儿多 白葡萄品种：霞多丽

参考文献：

1 青铜峡市党史地方志编纂委员会办公室．青铜峡年鉴2015[M]．银川：宁夏人民出版社，2015.

2 青铜峡市人民政府网站．古峡概况．https://www.qtx.gov.cn/zjqtx/yxgx/202209/t20220914_3771318.html.

3 百度百科：宁夏平原．https://baike.baidu.com/item/%E5%AE%81%E5%A4%8F%E5%B9%B3%E5%8E%9F/2368609?fr=ge_ala.

4 马一萍，邹丽．2022．昔日"干城子"今日甘城子．吴忠日报．http://dzb.kanwz.net/wzrb/20220901/mhtml/index_content_20220901001006.htm[2022-09-01].

5 宁夏华昊酒庄有限公司．2021．打造一家富有文化内涵的精品小酒庄——华昊酒庄．https://mp.weixin.qq.com/s/zU-VrdToCTW3NbU-EahghQ[2021-01-22].

6 印象同心．2020．任可《走长城》第十七站|鸽子山长城柳木皋烽火台游记．https://mp.weixin.qq.com/s/XND_uX8ndEYOA8rNGF205Q[2020-11-18].

图片及部分文字内容由华昊酒庄提供

长城华夏酒庄

——东临碣石 酒业新篇

“东临碣石，以观沧海”，秦皇岛独特的地理风貌催生了传诵不朽的诗篇，也孕育了中国葡萄酒的涅槃重生，位于碣石山东南麓的长城华夏酒庄是这一伟大历程的见证者。承载着第一瓶新工艺干红葡萄酒的光辉成果，翻开了产区发展、产业变革的新篇章。碣石山下厚重的文化沉淀，山与海之间的风土奥秘，尽在长城华夏的杯酒之中。

时代造就 顺势而生

长城华夏酒庄于1988年8月9日在河北秦皇岛昌黎县创立，是中国第一家生产国际标准干红葡萄酒的出口型企业，由中国粮油食品进出口公司（中粮集团前身）、法国鹏利股份有限公司和昌黎葡萄酒厂共同投资建设。

1978年我国改革开放后，中国葡萄酒发展滞后，处于半汁葡萄酒和甜型葡萄酒消费阶段。国家轻工业部、农业部、商业部号召酿酒企业尽快研制生产符合国际标准的干型葡萄酒，1979年唐山地区轻工业局昌黎葡萄酒厂承担河北省重大科研项目“赤霞珠干红葡萄酒”的研究，1981年在轻工业部食品发酵研究所高级工程师郭其昌的指导下，由昌黎葡萄酒厂技术厂长严升杰（华夏公司前总经理）带领科研领导小组26人进行研制，在轻工业部，广州轻工设计院，上海、新乡、湘潭等轻工机厂50余名工程技术人员的协助下，于1983年完成了轻工业部重大科研项目——葡萄酒新技术工业性试验。这就是中国第一瓶符合国际标准的新工艺干红葡萄酒——“北戴河牌”，它填补了长期以来中国干红葡萄酒的历史空白。

符合国际标准的干红葡萄酒诞生之后，面临着如何扩大生产和开启市场两大课题，昌黎葡萄酒厂一面进行科研成果推广，扩大优良葡萄品种基地面积，一面寻找资金合作伙伴及市场突破口，在这期间产品得到了中国粮油食品进出口公司的认可。1987年，昌黎葡萄酒厂与中国粮油食品进出口公司建立合营公司，生产长城牌干红葡萄酒。1988年，为有利于长城干红品牌，双方决定昌黎葡萄酒厂以优良酿酒葡萄基地和酿酒技术为优势，中粮和法国鹏利股份有限公司以出口销售为优势，三方共同投资成立一家专门酿制葡萄酒的公司，即华夏葡萄酿酒有限公司，就是如今长城华夏酒庄的前身。

碣石山下 风土探索

“东临碣石，以观沧海”，曹操这句诗里的“碣石”，指的就是现在秦皇岛市昌黎县北的碣石山。碣石山余脉分布在主峰东西两侧，西面是凤凰山脉，东侧则有晾甲山、五峰山、野湖山、樵夫山……碣石山主峰东南侧有一低矮的山峦唤作晾甲山，山下一方碧潭名为晾甲湖，这就是长城华夏酒庄的所在地。酒庄背靠晾甲山，面朝渤海，东面是穿流而过的饮马河，受山、海、河地理位置的影响，虽属于温带大陆性季风气候，但也形成了受海洋影响的独特区域性气候特点。

碣石山产区地处北纬40°附近，产区年降水量为538毫米，年日照时数超2800小时，葡萄成熟季节昼夜平均温差在12.3℃，较大的日夜温差有利于葡萄糖分、酚类物质及其他风味物质的积累。位于秦皇岛西北的燕山山脉，以及碣石山丘陵地带在一定程度上阻挡了冬季西北寒流的侵袭。渤海广阔的水域不仅起到了调节大气温度、湿度的作用，海洋与陆地之间的热力差异还形成了独特海陆风，让夏季葡萄园不至于过分炎热，还能在雨季吹散葡萄园中的多余水汽，为酿酒葡萄提供干燥凉爽的生长环境。山与海共同为长城华夏酒庄营造出“春季干旱少雨，夏季温热无酷暑，秋季凉爽多晴天，冬季漫长无严寒”的气候主基调。

碣石山丰富的土壤类型也为酿酒葡萄的生长提供了更多的可能性，长城华夏酒庄所处的低山丘陵地带以棕土、褐土为主，粗沙含量大，夹有石砾，土质疏松，通透性好。上亿年前的中生代燕山造山运动，还

产生了特有的火山岩土壤，富含微量元素，多砾质、轻沙质土，土壤条件并不肥沃，但于无形中限制了葡萄的产量，并使结出的葡萄含有更加复杂、丰富的成分，色泽浓重，成熟度高。

得天独厚的自然条件，大多数酿酒葡萄都能够正常成熟，尤其适合中、晚熟品种。碣石山产区近50年的酿酒葡萄引种历史也为长城华夏酒庄提供了丰富的种植经验。

1988年，长城华夏酒庄建立之时，从法国引进赤霞珠、品丽珠、小味儿多、梅鹿辄等脱毒苗20万株，不仅在昌黎境内扩植，还在周边山丘、河谷、坡地等不同地貌试种。之后，“华夏葡园”从昌黎耿庄、前两山发展到周边的卢龙曹柳河村、刘田庄，抚宁的栖云寺、陈家营等数个村镇。2006年，华夏酒庄引进小白玫瑰、美乐、西拉、品丽珠等7个品种19个品系酿酒葡萄名种，建立母本园。目前长城华夏酒庄拥有21个葡萄品种35个品系，正不断地进行微气候小产区优势品系的探索，以马瑟兰表现尤为突出，成为继赤霞珠之后颇具品质潜力的红葡萄品种。

碣石山产区虽以红葡萄酒闻名，但近年来产业呈多元化发展，霞多丽、维欧尼、小白玫瑰、阿拉奈尔、胡桑等白葡萄品种在当地表现突出，涌现出不少品质优异的白葡萄酒，而这都离不开碣石山独特的风土条件。2019年，长城华夏酒庄所在的碣石山产区成为河北首个、全国第三个获得中国酒业协会认证的“葡萄酒小产区”，就更说明了一切。

龙头品牌 引领行业

在相当长的时间里，碣石山都是国内最活跃的一个产区，一度是中国葡萄酒产业的发动机，长城华夏酒庄在这其中发挥着巨大作用。昌黎陆续获得中国第一个葡萄酒原产地地理保护标志，成立了全国第一个葡萄酒产业聚集区，先后被有关部门命名为“中国葡萄之乡”“中国酿酒葡萄之乡”“中国干红葡萄酒城”，这些产区荣誉的背后离不开龙头企业的引领作用。

在葡萄园管理方面，长城华夏酒庄始终遵循“葡萄酒的竞争从葡萄园开始”，在行业内创造了无数个第一，比如长年对葡萄果农进行无偿技术支持，第一家实行A级、AA级绿色食品管理，第一家实施先建葡萄基地、后建厂的酿酒流程，第一家按照葡萄基地面积的不同，在葡萄园里建立发酵站，第一家对葡萄基地采取“等级管理模式”，提高了不同等级葡萄采用不同工艺的针对性。

长城华夏酒庄是国内最早塑造产区、子产区概念的葡萄酒企业，酒庄根据光照、通风、方位和水分等核心因素，将葡萄园划分成若干特定小产区，在碣石山产区被授予“葡萄酒小产区”称号之前多年，长城华夏酒庄就已经开始了小产区概念的研究。1999年，中粮集团推出第一个产地品牌概念——华夏葡园，引发中国葡萄酒产地概念的热潮，而“华夏葡园”产地品牌的成功推出，将长城华夏酒庄从当时长城葡萄酒品牌中剥离出来，形成了品牌区隔。2000年3月，华夏长城1992年份酒正式上市，并持续引领中国葡萄酒年份酒的发展。2003年3月，华夏长城巅峰之作——华夏葡园A区干红研发成功并上市。2005年，长城华夏酒庄又以法国AOC分级为标准推出特定小产区酒，根据碣石山产区的土壤、坡地、光照和气候条件，提出地形差异和区域性气候条件创造了华夏葡园特定小产区葡萄品种和品质的多样性。葡园A区取得初步成功后又相继推出B区、S区、V区、T区产品。这是国内首个以微气候、小流域概念命名的产地酒，把产品概念升级为行业标准。

2018年，正值长城华夏酒庄“三十而立”之年，旗下战略大单品“华夏亚洲大酒窖”赤霞珠干红葡萄酒发布，以“浓郁厚重”的突出风格，再一次改变了葡萄酒的表达方式。好品种、好风土，只是一瓶好酒成功的一半；没有好的陈酿环境，“浓郁厚重感”也形成不了。长城华夏酒庄拥有亚洲第一的地下花岗岩大酒窖，面积约1.9万平方米，经过两代人30年持续8次扩建完成，可容纳橡木桶2万余只，长城华夏亚洲大酒窖包括拱形酒窖、圆形酒窖、名人珍藏酒窖和冠军酒窖四部分，独具“以山为体、凿山而建、山窖合一、四季生凉”的特点。

作为中国首家专业生产国际标准干红葡萄酒企业，长城华夏酒庄传承了新工艺干红研究的成果，并发扬光大。长城华夏酒庄产量曾一度占产区葡萄酒产量的80%，长城华夏干红被外交部200多家使领馆选为国宴专用酒，结束了中国人面对高脚杯望洋兴叹的历史。正是在长城华夏酒庄的引领、推动下，碣石山产区葡萄酒产业蓬勃发展，并逐渐由“干红品牌”向“地域品牌”跃升。

赤霞珠

最佳品种及年份

赤霞珠：华夏酒庄赤霞珠香气非常浓郁，带有黑醋栗、黑樱桃等黑色浆果的香气，同时还能感受到巧克力、烟草、烟熏等香气。融合协调，口感醇和，酒体厚重，具有陈年潜力，为中国“浓郁厚重”型葡萄酒的典型代表。

最佳年份：2009、2018

风土档案	
气候带	**暖温带半湿润大陆性气候**
年平均日照时数	2809.3h
年平均气温	11℃
最低温、最高温	-11℃，34℃
有效积温	≥10℃积温3814℃
活动积温	≥0℃积温4231℃
年降水量、年蒸发量	538mm，1450～1920mm
无霜期	186d
气象灾害	低温冻害，冰雹、洪涝
地貌地质	
主要地形及海拔	山地丘陵、山麓平原、滨海平原，50～350m
土壤类型	以棕土、褐土为主，粗沙含量大，夹有石砾
地质类型	中生代燕山造山运动产生特有的火山岩土壤，富含微量元素，多砾质、轻壤质、底沙或腰沙土
酿酒葡萄	
主要品种	红葡萄品种：赤霞珠、品丽珠、黑比诺、佳美、马瑟兰、小味儿多 白葡萄品种：霞多丽、小白玫瑰

华夏酒庄所处的低山丘陵地带的土壤以棕壤、褐土为主

华夏酒庄葡萄园土壤有着丰富的砾石成分

参考文献：

1 昌黎县委．河北省昌黎县志[M]．石家庄：河北人民出版社，1985.

2 徐静．秦皇岛地区海陆风特征及其影响．中国环境管理干部学院学报．2011，2（1）：21.

3 商讯懂评．2022．寻味历史，醉美华夏https://baijiahao.baidu.com/s?id=1742403288033026437&wfr=spider&for=pc[2022-08-28].

图片与部分文字资料由长城华夏酒庄提供

君顶酒庄

——葡萄海岸 东方名庄

君顶酒庄位于“世界七大葡萄海岸”之一的中国蓬莱南王山谷，是一座颇具东方神韵的标志性葡萄酒庄。酒庄三面湖水环绕，延绵起伏的丘陵坡地与凤凰湖形成了南王山谷复杂多变的独特气候。秉持“天人合一、技艺兼备、东西相融”的理念，君顶酒庄将南王山谷海岸葡园的风土完美呈现，创造出一幅人与自然和谐相伴的动人画卷。

李岩伟摄

湖海相依 水岸葡园

君顶酒庄位于山东半岛北海岸的蓬莱南王山谷，牙山山系北面，坐落在凤凰湖西侧的台地，北东南三面环湖，大部分葡萄园为南高北低走势，其中凤凰湖周围的葡萄园以湖心为最低点，向四周缓缓升高，海拔在30～120米，离北部海岸约8千米。东、北方受到来自海洋及湖泊的双重影响。葡萄园为丘陵缓坡地貌，坡度5～10°。南面分布着海拔300～800米的低山70余座，形成一道天然屏障，对半岛南部暖湿气流有一定的阻隔作用。同时，缓坡地形有利于葡萄园排水及通风，对病虫害防治有利。

由于黄海处于北太平洋西面，受暖流影响，酒庄环境温度变化较为迟缓，为葡萄安全越冬以及春季萌芽提供有利条件，冬季无需埋土防寒，倒春寒也极少发生。同时，海水对环境温度变化具有缓冲作用。酒庄所在凤凰湖又可调节局地小气候，对环境湿度、气温日较差及降水量都有影响。整体上，全年气温变化

马瑟兰

霞多丽

赤霞珠

平缓，气温日较差变小，降雨量充足，葡萄生长相对缓慢，成熟期长，能满足晚熟、极晚熟品种葡萄的充分成熟，酿成的葡萄酒细腻雅致。

葡萄园朝向的不同对葡萄可接受的光照、气温以及湿度变化均有一定影响，从而影响葡萄成熟进程及风味物质的形成。南北行向的两面光照强度差异较小，互相遮阴的时间较短，可以更好地接受光照。架面与生长季的主导风向基本垂直，以减轻风害。对个别无法采用南北行向种植的葡萄园，酒庄依地势走向布置，加大行距，减少遮挡。结合不同品种长势强弱和不同地块的大小，葡萄园株行距采用2米×1米和2.5米×0.8米，便于机械作业，保证果实品质。

君顶酒庄葡萄园以棕色沙质壤土为主，不同

地块土壤因成土母质以及耕作历史不同，其土壤质地及营养成分有较大差别。砂岩风化后形成粒径0.1～0.2毫米的颗粒，多为石英、长石等，传热、排水性较强，葡萄根系容易深扎；石灰岩风化形成碳酸钙，提高土壤钙含量；花岗岩风化后形成钾长石、石英、云母，富含钾元素。片岩以及玄武岩风化出粒径小于0.1毫米的黏性矿物质，矿物质营养较为丰富；页岩风化形成透水性强的砾石层，有利于排水及根系深扎。南王山谷及其南部的龙山、虎山沿脉是[illegible]岫玉的主要集中分布地。岫玉岩石风化后形成的玉石土壤含有丰富的矿物质元素，并具有良好的透气性、排水性，有利于葡萄植株的生长和葡萄养分的积累，使葡萄的色泽、糖度、风味达到最佳。

葡萄园里的东方哲学

自1998年开始，酒庄从法国、意大利、德国精心引进优良嫁接葡萄苗木，以严格的酒庄酒标准建立了嫁接苗木葡萄园，同时推行标准化种植、简约化管理，运用机械代替人工作业，为葡萄酒产业可持续健康发展开辟道路。此外，因地制宜，顺应自然，根据树体状况制定合理的修剪、肥水管理等栽培方案。

为避开7、8月份雨季引发葡萄病虫害带来的不良影响，酒庄选择对成熟期有延迟作用的砧木，并选用5BB、1103P、110R为砧木的嫁接苗。葡萄园主要采用单干双臂树形短梢修剪，对于土壤肥沃、树势过旺的葡萄园采用单干双臂树形长梢修剪。在冬季修剪方面，酒庄研发、推广了一种省力化修剪方式——“1+1”极短梢修剪法。在夏季修剪方面，酒庄采用推迟第一次修剪，增加主梢叶片数量，减少副梢生长量。此外，酒庄还推行了副梢简化修剪技术，既减少养分的消耗，又改善植株通风透光、减少病虫害，对促进枝条和果实的生长与成熟有十分重要的意义。

酒庄根据不同品种和地块确定适宜负载量、摘叶及叶果比处理方式。为了应对夏季雨热同季、光照弱、葡萄园高温高湿的状态，增加葡萄果实区域通风透光性对预防葡萄果实病害的侵染尤为重要，葡萄园采取7月底摘除基部叶片的方法，酒庄其他农艺措施还有田间自然生草、科学的病虫害防治、转色期挂防鸟网及白葡萄的夜间采收。目前，君顶葡萄园也已实现精准施肥节水灌溉，达到高产、优质和高效的目的。可以说，酒庄根据不同地块的品种表现已探索出了一套适合自己的种植管理模式。

将南王山谷地产岫玉铺设于地下酒窖用于养酒

天人合一 东西相融

君顶酒庄所倡导的东方葡萄酒，并非对新旧世界的彻底颠覆，而是传承华夏五千年文明“天人合一”理念，对新旧世界葡萄酒精妙地提炼、融合与创新。

种植上，胶东半岛产区旱涝差异明显，夏季降雨集中，春冬干旱，因此葡萄园在春冬季需适量灌溉以确保葡萄正常萌芽；夏季限制灌溉，以降低新梢生长速度。同时，生长期减少肥料使用，降低营

养生长，调节树体平衡。为了减少葡萄园微环境空气湿度，葡萄园管理采用提高主干高度，降低枝条密度，疏除果实区域叶片等措施，提高架面通风透光性，提升果实品质。南王山谷的风土特征，诸如气候、降雨、土壤，在君顶葡萄酒的产品风格中体现得淋漓尽致。

工艺上，君顶酒庄更注重酿酒师思维艺术和想象力的表达，也更愿意尝试新技术、新方法和新设备，产品类型也更丰富多样。酒庄注重风土表达的同时，还愿意更多地尝试创新，注重不同风格的葡萄酒产品研发，如起泡酒、蒸馏酒、白兰地、波特酒等；尝试新的酿酒理念，比如自然酒、生物动力等。此外，酒庄注重自动化，选用设备更加先进和现代化，从而降低劳动量。

2019年，酒庄选用美乐品种，借鉴博若莱新酒的二氧化碳浸渍发酵工艺推出了一款果味充足、柔和细腻的新酒，展现当年的风土特色。2021年，鉴于白葡萄原料的高质量，酒庄采用带皮冷浸渍的酿酒工艺试验酿造维欧尼单品种葡萄酒。经过多年的栽培管理，小芒森、霞多丽、马瑟兰逐渐成为酒庄的特色品种，继而酿造出了颇具典型风格的君顶葡萄酒。

最佳品种及年份

小芒森：2004年从法国引进小芒森嫁接苗进行种植尝试，每年11月中上旬采收，地块分布在凤凰湖西面。君顶小芒森葡萄酒，风格清新甜润，酸甜平衡，呈现蜂蜜、迷人的花香及百香果香气，是酒庄的“宝藏级”产品。

最佳年份：2015、2018、2019

马瑟兰：马瑟兰种植在酒庄凤凰湖南面地块，

南王山谷君顶海岸葡萄园　张海涛摄

风土档案	
气候带	暖温带季风区大陆性气候
年平均日照时数	2752.3h
年平均气温	13.4℃
最低温、最高温	-14.5℃，38.6℃
有效积温	2216.4℃
活动积温	4164.0℃
年降水量	574.2mm
无霜期	239d
气象灾害	低温冻害，大风，冰雹
地貌地质	丘陵地貌
主要地形及海拔	丘陵缓坡，30～117m
土壤类型	棕色沙质壤土为主
地质类型	君顶葡萄园土壤成土母质以砂岩、石灰岩、花岗岩为主，个别区域存在页岩、片岩以及玄武岩风化形成的土壤
酿酒葡萄	
主要品种	红葡萄品种：赤霞珠、马瑟兰、丹菲特、美乐、泰纳特、小味儿多、蛇龙珠、品丽珠 白葡萄品种：霞多丽、贵人香、小芒森、维欧尼

面积300亩。酒的风格平衡细腻，优雅舒爽，呈现兰花、蓝莓、桂圆等香气。尽管酒庄没有酿造单品种酒，但在2019年推出的新品君顶熙悦干红葡萄酒中我们发现了马瑟兰的身影，这是一款由马瑟兰、西拉、小味儿多、赤霞珠混酿的2016年份酒款，获得了2022年Decanter世界葡萄酒大赛银奖。

最佳年份：2015、2018、2019、2020

沙砾土壤具有良好的透气性、排水性

参考文献：

1　曲道兴，韩乃栋. 2020. 君顶：打造世界葡萄酒东方王冠. 大众日报. https://baijiahao.baidu.com/s?id=1656108566568014444&wfr=spider&for=pc[2020-01-19].

2　王向荣，李刚. 2021. 站在南王山谷看世界　君顶酒庄打开新视角迈向新征程. 胶东在线. http://www.jiaodong.net/news/system/2021/04/22/014168090.shtml[2021-04-22].

图片及部分文字内容由君顶酒庄提供

张裕卡斯特酒庄

——中国第一座专业化酒庄

在烟台黄渤海新区绵延的黄金海岸线上，张裕卡斯特酒庄这座兼纳了中欧建筑精华的欧式庄园格外显眼，它不仅仅是烟台产区距离海岸最近的一座酒庄，更是中国第一座专业化酒庄。张裕卡斯特酒庄的出现拉开了中国葡萄酒高端化的序幕，对葡萄酒行业产生了极为深远的影响。

强强联手，造就中国第一座专业化酒庄

2019年，在张裕卡斯特酒庄建庄18周年之际，中国酒业协会常务副理事长王琦表示："张裕卡斯特酒庄的建立，开创了中国酒庄酒时代，高品质、大品牌的高端酒庄酒，未来必将是市场的宠儿。像张裕卡斯特这样具有先发优势的大品牌，无疑更具竞争力。"

烟台黄渤海新区北于家所在的位置是一片临近黄海的低地平原，黄金河、柳林河两条小河流在其两侧汇入大海，这里早从20世纪60~70年代便开始栽种酿酒葡萄并初具规模。葡萄种植专家、张裕农艺师冯贻棕常年住在北于家村，指导当地农户种植酿酒葡萄，并将其中700亩土地纳为张裕的种植基地和科研基地，这正是张裕卡斯特酒庄的前身。

伴随着改革开放，中国人的消费水平和生活质量不断提升，全国兴起了第一轮葡萄酒消费风潮。尽管当时以张裕为代表的中国本土葡萄酒品牌在市场占绝对优势，张裕也凭借着产品和市场端发力、不断创新奠定了中国葡萄酒行业的龙头地位，但也有经济学家毫不客气地指出："我国葡萄酒业的胜利主要是在低档产品领域内取得的胜利，高端产品的市场仍然在洋品牌，尤其是法国人手里。"而酒庄酒无疑是高端葡萄酒中最受追捧的，不仅工艺考究，采摘、分选、酿造、熟成、瓶贮等全都有严格得近乎苛刻的标准，产品风格还受产地气候、土壤、水质、空气等一系列风土因素的影响，更重要的是国外名庄无一不拥有悠久的历史和深厚的文化内涵背景。

一次偶然机会，张裕公司高管赴国外学习，了解到海外葡萄酒品牌大多拥有自己的专业化酒庄，尤其是法国规模第一、世界第二的跨国酒业公司卡斯特集团（现卡思黛乐）在法国不同产区拥有8座酒庄，但中国在2002年之前连一座正规化的酒庄都没有。中外葡萄酒的现实差距让张裕公司高管认识到，建立一座属于中国的现代化酒庄是张裕所需要，也更是张裕"敢为人先"的企业责任。

当时，卡斯特集团恰好也正准备布局潜力非凡

卡斯特酒庄内的蛇龙珠葡萄园

酒庄葡萄园与碧波荡漾的黄海仅一路之隔

卡斯特酒庄内的老藤葡萄树

的中国市场，一个是正期待转型的民族品牌，一个是寻求商机的跨国巨头，双方的合作顺理成章，联袂让中国葡萄酒迈入酒庄世代。2001年8月，张裕与法国卡斯特签订战略合作协议，而战略合作的第一步便是双方相互参股建立张裕卡斯特酒庄，选址烟台开发区张裕北于家葡萄园，全方位引进法国波尔多的酒庄经营和管理模式，这也是中国第一座专业化酒庄，于2022年正式竣工。

张裕卡斯特酒庄，开启了中国葡萄酒高端化时代，让中国人喝上了自己酿造的酒庄级葡萄酒，也成为张裕高端酒战略开始的起点。自此之后，张裕酒庄从烟台遍布至全国，沿着北纬37° 到43° 这条国际公认的酿酒葡萄黄金种植带，陆续建成了辽宁黄金冰谷冰酒酒庄、北京张裕爱斐堡酒庄、宁夏龙谕酒庄、新疆巴保男爵酒庄、陕西瑞那城堡酒庄。

黄金海岸线上的梦幻庄园

烟台黄渤海新区绵延漫长的黄金海岸线一直是游人如织的旅游胜地，而位于八角湾（又名“套子湾”）中段沿岸的张裕卡斯特酒庄自然而然成为这条海岸线上最别致的风景。酒庄北距烟台黄金海岸线上的金沙滩海滨公园、天马栈桥等著名地标景观不足1千米，仅相隔一个街区，景色优美，旅游资源丰富。

张裕卡斯特酒庄整体设计采用欧式庄园形式，出自法国建筑师马塞尔·米拉德（Marcel M[illegible]）之手，建筑融入了16世纪的欧洲乡镇建筑风格，并兼纳中欧建筑精华。室内设计充分运用“葡萄酒文化”元素，营造出了宽敞明快的欧式风情，从外观、大堂，再到地砖、台阶都非常考究和用心，无处不在散发着高冷的艺术气息。整个酒庄由8300平方米的主体建筑、5公顷的广场及葡萄品种园以及135公顷的酿酒葡萄园组成，占地总面积140公顷，气势恢宏。

张裕卡斯特酒庄不仅是国内第一座专业化酒庄，也是第一家敢于将生产车间向游客开放的葡萄酒企业。在2002年之前，对大众开放的酿酒工业旅游业态尚无人尝试，卡斯特酒庄率先打破传统，开启了属于中国酒庄旅游的新时代。在卡斯特酒庄机械化、专业化的车间中，一批批游客在这里见证了葡萄酒酿造的完整过程和先进酿造技术的运用。将生产过程透明化，这种大胆的突破和尝试，不仅基于对酒庄工艺的自信，也体现出对消费者知无不言的尊重。张裕卡斯特酒庄还陆续推出风情采摘节、亲子嘉年华、张裕卡斯特公主选拔赛等主题活动，酒庄集葡萄种植，葡萄酒生产酿造、展览售卖、旅游观光、商务会议、休闲娱乐等多功能于一体，每年吸引大量游客到访、参观、品鉴。

作为国内较早对外开放的酒庄，杨澜、吴征、阎维文等文艺界名士曾先后、多次到访张裕卡斯特酒庄，并在酒庄体验了整桶定制，在橡木桶上庄重地签下了他们的名字。法国葡萄酒学院名誉院长

卡斯特酒庄临近海岸，土壤中含沙量极高

罗伯特·丁洛特曾来酒庄观光题词，好莱坞导演马克·詹姆斯、国际葡萄酒组织OIV总干事奥朗德先生等国际友人也都曾到访酒庄一睹其风采。

2009年，张裕卡斯特被评为国家AAAA级景区，成为国内首座AAAA级葡萄酒庄园旅游景区。2016年，在中国工业旅游大会上张裕卡斯特酒庄被授予“国家工业旅游创新单位”。2018年，在文化和旅游部公布的10个国家工业旅游示范基地中，卡斯特领衔的张裕葡萄酒文化旅游区排在了名单第一位。

海岸风土试验场

张裕卡斯特酒庄位于山东半岛北部的海岸平原，北距黄海海滨不足1千米，西南有磁山、将山、三阳顶、牛山等绵延起伏的山脉丘陵，酒庄左右分别有黄金河、柳林河两条河流汇入黄海。此处属于华北台鲁东隆起区的东北部、胶北隆起的北部边缘，隆起作用让大部分地区抬升，并不断受海水、风力剥蚀，使地层露出。沿海平原上堆积着第四纪的冲积—洪积物、冲积—海积物，逐渐形成了西南高东北低、平缓延伸入海的地貌特征。张裕卡斯特

酒庄正处于丘陵至平原的过渡地带，地势也呈西南高东北低，酒庄主楼位于台地之上，明显高于东北方向的葡萄园。

这里为暖温带大陆性季风气候，受海洋的影响明显，具有阳光充足、雨水适中、无霜期长等特点。年平均日照时数2698.4小时，年平均降雨量为651.9毫米，平均无霜期210天；年平均气温11.8℃，年平均活动积温（≥10℃）3715℃，年平均有效积温（>10℃）2024℃，葡萄年生长期（>10℃）189天，葡萄生长期平均温度19.67℃，年高温（>30℃）平均天数30.81天。生长季（4～9月）水热系数1.33，成熟期（8～9月）水热系数1.3。

成熟的葡萄与采收的人群

气候特点表现上，冬季降雪偏多，西北季风掠渤海而来，为葡萄园带来了湿润的水汽，冬季气候虽寒冷但空气较为湿润，葡萄无需下架埋土。早春时偶有晚霜冻害发生，葡萄生长季节前期干旱，后期雨热同期，尤其7～9月份降雨量增大，10月后趋于干燥、凉爽。温度、光照及水热系数，均适合晚熟优质酿酒葡萄品种的栽培，有利于酿酒葡萄的生长及香气和酚类物质的积累。

张裕卡斯特酒庄葡萄园土壤以沙壤土为主，土壤孔隙度较好，保肥保水性中等。表层土壤以片岩风化的沙砾土为主，厚度20～30厘米，土层较薄，保水保肥性较好，透水透气性相对较差。深层土壤以沉积型片麻岩风化土为主，部分为黏土层或花岗岩结构。土壤氮磷钾等营养元素含量丰富，有机质缺乏，酸碱度接近中性微酸。土层厚度在2米以上，利于葡萄根系向下生长。土壤黏性较重，春季土壤回温慢，根系活动缓慢，个别品种在不利年份易发生树体死亡情况。随着城市化进程的推进，周边目前已无可利用的河流水资源；由于地下土质结构特殊，也无可利用的地下水资源。综合各种因素，园区用于农业生产的水资源有限，葡萄灌溉条件不足。

为克服土壤缺陷和水资源短缺，张裕卡斯特酒庄在建园和栽培管理方面积极探索。建园时开沟重施有机肥，改善土壤团粒结构。在日常管理中冬剪后的葡萄枝条粉碎还田，增加土壤有机质含量；逐年增加有机肥使用量，减少化肥使用量，改施更高效的水溶肥。为解决水资源短缺问题，张裕卡斯特酒庄早在2018年率先实施“水肥一体化”管理，引进国际领先的NETAFIM（耐特菲姆）“水肥一体化”滴灌设备，与传统作业方式相比，节水50%以上，用工减少60%以上。可实现在干旱季节葡萄园灌水、施肥作业，保证葡萄基本的生长需求；可实现冬季灌封冻水，在一定程度上防止冬季低温对葡萄根系造成的伤害；在成熟期利于保持葡萄果实的酸度，提高酿酒葡萄果实的产量和品质，克服烟台地区酿酒葡萄成熟期酸度过低的缺点。

建庄之初，那时人工并不贵，国内葡萄园大都还处于人工管理阶段，张裕卡斯特酒庄考虑到品质的恒定性和酿酒的效率，率先开始全面实行机械化管理，是烟台产区最早实行机械化、机械化程度最高的酒庄，园区自2012年引入国际先进的葡萄园机械，已累计投资1000万，现已实现葡萄冬季修剪、行间机械除草、夏季修剪、枝条粉碎、喷药等多环节的机械化作业，降低葡萄园人工成本30%以上，葡萄园管理更规范和标准。

为实现葡萄园管理的科学化、标准化、规范化，张裕卡斯特酒庄技术团队还编制了《张裕卡斯特酒庄酿酒葡萄栽培技术规范》，根据技术标准和农艺措施要求，每年更新和重修。《规范》根据园区栽培品种制定产量目标和生长目标；明确栽培模式，细化整形修剪技术措施；适时调整土壤营养和施肥量；明确灌溉时间和灌水量；根据气候变化调整更新病虫害防治台历；确定机械作业标准和作业要求。

张裕对于海岸风土的试验于卡斯特酒庄取得成功，却也是百余年探索的结果。1892年，张弼士在烟台东山、西山率先开辟葡萄园；中华人民共和国成立后又在烟台西北郊的近海荒沙滩辟建了西沙旺葡萄园。曾经的西沙旺葡萄园与卡斯特酒庄所在的北于家极为相似，均为带盐碱的沙土海滩。张裕早期在西沙旺采取压土、防风、治沙相结合的方法，整地造田。压土即往沙质地里掺入泥土，再泼淡水，使之泥沙相融；防风、治沙则是在葡萄园四周边缘地带营造防护林。海岸葡萄园耕种经验成为张裕宝贵的风土财富保留至今，影响了后来卡斯特酒庄、张裕牟子国、张裕工业园、张裕莱州朱桥葡萄园等一批海岸葡萄园的建立。

蛇龙珠的故乡

张裕卡斯特酒庄不仅是海岸风土的实验室，也是国内最早建立的葡萄品种基因库，从酒庄建立到现在二十年的时间里，张裕卡斯特酒庄为中国培育了包括蛇龙珠在内的200多个成熟酿酒葡萄品种，其中完整记录葡萄生长各个物候期的多达170个品种，这些品种记录既作为科学研究的一部分，也保护了葡萄基因的完整性，为中国葡萄品种的记录与培育做出了卓越贡献。

张裕卡斯特酒庄拥有葡萄园面积2000亩，被精准划分为51个小地块，栽种有蛇龙珠、CY12-01、HPC-196、马瑟兰、赤霞珠、西拉、美乐、黑多内、小黑粒、公酿一号，霞多丽、雷司令、小芒森、晚白、白玉霓以及其他科研品种。其中，蛇龙珠是毫无疑问的当家品种，栽种面积约1600亩。

蛇龙珠不仅是张裕卡斯特酒庄的代表品种，更是张裕130年发展历程的最好见证者。1892年，烟台张裕葡萄酿酒公司成立，华侨张弼士从德国、奥地利、西班牙、意大利引进120多个世界著名的酿酒葡萄品种，这是我国近代葡萄栽培和采用优良酿酒葡萄品种酿酒的起始。蛇龙珠便是从那时进入中国烟台，被记录为“编号5”，人们为其赋名“蛇龙珠”。此后，蛇龙珠便在烟台开启了它的本土化历程。

蛇龙珠有着非常强的适应性，在烟台这片土地完全没有水土不服。经过张裕集团的嫁接、培育、改良，蛇龙珠慢慢成长为中国特有的葡萄品种。卡斯特酒庄葡萄园园艺师介绍，蛇龙珠在烟台产区培育或种植时，葡萄植株的整形修剪、葡萄园管理方面都需要进行专业的养护工作。

例如，注意葡萄枝条的更新，对结果母枝数量进行精准把控，这关乎着全年葡萄产量。值得一提的是，在葡萄架形的修剪上，烟台产区不同于中国中西部产区，不需要埋土防寒，因此可以采用单干双臂的架形，而采取单干双臂的优势在于：主干粗壮，运输营养更迅速、更高效；单干双臂的结果部位离地高度60厘米以上，更抗病，减少病菌的传播；果实优质、易于控制产量且便于管理。

酒庄葡萄园对于植株的管理上，每年会提前做好防治排期表，高效防治病虫害；在葡萄生长的关键时期，会对其实施疏叶、疏穗、摘叶、分级采收等关键农艺措施；此外，近几年烟台地区冬季低温也不可忽视，还需做好冬季的防寒工作，如冬灌水、喷施防冻液、落叶后有机肥的施入，并春后水肥的控制等。各项工作的严格实施，才能确保蛇龙珠的丰收。

除了蛇龙珠外，近几年张裕卡斯特酒庄葡萄园内还涌现出了自己的独有品种，CY12-01就是张裕公司近几年培育的一个染色酿酒葡萄品种，于2012年在卡斯特酒庄葡萄园内栽种了100亩。众所周知，烟台产区葡萄酒颜色轻盈，需要染色品种进行混酿补充，烟73、烟74便是张裕自主研发嫁接的染色品种，而CY12-01表现出更强的适应性和抗逆性，着色表现也优于其他染色品种，栽培管理简单，丰产性较好，所酿原酒酸度适中，酸度柔和，无尖锐感。

桶陈巅峰 商务首选

讲完了葡萄园，便不得不提及张裕卡斯特酒庄的酿酒师团队以及酒庄独特的酿造工艺。作为中国高端葡萄酒品牌，张裕卡斯特酒庄一直秉承着尊重风土，崇尚自然的酿酒理念，秉承了法国传统酿造工艺，更与独特的中国风土、本土品种相结合，诠释着第一座专业化酒庄背后的匠心温度与价值。

在酿造环节，发酵前首先进行低温冷浸渍，利用多酵母发酵，增加香气复杂度；发酵过程中，柔性浸渍萃取更优质单宁。发酵结束后，采用创新双桶陈酿方式，即原酒首先在225L橡木桶中陈酿12～18个月，出桶调配结束后，转入5吨或10吨的大橡木桶中继续融合6个月，使葡萄酒更加稳定和成熟。

为了让葡萄酒色泽、香气、口感及稳定性保持最佳状态，在后续处理环节，张裕卡斯特酒庄采用“轻处理保香工艺”，对完成陈酿和调配的葡萄酒仅经过一次“错流过滤”，尽可能减少过滤中酒液的香气损失，冷冻澄清后进行除菌灌装，装瓶后再瓶储6个月才能上市。由此酿造出的蛇龙珠干红香气浓郁复杂，余味悠长；霞多丽干白馥郁芬芳，清新优雅。

张裕卡斯特酒庄酿酒师团队之所以有底气采用“双桶陈酿”的酿造工艺，是因为地下酒窖中深藏着源自法国中部6个产区3种纹理9种烘烤程度的7000多只橡木桶。面对庞大数量的橡木桶以及橡木桶纷繁复杂的信息，张裕卡斯特酒庄建立了橡木桶信息化追溯和管理系统。每个橡木桶都拥有一个二维码标签，详细记录着每一只橡木桶的厂家、产地、年份、烘烤程度、纹理程度等信息。

卡斯特酒庄蛇龙珠葡萄园

凭借着高品质葡萄原料与高超酿造技艺，张裕卡斯特酒庄酒在国际舞台上大放异彩，屡获殊荣，如第26届比利时布鲁塞尔葡萄酒及烈酒大赛、2019亚洲葡萄酒大奖赛、2020第27届比利时布鲁塞尔国际葡萄酒大奖赛、2021德国柏林葡萄酒大赛、中国优质葡萄酒挑战赛，2022年法国FIWA葡萄酒大赛……

与此同时，张裕卡斯特酒庄酒荣获众多国际知名的葡萄酒行业媒体、世界葡萄酒大师等的赞誉。英国葡萄酒与烈酒协会主席、世界葡萄酒大师约翰·萨尔维（Count John U Salvi）表示：“张裕卡斯特干红酒体饱满，单宁厚实，带有黑加仑、黑樱桃等丰富的黑色水果香气，口感香味复杂而有层次感，陈年潜力强。”

在市场方面，张裕卡斯特酒庄重新定义了商务葡萄酒，在中国商务酒桌还处于白酒天下之时，卡斯特酒庄以黑马姿态杀出，让政务接待、商务接待、高端聚会场合开始有了中国酒庄葡萄酒的一席之地。张裕卡斯特商务葡萄酒发展的二十年，也是中国企业家们快速成长的二十年。岁月不居，时节如流，张裕卡斯特始终陪伴在这些中国企业家左右，觥筹交错间见证了他们的成功与喜悦。2019年，张裕卡斯特酒庄启动“复兴计划”，经过“双桶陈酿”的张裕卡斯特酒庄G2蛇龙珠干红一经推出就大受好评，即被“杰克·韦尔奇与中国企业领袖高峰论坛”“世界市长论坛”“正和岛创变者年会”等众多高端商务宴席选为宴会用酒，赢得3000位企业家点赞。

2002—2022年，二十年，五分之一个世纪。时间赋予张裕卡斯特酒庄的，不只是佳酿，千帆过尽，酒庄更以其综合实力和文化底蕴，谱写了其独有的馥郁芳华。

最佳品种及年份

蛇龙珠：卡斯特酒庄蛇龙珠颗粒中等，果皮较厚，味甜多汁，带有甜椒的气息，酿造出来的红葡萄酒与赤霞珠的口感有些类似，同时带有蘑菇和香料的气息。蛇龙珠既可以用于混酿，又可以酿造单一品种葡萄酒。酒款一般带有黑醋栗、覆盆子、胡椒和蘑菇的味道，通常会使用橡木桶陈酿。

最佳年份：2014、2016、2018、2019

霞多丽：卡斯特酒庄霞多丽以优雅爽净风格为主，澄清透明，具有优雅的果香、花香，果香与橡木香相融合，细腻而优雅，口味柔顺爽口。

最佳年份：2017、2019、2020

风土档案	
气候带	暖温带大陆性季风气候
年平均日照时数	2698.4h
年平均气温	11.8℃
葡萄成熟前日温差	7～8℃
葡萄生长有效积温	2024℃
年活动积温	3715℃
年降水量	651.9mm
无霜期、历史早晚霜日	210d，早霜11月15日，晚霜最迟至3月20日
主要气象灾害	暴雨、霜冻、冰雹
地貌地质	
主要地形及海拔	丘陵缓坡，50m
土壤类型	沙砾土
地质类型	表土以片岩风化的沙砾土为主，厚度20～30cm，土层较薄，保水保肥性较好，透水透气性相对较差。从土壤剖面看，主要以沉积型片麻岩风化土为主，部分为黏土层或花岗岩结构
酿酒葡萄	
主要品种	红葡萄品种：蛇龙珠、CY12-01 白葡萄品种：霞多丽

胶东半岛北部海岸线风貌

参考文献：

1 王恭堂．张裕百年传奇[M]．北京：团结出版社，2015.

2 中葡网团队．2020．蛇龙珠的百年孤独．http://www.winechina.com/html/2020/05/202005301096.html[2020-05-22].

3 张裕卡斯特酒庄．2022．张裕卡斯特酒庄丨不妥协的选择．https://baijiahao.baidu.com/s?id=1749433766173005268&wfr=spider&for=pc[2022-11-14].

4 每日经济热讯．2022．风雨韶华二十载，致非凡匠心．https://www.163.com/dy/article/HAFRHJ6M05524IWU.html[2022-06-22].

图片与部分文字资料由张裕卡斯特酒庄提供

张裕可雅白兰地酒庄

——百年传承 大师之酿

张裕可雅白兰地酒庄坐落于烟台黄渤海新区柳林河畔，是张裕柳林河谷的重要组成部分之一，这座欧洲中世纪罗曼式建筑如堡垒般恢宏大气，极具异域风情，被誉为“中国白兰地第一庄”。酒庄遵循张裕白兰地在酿造工艺、风土探索等方面的百年传承，结合现代工艺与时尚不断创新，开创了国内高端白兰地“新世界”。

张旭峰摄

白玉霓采收中

时光奔流 百年沉淀

可雅白兰地的诞生、发展过程，可以说是一部完整的中国白兰地发展史。1892年，著名的爱国华侨实业家张弼士先生先后投资300万两白银在烟台创办了“张裕酿酒公司”，张裕白兰地的酿造也从此时开始。在首任酿酒师巴保男爵的聘用合同上就详细记载：“计划采用白玉霓（Ugni Blanc）葡萄酿造‘Brandy or Cognac’（白兰地或干邑）酒种”。张裕第一瓶白兰地从1896年开始酿造，在地下大酒窖陈酿了18年后，到1914年才正式发售，命名为“可雅白兰地”。

中华人民共和国成立后，张裕依然引领着中国白兰地的发展。20世纪60年代，张裕白兰地先后出口中国香港、中国澳门、新加坡、柬埔寨、日本和英国。70年代，张裕公司承担轻工业部“优质白兰地和威士忌的研究”课题，并于80年代完成了《烟台白兰地工艺规程》编纂。1985年，张裕公司总工程师陈朴先赴法国和意大利参观考察，随后从法国引进4组夏朗德壶式蒸馏器，张裕白兰地生产设备完成更新换代，生产能力得到大幅提升。1992年，张裕公司总工程师王恭堂应邀出席在法国干邑举行的世界蒸馏酒学术研讨会，并在会上发表题为《烟台地区适合酿造白兰地的葡萄品种》的论文，轰动研讨会。进入21世纪，张裕在白兰地研究方面继续高歌猛进。2002年，王恭堂先生的专著《白兰地工艺学》由中国轻工业出版社出版发行，该书结合张裕公司的白兰地生产实践，涉及葡萄品种、蒸馏设备、蒸馏方法、橡木桶陈酿、调配、封装工艺、技术标准、品尝等内容，是中国历史上第一部白兰地专著。

2010年，张裕白兰地酿酒师团队研发的“双酵母控温发酵法”获得国家发明专利，专利编号201010231786。应用于可雅白兰地生产过程的该项技术，极大地提高了原料酒的品质。2011年10月，张裕可雅白兰地首席酿酒师张葆春入选第二批“中国酿酒大师”，成为中国第一位白兰地酒种“中国酿酒大师”。

随着烈酒市场的升温，张裕于2012年开启白兰地高端化之路，旗下白兰地业务坚持“高举高打，以高带低”的发展战略，聚焦可雅、五星、迷霓、派格尔四个主推品牌。通过可雅品牌做大白兰地品类，进而带动白兰地各品牌的全面发展。2012年，张裕可雅白兰地酒庄动工兴建，2016年，张裕可雅白兰地酒庄安装调试从法国Chalvignac Prulho Distillation公司引进的6组夏朗德壶式蒸馏器，该型号蒸馏器引入了全自动控制、节能控制、远程控制等新技术，可进行蒸馏工艺流程的实时监控和蒸馏数据的统计，进而实现蒸馏工艺的自动化管理

2019年6月28日，张裕可雅白兰地酒庄正式开业。酒庄坐拥葡萄园10000余亩，白兰地年产量300吨。烟台张裕集团董事长周洪江在开业典礼上致辞表示：“可雅白兰地一定会步入世界顶级白兰地的阵营，引领国产白兰地产业的崛起，并以‘新世界’白兰地领军者姿态，为白兰地的发展贡献自己的力量。”

如今，张裕可雅白兰地酒庄已成为亚洲唯一拥有国字号研究平台的白兰地生产企业，在传统酿酒产业中不断融入现代科技，在中国白兰地的标准、技术、规范等领域创立了若干个第一。在张裕“做大白兰地”的战略背景下，“可雅”成为其最为核心的旗舰产品。

凉爽海岸成就灵动白玉霓

作为西方酒种的白兰地能够在中国扎根百年，并在其发展过程中融合了东方特色，这与可雅白兰地酒庄所拥有的优质白玉霓葡萄园是分不开的。

白玉霓葡萄原产于欧洲，用它酿制的葡萄酒酸度高、酒精含量低，没有突出和特别的香气，是国际公认的酿造白兰地最好的葡萄品种。1892年，张裕公司大量从欧洲引进葡萄苗木，在120多个品种中不断实验、挑选，最终选出了编号53的白玉霓葡萄，其酸度高、糖度低，是最优质的白兰地葡萄品种。百年时光，白玉霓葡萄早已融入了中国风土，烟台温润的气候和优质的土壤，最终成就了海岸线上优质的白玉霓葡萄园。

可雅白兰地酒庄位于山东烟台黄渤海新区，张裕国际葡萄酒城的最西侧，毗邻柳林河，酒庄西面是磁山，南面是洪钧顶、夹鹿山，东面是岗嵛山等丘岗，海拔均在150米以上。此处是胶东半岛北部低山丘陵区向滨海平原区过渡的一块天然盆地，三面环山，北面看海，距黄海海滨八角湾仅5千米远，站在高处甚至可以清晰地看到海平面。

可雅酒庄周边拥有1000亩白玉霓葡萄园，分布于牟子国和工业园两个地块，这里属温带季风性气候，雨水适中，空气湿润，气候温和，冬无严寒，夏无酷暑，非常适宜葡萄生长。在烟台产区，白玉霓葡萄萌芽晚，遭受春季霜冻的风险小，中晚熟的特性也使其成熟阶段能避开多雨、潮湿的夏季，在干燥爽朗的海岸秋风中缓慢成熟。

其中，牟子国地块位于张裕工业园西北、卡斯特酒庄西南，南临来牟文化小镇，柳林河左岸，是一处规整的四方平原地块，但由于海拔较低，受寒流、霜冻影响的风险较高。工业园则地处柳林河右岸的山前丘陵地带，海拔更高，地形以缓坡为主，地块零散。两个地块与山海距离、海拔、地形地貌均有差异，存在着大同小异的气候差，所产出的白玉霓也有所区别，最显著的表现在酸度上，牟子国糖酸比较为均衡，品质均一性更好；工业园白玉霓酸度更优秀，拥有更高的品质上限。

通常白玉霓会被提早采摘以保留高酸度，白玉霓高产且能够适应多种架势，对白粉病和灰霉菌抗性良好。除此之外，由片麻岩风化所形成的沙壤土富含钙、磷、钾等微量元素，为葡萄生长提供了丰富的营养成分，使得白玉霓葡萄更为优质，果实饱满、丰盈，能够赋予酒体良好的自然陈年潜力。

随着张裕在中国各产区的布局，白玉霓的种植逐渐扩展到河北、宁夏、新疆等其他产区，也早已融入了中国风土，尽管白玉霓在各产区展现出不同的风味表现，但烟台产区的白玉霓仍然是酿造可雅白兰地的主角。近十年来，张裕先后在烟台黄渤海新区牟子国、工业园，莱州朱桥等地新增了白玉霓

种植面积，并全面实现了专业化、标准化、精准化管理，即便在气候多变的年份，种植师们也能结合经验与科技手段，让白玉霓受气候的影响越来越小，实现持续的稳产和高品质的产出。为了让白玉霓拥有优质的生长空间，张裕的种植师们正不断改进种植技术和装备，探索着各种可能性。

可雅，开创高端白兰地“新世界”

可雅白兰地，作为中国高端白兰地的开创者，铸造了一个又一个匠心之作。其内核中的优雅、传承与品牌一直将“匠心”作为创新理念息息相关。

可雅白兰地酒庄葡萄园内的白玉霓从萌芽新生到果实入篮要经过138天漫长的生长周期，限产、粒选、手工采摘、24小时内破皮压榨，筛选出优质的、符合标准的白玉霓葡萄进行葡萄原液发酵。在发酵过程中可雅采用独创的双酵母控温发酵工艺，极大程度激发了葡萄原液中的酚类、脂类物质，降低酒中甲醇和杂醇油含量，让白兰地成品酒香气更纯净、层次更丰富。

完成发酵后的葡萄原液经夏朗德壶式法两次蒸馏，所得原白兰地再经利穆赞林区橡木桶进行陈酿，采用新旧大小桶交替使用。酒液汲取木桶的多酚类物质使口感越来越醇厚，香气越来越丰富馥郁。在这两个重要工艺环节上，可雅酒庄首创了智能化蒸馏精细控制体系，并系统建立了木桶陈酿体系，创造性地建立了适合中国高档白兰地生产特点的技术体系。

可雅白兰地还建立了仪器鉴定结合感官分析方法评判白兰地品质的技术，在白兰地中共鉴定出512种挥发性化合物，是目前国际白兰地数据分析之最。通过感官组学技术明确了中国白兰地风格特征，从品质上明确表达中国白兰地优势，为国产白兰地品质提升指明方向，加大国产白兰地在国际竞争中的话语权，并构建了基于风味导向的白兰地风味调控技术体系。

在传统风土概念中，“人”的部分是指人对自然的态度以及种植酿造过程中人做出的选择，一款酒能否表现风土特征，很大程度上取决于酒农和酿酒师的意愿与水平。可雅酿酒师团队的灵魂人物是中国白兰地首席大师张葆春，这位非凡女性在酒的世界里已经钻研了30多年，手握无数荣誉和专利技术，在业内被尊为“国宝”。

由转色期到成熟期的白玉霓

在张葆春看来，每一款酒都有自身的特征与性格。从酿酒理念到原料，到发酵工艺，到工艺的各个环节，它都有各种各样的理念碰撞，也有着时代的特征。一百多年过去了，可雅白兰地始终虔诚坚守“世界标准，中国风味”，在一代又一代酿酒大师的传承中赢得属于中国白兰地的自信。在她的带领下，张裕可雅白兰地酒庄实现多学科、多领域突破，完成创新研究60余项，取得20余项发明专利和科技进步奖，发表学术论文36篇，建立了“中国高端白兰地生产技术体系”，三次参加白兰地国家标准制定，提出核心观点，引领行业更加健康发展。

可雅白兰地除了在产品品质方面把控十分严格，对于品牌文化的输出同样注重。1915年，也就是可雅白兰地上市的第二年，参与了巴拿马万国博览会，并荣获金奖。自此之后，可雅白兰地一路前行，揽获多重大奖：2004年，荣获国际葡萄酒烈酒评酒会特别金奖；2009年，被评为“亚洲第一白兰地”；2015年，荣获布鲁塞尔国际评酒赛金奖；2018年，荣获德国iF设计大奖及Pentawards包装设计奢侈品类大奖；2019年，可雅桶藏15年XO在全球白兰地盲品赛中力压全球五大洋品白兰地，获得冠军；2021年，可雅30年XO入选金物奖；同年，可雅桶藏15年XO斩获美国缪斯设计奖金奖；2022年，可雅白兰地桶藏6年VSOP和桶藏20年XO双双荣获第23届比利时布鲁塞尔国际烈性酒大奖赛金奖！

这，便是可雅白兰地“文化输出”的高品质之处。拥有世界葡萄酒大师头衔的DB主编Patrick Schmitt曾高度评价可雅白兰地：“我们有幸发现了一个高端白兰地的‘新世界’，那就是来自中国的可雅白兰地。”

2021年4月7日，可雅白兰地桶藏30年XO在成都上市，一款编号为“1914”的可雅白兰地拍出71001元的高价。可雅XO30年，拥有烟台得天独厚的风土以及享有国际声誉的酿酒大师，百年匠心、独特工艺，代表了中国高端白兰地的扛鼎之作。它的价值不仅仅局限于感官和酒体，更体现于它正在试图努力表达对品质文明的敬畏之心和实践态度。

最佳品种及年份

白玉霓，酿造可雅白兰地的白玉霓有着良好的酸度表现，并带有桂皮、丁香香气特质，生长在独特的海洋性气候区，风味更为细腻优雅，让可雅白兰地的香型更为充沛。

最佳年份：2005、2009

风土档案	
气候带	暖温带大陆性季风气候
年平均日照时数	2500h
年平均气温	12.7℃
葡萄成熟前日温差	7～8℃
葡萄生长有效积温	2506℃
年活动积温	4500℃
年降水量	589mm
无霜期、历史早晚霜日	210d，初霜日10月20日～11月10日，终霜日4月10日～25日
主要气象灾害	暴雨、霜冻、冰雹
地貌地质	
主要地形及海拔	低山丘陵，65m
土壤类型	沙砾土
地质类型	表层土厚度在20～30cm，主要以沉积型片麻岩风化土为主，部分为黏土层或花岗岩结构
酿酒葡萄	
主要品种	白玉霓

参考文献：

1 可雅白兰地. 2022. 可雅，与时间为友. https://www.sohu.com/a/519250443_121124793[2022-01-26].

2 中国新闻网. 2019. 百年醇香：张裕可雅白兰地发展简史. https://baijiahao.baidu.com/s?id=1637926614999232080&wfr=spider&for=pc[2019-07-02].

3 烟台广播电视台. 2022. 传承经典、未来可期——张裕白兰地葡萄种植团队. https://baijiahao.baidu.com/s?id=1720973583426963469&wfr=spider&for=pc[2022-01-04].

图片与部分文字资料由张裕可雅白兰地酒庄提供

兰一酒庄

——镇北堡里『小而美』

宁夏贺兰山东麓是目前中国葡萄酒行业最具活力和影响力的产区。在自治区大力发展葡萄产业的浩荡东风之下，银川市镇北堡镇涌现出了一大批风格迥异的酒庄。而兰一酒庄就是在这种氛围下成长起来的一座精品酒庄。根植于优越的贺兰山风土，秉承“无为而酿，风土为上”的酿造理念，“小而美”的兰一酒庄成为镇北堡一颗闪亮的明星！

镇北堡——银川地理坐标

镇北堡镇隶属于宁夏银川市西夏区，地处贺兰山东麓，银川市区西北郊，是贺兰山黄金旅游带腹地，沿山公路贯穿全境，交通条件十分便捷。镇域及周边地区旅游资源得天独厚。

镇北堡镇是全国首批127个特色小镇之一。除了西部影城为大家所熟知外，镇北堡镇的葡萄酒更是享誉海外。得天独厚的地理条件培育出了一批优质的葡萄酒庄。这其中，不少酒庄和小镇一起成长。镇北堡镇位于贺兰山东麓产业带核心区，镇域拥有贺兰晴雪、志辉源石、兰一等17座葡萄酒庄，其中4座酒庄达到“五级列级酒庄”标准；镇域葡萄种植总面积3.32万亩，葡萄酒年产量1700吨，带动就业1600多人，人均创收7000多元，葡萄酒产业逐步成为镇北堡镇的品牌产业、品质产业。

赤霞珠

兰一酒庄就位于镇北堡镇德林村，是2009年在20世纪50年代初期的三北局青年农场原结构上改建而成。酒庄占地面积1200余亩，葡萄酒年产量50万余瓶。酒庄取名“兰一”，不仅体现宁夏贺兰山东麓风土，也蕴含着酒庄独特的品牌文化和酿酒哲学。兰：即为贺兰山，马兰花。一：意为天人合一，知行合一。求理于吾心，精益求精，以达到最完美的境界。兰一尊崇传统精神，将主体与客体联系起来，与自然协作，这也是兰一酒庄“无为而酿，风土为上”发展理念的由来。

作为政府主创的酒庄，兰一酒庄自创建之初，目标即为做高品质的葡萄酒。因此，不管是葡萄栽培还是葡萄酒酿造，兰一酒庄都立足高标准、精益求精，就像兰一酒庄门口立的“卧薪石”一样踏踏实实。你或许很难想象，在酒庄建立之初，只有满是砾石的荒地，因为过于贫瘠，连树木都无法生长。经过艰苦的改造，如今这里已是满目苍翠的葡萄园。依托贺兰山东麓得天独厚的风土条件，经过多年来的不断发展，兰一酒庄已逐步发展为集葡萄种植、葡萄酒酿造、专业品鉴培训、定制商务接待、旅游度假“五位一体”的综合性葡萄酒酒庄，致力于将中国葡萄酒推向世界。

洪积扇上的贺兰风味

镇北堡镇地处贺兰山东麓洪积扇与黄河古道冲积平原结合部，地势西高东低，气候属中温带大陆性气候，具有春多风沙，夏少酷暑，秋凉较早，冬寒较长，干旱少雨，日光充足，蒸发强烈，昼夜温差大等特点。年平均气温8.5℃，年平均降水量203毫米，大都集中在6～8月；年平均蒸发量1595.6毫米；年平均日照时数3000小

沙石土壤

时左右；太阳辐射总量140～144千卡/平方厘米，是全国太阳辐射和日照量最多地区之一，无霜期年平均157天左右。镇北堡镇境内属黄河灌区，扬黄灌区主要分布在110国道以东、蓝空部队以南、影视城以北、西干渠以西。

沿110国道一路向北，经过赫赫有名的西部影视城，汽车往西拐进一条小路，一直向前便到了兰一酒庄位于德林村的葡萄园。德林村地处山前洪积扇扇缘，海拔1130～1550m，以1%～30%的坡度向东倾斜，坡面山洪沟道较多，地表多为砾石，土地上遍布大大小小的石头。这就是兰一酒庄开垦前的原始地貌。土壤主要以沙质土为主，含砾石，通透性良好，土层深厚，质地较疏松，便于耕作。酒庄在进行了土壤养分和微生物检测后，对土壤进行了改良，每年开春施一遍农家羊粪，增加了土壤肥力。

兰一酒庄从源头开始保证葡萄酒的质量。酒庄邀请享受“国务院政府特殊津贴”的宁夏葡萄酒产业标准化技术委员会专家张国庆作为酒庄长期顾问。张国庆在酒庄对葡萄园选址、风土考察、葡萄种植、葡萄园管理等方面全程指导，专业把控葡萄苗木生长的每一个环节，力求每一颗葡萄呈现出高品质。酒庄放弃了自根苗和国内脱毒率不高的苗木，精选法国20年老藤脱毒苗木。这些法国进口脱毒苗木在抗病性能等方面具有明显优势。西干渠便利的灌溉水源为葡萄种植创造了有利的条件。

酒庄2014年引进了第一批苗木，是宁夏最早的一片隔离试种苗圃。采用3.5米×1米株行距，为树体的营养分配及安全越冬打下了坚实的基础。另外，每亩地产量严格控制在400千克以内。葡萄架杆和整形方式均采用便于机械化操作的新型栽培方式进行管理，匹配自动水肥滴灌系统，为科学化栽培管理打下坚实基础。目前，酒庄种植300亩赤霞珠、200亩美乐以及100亩马瑟兰。得益于小地块特殊的风土，这些品种表现出了极佳的风土适应性，叶幕厚薄、葡萄长势、果穗松散度都非常好，因为葡萄成熟期长且缓慢，所以果香表现非常突出。

一个好的酿酒师是酒庄的灵魂。兰一酒庄聘请国家级品酒师——梁百吉出任首席酿酒师，其拥有近30年葡萄酒酿造经验，在葡萄酒酿造、葡萄酒专业品鉴方面积累了丰富的学术经验。执掌葡萄酒酿造过程，梁百吉充分展示出国际化专业酿酒师的技术优势，主持并指导酒庄全系列品牌葡萄酒。兰一酒庄秉承“无为而酿，风土为上”的酿酒哲学，结合专业的酿酒葡萄种植技术，引入先进的葡萄酒酿造工艺与前沿酿造设备，完美地将传统酿造手法与现代酿酒工艺相结合，努力将当地风土特色发挥到极致。

兰一酒庄规模不大，酒庄建筑风格具有浓厚的中国味，是一座颇具园林建筑风格的酒庄。酒庄酿造车间安置在地下酒窖中。一座小小的石头酒窖，向外界展示出重力酿造、冷浸渍、石头调湿等诸多工艺，这些工艺无不体现出酒庄自然独特的酿酒理念。从种植、管理、采摘、发酵、入桶、装瓶，每一个过程都做到细致入微。酒庄年产量限制在3000箱内，出品的贺兰红、北堡红、兰一酒庄美乐、马瑟兰、赤霞珠等系列产品款款精致，是酒庄参与市场竞争的法宝，皆源自酒庄十余年种植栽培和精湛的酿酒技术的积累。

兰一酒庄酒品推向世界

短短几年，兰一酒庄酒品已经多次获得各类奖项以及国际好评。按照酿酒师近乎苛刻的酿造工艺和技术要求，产品一经推出，即在社会上获得较强的认可度，其中2011年份（兰一酒庄第一个年份酒）酿造出品的“经典窖藏”系列以其浓郁的果香和细腻的口感深得资深品酒人和专家的认可，并获得了国内诸多奖项。值得一提的是，兰一酒庄在2013贺兰山东麓葡萄博览会评比上，获得首批贺兰山东麓列级酒庄“宁夏列级酒庄第五级（旅游酒庄）”的殊荣。而兰一酒庄的高标准葡萄园跻身“贺兰山东麓十大优质葡萄园”。

贺兰山庇护的葡萄园

2014年，是一个具有里程碑意义的时间节点。对于整个贺兰山东麓来讲，这一年，宁夏一批优质酒庄如雨后春笋般崛起。在“发现中国：2014中国葡萄酒发展峰会”上，杰西斯·罗宾逊（Jancis Robinson）、贝尔纳·布尔奇（Bernard Burtschy）、伊安·达加塔（Ian D’Agata）率领国内外大师对“兰一酒庄2011经典窖藏梅鹿辄”进行了联名推荐。而在随后的“TOP100中国葡萄酒”评选中，兰一酒庄同保乐力加（贺兰山）、轩尼诗夏桐酒庄同时获得了“魅力酒庄”。2014年12月19日，“2012兰一珍藏赤霞珠”登陆渤海国际交易所，这是中国葡萄酒首次和国际名庄酒进行期酒交易。在2020年中国优质葡萄酒挑战赛上，2018兰一酒庄美乐干红获赛事最高奖项——品质卓越大奖。

根据《银川市葡萄酒产业“十四五”发展规划》，银川市委在产业空间布局方面，提出了以110国道为主线，连接金山、镇北堡、闽宁镇、玉泉营的“一带两区三镇四群”的空间布局。其中，镇北堡葡萄影视文化小镇、西夏区镇北堡酒庄集群位列“三镇”“四个酒庄集群区”规划。这无疑给镇北堡镇的酒庄创造了更大的发展机遇。立足于中国酿酒葡萄黄金生长地带，毗邻中国影视文化基地，兰一酒庄将从这里走向世界！

最佳品种及年份

美乐：得益于葡萄园地块特殊的小气候，兰一酒庄美乐成熟期长，成熟缓慢，果香表现非常突出，一般10月中上旬采收。兰一美乐干红葡萄酒，成熟浓郁，大胆有野心；具有黑李子和红樱桃的香味以及淡淡的咖啡和黑巧克力风味。

最佳年份：2018、2019、2020

风土档案	
气候带	中温带大陆性气候
年平均日照时数	3000h
年平均气温	8.5℃
有效积温	3300℃
活动积温	3100～3300℃
年降水量	150～240mm
无霜期	平均157d
气象灾害	霜冻、大风、低温冷害
地貌地质	
主要地形及海拔	贺兰山东麓冲积扇，海拔1100m
土壤类型	沙质土为主，含砾石
地质类型	贺兰山东麓冲积扇
酿酒葡萄	
主要品种	红葡萄品种：赤霞珠、美乐、黑比诺、马瑟兰 白葡萄品种：霞多丽

参考文献：

1 一个小三八. 2015.【名庄】兰一酒庄：用心讲好每一个故事. 紫色梦想网. https://mp.weixin.qq.com/s/HOUhdOyMuxVgTqDdT0hfrg[2015-03-04].

2 王莹. 2015. 故事|兰一酒庄：要做“黑马”中“汗血宝马”. https://mp.weixin.qq.com/s/lwapedDYYq_sYBPjNW0nlA[2015-10-31].

3 麓酩优选. 2021. 兰一酒庄：极目远眺，身躯愈发雄壮. 宁夏葡萄酒义乌品鉴中心. https://mp.weixin.qq.com/s/yZ_zo1JbCrGeeeGt9yN1Yw[2021-11-19].

4 曲冬冬. 2015. 中葡网丝路行（15）兰一酒庄：石头窖里酿美酒. 中国葡萄酒信息网. http://www.winechina.com/html/2015/09/201509277862.html[2015-09-16].

5 李蓉. 2013. 中国酿酒师风采录（42）李文超：每一瓶酒都是酿酒师的一个故事——访兰一酒庄酿酒师李文超. 中国葡萄酒信息网. http://www.winechina.com/html/2013/06/201306171014.html[2013-06-24].

6 紫色梦想网. 2014. 一图看懂|银川市葡萄酒产业“十四五”发展规划. https://mp.weixin.qq.com/s/iEr3miXEhuN_2Kw7OzcK1A[2022-02-14].

图片及部分文字由兰一酒庄提供

朗格斯酒庄

——樵夫山下的欧式庄园

昌黎碣石山东侧有一条余脉，名曰樵夫山，这里有一座庄重典雅的欧式庄园——朗格斯酒庄。给葡萄与葡萄酒听音乐、自然重力酿造法、闪蒸技术……从葡萄到葡萄酒，坚守自然有机与人文关怀的理念，尝试多元化的种植与酿造工艺探索，朗格斯酒庄正在走向绿色可持续发展之路，述说着山海之间不一样的风土故事！

“葡萄之乡”的欧陆风情

从昌黎县城出发，沿205国道向东行驶10千米，到达两山乡段家店，在这里你会发现一处比较幽静、典雅的庄园。当车子驶入大门，路两边可见沿山坡整齐分布的大片葡萄园，放眼望去真是蔚为壮观。

秦皇岛碣石山产区的昌黎县有着近500年的葡萄种植历史，据《昌黎县志》记载，葡萄种植可以追溯到明朝万历年间。公元1189年取“黎庶昌盛”之意定名“昌黎”，这里自古就有“花果之乡”的美誉，苹果、桃、杏、樱桃、蜜梨、核桃、板栗等闻名遐迩。昌黎县城西偏北的五里营、十里铺和凤凰山一带山区、半山区盛产的玫瑰香、龙眼等葡萄，畅销京、津、唐地区和东北等地，是远近驰名的“葡萄之乡”。

从1958年建设300亩酿酒葡萄基地开始，历经1980年、1986年、1988年、1998年几次大规模引种扩建，1999年全县酿酒葡萄基地面积3.6万亩，可以说，21世纪初，昌黎葡萄酒产业发展迅猛，声名远播。这里依山傍海，日照充足，昼夜温差大，无霜期也长，优越的自然生态条件，巨大的潜在葡萄酒市场，还有这里热情、质朴、勤劳的人民，都是酒庄在此选址建葡萄酒庄园的重要原因。

手工采收马瑟兰

山海相拥的一块宝地

朗格斯酒庄位于昌黎县两山乡段家店村北（碣石山产区1号），地处东经119º14′39″ ~ 119º15′45″，北纬39º45′21″ ~ 39º46′01″。这里距离黄金海岸风景区13千米、碣石山风景区14千米，北戴河景区30千米，是碣石山产区距离海滨最近的酒庄。

碣石山产区属于暖温带半湿润大陆性季风气候，受海洋影响，气候较为温和，冬季最冷月1月平均气温-4.8℃，需埋土防寒，夏季最热月7月平均气温25℃，夏季雨水较多，年平均降雨量约660毫米。当地土壤多为花岗岩风化成土，为轻沙质多砾质淋溶褐土，土壤通透性排水性良好，土层厚度1米，下层为黏土层，保水保肥性能较好。樵夫山东坡砾石较多，土层较薄，排水更好，相较于山前平原地块，葡萄品种表现病害较轻，果实转色较早，含糖量较高。

朗格斯酒庄位于樵夫山山坳的东南坡，为山前坡地延伸平原，向阳采光较好。樵夫山是碣石山余脉中南北走向的一道山梁，自西南向东北倾斜展布，是酒庄葡萄园的天然屏障，为整个葡萄园遮挡了冬季来自西北方的寒流。海洋和河流又可以调节本区的温度、湿度和光照条件。因毗邻海洋，受海洋影响，气候较温和。这里年日照时数2809.3小时，≥10℃积温3814℃。冬季不是特别寒冷，无霜期较长，平均186天。

葡萄园地势西高东低，呈L形分布的山坡上，千亩葡萄园簇拥环抱着酒庄，蔚为壮观。葡萄园东南方是海岸平原带，离海岸线10多千米，受海洋性气候影响较大，特别是春夏季东亚季风以及海陆风的影响较大，空气凉爽湿润，樵夫山巅有时雾气弥漫，宛如仙境。

人文关怀 绿色葡园

朗格斯酒庄葡萄园完全自主经营，统一栽培管理，是体现人文关怀的绿色葡萄园。酒庄严格控制负载量，是国内酿酒葡萄园最早采用葡萄转色期疏果的酒庄，每亩葡萄园不超过500千克产量；葡萄园管理采用单臂篱架和短梢修剪的整形修剪方式，优化群体通风透光条件，充分保证果实色香味物质的积累；根据土壤、地形、地势的不同进行分类并制定相应的管理措施，以确定不同地域的葡萄酿造不同风格的葡萄酒。同时，新改造的葡萄园，加大了葡萄的行距，提高了结果部位，并采用葡萄园行间自然生草的管理模式，减少了葡萄病害的发生。

酒庄采用有机管理模式，激素类、转基因类、除草剂、化肥及不合规范的杀虫杀菌剂一律禁止使用。酒庄坚持科学的施肥观，每年只施用羊粪、沼渣作为基肥，多年来不使用化肥，以根系—微生物—土壤的关系为基础改善土壤的特性，使用地与养地相结合，达到土壤肥力的稳定和提高。由于葡萄成熟季降雨较多，雨热同季，葡萄园也存在葡萄易感病害的问题。持续的低温高湿天气往往诱发霜霉病的发生，这种病害在天气恶劣的年份有时会持续整个生长期。白腐病主要在6～7月份，尤其是受到冰雹袭击后，伴随雨水落地的飞溅，影响较大，这时需要人工疏除病果。虫害有早春的绿盲蝽、其后的斑衣蜡蝉，天气干旱时可能会出现叶蝉和瘿螨；不过，酒庄设置了害虫天敌的栖息地，从而提高了生物多样性和自然控制能力。这些病虫害通过物理防治和常规化学防治都能有效控制。

这里虽然没有令人头疼的晚霜危害，但夏天往往会有大风和冰雹等强对流天气，为了减少这些不利因素的危害，酒庄建有气象监测站，实现与有关气象台站的信息资源共享，葡萄园周围还栽种了大量防风林，配备了防雹高炮以应对冰雹等恶劣天气的袭击危害。酒庄历史上也于2012年和2016年遭遇了持续暴雨袭击，并发生了严重的涝灾，为此，酒庄在2012、2013、2016、2017年份就没有出产主牌酒。农业种植靠天吃饭，在不好的年景可能会发生各种自然灾害或病虫危害，酒庄的种植师和酿酒师团队会付出更多的艰辛和努力，同时激发他们的工作激情，确保产品质量，酿好每一瓶酒，这样的劳动成果也备受世人尊敬。

通过对碣石山产区自然风土和酒庄独特小环境与微气候的深刻理解与精准把握，朗格斯酒庄开创了酿酒葡萄免灌溉的种植技术先河。昌黎地区每年春季较为干旱，七八九月份往往降雨较多，年降雨量可达600毫米。土壤底层为黏土层，酒庄葡萄园的保水能力强。朗格斯酒庄大胆创新，科学试验，自2008年开始葡萄园全部实现免灌溉，只给新栽种的葡萄幼苗浇水，一旦成活，就不再灌溉。该技术不仅可以节省因葡萄园灌溉而产生的用水、用电、用工等成本，而且降低葡萄园湿度，减少病害发生，有效控制果实百粒重，增加果皮占比，提高产品品质。

多年来酒庄在葡萄园排水方面做了不少工作，

不断完善排水系统。针对片洼地，酒庄修建了排水工程，诸如修水渠、挖排水沟等。虽然葡萄生长季雨水较多，但山上下来的雨水能及时排走，并不会对葡萄的生长造成太多不利影响，也不会形成涝灾。此外，由于春天风比较大，酒庄近年来也增加了防风林带建设，以免新长出的嫩枝条被大风折断。

自2018年以来，酒庄开始逐年淘汰病毒感染严重、退化衰弱的老旧葡萄品种，增加适应性、抗逆性良好、酿酒品质优秀的新品种，适当增加白葡萄品种的种植比例。在中国农业大学、国家葡萄产业技术体系首席科学家段长青教授团队的指导下，酒庄做了一系列调整，包括采用了进口标准的金属架材；筛选出了以赤霞珠、马瑟兰、小味儿多为主的红葡萄品种；对胡桑、维欧尼、霞多丽、小白玫瑰、琼瑶浆品种进行了棚架改造；采用了标准化种植管理，设定统一的较为宽阔的葡萄株行距和较高的层线布局。改造后，葡萄园行株距3米×1.2米，主干高80厘米，提高了结果部位。主干与地面角度为30°~40°，不仅方便埋土，还使葡萄园整齐划一，有效增加光合叶面积，加强通风透光，减少病虫害的发生，提高浆果品质。同时还适应机械化作业要求，减少用工，降低成本。目前，酒庄已改造葡萄园面积800亩，计划于2023年全园改造完毕。

重力酿造第一家

自然重力酿造法、闪蒸酿造工艺、国产橡木桶的使用、山底岩洞酒窖陈酿，都是形成朗格斯酒庄产品风格的重要元素。

自然重力酿造法是朗格斯酒庄在国内首家运用的独特酿酒工艺。它是利用势能差，在重力自流作用下完成葡萄酒的酿造处理过程，减少人为干扰和剧烈机械处理，避免了可能发生的酒体结构与成分的物理及化学的异常变化，从而最大限度地保证了葡萄酒的天然潜在质量，而泵送工艺则会额外增加酒体本身以外一些成分的溶入量，如氧、金属离子，从而引起酒体内在自然性的变化，且不利于酒的发育和成熟并影响其整体生命运动进程。

酒庄建筑根据自然地形依山而建，酒庄酿酒中心位于庄园山坡之上，依重力酿造工艺而设计，是一座自上而下呈阶梯式分布的全封闭建筑群，建筑面积15000平方米，工艺立体布置并设有倒酒转罐电梯。自原料处理、入罐、发酵、转罐、陈酿直至装瓶，全部工艺自上而下通过重力自流作用完成。酿酒过程中不加糖、色素及其他任何修饰性原辅材料，尊重自然，完美表达风土。

朗格斯酒庄是国内首家引进葡萄酒酿造整套闪蒸工艺设备和技术体系的企业，最早开始于2007年，并成功进行了改造和生产运用。采用该技术生产的酒庄酒，色泽浓郁，香气复杂，口感强劲厚重，酒体抗氧化、耐陈酿，为我国葡萄酒质量的提高探索出了一条创新之路。闪蒸工艺形成了朗格斯酒庄葡萄酒独特风格，该技术已于2020年由国家知识产权局授权发明专利。

中国橡木桶的应用也是朗格斯酒庄的酿酒工艺特色之一。朗格斯酒庄是国内唯一一家拥有自营橡木桶厂的酒庄，斥巨资引进德国安通公司的橡木桶全自动生产线，以长白山优质橡木为原料，成功开发出了国产橡木桶。通过对中国橡木桶香气成分与多酚物质的种类与含量的定性定量研究以及中国橡木桶贮存高档干红葡萄酒的品质研究，明确了中国橡木桶有益浸出成分的个性化特征，论证了中国橡木桶贮存高档干红葡萄酒的典型风格，提出了中国橡木桶贮存高档干红葡萄酒的发展方向，同时形成了朗格斯酒庄干红葡萄酒独特的个性风格。

历经20年的运行，酒庄车间部分酿酒设备已濒

葡萄园土壤剖面

上层为轻沙质多砾质褐土，80cm或100cm以下多为褐色黏土

于老化，伴随技术进步，车间设备改造势在必行。自2020年开始，酒庄陆续增加粒选设备，添置具氮气保护的气囊压榨机，进口大型立式橡木桶发酵罐，建设T形发酵罐，改进自动控制系统，集中能源供给设计等，为酒庄持续保持先进性和其产品的卓越质量提供了强有力的基础支撑和技术支持。

自建“品种库”展现多样性

1999年酒庄在樵夫山脚下开垦种植了第一块葡萄园，共计264亩，品种为赤霞珠，生长表现良好。2001年，酒庄又增加了赤霞珠、美乐、品丽珠，随后在2003、2004年分别从阿根廷引进了西拉和马尔贝克，2005年又引进了马瑟兰、小味儿多，2008、2009年陆续引进了阿拉奈尔、胡桑、维欧尼、小芒森等十几个白色葡萄品种。经过多年的生物学性状观察和酿酒试验，美乐、品丽珠、马尔贝克、西拉等品种由于抗逆性和酿酒品质达不到酒庄要求，陆续被淘汰。

朗格斯酒庄始终坚持科研与创新，目前已引种保存白葡萄品种19个，红葡萄品种28个，共47个品种、62个品系，建立了碣石山产区最丰富的酿酒葡萄种植资源库，为科研和产品创新奠定了坚实的基础。与此同时开展了新品种农业生物学性状观察和酿酒试验，并已经取得阶段性成果，4个白色新品种和2个红色新品种已经崭露头角，相关科研论文已经发表。尤其针对白葡萄品种阿拉奈尔的试验与开发，时间长达15年之久，期间经历了多个艰难年份的考验，这个起源于法国南部的白葡萄品种在朗格斯酒庄表现优异，目前种植面积50余亩，朗格斯酒庄也成为中国唯一种植该品种的酒庄。

2020年，以朗格斯酒庄为依托单位成立了“河北省葡萄酒产业技术研究院”。目前酒庄正在开展的科研项目有河北省科技厅项目三项，秦皇岛市科技局项目一项；同年，酒庄联合中国农业大学段长青教授创新团队开展“朗格斯葡萄酒小产区产品典型性挖掘与固化关键酿造技术研发”专项研究。在碣石山产区获得“中国葡萄酒小产区”认证后，酒庄在最适合本区栽培的几个新品种上，更是深度挖掘产品特色，充分体现风土特征，使香气的清新度、愉悦度，口感的细腻度、爽脆性以及优雅性等典型特征得以完美表达。

朗格斯酒庄在创建之初就定位于酒庄酒，区别于传统的工业化生产，酒庄一直严格控产、控量，二十多年来一直保持着精致的风格。目前酒庄产品有干红、桃红、干白三大类。由于朗格斯酒庄所处的依山面海的地理环境、沙砾质土壤以及微气候特征的独特性，这里气候较为凉爽，果实发育期较长。葡萄酒产品多呈现艳丽悦人的色彩，新鲜的干白葡萄酒往往具有明显的绿色调，主要呈现柠檬、柑橘、青苹果的清新香气，酸度充沛，口感爽脆活泼，欢快易饮，但在某些上好年份，白葡萄酒会以蜜桃、白梨以及杏子的成熟甜香为主。红葡萄酒则呈现鲜艳的深宝石红色或宝石红色，香气以清新的花香果香为主调，细腻优雅，散发出树莓、草莓、桑葚等红色水果的香气或黑莓、蓝莓等紫色水果香，有时也会带一点草坪的清新味道或海风的鲜味，单宁柔顺，质地细腻。优秀年份的陈酿类型酒款则会呈现出馥郁的香气，层次分明，黑色水果香中隐约伴随着香辛料、药草、烧烤甚至雪松的气息，口感饱满醇厚，酒体带有劲道感，回味长久。

马瑟兰、小味儿多是朗格斯酒庄近几年最早引进碣石山产区的适应性、抗逆性良好，酿酒品质优秀的新品种。马瑟兰地块分布在酒庄东北、东南面的山坡上，小味儿多地块多分布在酒庄东南面的山坡上，葡萄园管理采用单篱架和短梢修剪的整形修剪方式。依山面海的地理环境、沙砾质土壤以及微气候特征的独特性，使葡萄果实发育期较长，色香味物质的积累充分。目前酒庄所酿造的马瑟兰、小味儿多、维欧尼等特色产品陆续在国内外大赛上屡获大奖。这些成就的取得是对酒庄多年来坚持不懈对品种典型性挖掘与技术探索创新的最大认可。

最佳品种及年份

马瑟兰：马瑟兰较抗灰霉病、霜霉病，长势中等，成熟度高，该品种酿出的葡萄酒颜色深邃，果香浓郁，具薄荷、荔枝、青椒香气以及紫罗兰花香，单宁强劲细腻，酒体醇厚。

最佳年份：2019、2020

小味儿多：小味儿多抗白腐病、霜霉病，长势强，成熟度好。该品种酿造出的葡萄酒具有浓郁的风味和深沉的色泽，具有香草、烟熏、香料的香气，并有皮革、薄荷、药草、黑樱桃香气，入口单宁紧致，酒体平衡，余味悠长。

最佳年份：2019、2020

风土档案	
气候带	暖温带半湿润大陆性季风气候
年平均日照时数	2800.3h
年平均气温	冬季最冷月1月平均气温 4.8℃；夏季最热月7月，平均气温25℃
有效积温	≥10℃积温3814℃
年降水量、年蒸发量	正常年份降雨量600mm左右，年蒸发量1183.6mm
无霜期、历史早晚霜日	无霜期186d；早霜：10月28日（2015年），10月23日（2016年），10月24日（2017年），10月10日（2018年），10月14日（2019年），10月17日（2020年）；晚霜：4月21日（2020年）
气象灾害	水涝、冰雹、大风等
地貌地质	
主要地形及海拔	山地丘陵、平原，地势由西北向东南倾斜；海拔10～25m
土壤类型	轻沙质多砾质淋溶褐土
地质类型	花岗岩和变质岩中的混合岩，地层出露部分主要为中生代侏罗纪岩浆活动的花岗岩
酿酒葡萄	
主要品种	红葡萄品种：赤霞珠、马瑟兰、小味儿多 白葡萄品种：阿拉奈尔、胡桑、维欧尼、小芒森

参考文献：

1 杨起. 2008. 朗格斯：美酒从旋律中流出. 中外葡萄与葡萄酒. http://www.sina.com.cn[2008-12-08].

2 王建刚. 2011. 夜宿朗格斯酒庄. 中国作家网. https://vip.chinawriter.com.cn/member/wangjiangang/viewarchives_106565.html[2011-08-16].

3 孙立安. 2021. 碣石多美景 挽我双眼睛. 碣石风. https://mp.weixin.qq.com/s/6sSk9lPY5YnzHyKDsJHzJg[2021-07-01].

4 碣石山导游词. 百度文库. https://wenku.baidu.com/view/8e7f229d0ba1284ac850ad02de80d4d8d05a0152.html?_wkts_=1689408202305&bdQuery=%E7%A2%A3%E7%9F%B3%E5%B1%B1%E5%AF%BC%E6%B8%B8%E8%AF%8D.

5 河北旅游. 2021. 数不尽的“宝藏”，讲不完的故事……看，这才是河北！https://mp.weixin.qq.com/s/hmuT6UKJudKqLCG4DFP4-Q[2021-01-22].

图片及部分文字内容由朗格斯酒庄提供

留世酒庄

——王陵景区那片神奇葡园

贺兰山绵延200千米，至银川西南30千米处山势从险峻趋于舒缓，并在东麓形成一块山势高亢、向东突出的山体。这里便是著名的西夏王陵所在地，千年之后，这块王陵圣地竟然孕育出一片神奇的葡萄园，成就了留世酒庄独一无二的风格气质。

缘起于贺兰山下葡萄长廊

在宁夏贺兰山东麓产区，留世酒庄堪称家族酒庄的典范，老庄主刘忠敏开荒种葡萄，儿子刘海接棒建酒庄，两代人用了二十五年的时光成就了一方小而美的精品酒庄，也见证了贺兰山东麓产区快速发展的过程。

早年间，刘忠敏在宁夏从事工程建设，专门承包绿化项目，彼时的贺兰山下满眼戈壁滩，漫天黄沙，虽然刘忠敏有着改变家乡环境的想法，但面对荒漠化严重的戈壁滩，仍然力不从心。一次偶然机会，刘忠敏承包下西夏王陵附近5000亩绿化工程，帮助解决水土流失问题，也开启了他与这片土地奇妙的缘分。

西夏王陵旁的留世酒庄一角

宁夏贺兰山东麓风貌

当时宁夏葡萄与葡萄酒产业尚处于起步阶段，政府在西夏王陵绿化工程中也规划了一片300亩的葡萄长廊，并想把这片土地交给身为施工方的刘忠敏接管。刘忠敏也对西夏王陵旁的风水宝地心仪已久，走南闯北多年，他也想找一块土地慢慢打理，同时享受悠闲轻松的田园生活。

就这样，"包工头"刘忠敏承包下这片距西夏王陵3号陵仅有数百米远的荒地，在这里种起了葡萄树。这在当时绝对称得上惊人之举，利润不菲的工程撂下不干，又变回农民去开荒种地，身边的朋友们都深感不解，可唯独刘忠敏笃定得很。在他眼里，种葡萄可以绿化环境、防风固沙，同时又需要大量人工，能为乡亲们提供工作机会，一旦葡萄园建成就能"自主造血"，接着就可以复制下去，这样总有一天，戈壁就能变成绿洲，乡亲们也能从中受益。

刘忠敏的理想很美好，但现实却很严峻，从承包下这片土地，刘忠敏一家人就开始了艰难的日子。葡萄园位于贺兰山山脚下，山地开垦难度大，开发成本高。土地里的石块需要人工清运，都是刘忠敏带着周边村民一块一块背出去的；戈壁滩缺水，浇灌困难，刘忠敏又花费重金架设滴灌设备，最初葡萄园里种植的是鲜食葡萄红提，后来刘忠敏在老朋友王奉玉的推荐下，由宁夏科技兴农办提供苗木，又种植了200亩赤霞珠，但最初很多人对葡萄酒产业的认识比较简单，认为花这么大成本种植葡萄是"疯子"干的事情。

2010年前后，贺兰山东麓产区进入快速发展的黄金期，其优质葡萄酒产区的地位也日渐凸显，产区内像刘忠敏家高品质的老藤葡萄园显得尤为珍贵，葡萄原料被其他酒庄买去酿酒，在国内外频频获奖，好几家酒庄都对这片葡萄园感兴趣，多次提出想要转让承包，刘忠敏夫妇也曾因葡萄园辛苦的付出和几近微薄的收入想到了放弃。而此时，儿子刘海不忍父母操劳，放下了自己小有成就的事业，主动接过了家里葡萄园的管理重担，甚至有了一个比父亲还"疯"的想法——建酒庄。

事业有成但对葡萄酒产业不甚了解的刘海凭着一腔热情入行，这一步就迈过了十二个春秋冬夏。刘家几间小房子、几百亩葡萄园也变成了今日赫赫有名的留世酒庄，刘海也坦言最初没有接触过酒庄概念，规范葡萄园，购入酿酒设备，设计厂房和酒庄建筑，开拓市场、运营品牌，每一步都要去探索。一路走来，有诱惑、有艰辛、有孤单、有不被理解，但他却从来没有想过放弃，他的底气来源于父亲种下的这片葡萄园，来源于西夏王陵旁的独特风土。

2021年，扶贫电视剧《山海情》爆红，进一步打响了宁夏贺兰山东麓葡萄酒的知名度，而这部剧就是以刘忠敏等老一辈葡萄酒从业者为原型，真实反映出他们的努力与付出。

王陵圣地 绝佳风土

王陵景区内唯一一片酿酒葡园。留世酒庄位于距离银川30千米外宁夏著名名胜景区西夏王陵内，不仅是西夏王陵景区内唯一的一片酿酒葡萄园，也是目前国内为数不多的树龄超过23年的老藤葡萄园。葡萄园西南方向不远处，是西夏王3号陵“泰陵”，被考古学家推断为西夏开国皇帝李元昊寝陵，这也是西夏王陵中占地面积最大、保护最好的一座。

留世酒庄葡萄园距离贺兰山最近处仅有数百米

西夏王陵吸收了自秦汉以来唐宋皇陵之所长，又受佛教建筑风格影响，构成中国陵园建筑中别具一格的形式，故有“东方金字塔”之称。自古历代帝王陵墓的选址极为考究、严苛，作为吸收和接受汉族文化和习俗的西夏国亦不例外。西夏王陵背山面河，四塞险固；西据贺兰之雄，东据黄河之险；后有走马岗，前有饮马塘，这正是西夏王陵风水形胜的写照，也深藏着留世酒庄葡萄酒的风土奥秘。

这里葡萄生长期最长。留世酒庄位于贺兰山向东突出部的冲积扇上，距离贺兰山极近，地势高且平坦开阔，葡萄园海拔1246米，这里也是贺兰山山势最为舒缓的一段，高耸的险峻奇峰从这里变为层峦群山，附近沟口不多，风口自然也少。葡萄园依偎在群峰之下，避开了从西部阿拉善高原吹来的强大寒流，这里冷风寒气的力度相对和缓弱小，酒庄葡萄园从未遭遇过严重的冰雹和霜冻灾害。加之山麓平坦开阔，能接受到更多的阳光，一半封闭一半开放的环抱地形也聚集了热量，宁夏种植专家李玉鼎曾派学生在此设立监测站，收集数据，通过对比发现留世葡萄园每年的生长期更长，具体表现在萌芽期早，成熟期时间长，有的年份比宁夏贺兰山东麓其他子产区葡萄园要长一个月左右。

这里风调雨顺。留世酒庄所在的贺兰山东麓产区深处内陆，气候干燥，年降雨量不足200毫米，加之山麓焚风效应，雨水十分稀少。西夏王陵选址刻意避开了贺兰山的泄洪口，附近沟谷不多，山洪频率与强度相对较小。因此留世酒庄葡萄园里的土壤与其他葡萄园有所不同，大多是风化形成的片岩，土壤内的矿物质含量非常高，通透性极佳，即便经历大雨、暴雨，园内也不会留存有积水。此处地质结构稳定，由数条阶梯状断裂带组成，有效减缓了地震的冲力和破坏。这也是为什么自西夏以来八九百年间银川虽历经多次强大地震，但由黄土夯筑的西夏王陵依旧巍然屹立、很少塌毁的重要原因之一。

这里保留着传统独龙干。2010年后，留世酒庄把原有鲜食红提葡萄拔除，全部改为酿酒葡萄，增加了赤霞珠种植面积，新增了马瑟兰、美乐、霞多丽等品种。在葡萄园的架型选择上，留世酒庄是目前为数不多仍然坚持独龙干的葡萄园，一方面是因

留世酒庄园内树龄超过20年的珍稀老藤

葡萄上有着丰富的果霜，形成原因与周边特殊的气候环境密不可分

为葡萄园中均为二十多年的老藤葡萄，架型已趋于固定，另外是经过了多年的摸索，独龙干架形在这片特殊的土地上的适应性更强，由于生长期长，传统独龙干果实成熟度不一的缺点也得到了有效的避免，唯一的"缺点"是要投入更精细化的管理和更密集的人工劳动。例如葡萄藤位置较高，疏果、剪枝难度比其他架势更高，留世酒庄每年会根据年份情况决定疏果的比例，一般控制在20%～30%。对于保留下珍稀老藤的留世酒庄来说，坚持传统何尝不是个性彰显的体现？

除此之外，留世酒庄拥有优秀的种植、酿酒

团队。酒庄的总经理尹子成获得了世界侍酒大师理事会（CMS）的中级认证，同时在各大葡萄酒赛事上获得了诸多奖项。酿酒师周淑珍秉承着精益求精的酿酒理念，专业严谨，注重细节。2019年，酒庄还聘请了埃里克·莫洛特（Eric Morot）担任酒庄的葡萄园管理顾问。埃里克是法国资深种植专家、米歇尔·罗兰（Michel Rolland）团队成员，担任过圣埃美隆一级A等酒庄——欧颂酒庄（Chateau Ausone）的葡萄园种植顾问。留世酒庄的酿造车间和地下酒窖并没有宏大的规模，却体现了酿造精品葡萄酒的专注用心，酒庄设备均为国际一流，所采用的橡木桶也均是造价昂贵的TRANSAUD法国橡木桶，只要是对葡萄酒的品质有益，庄主刘海从来都是不吝投入。

对于这片天赐宝地，留世酒庄始终保持虔诚之心，围绕葡萄园周边的环境保护做了很多主题活动，例如留世和长城保护志愿者威廉·林赛合作，邀请许多国际友人来华从事环保公益活动。在日常管理当中，庄主刘海也格外要求酒庄员工要时刻注意保护周边环境，对这片王陵圣地要虔诚、敬重。

近年来，留世酒庄陆续在银川镇北堡附近、贺兰金山国际葡萄酒试验区分别开拓了新的葡萄园，两块地面积都不大，各有三百亩左右。经过了十多年在宁夏贺兰山东麓产区的风土探索，留世酒庄已经积累了足够的经验，这两片新园的建设和管理相对比较轻松。留世酒庄正计划着手建立二号酒庄、三号酒庄，甚至未来新酒庄将在其他产区建立，留世酒庄期望将成功的经验复制下去，寻找某些葡萄品种更适宜的产区，把更高品质、更多样风格的葡萄酒通过留世品牌带给消费者。

名副其实的留世佳酿

留世酒庄立足于宁夏贺兰山东麓产区，其品牌形象、内涵都与贺兰山文化、西夏文化有着千丝万缕的联系。

留世酒庄1246，以“刘氏”为谐音，内含流芳百世、流向世界之意，1246代表了葡萄园所在的海拔高度1246米，留世庄园到首都北京的直线距离也恰好是1246千米。酒庄LOGO是一个形似太阳的发散状圆环，代表着太阳神，圆环中P、L字母组合代表着酒庄英文名Legacy Peak，有传承、顶峰之意，有着留世酒庄越走越高，越飞越远，传承家族的梦想，酿造巅峰品质的葡萄酒的深切含义。

在酒标设计方面，留世酒庄“家族传承”采用了西夏文的元素。“传奇”“羽”两个系列均采用了妙音鸟的元素。国家在发掘3号陵时曾发现了一尊造型完整的人面鸟身形象雕饰，是经书中记载的迦陵频伽，汉语译作“妙音鸟”，是传说中生活在喜马拉雅山中的一种神鸟，能发妙音，是传说中“极乐世界”之鸟。留世酒庄便将妙音鸟的形象进行了重新设计放在酒标上，寓意酒意通天，乐享其中。

2013年，留世酒庄率先与由西往东美酒公司（EMW）达成合作，成为这家深耕餐饮渠道多年的进口酒公司旗下的第一家中国酒庄品牌，之后留世酒庄快速进入高端餐饮市场，并一路高歌猛进。截至目前，留世酒庄几乎占据了中国最高档的餐饮场所，在全球范围内选用宁夏留世葡萄酒的五星级酒店已经接近200家。2021年，留世酒庄更是成为全球著名的美食美酒指南《米其林》在世界范围内优先推荐的中国葡萄酒。

与由西往东的合作让留世酒庄有了清晰的发展规划——不仅仅成为宁夏贺兰山东麓产区的名庄，更要成为一个响当当的国际葡萄酒品牌，这也符合留世酒庄"流芳百世、流向世界"的建庄理念。之后，留世酒庄开始谋求产品出口海外，并于2015年通过烦琐、复杂的各类审批手续，成为宁夏第一家、全国第三家获得出口资质的葡萄酒庄。如今，留世酒庄葡萄酒已进入新加坡、马来西亚、缅甸、越南、法国、德国、澳大利亚、瑞士、美国、日本等国家，每年出口销售额超200万元。尽管留世酒庄的出口贸易收益并不高，但在庄主刘海眼中，这是中国葡萄酒面对开放经济环境必须要迈出的一步，出口海外对于留世酒庄品牌影响力的提升远比从中赚取的利益要重要得多。

正是西夏王陵旁独一无二的风土条件和留世酒庄开放的国际化视野，吸引了法国葡萄酒巨头贝玛格雷集团慕名而来，双方迅速达成合作意向，贝玛格雷集团派驻种植和酿造专家来到留世，双方一起精打细磨，联名推出了皇鼎9、皇鼎5两款新品，并率先在海外市场发售，向世界葡萄酒爱好者们展示了中国伟大风土的魅力。

在市场上，留世酒庄摒弃了内卷式的低价竞争，为消费者提供高品质葡萄酒的同时倡导健康、时尚的生活理念。经过多年运营，留世酒庄形成了以北上广深一线城市为主，二、三线城市经销商布局的良好发展局面，在青岛建立了销售公司，在深圳、上海成立了分公司，并朝着酒业集团化方向发展。在品牌形象塑造上，留世积极参与、赞助各类与酒庄气质、价值理念相符的活动，与各类机构展开深入合作，例如中国科学院、北京师范大学-香港浸会大学联合国际学院（简称北师港浸大）、中欧商学院、朗诗峰上登山队等。庄主刘海坦言，通过留世酒庄，他结识了许多具有丰富人生经验、有高远的人生向往、志同道合的朋友，与他们的结伴同行收获良多，留世酒庄已然成为他结识新朋友，与老朋友联络感情的精神纽带。

从20多年前栽种下第一棵葡萄藤，到如今留世葡萄酒走出国门流芳世界，任何一个阶段的发展都得益于刘忠敏、刘海父子两代人的韧劲和坚毅品质。"我们就是要酿造最能体现中国国产酒水准的葡萄酒，让世界友人们都为中国特色的葡萄酒而喝彩"，目前，在庄主刘海的精心呵护下，留世酒庄美名远播，酒庄正如雨后春笋般茁壮成长，直至今日留世共揽获90余项奖！

留世定然能像它名字中所传达的那样，流芳百世，走向世界！

最佳品种及年份

赤霞珠：留世酒庄是中国极少数拥有超过22年树龄老藤赤霞珠的酒庄，葡萄园位于宁夏著名的风景区西夏王陵内。得益于帝王陵寝极为讲究风水的绝佳选址，留世酒庄葡萄园避开了贺兰山的泄洪区，土壤与周边有所不同，壤土含量高，且大多是风化形成片岩，土质松软，葡萄的根系最深可以达到5米，根深藤壮。留世赤霞珠不仅有细腻、紧实的单宁结构，又有浓厚的黑醋栗、黑李子香气，并在余味中释放出鲜美多汁的红枣、草莓等果香，再加上烟熏火燎的橡木加持，复杂且浓郁，优雅而令人愉悦。

最佳年份：2011、2012、2015、2018

风土档案	
气候带	暖温带季风区大陆性气候
年平均日照时数	3000h
年平均气温	8.5℃
最低温、最高温	-22.2℃，38.7℃
有效积温	3400℃
年降水量	200mm
无霜期	150～170d
气象灾害	低温霜冻，大风，冰雹
地貌地质	丘陵地貌
主要地形及海拔	贺兰山东麓冲积扇，海拔1246m
土壤类型	土质为由冲积扇形成的沙石土壤，片岩含量高
地质类型	数条阶梯状断裂带组成，地表遍布粗沙、砾石，土层极薄，结构紧密，承载力强
酿酒葡萄	
主要品种	赤霞珠、美乐、霞多丽、马瑟兰

参考文献：

1 李凌峰. 2022. 刘海：留世酒庄一路走来. http://www.winechina.com/html/2022/10/202210311932.html[2022-10-17].

2 百度百科. 2022. 西夏王陵. https://baike.baidu.com/item/%E8%A5%BF%E5%A4%8F%E7%8E%8B%E9%99%B5/416060.[2022-08-22].

3 留世1246. 2022. 留世酒庄丨留芳百世，流向世界. https://mp.weixin.qq.com/s/_QrQ2sOdw9zngwa_uOO1Qg[2022-10-06].

图片与部分文字资料由留世酒庄提供

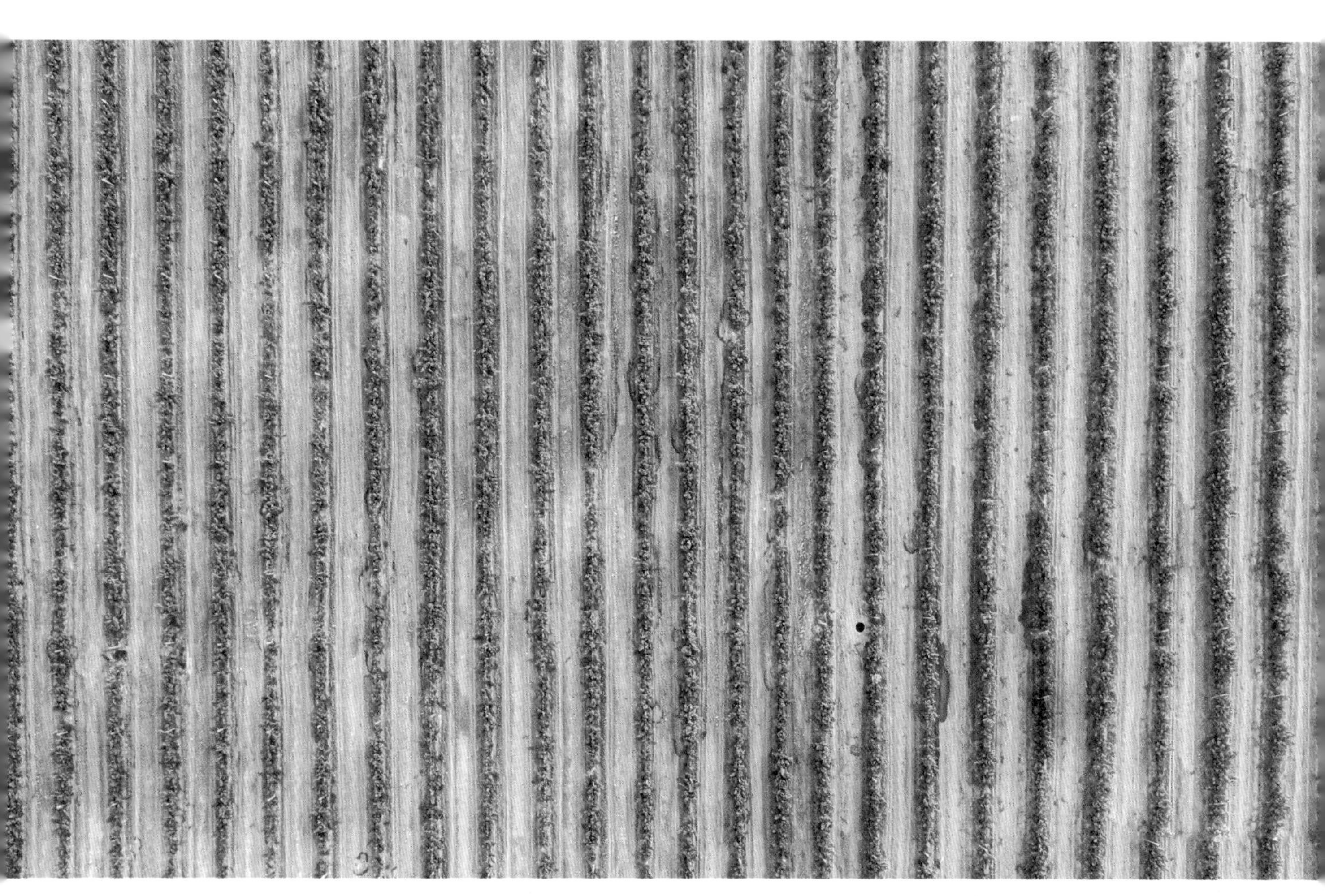

空中航拍留世酒庄葡萄园

龙亭酒庄

——当爱酒人遇上蓬莱风土

龙亭酒庄坐落于胶东半岛北部的黄金海岸线上，位于蓬莱刘家沟峰东部的丘岗之上，北眺黄海碧波万顷，怀拥葡园绿坡绵延。这座创立于2009年的精品酒庄秉持“敬畏自然，工匠品质，乐享生活，传承美好”的理念，践行生物动力法则，致力于酿造“中国风，超有机，世界级”的精品葡萄酒，成为蓬莱海岸上特色鲜明的时尚酒庄。

河谷海湾 风土典范

龙亭酒庄位于胶东半岛北部的“人间仙境”蓬莱刘家沟镇，受海洋影响较大，冬无严寒，夏无酷暑，日照充足，热量丰富，雨量适中，属暖温带大陆性季风气候，海洋性特点明显。产区年均日照时数2536.2小时，年均活动积温4325.6℃，葡萄生长有效积温2194.8℃，无霜期218天。这样的自然条件有助于葡萄香气充分积累，令葡萄酒更加醇和自然。

刘家沟镇位于蓬莱区东部，境内地势南高北低，大部分为丘陵，最高点为金果山。龙亭酒庄位于金果山、女王山北部的丘岗地带，海拔50~150米，峰山顶、蝎子顶是附近的最高点。刘家沟镇境内有木基河，发源于龙亭酒庄西北，河道先向北流，后沿国道228由西向东在黄石湾中部汇入大海，并沿途形成一个微型河谷盆地。黄石湾位于龙亭酒庄东北方向，是北山后与墟里之间的一个半月形小港湾，在木基河的冲刷、黄海海浪搬运作用下形成了一个不大的冲积海积平原，黄海的海风可在此顺坡上岸，从而影响坡上的龙亭酒庄。

葡萄栽种之前是一片荒山荒地，为了便于葡萄园机械作业，使葡萄园整体更美观，龙亭酒庄先将主建筑周围地块表层熟土铲走，然后对土地进行平整，使零碎的小块地变成连片的大块缓坡地，平整后再将原来的熟土回填。龙亭酒庄直面大海，受清爽的海风吹拂影响，气温较为冷凉，非常适宜白葡萄品种的生长和酸度的形成。葡萄园大面积的缓斜坡地势，提供了良好的排水条件，即使遭遇多雨年份，葡萄园依然能保持良好的健康度。

龙亭酒庄离黄海直线距离只有3千米，站在酒庄主楼门前就可以直观大海。夏季凉爽的山风降低葡萄园的温度，使得龙亭葡萄园夏无酷暑；冬季的太平洋及黄渤海暖流与海陆风效应为其提供天然的保温带，使得龙亭葡萄园冬无严寒。山坡的风较平地更大，特别是雨后，能把雨水很快吹落，让葡萄免受病害的侵袭。

蓬莱的气候条件使得龙亭酒庄内的葡萄不需要埋土就可以安全越冬，避免了埋土对葡萄枝干的机械损伤，保持葡萄树产量稳定，有利于树体营养的积累；不埋土的葡萄园还可以实行免耕法，让花草种子充分成熟，增加植物的多样性；既减少冬春季节风沙对环境的影响，保护生态环境的同时也增加酒庄冬季的景观，使环境更加优美。

龙亭葡萄园始建于2014年，总面积500亩（34公顷），主要种植品种有小芒森、马瑟兰、品丽珠、霞多丽、小味儿多和威代尔。为提高抗性，所有苗木均采用砧木苗，除抗根瘤蚜外，砧木选择适应性强、抗性强的品种。110R能耐多雨，5BB和3309P的垂直生根能力强，可在土层薄、葡萄生根困难的地块栽种。

龙亭的优势品种为品丽珠、小芒森、霞多丽和马瑟兰，小味儿多则是近几年表现出色的潜力品种。通过加强病虫害的防治管理及酒种的设计，龙亭酒庄尽可能地扬长避短，发挥每个品种的优势。品丽珠酿造耐储的干红和桃红酒，马瑟兰酿造新鲜型红葡萄酒，霞多丽更适合陈酿型干白，小芒森自然是干白与甜酒的最佳原料，未来，龙亭酒庄计划增加小味儿多的种植面积。

龙亭酒庄葡萄园行距为2.5米×1米，每亩266棵葡萄树，平均亩产精准控制在400千克左右。定植架型为篱架，采用单干单臂树形，主干高度80厘米，除部分梯田保持自然行向外，其余均为南北行向。南北行向的种植方式在保持排水特性的基础上，也创造了优越的光照及通风条件，有利于果实的成熟。栽培模式采用单干单臂篱架，主干高度80厘米，保证了通风带、结果带、叶幕带三者的合理分布，结果部位高度一致，保证了原料成熟的一致性，挂果部位高，地面病菌不容易传播到叶片和果实上。

生物动力最佳试验场

美国作家温德尔·贝瑞（Wendell Berry）曾说，

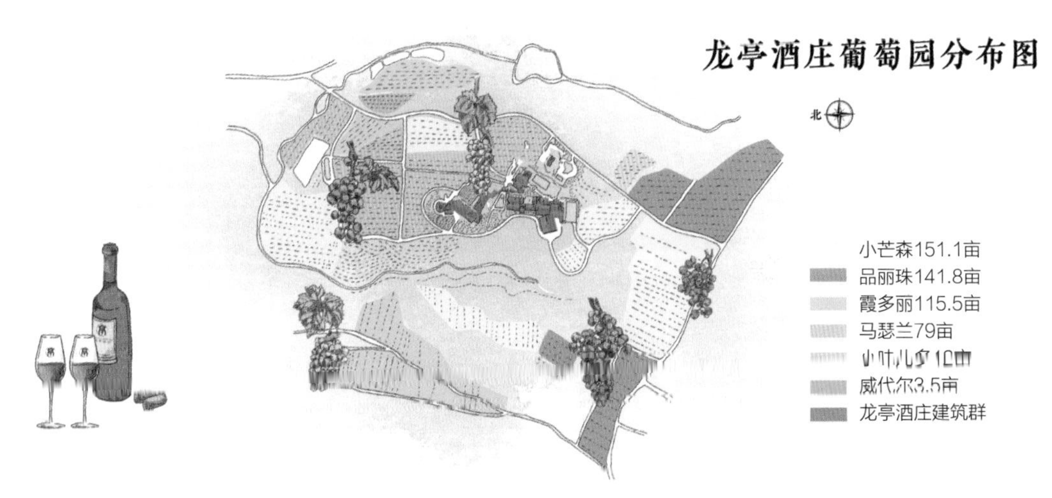

葡萄园分布图

土壤是生命、所有人的源泉和终点的重要纽带。这句话在龙亭酒庄一样适用，神奇的土壤孕育了健康的葡萄园，也造就了风格独特的龙亭葡萄酒。

龙亭酒庄的浅层土壤为棕壤土，这种壤土是黏土和沙土的混合形态，具有石块多、含水量高的特点，非常适合酿酒葡萄的生长。pH为8.0～8.2偏碱性的土壤帮助葡萄孕育出优秀的酸度，以及丰富的矿物质风味。土壤里丰富的岩石石块能吸收、再辐射太阳热量，尤其在蓬莱这种气温偏凉的产区，这些再辐射的热量对于葡萄果穗的成熟也起着至关重要的作用。此外，高含水量土壤不仅能为根系提供水分，相比干燥的土壤能更快地从葡萄藤吸取热量，在春季推迟葡萄萌芽，避开晚霜冻害影响，延长葡萄的生长周期。

葡萄的生长不仅受浅层土壤影响，也与土壤下的岩层有着密切关联。龙亭酒庄地表深处多为半风化的马牙石，主要由石墨黑云片岩、大理岩、黑云片麻岩和黑云变粒岩等变质岩组成。这些岩层由亿万年沉积物堆叠、硬化，并在地热和压力的作用下转化形成，为浅层土壤提供了稳定的基础。

为了让葡萄更为适应自然环境，茁壮地成长，龙亭酒庄从2011年起采用选择性生物动力法来管理葡萄园。建园之初酒庄开挖了80厘米深、80厘米宽的定植沟，每公顷土地施用120吨羊肥和5吨火山岩粉，羊肥增加有机质，火山岩含有多种的矿物质。种植之前还喷施了生物动力配制剂500，充分激活土壤活力，有利于葡萄藤生根。同时采用生物动力配制剂501，提高葡萄光合效率，增强树体营养。尽可能地减少人为干预的酿酒理念也让龙亭酒庄的产品更好地表达蓬莱风土，在国内外葡萄酒大赛上获得多项大奖。同时，也为在多雨地区实行生物动力法种植和酿造葡萄酒，积累了宝贵的经验。

葡萄园采用自然生草管理，自然生草可以吸收多余的水分和地表氮素营养，促进根系向下生长，在炎热的夏季能够有效降低葡萄果穗附近温度，避免阳光反射造成对葡萄果穗的危害，同时增加了葡萄基地生物的多样性，丰富了有益微生物群落进而促进酿酒葡萄的生长。每年修剪下的葡萄枝条会粉碎，覆盖在葡萄树盘内，有效地保持水分。

龙亭酒庄葡萄园内的杂草根系扎入土壤深处，能很好地疏松土壤，提高土壤的通气性，腐烂后还能提供有机质。因多年不进行深翻土壤，使得一些杂草得到保护。2021年春天，葡萄园内出现了大量的苦荬菜、野生三叶草，这些植株偏矮，不影响葡萄生长，并且有固氮功能，苦荬菜淡黄色小花开满葡萄园，花期持续了2个月，葡萄行间也变成了花的海洋、蜜蜂的天堂。酒庄对这些地块进行了保留，不进行割草作业，让它们开花结果，继续繁衍生息，为葡萄树提供更多的营养。经过9年的自然生草，龙亭酒庄土壤有机质含量提高了近3倍，达3.5%

2022年龙亭酒庄收获季掠影

以上，构建出适应酿酒葡萄可持续生长的优质土壤。

酒庄在建设的过程中保留了约100亩的原始林地和山谷，分别在酒庄的东西两侧，这些原始地貌将龙亭葡萄园与周边果园、农田隔绝开来，形成了一个相对独立的单元环境，更将多样化的生物体系保留了下来。原生的落叶林、山间幽谷为野生动物提供了栖息之所，日出和黄昏时分，成群的喜鹊起起落落，偶尔还能看见山鸡飞过，野兔在葡萄园间嬉戏，宛如一片世外桃源。

精心呵护 细致典雅

龙亭酒庄聘请周围村庄的果农来田间管理葡萄园，因当地果农有多年丰富的林果种植经验，能很好地按酒庄的要求完成作业任务。整个生长季，全部手工作业，比机械作业更为精准到位。

即便在蓬莱这样空气湿度偏高、降雨较多的产区，龙亭酒庄葡萄园也坚持不施化学肥料，也避免化学杀虫剂的使用，让这片土地能保持在健康而充满活力的状态，龙亭人坚信在精心呵护下的土地能回报给龙亭更健康优秀的葡萄。从冬剪开始设计葡萄的结果数量，再加上疏花和疏果措施，使得葡萄亩产量控制在400千克之内。采用花后疏叶等措施，增加葡萄的呈香呈味呈色物质。2021年，龙亭酒庄在当地政府的帮助下架设了世界上最先进的以色列滴灌系统，可在极端干旱的年份为葡萄补充水分。

龙亭葡萄园在技术团队的精心打理下，被蓬莱产区授予优质示范园。龙亭酒庄的建设和发展不只是一门生意，在生产农产品的同时，酒庄也肩负着社会责任，这其中既包括生产品质卓越的产品，也包括坚持可持续发展和生态优先事项，龙亭可以向世界宣告中国能够生产出可持续的顶级葡萄酒。

“回归民族品牌，让世界了解中国的优质风土”，这是龙亭酒庄建立和发展的初心。

最佳品种及年份

品丽珠：品丽珠是龙亭酒庄红葡萄酒的主栽品种，种植在龙亭葡萄园最大的地块，坡向为东南走向，可以接受更多的阳光；土壤为钙基棕壤土，是品丽珠喜欢的土壤类型。品丽珠在蓬莱产区能够充分成熟，果穗松散，抗病性强，唯一缺点是着色较浅。龙亭品丽珠具有馥郁香气、平衡口感以及甘美的回味，入桶后还会表现出覆盆子、紫罗兰和微微的辛辣香气，口感细腻有质感，余味干净，用中国的一句古话描述就是“雄中有韵，秀中有骨”。

最佳年份：2018、2019、2020

小芒森：小芒森萌芽早，成熟晚，生长旺盛，果粒小而果穗松散，抗各种霉菌引起的病害，成熟时含糖量高，酸度也高，非常适合山东部分地区凉爽潮湿的气候，并在龙亭酒庄排水良好富含砾石的土壤上表现更佳。龙亭小芒森具有浓郁雅致的菠萝、西柚、菊花、金银花、蜂蜜等香气，愉悦怡人；入口甜润，口感细腻，具有出色的层次感和平衡性，余味悠长。

最佳年份：2018、2019、2020

龙亭酒庄建设前的山体结构

龙亭酒庄深层土壤中的半风化马牙石

风土档案	
气候带	暖温带大陆性季风气候
年平均日照时数	2536.2h
年平均气温	12.5℃
葡萄成熟前日温差	7~8℃
有效积温	2194.8℃
活动积温	4325.6℃
年降水量	600mm
无霜期	218d，早霜11月15日，晚霜最迟至3月20日
气象灾害	暴雨、霜冻、冰雹
地貌地质	
主要地形及海拔	丘陵缓坡，33~103m
土壤类型	棕壤土
地质类型	地表约1m深度的棕壤土，1m以下多为半风化的马牙石（石墨黑云片岩、大理岩等）
酿酒葡萄	
主要品种	红葡萄品种：马瑟兰、品丽珠、小味儿多 白葡萄品种：霞多丽、小芒森、威代尔

参考文献：

1 庄志亮. 2022. 龙亭酒庄的时空酿造. https://mp.weixin.qq.com/s?__biz=MzUxNzQ5MDY5Ng==&mid=2247508959&idx=1&sn=76231952873159d7e8705568fdacc5d9&chksm=f995b2b8cee23bae819aad3c0712456b0c4a65ff4e278f6b9fbc0142035e58ad5787146ecc8d&scene=27[2022-09-08].

2 李凌峰. 2019. 精酿自然，秉赋传承 蓬莱龙亭酒庄正式开庄. http://www.winechina.com/html/2019/09/201909298936.html[2019-09-20].

图片与部分文字资料由龙亭酒庄提供

龙谕酒庄

——平视世界的底层逻辑

宁夏贺兰山东麓是国内外最具潜力的优质葡萄酒产区之一。十七年前，张裕在此建立起一座恢宏大气的城堡式酒庄——龙谕酒庄。作为中国高端葡萄酒品牌的扛鼎者，龙谕葡萄酒的诞生完美诠释了对风土的极致探索与追求。“国红”龙谕以平视世界的品质自信与文化自信，成为中国葡萄酒“当惊世界殊”的标准样本！

龙谕美酒的诞生，从种好葡萄开始！

高端品牌的成长逻辑

毫无疑问，宁夏贺兰山东麓已经成为业界公认的世界上最适合种植酿酒葡萄和生产高端葡萄酒的黄金地带之一。实际上，作为中国最大的葡萄酒企业——张裕是贺兰山东麓独当一面的产业推动者。早在2005年就派技术人员到宁夏实地考察，并于2006年3月与宁夏方面签订意向性协议。2008年张裕宣布投入资金2亿元在宁夏建设原酒生产基地，包括3万亩优质葡萄园及2万亩集发酵中心、产品灌装于一体的葡萄酒庄园。为保证宁夏基地葡萄原酒的质量，张裕在宁夏成立了专门的葡萄种植公司和葡萄酿酒公司，严格保障种植、酿造和酒窖管理等各项生产环节。宁夏原酒基地的建设，标志着张裕在原料战略上完成了阶段性布局。

2006年，张裕落户银川经济技术开发区，并投资6亿元兴建集葡萄种植、高档葡萄酒生产、葡萄酒文化展示、葡萄酒品鉴、会议接待和旅游观光于一体的高档综合型庄园。2013年，随着国家“一带一路”倡议的提出，围绕这一重大历史机遇，处于“一带一路”主要节点城市烟台的百年张裕迈开步伐向西“挺进”，实现对世界级优质产区的布局，增强企业核心竞争力。与此同时，宁夏颁布了国内首个葡萄酒庄列级管理制度，这为贺兰山东麓葡萄酒走上高端、精品路线提供了有力保障。同年，宁夏张裕摩塞尔十五世酒庄（现更名为龙谕酒庄）正式开业。张裕选择与以葡萄种植见长的欧洲酿酒世家摩塞尔家族合作，聘请其第十五代传人伦兹·摩塞尔担任酒庄酿酒师，并以此为酒庄命名，旨在酿造出比肩世界知名产区的中国葡萄酒。

2021年7月10日，宁夏国家葡萄及葡萄酒产业开放发展综合试验区（下称“综试区”）挂牌。为了配合“综试区”建设，张裕对酒庄品牌进行更新，将其更名为龙谕酒庄，并推出了龙谕品牌。同时成立龙谕销售事业部，专职负责龙谕酒庄及品牌的推

沙质土壤

广和销售工作，旗下设立12个省级销售分公司，直接服务经销商、终端和高端消费者。“龙谕”品牌的成功推出，不仅带动了张裕高端板块的发展，更为中国高端葡萄酒的发展带来新力量，为低迷期的中国葡萄酒行业提振信心。

优越风土与酿酒耐心

品质是品牌的基础。张裕通过技术改造让所有配置、技术力量、设备力量、原料等都与品牌相匹配。多年来，宁夏龙谕酒庄以匠心为本，秉持着“选好地、种好葡萄、酿好酒”三大原则，用心酿造每一瓶来自中国的“高端葡萄酒”。从产区维度来看，宁夏贺兰山东麓，作为中国葡萄酒的代表性产区，不仅是几大外资集团最早圈地的中国产区，也是最早荣登被誉为“葡萄酒圣经”的《世界葡萄酒地图》的中国产区。贺兰山东麓产区位于北纬37°43′~39°23′，属中温带半干旱气候区，干燥少雨，光照充足，年日照时长达3000小时，且西有贺兰山天然屏障抵御寒流，东有引黄灌渠横穿而过，可满足葡萄生长各个时期的水分需要，对葡萄着色和养分的积累十分有利。地理条件带来的诸多优势，使宁夏贺兰山东麓成为“酿酒师的天堂”。

龙谕葡萄园分布于银川及青铜峡甘城子产区，是龙谕酒庄从2006年开荒培育葡萄园、历经多年的不断筛选而最终选定的。龙谕实施了“反向验证法”——将每个小地块种出的葡萄用小罐单独发

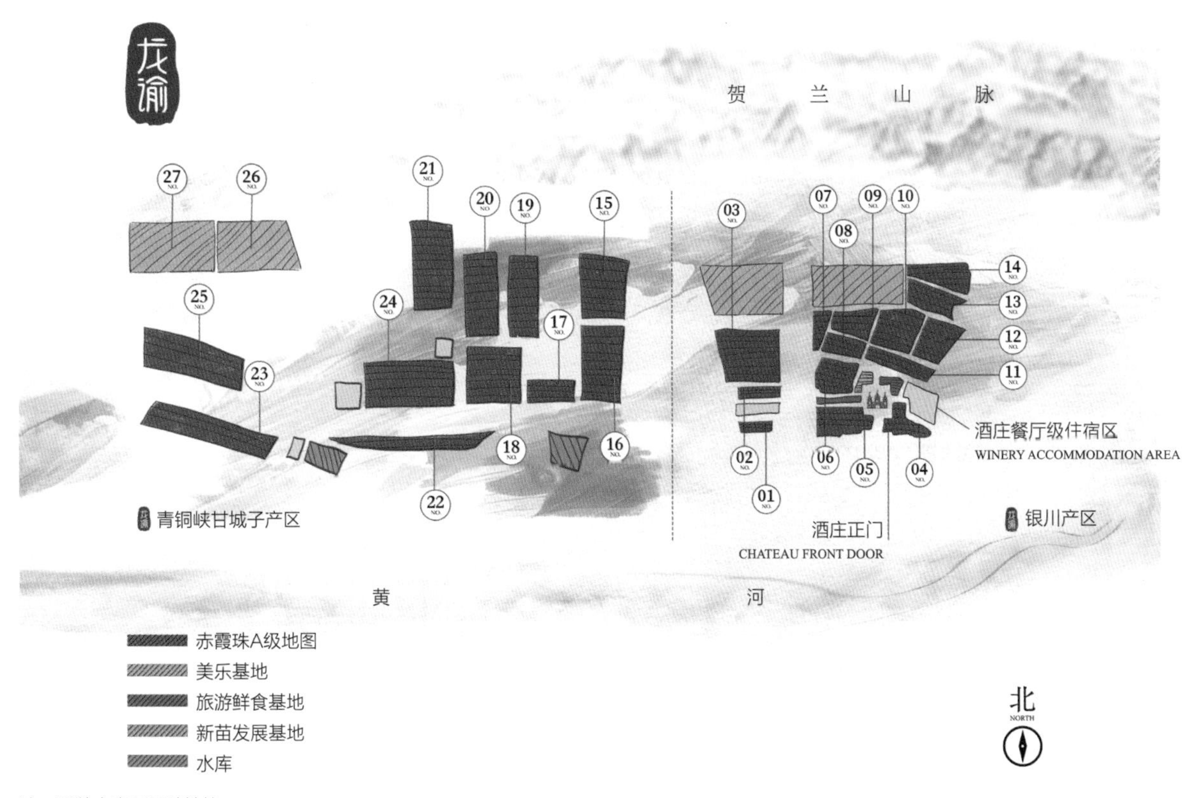

注：圈数字表示品种地块。

龙谕葡萄园地块

酵，只有连续几年都能“种出好葡萄酒”的小地块，才能纳入酒庄专属基地。历经整整十七年的风土探索，几乎试遍了整个贺兰山东麓产区，在充分结合光照、水源、山势、风口，以及最后的成品品质，龙谕从82600亩基地中，精准选出25个A级葡萄种植区，共5600亩，作为酒庄专属基地。其中，青铜峡甘城子葡萄园诞生了龙12赤霞珠干红葡萄酒、龙9赤霞珠干红葡萄酒，银川产区则诞生了龙谕赤霞珠干白葡萄酒及龙谕酒庄桶藏赤霞珠干白葡萄酒。

由于青铜峡甘城子产区位于贺兰山南部余脉，一方面，贺兰山支脉山峦的神奇缺口常年有干燥的西北风吹入甘城子产区，使产区微型气候更加干燥，尤其在开花季。在自然筛选下一定程度上降低了授粉率，葡萄坐果率仅为15%左右，平均亩产保持在400千克/亩以下，果穗更松散、果粒小、果皮厚，风味物质更浓缩丰富，具有独特小产区风格，所酿赤霞珠等红品种葡萄酒颜色深邃、香气浓郁、单宁丰富、酒体饱满。另一方面，土壤为淡灰钙土，土质多为沙壤土，有些土壤含有砾石，土层深40～100厘米，pH小于8.5，有机质含量低、通气透水性强。海拔1100米，光照充足，且昼夜温差大，利于糖度、风味物质的积累，让酒庄酒更加圆润饱满。

霞多丽

在独特的风土之上，龙谕从葡萄种植、采摘、酿造等环节，无一不精耕细作，优中选优、精益求精，力求每一颗酿酒葡萄都达到龙谕极致标准。种植环节，经过十余载气象数据收集分析，上千次专家测绘与评定，每株葡萄树结果限定10串以内，每亩葡萄产量严控400千克以下。酒庄种植师团队大力推广“倾斜水平龙干”架形，遵循“20厘米黄金法则”，将葡萄结果带确定在离地光热条件最好的20厘米的“黄金”高度上，让每颗葡萄都得到很好的通风与热量，均匀成熟。采收时，每颗葡萄都经过田间筛选、人工串选、光学粒选三道严选，个别年份淘汰率近50%。

在酿造环节，酿酒师将来自不同地块的原料用20余种不同酵母、3个以上温度段在上百个发酵罐中精细发酵；发酵后的不同风格原酒在30多种不同工艺的3000余个橡木桶中陈酿，陈酿期达15840小时；接着再由20余位调酒大师进行上百轮不同比例、不同风格的组合调配，最后经20余轮次盲品评选，得分最高的酒液才能被冠以“龙谕”二字，进入后续的桶储融合和灌装瓶储过程，并经过瓶储6个月后完成二次蜕变，成就甘润平衡的龙谕风味，以龙谕·龙12为旗舰款。未来，龙谕还将继续延伸品牌产品线，计划推出更高端、更稀有的国红龙谕系列。

值得一提的是，“红酿白”是属于龙谕葡萄酒的一大特色。龙谕独具匠心将红葡萄品种赤霞珠酿造成全新品类“赤霞珠干白”，这款酒采用了创新性的工艺酿造，柔性压榨取汁，具有“果味浓郁、口感圆润”的特点，是市面上鲜有的用红葡萄酿出的白葡萄酒。作为全球首款赤霞珠干白，产品一经上市便连续斩获三项国际金奖，受到众多世界主流葡萄酒专家的认可，不仅打开了欧洲葡萄酒市场的大门，更成为中国葡萄酒在世界具有市场竞争力的核心产品之一。

文化自信与社会责任

作为一家拥有130多年历史的企业，张裕不仅是中国葡萄酒行业的绝对霸主，在世界上也早已跻身第一阵营。经过一百三十多年的积累与沉淀，张裕的酿造工艺和品牌沉淀已经具备与世界一流酒企平起平坐的实力。面对消费升级、文化自信的与日俱增，以及国潮崛起的市场新机遇，作为张裕旗下高端酒的旗舰战略产品，“龙谕”酒庄立足中国风土特色，深耕中国最具潜力的葡萄酒产区，并以前瞻性的格局，走向世界。“龙谕”体现出张裕打造中国葡萄酒“酒王”的雄心壮志。

长期以来，高端葡萄酒市场一度被国外品牌牢牢把控。面对触底的中国葡萄酒产业，作为行业龙头的张裕，自然肩负起引领行业发展的使命。“品过世界，更爱中国”，简单八个字，却深深蕴含着中国葡萄酒品牌的自信从容与意气风发。

龙，是中华民族的文化标志、情感纽带及精神符号；谕，意为“告之天下”。“龙谕”传递的是，酒庄立足中国风土特色，深耕中国这片极具潜力的葡萄酒产区，寓意中国已经可以生产出平视世界的好葡萄酒。除品质之外，龙谕的外观设计同样彰显出了文化自信。其视觉形象设计巧妙地融入了中国书法、中国印章和中国山水画的重要元素，向世界完美展示了东方美学和中国智慧。

点亮中国，让世人更爱中国红。自龙谕品牌面世以来，先后在上海、深圳、苏州、济南、青岛、烟台、温州等重点城市开展高端品鉴会。邀请世界葡萄酒大师赵凤仪、亚洲侍酒师教父林志帆、中央电视台著名主持人陈伟鸿、文化学者赵普、世界殿堂级钢琴家赵胤胤、胡润百富董事长胡润、分众传媒创始人江南春等圈层意见领袖走进龙谕、鉴赏龙谕、品味龙谕。在海外，龙谕带着“让世界更爱中国红”的使命，携手各国知名葡萄酒集团走进瑞典斯德哥尔摩、德国汉堡、德国柏林、英国伦敦等城市举办专场品鉴会，让各国酒界领军人物、葡萄酒媒体、葡萄酒爱好人士，品鉴东方之味。一场场高端圈层盛事举办，一次次名人名流背书，是龙谕一直以来推崇匠心、打造行业尖端品牌的结果。

历经多年发展，龙谕不断向世界传递“国红”的实力和底气，在国内外也收获诸多赞誉，得到非凡回响。英国皇家酒商BBR宣布为龙谕酒庄干红提供永久货架位置，成为BBR酒单上唯一的中国酒庄酒。龙谕的“大酒”气质，从其在各大国际赛事上的惊艳表现亦可见一斑。自2013年开庄以来，酒庄已累计斩获120余项世界大奖，包括MUNDUS VINI世界葡萄酒大赛、Decanter世界葡萄酒大赛、布鲁塞尔国际葡萄酒大赛、柏林葡萄酒大赛、法国葡萄酒大赛等，2019年还被MUNDUS VINI世界葡萄酒大赛评为“最佳中国葡萄酒”。目前，龙谕酒庄多款葡萄酒已出口至英国、德国、意大利、瑞士、荷兰、俄罗斯、加拿大等45个国家，在海外进入了1000多个重要的终端，也成为进入最多米其林餐厅的中国酒庄酒。

扎根贺兰山东麓，龙谕酒庄也在积极履行社会责任中的实现可持续发展。龙谕酒庄通过自营、葡萄基地+原酒发酵中心+酒庄等模式，实现了“农

人工采收

龙谕酒庄秋色

青铜峡甘城子地块

户、地方政府、企业”三方受益的多赢局面，在产业协作、扶贫助农、生态建设方面都积极发挥作用。龙谕酒庄在宁夏贺兰山东麓开垦荒地进行有机种植，在坡地、戈壁或粮食产量较低的土地上建设葡萄原料基地，把“荒沙滩”变成“金沙滩”，成就高质量酿酒葡萄的同时也促进当地土地资源有效利用，提高当地植被覆盖率，改善当地生态环境。

作为宁夏当地首个葡萄酒主题4A级景区，龙谕酒庄已成为银川市的地标性建筑，建立了涵盖文化、观光、娱乐及休闲的葡萄酒产业链，以“工业+旅游”的形式带动着当地特色旅游业的发展。“品过世界，更爱中国”。从1892年到2023年，龙谕继承张裕三个世纪的匠心与敢为人先精神，以东方智慧诠释东方风味。龙谕每一次亮相，都在向世界诠释中国葡萄酒的自信从容和中国品牌对于顶级葡萄酒的理解。

风土档案	
气候带	中温带干旱气候区
年平均日照时数	3000h
年平均气温	年均气温为8.8℃，最热月平均气温约为23.8℃
有效积温	3300℃
年降水量	少于200mm
无霜期	170d
气象灾害	霜冻
地貌地质	
海拔	约1100m
土壤类型	土质多为沙壤土，有些土壤含有砾石
地质类型	冲积扇三级阶梯
酿酒葡萄	
主要品种	红葡萄品种：赤霞珠、蛇龙珠、美乐、马瑟兰、黑比诺、西拉 白葡萄品种：贵人香、雷司令、霞多丽、长相思、小芒森

参考文献：

1 紫色梦想网．2019．张裕为什么选择了宁夏？一篇新华网专访告诉你答案！https://mp.weixin.qq.com/s/DbTsYwTdhOudOKEWDcnzuA [2019-07-17].

2 田可新．2016．百年张裕：走出去，在“新空间”谋划“新格局”．大众日报．http://paper.dzwww.com/dzrb/content/20161229/Articel19004MT.htm?winzoom=1[2016-12-29].

3 环球时报时尚周刊．2021．对标世界各国“酒王”，龙谕底气何来？https://mp.weixin.qq.com/s/IU9k9ARt83KP3UAO2v9nbg[2021-05-11].

4 葡萄酒研究．2022．破局中国高端葡萄酒，“龙谕”的战略阳谋．https://mp.weixin.qq.com/s/ZyN-L_aJI-6TRibY3JSLAw[2022-01-22].

5 王莹．2022．“龙谕”的使命：携“国红”之酒去惊艳世界．新商务周刊．https://mp.weixin.qq.com/s/H3uCru9BsRxFpeDE6Ax18w[2022-09-05].

6 穆舟．2021．张裕多维谋变拉开2021大幕 打造中国葡萄酒“顶流”产品和文化．证券市场红周刊．https://mp.weixin.qq.com/s/nEb2T03yVPQvlhHSDKDRcw[2021-01-14].

图片及部分资料由龙谕酒庄提供

蒲昌酒庄

——吐鲁番盆地里的『原始部落』

蒲昌酒庄在葡萄酒行业绝对算得上“特立独行”。植根于丝路重镇吐鲁番这片历史悠久的土地，有低地、高温、大风等特殊地理与气候特点，更有小众品种、坎儿井、小棚架等独有的耕种模式，让蒲昌酒庄酿造出风格鲜明的葡萄佳酿，成为中国葡萄酒行业神秘的“原始部落”。

一瓶亚尔香 梦萦红柳河

蒲昌酒庄的故事要从一瓶酒说起，2007年一次偶然的机会，热爱葡萄酒的香港企业家张建强（K. K. Cheung）品尝到一瓶亚尔香葡萄酒，被其独特的香气和口感深深吸引，这瓶亚尔香不同于以往他喝过的新旧世界葡萄酒，更来自一个他不曾知道的葡萄酒产区——新疆吐鲁番。为了追寻梦想中吐鲁番葡萄酒的醇美口感，在多番探访、寻觅和辗转后，2008年他终于在新疆吐鲁番的红柳河园艺场找回了这神奇的味道。

红柳河园艺场位于吐鲁番盆地西北方向，因地处红柳河旁而得名，中华人民共和国成立后由江苏籍支边青年于1959年建设发展起来。园艺场总面积11.56万亩，其中葡萄种植面积12000亩，林带3000亩，拥有鲜食、制干、酿酒等146个葡萄的品种资源圃。红柳河园艺场内原有一座建于1975年的老酒厂，葡萄园内种植着许多国内并不多见的特色品种，例如白羽、柔丁香、沙布拉维、北醇等，这些品种经过多年栽培选育早已融入了吐鲁番盆地的风土，表现出独一无二的风格特点。但原酒厂较为粗放的管理模式并没有使这些优势完全发挥出来。这片葡萄园如同戈壁滩上的一粒璞玉，直到张建强的到来。

彼时，葡萄酒消费在中国热度渐长，许多国人都热衷于前往法国、澳大利亚等国的知名产区买酒庄，然后再将葡萄酒销往中国。可张建强却反其道而行之，他怀着在中国土地上酿造世界级佳酿的理想，一头扎进了新疆吐鲁番，率领团队在无人问津的茫茫大漠中种起了葡萄，建起了酒庄。他收购改组了红柳河园艺场内的老酒厂，对葡萄园进行了改造、扩种，邀请世界知名的顶级酿酒师耐心打磨。时光一晃十四载，极具品质潜力与产区特色的中国精品葡萄酒酒庄——蒲昌酒庄横空出世。

火洲 风库 坎儿井

吐鲁番位于天山东部的一个四面环山的盆地内。盆地北高南低、西宽东窄，中部有火焰山和博尔托乌拉山余脉横穿境内。吐鲁番属暖温带大陆性干旱荒漠气候，因地处盆地之中，四周高山环抱，增热迅速、散热慢，气温高；盆地内地势高低悬殊，受热面积大，温度振幅大，从而导致了多风天气的产生。由此，吐鲁番盆地内形成了日照时间长（3000～3200小时）、气温高（年最高温度可达50℃）、昼夜温差大（葡萄成熟季可达20℃）、降水少蒸发量大（年降水量仅为16毫米，蒸发量高达3000毫米）、风力强（6级以上大风日数年平均80.3天）等气候特点，吐鲁番也素有“火洲”“风库”之称。

吐鲁番独特的地理位置使得蒲昌酒庄拥有酿造高品质有机葡萄酒的天然

蒲昌酒庄葡萄园年历一览

优势，在这个“火洲”里，极长的日照充分保证了每颗葡萄都充分享受到阳光的照射，不仅有饱满、浓重的颜色，更充分提高了葡萄的糖分积累。极度干燥的自然环境、常年的强风，减弱了病虫害的影响，让蒲昌酒庄葡萄园得以拥有良好的健康度。

蒲昌酒庄处于新疆三十里风区边缘地带，风能资源丰富，一年中大风发生的时间在3~10月，其中以3~6月最为强烈，特别是5月最多，风向主要是西北风。对于蒲昌酒庄来说，风是一把双刃剑，在开花坐果期大风会影响葡萄授粉、坐果，但也成为天然疏果、减产保质的重要推手，并带走葡萄园内多余湿度，为葡萄生长提供了干燥的空气环境，从而杜绝了病虫害的发生，为蒲昌酒庄有机种植提供了先决条件。

葡萄施肥压蔓

吐鲁番北有博格达山，西有喀拉乌成山，山顶常年覆盖冰雪，山区年平均降水量可以达到800多毫米，每当夏季大量融雪和雨水流出山口，为低处的盆地提供了丰富的水资源。在戈壁滩上，水就是生命之源。红柳河园艺场也是吐鲁番通向达坂城沿途上为数不多的一块绿洲地带，周边则是一片荒凉。吐鲁番盆地的大部分地域是戈壁和山丘，地表水在寸草不生的荒漠上很容易渗入地下。虽然戈壁表面是渗透性很强的沙土，而其地下却是黏性土质，坚固且不容易塌陷，因此大量的高山雪水渗入戈壁后变成了潜流，使戈壁下面形成了丰富的含水层。

站在吐鲁番绿洲边远远望去，无垠的戈壁滩上数不清的形似小火锥一样的圆土包伸向雪山脚下，这就是神奇的坎儿井。坎儿井系统是一个通过地下通道连接而成的灌溉系统，它利用山的坡度，巧妙地将天山雪水引至低处农田，同时由于输水渠道藏于地下，不会因为炎热、狂风而使水分大量蒸发。坎儿井孕育滋养了沙漠绿洲，创造了吐鲁番盆地农业生产的奇迹，留下了宝贵的人与自然之间、人与人之间和睦相处的精神财富，是“火洲”真正意义上的生命之源。蒲昌酒庄的葡萄园依旧在沿袭着这传统的灌溉方式。天山雪水通过坎儿井流进葡萄园，通过控制闸门引流到葡萄种植的沟渠当中漫灌，使葡萄得以茁壮成长。

土壤 品种 小棚架

吐鲁番盆地内大部分区域属于洪积倾斜平原，堆积着大面积细土质冲积物，因火焰山横卧在盆地中央，使潜水位抬高，在山体的南北缘形成一个溢出带，造就了南、北两部分绿洲。

蒲昌酒庄葡萄园主要分布在红柳河园艺场五队、七队以及一万泉三个地块，共计1000亩，分布在海拔300～1000米，土壤均为弱碱性。季节性的红柳河丰水期河水暴涨携带大量泥沙、砾石顺流而下，枯水期河水消失，这些沙石便遗留散布在河道周边。经年累月、周而复始，水流的搬运作用在红柳河沿岸形成了复杂且多样的土壤结构。其中，七队、五队葡萄园在酒庄附近，是海拔位置较低的冲积扇地块，两个地块的土壤均是质地较细的沙壤戈壁土，黏土含量高。

一万泉地块位于酒庄西北约13千米处的大河沿水系上游左岸，海拔1000米，由于更靠近三十里风区，气候冷凉，昼夜温差比山下更大，土壤中碎石多，矿物质含量、通透性更高。这里栽种着白羽、雷司令两个白品种，以及沙布拉维、美乐、黑比诺、品丽珠等红品种。根据多年观察，海拔最高的一万泉葡萄园是蒲昌酒庄目前最具品质潜力的地块，白羽、雷司令在各类国际赛事上获奖无数，黑比诺更是每年一上市就被抢购一空。

山下的葡萄园气温高，葡萄出土更早，埋土更晚。七队葡萄园种植有柔丁香、沙布拉维、丹魄、赤霞珠，五队种植着柔丁香和无需埋土的杂交品种北醇。五队虽距离七队只有2～3千米，但两个地块在温度上却有所差异，北边的五队物候期比七队要晚7天左右。

多元化的品种构成以及特有的棚架栽培模式是蒲昌酒庄的两大“神器”。在1千亩葡萄园里拥有10个酿酒

吐鲁番采收季的成熟葡萄果穗

葡萄品种，这在国内并不多见。除了大家熟悉的国际品种外，这里还有柔丁香、白羽、沙布拉维、北醇等特色品种。更奇特的是，它们都展现出非凡的产区特色。在2013年第一款葡萄酒发布之前，蒲昌酒庄用了整整五年时间，才甄选出这些适宜当地风土的葡萄品种。

在种植方面，蒲昌酒庄沿用了吐鲁番传统的小棚架架式，而这种架型模式就是由红柳河园艺场首创的。20世纪60年代之前，吐鲁番盆地葡萄基本为无架栽培，后经红柳河园艺场对搭架材料、架式进行选择、改进，发现小棚架栽培最为适合大面积葡萄栽培。此架式树体较小，上架下架、出土埋土、整形修剪等作业方便，劳动强度小，树形长成快，产量稳定。

小棚架的优点还在于葡萄果穗能藏于繁茂的枝叶之下，既避免了过强日照容易造成的灼伤，也能减少夹杂着沙石的强风对葡萄的损伤。蒲昌酒庄也曾尝试过主流的立架架型，但效果并不好，费工费力还无法保证品质，便逐渐放弃了。这样传统的架型无法进行机械化管理，每个物候期的葡萄园管理工作都需要人工完成。吐鲁番冬季气候寒冷，除杂交品种北醇外，其他葡萄仍需要下架埋土越冬。此外，蒲昌酒庄针对白羽、柔丁香枝条脆的特点，改变了原有单纯覆土的埋土方式，采用防寒棉被越冬，极大保障了葡萄的产量和品质稳定。

蒲昌酒庄多元的葡萄品种让其产品风格多样，果香纯净，酒体平衡，能让人感受到酒中强大的生命力，这些品种展现出自成一派的风格特点，这在其他产区是见不到的。蒲昌酒庄让红柳河畔的这片沙土地诞生了属于“西域”的纯正美酒。

最佳品种及年份

白羽：白羽是极为古老的葡萄品种，白羽栽种于海拔高度1000米的一万泉葡园，冷凉的气候环境、沙砾含量更高的通透土壤造就了白羽清爽活泼、富含矿物质感的风格基调。蒲昌酒庄白羽通常与贵人香进行混酿，拥有精妙的花香，并带有苹果、青李子和白李子的风味口感，以及矿物质的咸鲜感。余味持久，并带有杏仁般的回味。

最佳年份：2017、2019

沙布拉维：沙布拉维（又名晚红蜜）是起源于格鲁吉亚西南部的一个经典古老红葡萄品种。蒲昌酒庄沙布拉维种植在海拔较低的地块，生长期更长，成熟期要承受吐鲁番盆地内极端的高温，香气上带着沙枣、山楂、葡萄等水果果干的浓缩甜香，也有皮革、药草等烟火气，果香似融进了颗粒感明显的单宁里，中后段有明显的酸度迸发出来，带来绵长悠远的回味。

最佳年份：2014、2016、2018

北醇：北醇是由玫瑰香葡萄（Muscat d’Hamburg）与山葡萄杂交而成的新品种，原产于中国。在红柳河沙土地上出产的北醇葡萄酒有玫瑰花香、淡淡麝香味以及山葡萄特有的甜美的西梅、山楂、沙枣味，酸度活泼优秀，像是一杯浓缩酸梅汁，单宁粉嫩细腻，优雅饱满，余味里带着薄荷和玫瑰花梗一般的清凉感。

最佳年份：2015、2019

风土档案	
气候带	暖温带大陆性干旱荒漠气候
年平均日照时数	3000 ~ 3200h
年平均气温	14.5℃
葡萄成熟前日温差	15℃
葡萄生长有效积温	5404.1℃
年活动积温	5454℃
年降水量，年蒸发量	16mm，3600mm
无霜期、历史早晚霜日	210d，早霜日11月1日，晚霜最迟至4月15日
主要气象灾害	晚霜、倒春寒、风灾
地貌地质	
主要地形及海拔	山间盆地，300 ~ 1000m
土壤类型	沙壤戈壁土、黏土
地质类型	典型的地堑盆地
酿酒葡萄	
主要品种	红葡萄品种：赤霞珠、美乐、品丽珠、黑比诺、沙布拉维、北醇、丹魄 白葡萄品种：柔丁香、白羽、雷司令

吐鲁番盆地内的自然风貌和人文古迹

参考文献：

1 百度百科．2022．吐鲁番盆地．https://baike.baidu.com/item/%E5%90%90%E9%B2%81%E7%95%AA%E7%9B%86%E5%9C%B0/566145?fromtitle=%E5%90%90%E9%B2%81%E7%95%AA&fromid=230452[2022-10-22].

2 王义平，张新华．葡萄小棚架栽培技术浅谈．葡萄栽培与酿酒，1994，3.

3 罗燕．葡萄架式在吐鲁番地区的演变及应用．果农之友，2021，11.

4 Decanter．2018．吐鲁番的冉冉新星．https://www.decanterchina.com/zh/%E7%89%B9%E5%88%AB%E6%8E%A8%E5%B9%BF/%E8%92%B2%E6%98%8C%E9%85%92%E5%BA%84%E5%8D%81%E5%91%A8%E5%B9%B4-%E5%90%90%E9%B2%81%E7%95%AA%E7%9A%84%E5%86%89%E5%86%89%E6%96%B0%E6%98%9F[2018-10-31].

图片与部分文字资料由蒲昌酒庄提供

张裕瑞那城堡酒庄

——渭北旱塬 中国腔调

伴随着西部大开发及“一带一路”倡议，陕西成为我国东部向西部产业转移的第一承接地，也担负国家向西开放的重任。陕西渭北旱塬产区不仅酿酒葡萄种植历史悠久，也是中国西北少有的免埋土防寒的优质新兴产区。张裕在此加大优良葡萄品种的选育及酿造工艺的创新研究，致力于将当地风土特色美酒及中国葡萄酒文化传递给世界！

葡萄酒 丝绸之路的召唤

"单干双臂"形葡萄种植模式

陕西是中华民族及华夏文化的重要发祥地之一，西安是中国的十三朝古都、丝绸之路的起点，自古以来就有酿酒葡萄种植的悠久历史。据史料记载，汉代张骞出使西域，将酿酒葡萄带回长安，开启了中国葡萄酒历史。贞观十四年，唐太宗更是"收马乳蒲桃实于苑中种之"，并亲酿葡萄酒。据考证，今天的渭北旱塬产区就是唐代李世民的皇家葡萄园林所在地。

泾阳葡萄园土壤

陕西作为我国葡萄种植大省之一，很多地方都适宜葡萄生长，其中陕南和关中的户县、泾阳、铜川等地发展势头较快。泾阳县是陕西省农业大县，葡萄栽培历史悠久，自然条件得天独厚，北部沿山一带海拔高度、气候、土壤条件极其符合优质鲜食葡萄生产标准，葡萄品质优良，是泾阳传统优势产业之一。泾阳北部旱腰带地区的安吴、口镇、王桥、兴隆4镇位于酿酒葡萄生长最佳区域，是泾阳县葡萄产业发展重点区域。泾阳县还拥有陕西省乃至中国最古老的老藤葡萄树。

继贺兰山东麓产区成为明星产区之后，渭北旱塬产区也正在快速崛起，成为中国新兴的优质葡萄酒产区。陕西产区是张裕全国布局很重要的一部分，在这里建立起从葡萄基地、原酒发酵到酒庄生产的产业链。张裕在泾阳的投资始于2001年，并于2001年底注册成立了张裕（泾阳）葡萄酿酒有限公司。陕西张裕瑞那城堡酒庄是张裕公司2013年于国内开业的第三座酒庄，是其核心酒庄之一。"瑞那"酒庄品牌也是在这段时间诞生的。

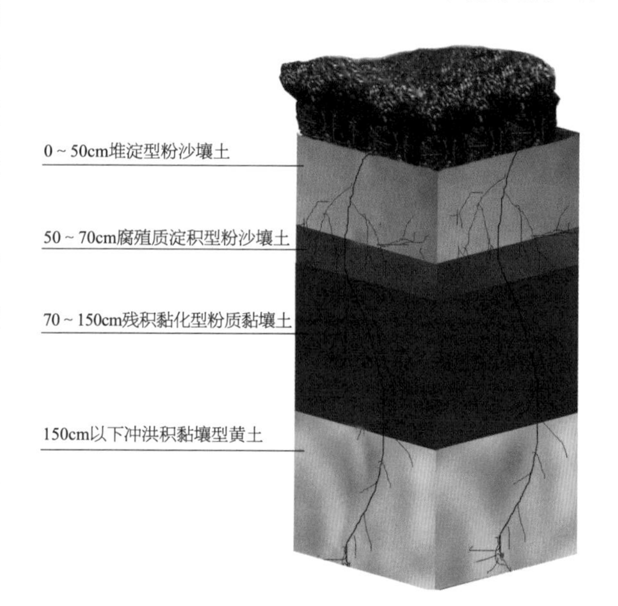

酒庄葡萄园土壤剖面图

张裕瑞那城堡酒庄选址咸阳市渭城区渭城镇坡刘村东100米，属于陕西省西安市西咸新区秦汉新城。咸阳位于中国的中心，是中国大地原点所在地。张裕瑞那城堡酒庄距离几个皇帝陵都不远，坐拥帝王之地，想必也是风水宝地。

陕西张裕瑞那城堡酒庄是陕西首家国际化葡萄酒主题庄园，涵盖了葡萄种植、葡萄酒生产、休闲农业观光、葡萄酒主题文化旅游、葡萄酒销售、葡萄酒主题餐饮等，是典型的融合一、二、三产业的新型项目。酒庄以酿酒技术合作方——意大利瑞那家族命名，建筑整体采用意大利托斯卡纳式风格。瑞那家族是意大利历史悠久的酿酒世家，酿酒历史可以追溯到欧洲文艺复兴时期。

家族传人奥古斯都·瑞那（Augusto Reina）亲自担任张裕瑞那城堡酒庄名誉庄主和首席酿酒师，他表示：“我知道这里曾经是唐代皇家葡萄园所在地，能够在这里酿出比肩世界优质产区的葡萄酒，重现千年前的荣耀与辉煌，是我作为首席酿酒师的梦想。”

时间 给出风土的答案

自2013年投产以来，酒庄一直致力于酿造出具有陕西地域特色的、可以比肩世界优质产区的葡萄酒。大力发展优质葡萄基地，加大优良葡萄品种（品系）的引种与选育，探讨适合本地风土的综合栽培技术措施和水肥一体化关键技术研究，不断优化和创新发酵酿造工艺，加大对新材料、新技术、新工艺的研究（小罐发酵、保糖发酵、风干工艺），加大新产品开发及产品质量升级换代工作，建立健全产品质量控制体系，加强产品酿造全程信息化控制平台建设，确保产品质量安全。

张裕除在瑞那城堡酒庄内开辟葡萄种植园，也在泾阳县的安吴、王桥、兴隆、口镇等地大力发展酿酒葡萄原料种植基地。泾阳县地处陕西关中腹地、泾河下游、渭北旱塬南部，海拔500~700米。这里属黄土高原丘陵地带，黄绵土质、土层深厚，耕作层松软，保肥能力强，土壤中有机物和矿物质含量高，有利于葡萄的生长和成熟。该产区属暖温带半干旱大陆性季风气候，四季冷暖、干湿分明，光热充足，昼夜温差大，有利于糖分的积累，促进芳香物质和多酚物质的形成与转化，提高果实和葡萄酒的质量。同时，产区病虫害少且属于不埋土防寒的经济栽培区，无疑是中国新兴的优质葡萄酒产区。

基地采取“自营基地+合同基地”的管理模式，自建园开始，坚持采取“引种—试验—推广”的原则，积极引进大量酿酒葡萄品种，经过连续不断的栽培试验，探索适合渭北旱塬产区风土的优质适栽品种。十年来，瑞那城堡酒庄累计引进赤霞珠、美乐、西拉、蛇龙珠、佳丽酿、烟73、小味儿多、贵人香、白玉霓等几十个酿酒葡萄品种进行栽培试验，验证推广了适合渭北旱塬产区风土的赤霞珠、西拉、烟73等优质适栽品种，正在推广小味儿多品种。近年来，酒庄又引进了马瑟兰、小芒森、丹菲特等一批优质品种进行小面积栽培、发酵试验，丰富渭北旱塬产区的品种结构。

整齐划一的葡萄园

利用自营基地集约化管理优势，酒庄在渭北旱塬产区积极推广水肥一体化、机械化管理模式，提高葡萄园管理水平。2014年，酒庄建立水肥一体化示范园，除水肥一体化系统外，酒庄还大力推广葡萄种植机械化生产，率先引进欧洲最先进的酿酒葡萄专业农机，拉开了陕西地区酿酒葡萄种植行业机械化探索和推广的序幕。此外，开展产学研合作，推广葡萄栽培技术与产业化，积极探讨葡萄种植新技术；积极参与承接多项陕西省政府科技项目，与西北农林科技大学、咸阳市科技局等多个科研部门协作，产学研相结合，推广葡萄栽培技术与葡萄产业化。

酒庄多年来坚持葡萄酒酿造技术的探索，在葡萄采收、发酵、陈酿、调配、过滤、瓶储等环节总结出了七大关键工艺技术，实现产品品质持续提升。葡萄原料要经田间初选、人工穗选、手工粒选三级葡萄分选，最终达到酒庄酒标准的葡萄不超过

50%；发酵环节采用不锈钢小罐实现单一地块原料单独发酵，管理更加精准，最大程度保留葡萄的自然风味。酒庄拥有亚洲最大的酒窖，面积达15800平方米，可容纳15000只橡木桶。在陈酿环节，酒庄精心挑选不同厂家、不同产地、不同纹理、不同烘烤程度的20余种全新橡木桶，采用“换桶酿造”的极致艺术，分别陈酿不同葡萄园、不同葡萄品种的原酒，提升了风味的复杂性和协调性，为葡萄酒赋予交响乐般华美的润饰，使得葡萄酒更加平衡浓郁。

多年的风土探索和技术磨砺，酒庄证实了陕西区域作为葡萄酒优质产区的潜力，相继筛选出了特色的新品种梯队，也成功实现了三代产品的荣耀上市。2013年推出第一代产品——瑞那酒庄赤霞珠干红葡萄酒，2018年推出第二代产品——瑞那酒庄西拉干红葡萄酒，2021年推出第三代产品——R388青雅款、R588橙铜款、R888铂金款。与此同时，为满足陕西消费者饮酒消费习惯，酒庄创新性地利用蛇龙珠、赤霞珠、贵人香等品种酿造甜型低度葡萄酒。立足渭北旱塬产区，瑞那酒庄正持续不懈地致力于实现中国特色风土的表达！

时尚 魅力都市的底色

近三年来，瑞那城堡酒庄产品先后获得各项国际葡萄酒大赛大奖21项。凭借优越的品质，酒庄产品还登上了不少重要的国际宴会，成为“欧亚经济论坛”“米兰世博会”“G20农业部长会议”“第二届世界饮品大会高峰论坛”等国际会议宴会用酒，还被诺贝尔经济学奖得主——“欧元之父”罗伯特·蒙代尔先生、诺贝尔和平奖获得者——著名环境学家拉津德·帕乔里博士所收藏，更是赢得了越来越多国际葡萄酒大师的赞誉及认可，包括国际葡萄与葡萄酒组织（OIV）名誉主席罗伯特·丁洛特，法国著名酒评家特里·德索夫，英国葡萄酒与烈酒协会主席、葡萄酒大师约翰·萨尔维伯爵，英国著名酒评家罗伯特·约瑟夫。

借力国际旅游城市西安的优势，酒庄秉承着向世界推广中国葡萄酒的使命感，积极发展葡萄酒特色旅游。如果说兵马俑、大雁塔、古城墙等展现的是古老的华夏文明，张裕瑞那城堡酒庄展现的则是浪漫的

渭北旱塬产区土壤适合葡萄生长

马瑟兰

烟七三

欧陆风情；如果说华山、骊山展示的是优美的山水景色，张裕瑞那城堡酒庄展示的则是时尚的生活方式。

目前，咸阳已经成为西咸国际化大都市和国际旅游目的地城市之一。作为西咸新区秦汉新城旅游“名片”、先期实施的都市农业项目之一，张裕瑞那城堡酒庄实现了一、二、三产业的融合发展，填补了葡萄酒工业旅游空白。未来，借助陕西这片拥有深厚葡萄酒历史文化底蕴的土地，瑞那城堡酒庄在持续讲好中国葡萄酒的故事，培育中国葡萄酒消费文化上将有更大的担当。希冀它继续扎扎实实做产品，向世界传递中国风土！

风土档案	
气候带	暖温带半干旱大陆性季风气候
年平均日照时数	2195.2h
年平均气温	13℃
有效积温	3000℃以上
年降水量	592mm
无霜期	213d
气象灾害	晚霜冻、干旱、高温日灼、冰雹、夏季连阴雨
地貌地质	
海拔	500～700m
土壤类型	粉质砂黄土
地质类型	黄土高原丘陵地带
酿酒葡萄	
主要品种	红葡萄品种：赤霞珠、蛇龙珠、西拉、小味儿多、马瑟兰、 白葡萄品种：贵人香、小芒森

参考文献：

1 胶东在线. 2017. 烟台故事之张裕巨变. http://cul.jiaodong.net/system/2017/02/20/013372895.shtml[2017-02-20].

2 鞠川江，王倩. 2013. 陕西张裕瑞那城堡酒庄开业. 中国日报山东记者站. http://www.chinadaily.com.cn/dfpd/sd/bwzg/2013-10/09/content_17018752.htm[2013-10-09].

3 张磊. 2008. 改革开放30年：张裕执中国葡萄酒业“牛耳”. 胶东在线. http://www.jiaodong.net/news/system/2008/11/07/010388961.shtml[2008-11-07].

4 微动秦汉. 2021.“中国风土 世界品质”，美酒从这里首发！https://mp.weixin.qq.com/s/doyzGT9ZQO0bXjqTmgcZPA[2021-07-05].

5 赵争耀. 揭秘：咸阳五陵原上的“中国金字塔”. 百度文库. https://wenku.baidu.com/view/d3edaf72e618964bcf84b9d528ea81c758f52e1e.html?_wkts_=1689412928721&bdQuery=%E6%8F%AD%E7%A7%98%3A%E5%92%B8%E9%98%B3%E4%BA%94%E9%99%B5%E5%8E%9F%E4%B8%8A%E7%9A%84%E2%80%9C%E4%B8%AD%E5%9B%BD%E9%87%91%E5%AD%97%E5%A1%94%E2%80%9D.

6 马沅聪，包鑫. 2016. 咸阳一座你来了就不想再离开的古城. 兴安日报. http://www.xingandaily.cn/2016/1014/19294.shtml[2016-10-14].

7 孟丹丹，殷淑燕. 陕西渭北旱塬地区县域经济发展与生态建设互动研究. 干旱区资源与环境，2010，1.

图片及部分文字内容由张裕瑞那城堡酒庄提供

白玉霓

赤霞珠

小白玫瑰

长城桑干酒庄

——开启中国风土复兴之路

长城桑干酒庄（简称桑干酒庄）位于河北省怀来县城东南，这里是怀涿盆地腹心，北方民族母亲河桑干河从酒庄西南侧缓缓流过。四十多年前葡萄酒行业在此开启了中国风土的复兴之路，描绘出一幅中国葡萄酒崛起的恢宏长卷。

桑干河畔的历史回响

桑干河是华北最大水系海河的一条重要支流，其上流由发源于山西的恢河、源子河汇成。桑干河与洋河在怀来境内交汇成永定河，沿途流经位于东水泉村的桑干酒庄，并在酒庄的西南角由东西走向改为南北走向。这里是桑干河断裂带的东首尽头，怀涿盆地与延怀盆地的接合部，因此河流像下了一道台阶似的改变了流向。直至流过桑干酒庄才又恢复东西走向，最终注入官厅水库。

桑干河流经的怀涿盆地有着悠久的葡萄栽种历史，所产的白牛奶、龙眼葡萄闻名遐迩，据《宣化府志》记载，明清时代，龙眼葡萄已成为怀来（古时属宣化府）的每年宫廷贡品。中华人民共和国成立之后，中国葡萄酒处于艰难的复兴阶段，长期没有符合国际标准的干型葡萄酒产品，严重影响着国家的外交形象和出口贸易。20世纪60年代，轻工业部（现为中国轻工业协会）要求各地自力更生，研究葡萄品种选育，河北怀来成为重点发展地区。1978年《干白葡萄酒新工艺的研究》被确定为轻工业部的重点科研项目，列为全国研究课题，项目下达给沙城酒厂（中国长城葡萄酒的前身）。当年，采用本土龙眼葡萄酿造的中国第一瓶国际标准干白葡萄酒研制成功，怀来因此成为国家级的葡萄酒原料基地，但当时怀来只有8000亩龙眼葡萄基地，且架势老旧，产量极低，要实现怀来葡萄酒与国际接轨，走出国门，就必须考虑引进种植国际酿酒葡萄品种，葡萄园建设势在必行。

1978年，经过轻工业部、外经贸部等五部委联合考察，选址于怀来县城西南约5千米处的东水泉村建立葡萄母本园，这就是桑干酒庄前身。此后，桑干酒庄先后经历了葡萄园到技术中心，从长城庄园再到长城桑干酒庄的发展变迁，并先后获得河北省葡萄酒工程技术研究中心、第十四批国家级企业技术中心、国家认可实验室等称号。

琼瑶浆

名称的变化折射出桑干酒庄从种植到酿造，从产品品牌到酒庄品牌的发展轨迹，与世界公认的酒庄发展逻辑不谋而合。2013年7月，“长城庄园”经历了为期三年的扩建改造，以桑干酒庄的新面貌出现在世人眼中，重新装潢的桑干酒庄在阳光照射下泛着金黄，金黄色是土地的颜色，也是太阳的颜色，桑干酒庄的英文名“SUNGOD”便有致敬太阳神之意。一部《太阳照在桑干河上》讴歌了人民与土地的过往和变革，桑干酒庄也堪称人与土地和谐相处的典范，四十多年的发展历程见证、引领了中国葡萄酒的风土复兴。

西拉

雷司令

怀涿盆地的风土交响

桑干酒庄所在的河北怀来地处华北平原与内蒙古高原的过渡区域，是中国重要的地理分界线第二、三阶梯线。这里北依燕山山脉，南靠太行山余脉，南北群山起伏，层峦叠嶂，中部是桑洋河谷，独特的两山夹一川的地势形成了“V”形盆地。

怀来通常被人们与周边地带并称，与西面的涿鹿并称为“怀涿盆地”，与东北方的延庆并称“延怀河谷”。怀来地势西北高而东南低，海拔从幽州河谷最低点394米到大黑峰最高点1997米，落差达1603米。地形地貌类型复杂，中山、低山、丘陵、阶地、河川旱地皆有。土壤有棕壤、褐土、草甸土、水稻土、灌淤土、风沙土，其中褐土分布最广，占总土壤面积的85.6%。上百万年的河流冲刷，也带来了古老的泥河古化石土壤，桑干酒庄内的土壤结构多样，由砾石细沙、风成黄土和石灰岩构成，土层深厚，富含微量元素，并具有良好的通透性，土壤条件极为适宜酿酒葡萄的种植。

怀来在大气候上属于温带季风大陆性气候区域，但从微气候上讲，这里是中温带半干旱冷凉区。气候四季分明，光照充足，雨热同期，昼夜温

桑干酒庄内有着四十多年树龄的“树王”

桑干酒庄独有的古泥河的化石土壤

差大，受地形地貌和海拔高低悬殊影响，气候区域差异明显，年平均降水量相差20～80毫米，无霜期相差30天左右，气温相差5.8℃。怀来的积温和光照时间是足够的，但是无霜期相对不是很长，一般在180～207天，这里几乎是晚熟品种能够成熟的极限。例如赤霞珠，以及比赤霞珠还要晚熟的小味儿多，不是每年都能完全成熟，但是一旦成熟，果实品质会非常好。

凉爽、干燥是怀来气候的主基调，怀来也是400毫米等降水量线的交汇处，桑干酒庄为了让葡萄适应自然环境的变化，以及在干旱胁迫下积累更多营养物质，通常会选择在开花前以及采摘之后进行灌溉，其他时间不灌溉。

怀来盆地的地形和狭管效应，造就了多风和多大风的特殊气候条件。常年盛行的河谷风在葡萄生长时期形成独特的干热气流，使得盆地内晴朗天气居多，阴雨天气减少，提高了葡萄的采光时间，促进了葡萄的生长，还减少了病虫害发生的概率。不过大风天气对葡萄生产也是有一定危害的：春季大风危害嫩枝、嫩叶，降低土壤墒情；夏秋季的狂风暴雨不仅伤害枝叶，而且损害果穗，影响产量、降低品质，有的还会掀翻葡萄架面，造成更大的损失；冬季大风不仅级别高而且次数多，造成土壤流失，降低肥力，造成冻害。

桑干酒庄靠近河谷地带，为了应对大风天气，酒庄建园时选择了与盛行风平行的东西行向，以减少大风对架面、枝叶的影响；建园伊始，还在地块周边栽种了大片的防风林，四十多年过去了，防风林的树冠基本都是向东倾斜的，风的威力可见一斑。在进入冬季之前的埋土阶段，机械覆土之后还要进行人工拍实，拍成上窄下宽的梯形，土层厚度30厘米，这种结构不仅美观，更重要的是结实、防风性好。

桑干酒庄葡萄园景色

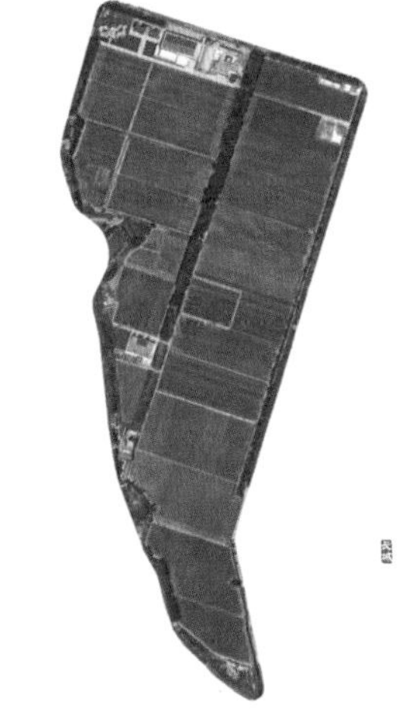

桑干酒庄葡萄园地形地貌

风土哲学的匠心表达

在桑干酒庄的风土哲学中，风代表天，自强不息；土代表地，厚德载物。阴阳济济，才有了这片绝佳的土地。这是桑干酒庄呈现出来的匠心——所有空间和时间的运作，都是风土的一部分。在种葡萄和酿酒的过程中，人的努力不可或缺，也是风土的一部分。长城桑干的优秀品质离不开“人”的因素，一大批知名酿酒师是这个品牌的幕后“智囊团”，他们在酿酒的过程中起到了关键作用。

在桑干酒庄，有一个特别的酿酒师实践项目，为了加强酿酒师对葡萄栽培和风土的理解，提升从果实、酿酒工艺到葡萄酒产品的系统思维，酒庄为每个酿酒师分配了3～5行葡萄树，由酿酒师本人负责修剪、绑枝、抹芽、摘叶、疏果等树体管理工作，以及松土、除草等田间操作，而植保、灌溉、施肥工作则由酿酒师提出需求，基地管理部来进行实施。酿酒师不仅懂酒，更懂葡萄。

桑干酒庄在葡萄园下了很多功夫，原有架势以多主蔓扇形为主，尽管风味复杂度较好，但成熟度不均匀。为了方便管理，酒庄经过多年调整，逐渐将架势改为水平龙干形。

桑干葡萄园目前行间距宽达3米，首先营造了良好的通风条件，其次适应机械化操作，方便埋土防寒，不容易伤及根系；另外也顺应了生态化种植要求，可以行间生草，而修剪下来的葡萄枝条粉碎后和牛粪一起发酵，再施回田间。桑干酒庄坚持生态环保、绿色有机和可持续发展的理念，酒庄建立

桑干河从桑干酒庄西南侧缓缓流过，与河相望的是老君山

了种植农药清单，严禁使用除草剂、植物生长调节剂，只施用经过充分腐熟的农家肥，同时采用了枝杆粉碎还田、葡萄行间生草等方法来营造葡萄园生态。生态好了，葡萄在成熟季却容易招来鸟害，酒庄在挂防鸟网的同时还会用鹰鸣生态驱鸟，并在庄园内种植了很多的花草和果树，以保持更好的生物多样性。

在栽培管理上，桑干酒庄注重精细化栽培。树势控制和营养平衡都有严格的数据量化：比如葡萄园种植密度为每亩222株，每1.1～1.5平方米的叶面积供应1千克的葡萄，叶幕高度1.2～1.4米，厚度40～60厘米，单株保留10～12个芽，单株挂果≤10穗，单株产量≤1.2千克，亩产300～350千克……一切用数字说话，精细化的管理措施保证了酿酒葡萄的成熟度、风味的浓郁度和品质的均一度。

2020年8月，桑干酒庄交互式智慧化葡萄园系统正式上线。该系统结合了地理信息技术、遥感技术、物联网技术和云平台服务，进一步有效整合和利用大量实时葡萄园数据，并且增强了客户多元化、交互式体验；实现了风土可视化、数据信息化、决策网络化、产品可溯化。

桑干酒庄葡萄园最初从法国、德国引进了西拉、赤霞珠、梅鹿辄、雷司令等13个酿酒葡萄品种54000余株苗木，经过了四十多年的发展，桑干酒庄现有酿酒葡萄品种品系128个，其中红色品种77个，白色品种51个，达到一定面积的品种则有14个，红葡萄品种包括赤霞珠、美乐、西拉、宝石、黑比诺、增芳德、马瑟兰，白葡萄品种包括雷司令、霞多丽、赛美蓉、白诗南、长相思、琼瑶浆。

除了这些国际知名酿酒葡萄品种外，桑干酒庄内还栽种着少量的龙眼葡萄，虽然龙眼葡萄不再是桑干酒庄的主要酿酒品种，但作为成就了第一瓶新工艺干白、填补我国葡萄酒行业空白的本土葡萄品

阳光照在桑干河上，河谷风貌一览无余

种，桑干产品序列中依然有它的一席之地。酒庄总经理兼总酿酒师于庆泉表示：“龙眼葡萄的香气经过两次蒸馏富集后，有一定的浓郁度又不过分浓郁，呈现出一种优雅的状态，成就了桑干白兰地的优异品质。”龙眼葡萄既是桑干酒庄发展的见证者，也是怀来产区的独特标识，更记录了一段中国风土复兴的励志故事。

庄重典雅 桑干缔造

长久以来，桑干酒庄坚持以定向风味调控以凸显产区风土；精准酿造工艺以表达品种特点；一流木桶陈酿以融合风味；严谨而苛刻的瓶储工艺以保持品质。从种植、酿造、陈酿、存储四个环节，确保了从种植到酿造的工艺体系化，缔造了“庄重典雅”的酒庄风格。

庄重典雅的风格，具体到葡萄酒的风味意味着既要有果香、酒香、橡木香、陈酿香的完美结合，还要有骨架清晰，深远宏大的酒体。口感上紧致饱满，细腻优雅，层次丰富，余味悠长，复杂度和平衡性兼具，还能具有优秀的陈年潜力。而这一切的集合，都能从种植、酿造、陈酿、存储四个环节找到答案。

桑干种植师团队

大道至简是桑干酒庄的酿造理念。酒庄运用“三分法”采收葡萄、“三选”工艺挑选葡萄、柔性处理、适度浸渍、筛选酵母、小罐工艺、酒泥陈酿、微氧发酵、影响极小的稳定性处理方法、优质法国木桶陈酿、精心调配、严苛瓶储等12步法进行葡萄酒酿造。

所谓“三分三选”是桑干酒庄采收、前处理环节的核心工艺，三分即分批次、分地块、分品种进行采收，保证葡萄的均一性，且体现地块特点；“三选”则是葡萄要经过采摘挑选、人工穗选、机器粒选三次筛选，保证葡萄原料的高品质。

在酿造环节，桑干酒庄的酿酒原则是纯天然、少干预、少添加，最大程度保留葡萄酒的颜色、香气和浓郁度，凸显葡萄本身和土地的风格。单从明星品种雷司令、西拉的酿造就能窥得其中奥秘。近年来，桑干酒庄《基于本土酵母的葡萄酒关键酿造技术研究与应用》《北方高端酿酒葡萄（西拉）综合管理技术研究与应用》先后通过河北省科学技术厅鉴定，其科技成果在国内外都处于领先水平。

在这里，西拉葡萄经历了严格的生长期后，收获时具有浓深的色泽、成熟的果香、独特的紫罗兰花香、充足而柔顺的单宁。色泽呈晶亮的深宝石红，雅致的梅子香、黑色浆果香与香草、胡椒和谐相融，口感饱满富有层次，优雅细腻，回味悠长，具庄重典雅的酒庄风格。

而作为桑干酒庄“当家花旦”雷司令，不仅继承了高酸度、耐久藏的国际主流风格，还发展出独特的桑干风味——优雅的花香、蜜香。色泽微黄中带一抹绿，晶莹剔透，清新馥郁的花香，新鲜活泼的柠檬、青苹果香，入口清爽、酸度怡人，伴随丝丝矿物气息，回味纯净悠长，这款表达了品种典型性的优秀作品深受专业雷司令爱好者的钟爱。

国有大事，必饮长城。以桑干酒庄为代表的长城葡萄酒多年来一直担纲人民大会堂国宴用酒，成为2008年北京奥运会及2010年上海世博会指定用酒，并频频亮相APEC会议、博鳌亚洲论坛、亚信峰会、G20峰会、“一带一路”高峰论坛、金砖国家领导人厦门会晤等国际重大会议，始终践行“国有大事，必饮长城”的品牌理念。长城桑干以世界瞩目的红色品质，记录下中国外交史上的众多辉煌时刻，见证着中国的成长与崛起，向世界传递着中国人的风土哲学。

作为中国高端酒庄酒的代表品牌，从1978年至今，桑干已走过了四十余年的历程，时光见证着桑干河的风土变迁与桑干酒庄品牌的脱胎换骨。从第一瓶干型酒，到第一瓶庄园酒，桑干一直在不断前行，这些蜕变的过程不仅表达了桑干的风土，更成就了桑干的品牌，也为中国葡萄酒行业探索出了新的发展路径。

最佳品种及年份

西拉：桑干西拉葡萄经历了严格的生长期后，收获时具有浓深的色泽、成熟的果香、独特的紫罗兰花香、充足而柔顺的单宁。色泽呈晶亮的深宝石红，雅致的梅子香、黑色浆果香与香草、胡椒和谐相融，口感饱满富有层次，优雅细腻，回味悠长，具庄重典雅的酒庄风格。

最佳年份：2005、2007、2010、2012

雷司令：雷司令是桑干酒庄种植面积最广的白色品种，也是酒庄干白产品中当之无愧的“当家花旦”。不仅继承原产地德国的傲然风骨——高酸度、耐久藏；更发展出独特桑干风味——优雅的花香、蜜香。色泽微黄中带一抹绿，晶莹剔透，清新馥郁的花香，新鲜活泼的柠檬、青苹果香，入口清爽、酸度怡人，伴丝丝矿物质气息，回味纯净悠长。

最佳年份：2009、2012、2015、2018

风土档案	
气候带	温带大陆性气候
年平均日照时数	2700～2900h
年平均气温	10.2℃
最低温、最高温	-21.3℃，36.6℃
有效积温	2012℃
活动积温	3797℃
年降水量	370mm
无霜期	180～210d
气象灾害	低温冻害，大风，冰雹
地貌地质	
主要地形及海拔	河谷盆地，480～495m
土壤类型	以沙壤土和沙砾为主，具有一定比例的褐壤土和黏土，属200万年的泥河古化石土壤
地质类型	地质构造属燕山沉降带，地貌按成因可分为剥蚀构造地形、剥蚀堆积地形和冲积地形。地势由中间“V”形盆地分别向南北崛起，西北高而东南低
酿酒葡萄	
主要品种	红葡萄品种：赤霞珠、西拉、梅鹿辄、马瑟兰、黑比诺、品丽珠等 白葡萄品种：雷司令、霞多丽、琼瑶浆、赛美蓉、长相思等

参考文献：

1 刘俊，董健霖，张宏伟，等. 怀来盆地酒用葡萄基地建设浅析[J]. 中外葡萄与葡萄酒，1997，3.

2 袁宝印，同号文，温锐林，等. 泥河湾古湖的形成机制及其早期古人类生存环境的关系[J]. 地质力学学报，2009，1.

3 卢诚，于海森，王洪江. 沙城葡萄产区怀涿盆地的形成及地质地貌特性[J]. 中外葡萄与葡萄酒，2009，7.

4 酒业家. 2021. 长城桑干，开创中国葡萄酒美学新时代. https://m.163.com/dy/article_cambrian/GK7ISGPE053804DM.html[2021-09-19].

图片与部分文字资料由长城桑干酒庄提供

丝路酒庄

——伊犁风土的探路者

丝路酒庄创始人李勇，一人单车历经十余年，几乎跑遍了新疆所有地方，最终决定在伊犁河谷实现他的梦想：酿造出具有伊犁河谷风土特色的优质葡萄酒。20年来，秉承“始于探索、终于收获”的企业精神，酒庄在选址、种植、酿造与品牌推广等方面多维度探索，用一款款令人称道的美酒佳酿，呈现出伊犁河谷的风土之美！

丝路酒庄庄主李勇

走遍天山 钟情伊犁

丝路酒庄庄主李勇祖籍河南，是一个在新疆生活和工作的兵团二代。早期在一家兵团公司从事国际贸易，从而接触到了葡萄酒行业。因在葡萄酒行业打拼多年，他决定在这个行业深耕，于是开始了自己的葡萄酒探索之路。他深知好酒出自好葡萄园，曾经开车几十万千米，走遍了新疆的每个可以种植葡萄的角落，对以玛纳斯河流域的北疆产区、以焉耆为中心的南疆产区等多个产区进行了多次实地考察，并请专家进行论证，最后来到了有着“塞外江南”之称的伊犁，被伊犁河谷得天独厚的风土所吸引，于是在这块土地上开始了有机精品葡萄的种植探索。

一杯完美葡萄酒的诞生，需要最适宜的地理位置。李勇庄主认为伊犁河谷产区是能做出有个性化，有世界品质葡萄酒的地方。伊犁河谷地处北纬42º14′16″~44º50′30″，东经80º09′42″~84º56′50″，位于中国新疆天山山脉西部，得名于伊犁河，其北、东、南三面环山，构成“三山夹两谷”的地貌轮廓。伊犁河谷属于向西（呈喇叭口形）敞开的地形，西低东高，是中国唯一受大西洋暖湿气流影响的地方。大西洋暖湿气流可以直接畅通无阻地进入喇叭口。

伊犁河谷属于温带大陆性气候，由于受大西洋暖湿气流影响，伊犁河谷地区水资源十分丰富，被称为“中亚湿岛”。年降水量417.6毫米，部分地区降水量达到1000毫米以上。年平均气温10.4℃，年日照时数2870小时，昼夜20℃以上温差。伊犁河谷自然条件优越，农、牧业发展优势显著。天山山脉作为天然的屏障，阻挡了北疆、南疆的寒流、热浪、沙尘暴等恶劣气候，使伊犁河谷成为新疆难得的绿洲。充足的日照、骤变的昼夜温差、丰富的降水再加上沙质土壤，独特的小气候使得这里成为酿酒葡萄绝佳的产地。

大家对新疆的印象可能是大漠、黄沙、戈壁之类的，但来伊犁，它完全颠覆了你对新疆的印象。伊犁河谷可以说是中国最美的地方，这里自然风光美不胜收，原始杏林杏花沟、“空中草原”那拉提、“大西洋最后一滴眼泪”赛里木湖，当然还有民族风情浓郁的喀赞其，“建筑奇景”八卦城，“奇绝仙境”果子沟，一路有四季、十里不同天的独库公路……

在伊犁河谷，藏着中国最美的色彩，随着季节变化，五彩斑斓的颜色像一帧帧画卷徐徐展开。每年四月初，顶冰花在涓涓雪水的滋养下悄然绽放传递春的消息；随后便是满眼翠绿的山谷里，一朵朵粉白色的杏花争相开放；天山红花火红热烈，随风迁徙，染红了伊犁河谷，传递着夏的信号；而紫色的薰衣草和紫苏花把这片土地渲染上了浪漫的颜色；漫无边际的油菜花犹如一条条绚丽金色的织毯从山的那头铺到脚下，在伊犁，万物都是色彩搭配的高手。而壮美的天山、草原，湖泊让人心地宽广，浪漫的云山、花海更令人心旷神怡！优美的自然风光、良好的自然生态环境和独特的人文风情，伊犁河谷产区完全可以称得上中国最美的葡萄酒产区之一，丝路酒庄的葡萄也在这里启程。

伊犁河谷 别样风土

伊犁河谷“三山夹两谷”的特殊地貌，形成了河谷地貌多样性和小气候的多样性：西部是平原，东部山区，南部是盆地。西部干燥、多风、温暖，中部较西部相对凉爽、降雨也多，东部最为凉爽和湿润。丝路酒庄根据伊犁河谷地貌和气候特点的不同，选择种植了不同的葡萄品种。

67团是伊犁河谷酿酒葡萄的核心产区，位于伊犁河西南岸，西临边境线，南依乌孙雪山，北傍伊犁河畔，属兵团第四师可克达拉市，也是中国最西部的酿酒葡萄产区。地势南高北低，海拔700米，天然呈15‰坡度，排水性好，区域水系丰富，地势南高北低，海拔在600～1200米的土壤地势条件尤其适合葡萄生长。

67团属亚温带干旱气候区，年均气温8.4℃，光照年均3100小时，有效积温3540℃，区域水系丰富，生长季降水量仅为200~300毫米，干燥度适中，生长季相对湿度60%。白天温暖，夜晚则沐浴在清凉的河风中。昼夜温差让成熟的葡萄依然保有天然的酸度。得益于其凉爽的气候，年生长期长达200天以上。较长的生长期，可以有较长的时间来发展其复杂精细的风味，同时也能够保持糖分和酸度的平衡。这里的空气相对湿度小，通风透光好，葡萄受病害危害情况少。园地耕作层中含有相当比例的碎石沙土，土壤中有深达数米的沙砾矿物质土层，土壤干燥略显淡红色，透气性良好，加之属富硒土壤，葡萄品质异常出色。67团因其不可多得的气候，不可复制的环境，土壤特点的优势，现在已成为伊犁河谷、新疆乃至全中国优秀出名的酿酒葡萄生产基地。

自2012年，丝路酒庄在67团陆续种植了赤霞珠、美乐、品丽珠、小味儿多、马尔贝克、歌海娜、黑比诺、沙别拉维、马瑟兰、蛇龙珠等10余个品种，总面积约1300亩。从目前酒庄的种植水平和酿造水平来说，赤霞珠、美乐、小味儿多这几个产品的表现比较出色。67团的葡萄园的风土更接近新疆其他产区，气候较炎热，冬季气温也相对比较高，因此葡萄的生长期长，葡萄的酚类和香型物质积累更丰富，浆果颜色深、成熟度高并保有天然的酸度。由此酿出的葡萄酒多了些花香、新鲜的水果香等浓郁香气，单宁更加细腻且圆润，结构感突出。

喜悦的“收获”

伊犁秘境 库尔德宁

库尔德宁位于巩留县东部山区，是新疆天山生物多样性最丰富的区域。享有“天山最美的绿谷、雪岭云杉的故乡”的美誉。库尔德宁河谷是新疆境内唯一南北走向的河谷，这里已有四千万年的历史，拥有全世界最大的雪岭云杉基地，全亚洲最大的野生苹果、野生杏基因库，目前已被列入世界自然遗产保护区。

丝路酒庄库尔德宁葡萄园位于伊犁河南岸，巩留县库尔德宁镇东5千米的北山坡上，北邻特克斯河支流吉尔格朗河，是目前唯一在伊犁河谷中部种植的葡萄园，也是伊犁河谷海拔最高的葡萄园，海拔1380米。库尔德宁是新疆境内罕见南北走向的河谷，气候冷凉，夏季凉爽、冬季温和，昼夜温差大，全年无大风，四季气候宜人。降水较丰富，年平均降水量400~600毫米，也是新疆目前唯一不需要灌溉的葡萄园。土壤为草甸土壤，土壤分层上黑下白，土壤黑色部分是黑钙土，通水透气性能强。可以说，库尔德宁有着无可比拟的风土优势。葡萄园南面的山坡上，长满了野苹果、野杏树及野酸梅树，而由柳兰、野草莓、鼠尾草、薄荷等芳香型绿色植物构成的草甸在野果树和葡萄园周边无限延伸，和远处村庄的袅袅炊烟形成一幅秘境之美的画面，丝路酒庄库尔德宁葡萄园也被誉为秘境葡萄园。

库尔德宁葡萄园

酒庄在这里种植了雷司令、贵人香、霞多丽等葡萄品种200余亩。由于气候偏冷凉，葡萄缓慢成熟，从四月展藤到十月中旬采收，葡萄有长达200天以上的生长期，均匀地积累酚类物质和糖酸度，从而拥有优雅平衡的风格。库尔德宁雷司令缓慢成熟，独特的风土为雷司令的成长赋予了专属气息，果香浓郁，香味独特，富含蜂蜜甜香，融合了黄色水果和杏子的香气以及一丝姜味。口感清爽，果味突出，酸度表现好，酒体纯净，余香带有矿物质气息，稳定发挥出白葡萄之王的品质优势。“伊犁风土 世界品质”，丝路酒庄雷司令彰显了库尔德宁独特的风土魅力，也成为中国雷司令的“国货担当”。

伊犁风土的探索者

有机生态种植，不仅促进葡萄的生长，提高葡萄的品质，有机葡萄酒更能代表葡萄园以及产地的风土，对周边的生态环境也有很大的改善，多年来，李勇一直将所有精力放在优质有机葡萄的选址和培育上，葡萄种植全程按照绿色、有机、天然的种植操作规程进行，限产限量。经过二十年的努力，现在有机葡萄种植技术已日趋稳定成熟，在这里也独立地拥有了“秘境葡园”“鸟巢葡园”等多个风姿绰约的葡萄园。“生态”是丝路酒庄葡萄园最核心的关键词。由于良好的生态环境，引来越来越多的鸟类繁衍生息，其中就有伯劳鸟和杜鹃。据不完全统计，单67团就有16个“鸟巢”地块，而库尔德宁葡萄园也有不少鸟巢出现。丝路酒庄在田间管理中规定，在田间干活时，注意保护在葡萄树枝上做窝、栖息、孵化的小鸟，尽量不打扰它们，让它们和葡萄及周边环境和睦相处。

好的葡萄酒都是种出来的。这句话形象地道出了葡萄酒质量和葡萄的关系。在李勇“不求其大，但求其精”的管理哲学下，酒庄从细节入手，葡萄种植、葡萄园管理、葡萄采收、葡萄压榨、酿造、陈酿、装瓶、贴标、销售及售后服务方面，都制定了高标准。丝路酒庄对葡萄园实行精细化管理。

苗木选用生长健壮、无检疫病虫害的一级苗，种植上严格控制开沟宽度和深度，将有机肥料均匀搅拌填入沟中，全程使用有机肥料，杜绝化肥和除草剂，保留了土壤养分。全部采用滴灌方式，丝路葡萄园在伊犁河谷产区首次实行行间人工种草、人工辅助自然生草的方式，提高园地有机质含量，从而以最自然的方式达到培肥地力的效果。充分保持土壤水分，提高土壤微生物种群数量和土壤酶活性，提高土壤肥力，改善葡萄园生态环境，提高葡萄浆果质量。

葡萄园亩产量严格控制在500千克以内，保证量小而精酿。酒庄在葡萄展藤、抹芽定梢、主蔓及架面管理、地面管理、病虫害防治、采收管理、冬埋等方面都做了严格的规定。针对67团酿酒葡萄建立示范基地300亩，引进新品种11个，有黑比诺、沙别拉维、马尔贝克、小味儿多、品丽珠、美乐、歌海娜、马瑟兰、雷司令、霞多丽、贵人香等。其中歌海娜、品丽珠、小味儿多、马尔贝克、黑比诺是第一次在伊犁河谷种植。酿酒葡萄新品种的引进，改变了伊犁河谷葡萄酒单一化、同质化现象，提高伊犁河谷葡萄酒的品质，充分发挥了伊犁河谷地貌多样性、气候复杂性的优势，增加产区葡萄酒的竞争力和美誉度。

酿造方面，酒庄精准把控采摘时间，保证葡萄在充分成熟的情况下进行采收，而且对葡萄园严格合理控产，确保葡萄多酚以及单宁等物质的充分成熟，然后对原料进行粒选。为了更突出伊犁河谷的果香，酒庄采取了冷浸渍工艺，一般根据原料等级的不同，进行48 ~ 72小时的冷浸渍过程。酒庄产品主要以混酿为主，单品种主要以赤霞珠、蛇龙珠、美乐为主。酒庄正在探索除赤霞珠、美乐这些大品种之外，更多小品种的酿造潜力，诸如品丽珠、歌海娜、马尔贝克等。未来，酒庄有望通过两三个品种的调配，酿造出一款果香比较突出且能够体现伊犁河谷这种冷凉气候的代表性产品。

目前丝路酒庄每年的产销量在300吨左右，旗下产品包括“酒庄”系列、“星级”系列、“冰酒”系列、“定制”系列、“启程/探索/收获”系列等。未来，酒庄还将推出原生态的鸟巢系列产品，这一系列有望成为传递酒庄理念的产品。伊犁河谷还有很多的其他水果资源，比如野苹果、野杏儿、西梅、吊干杏、桑葚等。酒庄还会尝试酿造诸如半干或半甜类型的果酒。丝路酒庄希望将整个伊犁河谷产区的风土特色融入每一瓶酒中，让更多的年轻消费者体味到伊犁河谷不同的风土。

伊犁风土的布道者

一个好的品牌名称应该简单好记，却不失个性和特色。在创建品牌之初，庄主李勇就想找一个具有地域性的、具有西域风格的品牌，于是就想到了“丝路”。古伊犁河谷是丝绸之路的北道要冲，西部与哈萨克斯坦接壤，是新疆和全国向西开放的重要商埠和国际大通道。丝路酒庄，取名自丝绸之路，寓意位于丝绸之路上的酒庄。丝绸之路其实是一条探索之路，其深层次涵义背后，是张骞出使西域开辟出来连接亚欧大路通道，其关键词就是“探索”，进而由探索带来丰硕收获。丝路酒庄秉承“始于探索、终于收获”的理念，目的是延续古丝绸之路的荣光，并将其发扬光大。

在追逐梦想的路上，丝路酒庄不断探索，坚守初心，最终收获了希望。近年丝路葡萄酒在Decanter世界葡萄酒大赛、世界葡萄酒暨烈酒大赛、比利时布鲁塞尔国际葡萄酒大奖赛、柏林葡萄酒大赛、亚洲葡萄酒大赛、WINE100等国际、国内大赛上获奖200多项。丝路单品种蛇龙珠干红、经典混酿干红以及雷司令干白葡萄酒开始代表伊犁河谷风土特色走向世界舞台。随着酒庄对伊犁河谷风土的不懈探索以及新品种的试验种植和酿造，不久的将来这里还会诞生更多的特色新产品！

2021年6月6日，丝路酒庄迎来了发展历程中具有里程碑意义的大事件——丝路酒庄建庄奠基仪式成功举行，同期还举办了新疆伊犁河谷产区精品葡萄酒庄发展论坛和新疆伊犁河谷葡萄酒产区推广大使聘任仪式。依托伊犁河谷独特的风土，丝路在这片土地上已探索耕耘精品葡萄酒20年，丝路建庄标志着酒庄在探索路上又一个新的起点，预示着酒庄迈上一个新的发展台阶，去探索更美好的未来。

最佳品种及年份

蛇龙珠：蛇龙珠的葡萄生长期长，采收时间最晚，葡萄的酚类和香型物质积累更丰富，浆果颜色深、成熟度高并保有天然的酸度且不同年份之间品质比较稳定。丝路精选蛇龙珠干红葡萄酒，是一款单品[illegible]起来有西梅和干草的味道。此外，丝路六星干红葡萄酒以蛇龙珠为主，调配赤霞珠、小味儿多，清新迷人的覆盆子、樱桃抑或成熟的黑色水果、黑莓等甜美果香以及香料、巧克力风味，别有特色。

最佳年份：2017

雷司令：丝路酒庄雷司令体现清新活跃、果香充沛的风土气息。独特的气候、土壤和庄主李勇执着的探索，让干白2022年上市便登上了巅峰时刻。色泽明亮，香气清新，有蜂蜜、青苹果、青柠香气及香蕉、菠萝气息，口感活泼、爽净，收尾具有西柚、矿物质感。世界著名酒评家——伊安·达加塔（Ian D'Agata）更是给出极高的评价和称赞：这是一款值得鼓励的酒，对产区，乃至对中国，都是非常不错的！

最佳年份：2021

风土档案	
气候带	**温带大陆性气候**
年平均日照时数	2943.5h
年平均气温	8.4℃
最低温、最高温	极端最低温度-34.6℃，极端最高温度41.3℃
有效积温	[illegible]
年降水量、年蒸发量	67团葡萄园年降水量200~300mm，年蒸发量1784.8mm，库尔德宁年降水量400~600mm
无霜期、历史早霜日	年均无霜期165.5d，最长为199d，最短为130d，早霜日一般在10月上旬
气象灾害	冻害、晚霜、大风
地貌地质	
海拔	67团葡萄园在海拔600~1200m；库尔德宁葡萄园海拔1380m
土壤类型	沙石、砾石等
地质类型	平原（河谷西部）、山区（河谷东部）、盆地（河谷南部）
酿酒葡萄	
主要品种	红葡萄品种：赤霞珠、蛇龙珠、品丽珠、美乐、黑比诺、马瑟兰、马尔贝克、歌海娜、沙别拉维、小味儿多 白葡萄品种：雷司令、贵人香、霞多丽

参考文献：

1 中葡网团队. 2020.【中国葡萄酒地理11】伊犁河谷：北疆湿岛 佳酿天成. 中国葡萄酒信息网. http://www.winechina.com/html/2020/12/202012303010.html[2020-12-08].

2 申延玲. 2022.【中国酒庄庄主访谈11】李勇：伊犁风土的探路者. 中国葡萄酒信息网. http://www.winechina.com/html/2022/08/202208311364.html[2022-08-23].

3 孙志军. 2018.【总编手记】伊犁河谷，新疆最后一座葡萄酒天堂（中）. 中国葡萄酒信息网. http://www.winechina.com/html/2018/04/201804294514.html[2018-04-12].

4 战吉宬. 2018. 战吉宬专栏|丝路酒庄——不断探索的中国酒庄. 中国葡萄酒杂志. https://mp.weixin.qq.com/s/VYOSA-5phfiLkOH1TQGkSQ[2018-08-27].

5 秦锐. 2018. 专访|始于探索 终于收获——丝路酒庄李勇的探索之路. 酒博. https://mp.weixin.qq.com/s/sbOuYZzOSOWNLY_vOzDG6Q[2018-12-06].

6 中国自然遗产网. 喀拉峻-库尔德宁. http://travelxj.cn/NaturalHeritage/zh-cn/Reaserch/72859aed6b9d221e1f0ebd095792cada.html.

7 丝路酒庄. 2018. 丝路酒庄宣传片来袭，每一个细节都是故事. https://mp.weixin.qq.com/s/n0kYaR6Npe4GCy_ELc6YRA[2018-02-02].

8 黄雪梅. 2020. 人物 | 丝路酒庄李勇：葡萄名酒，将出伊犁河谷. 糖酒快讯. https://mp.weixin.qq.com/s/bLHOJLTXaSXC3NQOI7lbFw[2020-09-12].

图片及部分文字资料由丝路酒庄提供

台依湖国际酒庄

——半岛南部的酒旅小镇

万亩葡萄园、千亩水景、百亩花海、十几座风格迥异的城堡……这里有湖光山色的美景，也有葡萄美酒的芳醇，这就是位于胶东半岛南部的台依湖国际酒庄！

于国君摄

开创中国“酒庄酒”的梦想之地

台依湖国际酒庄坐落于威海乳山市区以北9千米，依托于优良的葡萄种植环境，以葡萄酒文化为主题，以台依湖为中心，是集葡萄种植与葡萄酒酿造、葡萄酒品鉴、水上高尔夫、湿地公园、垂钓、游艇会、举办婚礼、婚拍、住宿、餐饮、自驾游房车营地于一体的大型葡萄酒文化主题景区。总规划面积30000亩，区内分布多个进口葡萄品种的葡萄种植园，建有各种异域风情的酒庄，致力于缔造中国乃至世界最大的酒庄生态文化区。

2010年，台依湖集团董事长陈春萌应邀到北京张裕爱斐堡国际酒庄考察，爱斐堡悠闲自在的田园生活触动了陈春萌，在他心里，希望有一方天地，打造属于自己的“酒庄酒”品牌，打造中国最大的葡萄酒旅游文化目的地。这时恰逢乳山面临产业结构调整，陈春萌抓住这个有利条件，与乳山市政府领导洽谈投资事宜，发现距离乳山只有4千米的台依湖地理环境条件最佳，不仅环境优美，视野开阔，而且全是丘陵地带，水库周围的30000亩土地很适合种葡萄。他立即做出在整个产区建设酒庄的决定。

乳山对于中国葡萄酒消费者来讲或许还是一个陌生的地方，但在中国葡萄酒酿造史上它早已赫赫有名。早在20世纪60年代前，乳山便开始大量种植酿酒葡萄。20世纪70年代开始，乳山葡萄酒屡获国内外大奖。1985年，“百事吉”牌白葡萄酒填补了中国加强葡萄酒的历史空白，并获得第二届中国农业博览会铜奖、第三届中国企业出口商品展览会金奖。2006年，乳山下初镇5000多亩加工葡萄通过无公害农产品认证，并于2007年通过国家级葡萄农业标准化示范区验收……酿酒葡萄种植历史、葡萄酒产业基础，这都是台依湖国际酒庄生态区落户乳山的重要原因。

2010年，台依湖集团有限公司围绕台依湖3000亩的水域面积，勾画了占地10万亩葡萄酒庄版图，

生态种植模式

并种下了第一棵葡萄苗。2014年，台依湖国际酒庄在全国率先推出“私家葡园”“酒庄股权”两大产品和全新的商业模式，以“互联网+”思维引领一种全新的生活方式。2017年6月22日，山东省乳山市人民政府、台依湖集团有限公司、绿城理想小镇建设集团有限公司签订合作协议，三方共同打造中国首个葡萄酒庄产业主题小镇——台依湖酒庄酒产业小镇。目前，台依湖国际酒庄建成葡萄园面积7000亩，年产酿酒葡萄1200～1500吨，原酒720～900吨。

探寻半岛南部的独特风土

胶东半岛是我国葡萄酒主产区，也是国内发展较早的葡萄酒产区。葡萄酒生产企业主要集中在烟台、蓬莱、青岛等地，形成了以张裕、中粮长城、华东、威龙等龙头企业为代表的产业发展格局。但是在南部地区，大规模种植葡萄园，酿造高端葡萄酒，台依湖国际酒庄是首创。

乳山市属胶东低山丘陵区，在乳山河与黄垒河之间形成天然盆地即乳山盆地。东、西、北三方被山地包围，呈簸箕状向南敞开，地势由北向南呈台阶式下降。北部和东西两侧多低山，中、南部多丘陵，间有低山。台依湖位于乳山中北部平缓的丘陵山地，海拔100～300米。乳山北部和东西两侧多低山，可以阻挡冬季的冷空气进入台依湖地区，对葡萄安全越冬有很大的益处。同时缓坡地形为葡萄的规模化发展及机械化推广应用提供了有利条件。

根据胶东半岛南北沿海及半岛内陆所处位置及地形差异，该区又可分为半岛北南、半岛南部、半岛东南等5个二级气候分区。乳山属于半岛东南湿润温冷区。气候温和、温差较小，光照充足，葡萄生长期（尤其是成熟期）漫长但降水量偏大，集中在7、8月份。空气温度和湿度则明显高于半岛北部。这里没有明显的春旱现象，发生冬春季节灾害的可能性不仅低于内陆产区，也比半岛北部发生冬季冻

害和春季抽干的可能性要小得多，保障了葡萄春季的长势。因此，乳山产区采用不埋土的栽培模式更为安全。

在降水最为集中的7、8月份，乳山产区降水量明显高于其他产区，但因降水集中，降水时间较短，形成地表径流明显，留存在土壤中的水分相对较少，对葡萄种植的影响并不大。在酿酒葡萄风味物质形成最关键的9月、10月两个月，乳山产区的降水量明显降低，因而在风味物质形成方面具有明显的优势。葡萄成熟季节温度明显较低，昼夜温差小，夏季较低的温度有助于在酿酒葡萄中积累细腻的香气，较小的昼夜温差则使这一产区形成了漫长的成熟季，也使风味物质的积累较为充分。

依高台而居，谓之“台依”，台依湖由此得名，它原本是乳山河支流黄埠崖河上游一座水库，兴建于1959年，是乳山市最大的水库。酒庄葡萄园在台依湖西岸平缓的丘陵坡地上，大多呈南北走向，连绵几千米，颇为壮观，是一道奇特的风景线。葡萄园往西不远，翻过一道土岭，便是乳山河中段冲积平原，当地第一大河流——乳山河由北向南缓缓流淌。东侧的台依湖和西侧的乳山河两块广阔的水域进一步为产区提供了良好的温度平衡，使产区温度变化和缓，可以减弱冬季寒潮的影响，并使温度在夏季保持相对凉爽，从而优化果实的成熟过程。葡萄从转色期到成熟期的时间被进一步拉长，也为酿酒葡萄风味物质的积累创造了条件。

台依湖葡萄园所在位置距离黄海15千米，小环境在很大程度上受到海洋性气候的影响，某些年份的雨水就会更多。2020年和2021年是两个多雨的年份，尤其2021年，在生长季的6个月中，降水量达到1200毫米。虽然气候不利，但通过最近这两年的“考验”，酒庄调整优化了工作方法，降低真菌病害引起的损失，同时保证葡萄的质量。

葡萄园土壤属沙质壤土，沙性强，故土壤透气性、排水性较好，但保水保肥能力较差，容易漏水漏肥。通过园区全园种植鼠茅草改善了土壤的保肥保水能力，减少了7～8月降雨造成的水土流失，保证了土壤环境温湿度的稳定，为生产品质极优的酿酒葡萄提供了条件。在沙质土壤上种白葡萄品种，在底层是风化岩的地块建造起梯田种红葡萄品种。这种丘陵地带的土壤，常常是沙壤夹杂着整条或断裂的花岗岩带，有一些红色或黑色黏土，所以酒庄的每个地块都有其特性。

种酿结合 挖掘风土潜力

先天自然环境为台依湖葡萄种植奠定基础，而科学化、标准化的葡萄管理及生产模式则让台依湖葡萄品质更上一层楼。在管理上，台依湖国际酒庄建立国内领先的葡萄园标准化管理方案，实现葡萄栽培管理和成本控制的精细化、标准化。通过引进高精度气象站、实时动态控制系统等，对园区地形地理、气象资料、葡萄种植情况等进行精确测绘和数据收集，建立葡萄园管理信息数据库，葡萄管理细化到每一株葡萄。

种植方面，酒庄细化园区的等级划分，采取不同的技术管理方式。自2010年，引种霞多丽、贵人香、赤霞珠、品丽珠、蛇龙珠，2014年引种维奥尼、小芒森、马瑟兰、小味儿多、紫大夫、美乐，2016年引进白玉霓。葡萄园亩产平均控制在400～500千克。酿造方面，尝试一些不同的工艺，诸如冷浸渍、加热酿造、发酵后期浸渍等。干白葡萄酒的酿造特别注重清爽感（酸度），圆润感（木桶），酒精度和香气之间的平衡。为了得到最理想的香气，严格把控采摘日期、地块选择、木桶陈酿时间及调配比例。

经过多年试验性栽培，霞多丽、维欧尼、小芒森以及马瑟兰、小味儿多、紫大夫表现较好。不得不说，台依湖的风土特别适合种白品种，除了霞多丽外，维奥尼和小芒森的表现相当不错。小芒森晚收甜白、维奥尼干白在品种典型性和酒体平衡感上表现非常好，品质高。此外，酒庄也尝试酿造桃红葡萄酒来满足中国消费者尤其是女性消费者的需求，类型从甜型、半甜型到干型。品种有品丽珠、赤霞珠、美乐，以直接压榨为主，也采用放血法工

沙壤土伴有少量石砌和少量黏土

沙壤土伴有中量石砌

沙壤土伴有中量黏土

艺。在酿造时，合理控制残糖量，以求获得最理想的平衡感和香气。

风土的概念在酒庄的葡萄种植和酿造工作中是非常重要的，他们绝对不想给酒庄酒打上国际化或工业化的印记。为确保酒庄的生产目标与风土特性相协调，还需要考虑天气情况、土壤因素、品种因素、葡萄的品质和最终酒的品质要匹配。总体来说，风土并不仅仅是土壤和气候，还要考虑到一个关键因素，就是人。酒庄有那种热诚和决心来尊重自然，并将其特性最大程度地表现出来。在酒庄看来，保持酒庄的葡萄酒的个性，意味着不断地消除气候带来的不利影响，不断地进行新的尝试，不断地提出新的调配方案、推陈出新，不断地对人员进行相关培训，而这就是对风土的尊重。

“私家葡园”成就国际品质

依托优质葡萄酒产区，台依湖国际酒庄在国内首推“私家葡园”的营销模式，“私家葡园”园主可以随时到庄园体验、享受酒庄度假。与此同时，酒庄为“私家葡园”园主推出私人订制服务。为此，台依湖国际酒庄匹配了专业的酿酒师团队、科学高效的管理模式，不仅实现了国人的酒庄梦，让大家喝上了真正的酒庄酒，爱上了中国酿造，而且还让世界记住了“乳山味道”！

台依湖冬景

酒庄引进包括法国布赫·瓦斯林公司的葡萄除梗和压榨设备、意大利GAI公司的葡萄酒生产灌装线、法国进口橡木桶等全球顶尖葡萄酒酿造设备。公司聚集国内外专业技术人才，第一任首席酿酒师为原拉菲酒庄酿酒大师热拉尔·高林（Gérard Colin）先生，他曾在拉菲工作32年；酒庄现任首席酿酒师为原白马酒庄酿酒大师、世界十大酿酒师之一吉尔·宝盖（Gilles Pauquet）先生，台依湖国际酒庄是其在中国服务的唯一酒庄；技术总工是拥有近30年葡萄种植及管理经验的皮埃尔先生，他发现了中国葡萄酒种植与酿造的发展前景，放弃国外生活来到乳山，与大师共同打造新时代的葡萄酒产区。

在2015年布鲁塞尔国际葡萄酒大奖赛上，台依湖国际酒庄2014霞多丽干白葡萄酒勇夺金奖，成为中国葡萄酒行业的一匹黑马。此后，酒庄多个风格类型的桃红葡萄酒、小芒森甜白及晚收甜白葡萄酒更是在国内外赛事舞台上崭露锋芒。到如今，酒庄所酿造的葡萄酒荣获包括中国优质葡萄酒挑战赛、比利时布鲁塞尔国际葡萄酒大奖赛、Decanter世界葡萄酒大赛等国内外行业赛事共计94项金奖、银奖。经过十二年的发展，台依湖国际酒庄已然成为国内葡萄酒行业一颗冉冉升起的新星！

台依湖集团以葡萄酒传播为己任，近年来先后展开了各类主题活动，包括台依湖国际酒庄文化节、中国葡萄酒天使大赛、首届美酒美食节、台依湖“牡蛎+干白”品鉴、山海路自驾游·台依湖葡萄采摘文化节等，大力推广葡萄酒文化，展现不一样的酒庄风情，让更多的人了解台依湖，爱上中国酿造。

最佳品种及年份

小芒森：小芒森是台依湖国际酒庄最具典型性的品种。大部分小芒森分布在酒庄东西坡的丘陵地块，采用南北行向种植，土壤为沙质土壤，由沙和风化的花岗岩构成。乳山悠长干燥的秋季，昼夜温差大，特别适合小芒森的成熟。酒庄尽可能让果穗挂在葡萄藤上自然干缩，从而酿造风味浓郁的甜酒。小芒森葡萄酸度非常高，酿出的酒香气馥郁，所以非常适合酿造晚收甜酒。

2020年的晚收小芒森就非常出色，在2022年Decanter世界葡萄酒大赛上获得了金奖。迟采的果穗干缩了50%，果汁和香气都浓缩得非常理想，酿出的酒具有浓郁的蜂蜜、杏干、热带水果例如荔枝和百香果的香气，与此同时，酒也保持了自然的高酸，这让酒喝起来具有完美的平衡感和清爽感。

最佳年份：2016、2017、2018、2019、2020

风土档案	
气候带	暖温带季风区大陆性气候
年平均日照时数	2635.5h
年平均气温	11.6℃
有效积温	3850～4094℃
活动积温	4338～4564℃
年降水量、年蒸发量	年降水量800～850mm，年蒸发量1521.8mm
无霜期、历史早晚霜日	年均无霜期206d，历史早霜日10月7日，晚霜日4月29日
气象灾害	旱、涝、风、雹
地貌地质	
主要地形及海拔	低山丘陵，海拔100～300m
土壤类型	沙质壤土
地质类型	乳山盆地
酿酒葡萄	
主要品种	红葡萄品种：赤霞珠、品丽珠、马瑟兰、小味儿多、紫大夫、蛇龙珠、美乐 白葡萄品种：霞多丽、贵人香、维欧尼、小芒森、白玉霓

参考文献：

1 乳山市人民政府网站：乳山概况、乳山地貌气候等. http://www.rushan.gov.cn/col/col51270/index.html.

2 百度文库：乳山市志自然地理篇. https://wenku.baidu.com/view/cb2d593eb91aa8114431b90d6c85ec3a86c28b7a.html?_wkts_=1689414582564&bdQuery=%E4%B9%B3%E5%B1%B1%E5%B8%82%E5%BF%97+%E7%99%BE%E5%BA%A6%E6%96%87%E5%BA%93.

3 威海市人民政府网站：威海自然环境篇. http://www.weihai.gov.cn/col/col58816/index.html.

4 山东省地方史志编纂委员会. 山东省志·自然地理志》[M]. 济南：山东人民出版社，1996.

5 蔡鹏程. 成都理工大学. 山东乳山盆地下白垩统震积岩特征及其构造地质学意义. 万方数据. https://d.wanfangdata.com.cn/thesis/Y3267027.

6 乳山葡萄酒产区白皮书，2016.

7 乳山市委党史研究中心. 乳山年鉴（2021卷）. 乳山市人民政府. http://www.rushan.gov.cn/art/2022/2/24/art_51349_2802525.html.

8 百度百科：乳山河. https://baike.baidu.com/item/%E4%B9%B3%E5%B1%B1%E6%B2%B3?fromModule=lemma_search-box.

9 冯晓云，王建源. 2005. 基于GIS的山东农业气候资源及区划研究. 中国农业资源与区划. 百度学术. https://xueshu.baidu.com/usercenter/paper/show?paperid=ee5ad5ca518ab4811ffad7b3d419ce4c&site=xueshu_se.

图片及部分文字内容由台依湖国际酒庄提供

长城天赋酒庄

——打造贺兰山东麓新地标

贺兰山三关口明长城遗址东几千米处，在贺兰山东麓南段的坡顶之上，矗立着一座现代化的酒庄——中粮长城天赋酒庄。依托产区得天独厚的风土优势，以中粮集团敢于担当的国家队精神，酒庄不仅将“甘润平衡”的酒体风格诠释得淋漓尽致，还在建筑风格、管理模式等方面独树一帜，成为贺兰山东麓葡萄酒新地标！

荒滩戈壁上“筑长城”

宁夏贺兰山东麓深居西北内陆高原，属大陆性干旱半干旱气候，最显著特征是日照时间长，太阳辐射强，降水较少，空气湿度小，气温日较差较大，既有冷凉又有干热的气候特点，夏季干热，但春秋季冷凉。全年日照时数3028小时左右，葡萄生长季节的有效积温年平均值约为3100℃，大部分地区昼夜温差一般可达12～15℃，无霜期180天左右。雨季多集中在6～9月，降水量从8月中下旬开始明显下降。因冬季严寒多风，葡萄冬天需要埋土防寒。西面横亘的贺兰山挡住了风沙和西北的冷空气，形成一种气候的边际效应，增加了这里的积温，降低了霜冻对葡萄造成的危害，成为一种相对独特的小气候。

长城天赋酒庄位于宁夏贺兰山东麓核心产区的南部——永宁县三关口。酒庄海拔最高，平均海拔1266米。因海拔较高且处于山脉风口的位置，酒庄每年4～5月常刮大风，葡萄园降水量较市区少近1/2。葡萄园背靠南北走向的贺兰山，不易受寒流影响，且距离贺兰山脚仅4千米，土壤为贺兰山东麓冲积扇土壤，类型为灰钙土，表层以含有砾石的黏土和风沙土为主，土壤特性贫瘠，有机质含量极低，通气透水性强，贫瘠的土壤有效地控制了葡萄的产量，也促进了根系的深扎，吸收更多深层土壤元素。葡萄园最低和最高海拔差100米，离山脚越近土壤中砾石越多，砾石含量高达69%，葡萄园海拔差和土壤结构的差异形成了不同的微地块。

基于贺兰山东麓得天独厚的资源优势和优惠的引商政策，中粮集团于2009年9月来到贺兰山考察，最终选址永宁县境内西夏王陵南侧建设长城天赋酒庄，以酿造高品质酒庄酒为主要目标，致力于打造东方葡萄酒的代表，推动国产葡萄酒全面复兴。在无水、无电、无路的洪积扇亘古荒原上，中粮长城葡萄酒（宁夏）有限公司由中粮酒业系统抽调各类资深专业骨干开始建设长城天赋酒庄，从选路、打井、通电

贺兰山脚下的冲积扇

到选苗、栽培再到酒庄建设，一样一样解决，“遇山开沟，逢水搭桥”，硬是在戈壁滩上筑起了一道“长城”，并实现了当年建设当年酿造的传奇速度。

“天赋风土”的创新管理

高标准葡萄园建设及栽培管理模式、品种示范园建设及品种选育、完善的技术质量管理体系、葡萄园管理环境目标的“五个整齐”、葡萄园信息化管理系统的应用、葡萄园生态管理的初步实施、将旅游观光体验的园林景观与高端原料生产基地相结合的规划设计等成就了天赋酒庄打造中国中高端葡萄园建设、酿造中高端品牌酒的信心和决心，让长城“东方味道”尽展中国风土之美。

从酒庄遥望雄浑的贺兰山

贺兰山东麓的日照、土壤、水文、海拔和纬度等都有利于种植葡萄。结合产区风土条件，天赋种植团队研究出了他们的一套栽培管理经验。为了抗盐碱、抗寒和抗旱，酒庄决定选用成本较高但具有抗性的嫁接苗；酿酒葡萄栽培实施深沟浅栽的栽培方式，沟底离地面20 ~ 30厘米的距离以及“厂”字形或倾斜龙干形架型，实现防冻害，提高品质、效益，降低生产成本的目的。品种多样化，以保证酿制个性化、差异化的特色葡萄酒，同时尽量选择萌芽期适中、成熟适中且产量适中的品种。

酒庄延续中粮集团“全产业链”生产模式，建成葡萄园5000亩，主要栽培品种有赤霞珠、丹菲特、马瑟兰、美乐、西拉、小味儿多、马尔贝克、品丽珠、霞多丽、贵人香、长相思、黑比诺等。其中，赤霞珠，丹菲特、品丽珠2009年引种。马瑟兰、美乐、西

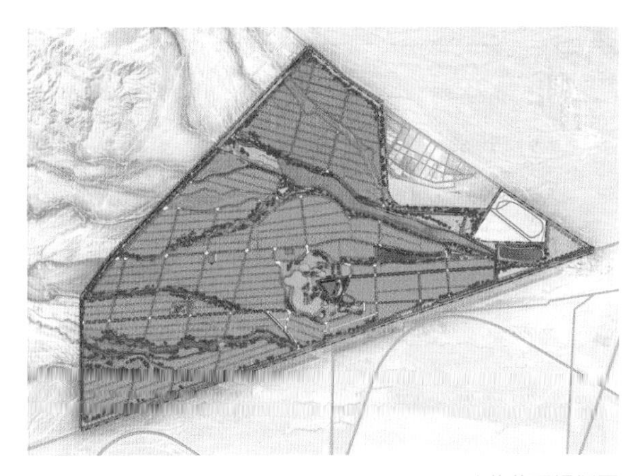

基地葡萄园规划图

拉、小味儿多、马尔贝克、霞多丽、贵人香、长相思2016年引种。目前筛选出的适宜品种有霞多丽、贵人香、赤霞珠、马瑟兰、梅鹿辄、西拉、丹菲特等。

在栽培方面，采用倾斜式独立龙干形，对于一年生苗木，新梢长至少15～20厘米时选择2条粗壮枝，一条作为主蔓培养，另一条作为预备蔓培养，其余枝条全部去除，并且倾斜45°向上引绑，待苗高40厘米开始摘心，除基部3～4个副梢抹除，其余的副梢全部保留，并留2～3个叶片反复摘心控制。冬剪时选留一根粗壮枝并将另一根枝条剪除，留下的枝条保留地上部分3个芽进行剪截。两年生苗木倾斜引绑至主蔓长到1.5～1.8米时进行摘心，主蔓上距地面4～6片叶以下的副梢全部剪除，其余副梢留2～3片叶反复摘心，7月将主蔓平绑在第一道铁丝上，一次性成型。冬剪时，主蔓长度应做到首尾相接，且主蔓上长出的副梢留一芽进行修剪，保证第三年生葡萄植株一次性成型。

酒庄酿酒葡萄整体的成熟期是在每年的九月到十月，一般是白葡萄采收早，红葡萄采收稍晚，尤其像赤霞珠这种晚熟品种，采收会迟一些。采收时间根据葡萄成熟度情况，糖度和酸度达到平衡的同时，监控酚类物质和葡萄籽的成熟度，以及葡萄梗的木质化程度，共同决定葡萄果实的采收时间。平均每亩限产350千克，白葡萄一般每年的8月25日至9月5日进行采收，红葡萄早熟品种于9月初进行采收，梅鹿辄于9月15日至9月25日进行采收，赤霞珠于9月28日至10月15日进行逐块采收。

“甘润平衡”的秘密所在

宁夏贺兰山东麓独特的风土造就了天赋酒庄葡萄酒紧致又不失细腻的“甘润平衡”的风格。以砾石、细沙及石灰岩为主的土壤结构，富含矿物精华及微量元素，独特的土壤特征造就各种葡萄典型的品种特性和风味，使得天赋葡萄酒骨架清晰，口感层次尤为丰富。海拔高，日照时间长，葡萄得到充分的阳光和温度，使得天赋葡萄酒色泽较重，香气持久，单宁细腻，风味独特而浓郁。

赤霞珠、梅鹿辄适应性强，品质优异，混酿、单酿均可。马瑟兰酒液通常呈明亮的深紫色，香气奔放、浓郁，兼具黑色的成熟水果风味和赤霞珠的薄荷气息；其酒体中等，单宁充沛，质地柔顺，结构良好，因而陈年潜力较强。品丽珠和马尔贝克均呈现亮丽的紫红色调和奔放的果香，但在酒体上较为欠缺，未来仍需要精准管控该品种的种植管理。白葡萄品种表现出丰富的花果香，中等酸度，圆润

砾石较多的灰钙土和风沙土

马瑟兰新建园

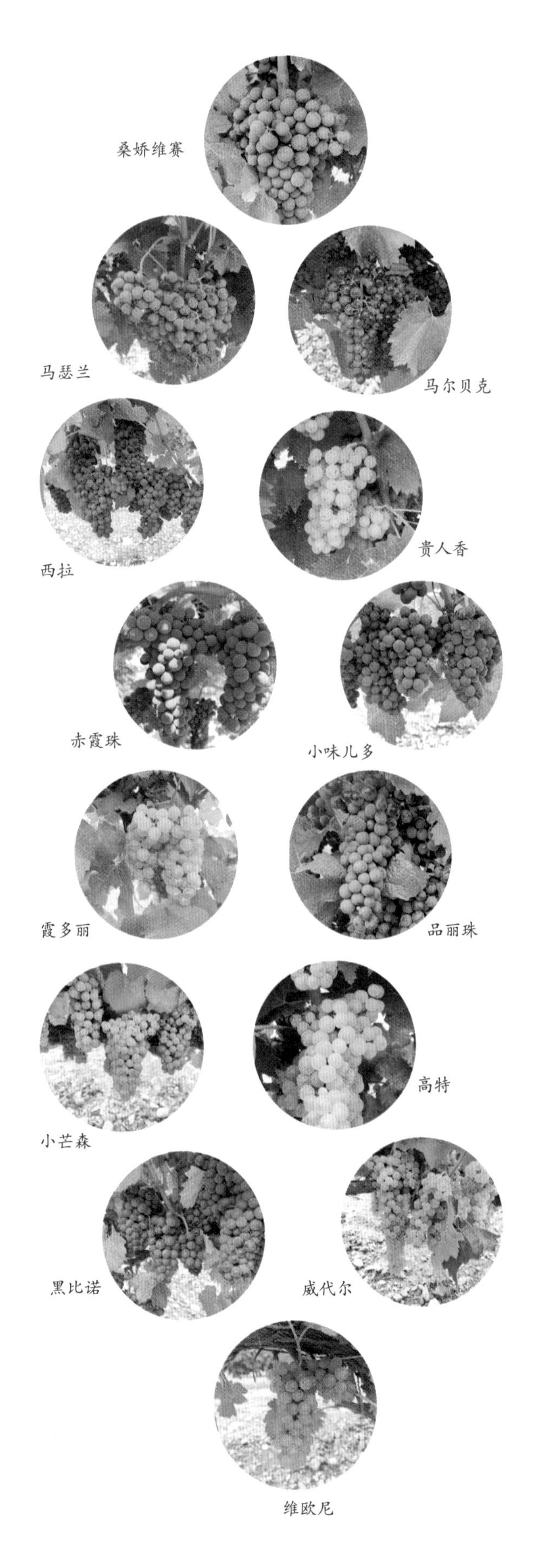

的酒体，其中雷司令带有西柚风味，紧致鲜活，酒体轻盈，风格清新。目前马瑟兰和丹菲特、长相思等小品种均有较好的风土表现。

针对不同品种和地块的特性，酒庄在酿造方面以混酿为主，酿造工艺上以人工筛选、重力酿造、柔性压榨、节能环保、有机安全为酿造理念，引进世界先进的气囊柔性压榨、自控发酵、错流过滤、全自动灌装线等现代酿酒设备及法国橡木桶，确保每一滴原酒都保留大自然的精粹。

在长城天赋酒庄，每一瓶葡萄酒的诞生，都是天时、地利、人和的共同作用。在宁夏贺兰山东麓广袤的星空下，长城天赋葡萄酒的征途注定是星辰大海。葡萄酒"甘润平衡"的秘密，最终被长城天赋破解。天然风土与酿酒师团队的努力，让长城天赋葡萄酒从酸度、甜度、果香、单宁、酒精——决定葡萄酒品质的五大因素上不断优化，最终通过卓越表现和平衡协调，完成了"甘润平衡"风格的锻造，被业内专家认为是体现宁夏贺兰山东麓独特风土和甘润平衡典型性葡萄酒代表。

有天赋，敢追梦

酒庄自建立以来，荣获国内外赛事奖项151项，其中金奖52项，大金奖9项。秉承"有天赋 敢追梦"的品牌精神，长城天赋酒庄将不负贺兰山东麓的天赋风土，顺应葡萄酒消费升级大趋势，夯实长城葡萄酒"红色国酒"的品牌定位，以高品质让"红色国酒"在国际舞台上走得更远，将酒庄打造成为东方精品酒庄。

"有天赋，敢追梦"，长城天赋酒庄脚踏实地打造"中国产区、中国风土、中国味道"，实现国产葡萄酒复兴之梦。宇宙之中，望长城。贺兰之巅，看天赋！如今，中粮长城天赋酒庄已建成集葡萄示范种植、葡萄酒酿造、科研、葡萄酒文化旅游观光为一体的综合性生态酒庄。在宁夏文化和旅游厅对外发布的10条贺兰山东麓葡萄酒旅游精品线路中，中粮长城天赋酒庄位列葡萄酒历史探秘之旅的一站，它的建成串联起了周边旅游景点，无疑成为当地最值得打卡的文化地标之一！

最佳品种及点评

赤霞珠：2009年引进种植，树龄13年，采用高标准葡萄园建设及栽培管理模式，平均亩产350千克，倾斜式独立龙干架型。葡萄园是以砾石、细沙及石灰岩为主的土壤结构，富含矿物精华及微量元素，独特的土壤特征造就各种葡萄典型的品种特性和风味，使得天赋葡萄酒骨架清晰，口感层次尤为丰富；海拔高（平均1266米），日照时间长，葡萄得到充分的阳光和温度，使得天赋葡萄酒色泽较重，香气持久，单宁细腻，风味独特而浓郁。

酒庄赤霞珠适应强、优异的品质，混酿、单酿均可。针对不同品种和地块的特性，稳定各市场的产品风格，酒庄在酿造方面以混酿为主，气候环境的独特造就了天赋酒庄葡萄酒紧致又不失细腻的“甘润平衡”的风格。酒庄赤霞珠/丹菲特混酿干红，花香浓郁，颜色艳丽，口感甜美柔顺。酒庄3556赤霞珠干红（100%赤霞珠），宝石红色，陈酿与果香结合紧致，口感甜润丰满，单宁如天鹅绒般丝滑，回味悠长。

风土档案	
气候带	典型的大陆性干旱半干旱气候
年平均日照时数	3028h
年平均气温	11.5℃
有效积温	葡萄生长季有效积温3100℃左右
年降水量、年蒸发量	年降水量200mm以下，年蒸发量1600mm
无霜期	180d
气象灾害	霜冻、大风及山洪
地貌地质	**丘陵地貌**
主要地形及海拔	贺兰山东麓冲积扇，平均海拔1266m
土壤类型	贺兰山东麓冲积扇土壤，类型为灰钙土，表层以含有砾石的黏土和风沙土为主
地质类型	冲积平原
酿酒葡萄	
主要品种	红葡萄品种：赤霞珠、梅鹿辄、马瑟兰、丹菲特、品丽珠、小味儿多、马尔贝克 白葡萄品种：霞多丽、贵人香、长相思

参考文献：

1 酒业家团队. 2018. 五大专家解读“甘润平衡”：国产葡萄酒的风格代表，国人葡萄酒口感的完美表达. 酒业家. https://mp.weixin.qq.com/s/0FEbxHvOpnZffpnK7fbh5A[2018-03-09].

2 巩星. 2019. 长城天赋葡萄酒测评：天赋之地，带来“甘润平衡”的卓越口感. 大家酒评. https://mp.weixin.qq.com/s/gQougeVuZ6lDovl92rFTMg[2019-06-08].

3 Candy. 2018. 重磅|长城天赋酒庄宁夏正式开庄，欲打造中国酒庄酒的超级大单品. 葡萄酒研究. https://mp.weixin.qq.com/s/k798b2vMsPyPTzUjmVuFsQ[2018-06-25].

4 云漠国际葡萄酒品鉴中心. 2014. 云漠酒庄成长之路：顶级佳酿 载誉而归. 中国葡萄酒信息网. http://www.winechina.com/html/2014/07/201407266705.html[2014-07-16].

5 曲冬冬. 2015. 中葡网丝路行（20）云漠酒庄：戈壁滩上筑长城. 中国葡萄酒信息网. http://www.winechina.com/html/2015/09/201509278184.html[2015-09-24].

6 百度百科：西夏王陵、三关口. https://baike.baidu.com/item/%E8%A5%BF%E5%A4%8F%E7%8E%8B%E9%99%B5/416060?fr=ge_ala. https://baike.baidu.com/item/%E4%B8%89%E5%85%B3%E5%8F%A3?fromModule=lemma_search-box.

图片及部分文字资料由长城天赋酒庄提供

天塞酒庄

——熠熠生辉的人文酒庄

天塞酒庄，位于新疆天山南麓焉耆盆地，是戈壁滩上一座极富人文气息的现代化精品酒庄。典型的大陆性气候，“三面环山，一面临湖”造就相对封闭的盆地地形，连绵的天山支脉霍拉山以及广袤的山前冲积扇，都是这片土地与生俱来的自然潜力。天塞酒庄秉承着“自然有疆，美好无界”的品牌理念，通过人与自然和谐相处与虔诚对话，以独特风土成就顶级佳酿，用最朴素的观念传递对美的追求、对葡萄酒文化的信仰、对匠心精神的传承。

缘于那片粗犷深沉的土地

天塞酒庄位于新疆巴州焉耆县七个星镇的西戈壁，这是国道218线与霍拉山之间的一块扇形夹角地带。2010年，资深摄影师、葡萄酒爱好者陈立忠出于对葡萄酒的热爱萌生了一个大胆的想法——自己建酒庄，通过自己的努力酿造出一款伟大的葡萄酒。尽管当时周围人对这一想法都不看好，但她却毅然踏上了这条最难走也最令人钦佩的道路——在祖国西北边陲的戈壁滩上从零开始种葡萄、酿酒。

彼时，新疆正在鼓励发展葡萄酒产业，焉耆10万亩戈壁滩改造蓝图呼之欲出。对于有准备、有规划的陈立忠来说恰逢时机，天塞酒庄的落地是一件水到渠成的事情。2010年，陈立忠在焉耆西戈壁上打下第一根葡萄立桩，她背后2800亩土地也随之迎来了新的生机，“之所以在这里建造天塞酒庄，不仅源于对葡萄酒的喜爱，更是出于对焉耆盆地自然环境、人文历史的了解。”

焉耆盆地地理位置特殊，天山阻隔了西北而来的寒冷空气，让盆地内的冬季不至于更严峻冷酷；天山上的冰雪融水渗入地下，为葡萄园提供着充沛、洁净的灌溉水源；博斯腾湖宽阔水域宛如天然的空调，稳定着周边的微气候循环。三面环山一面临湖的地理特点，为酿酒葡萄生长营造出一个得天独厚的自然环境，为当地葡萄与葡萄酒产业的发展提供了先决条件。

尽管有天山、博斯腾湖的庇护，有适宜酿酒葡萄生长的气象数据，但这片土地仍然粗犷原始、深沉难测。霍拉山上的泥石沙土历经上万年的雨水冲刷、搬运，在山前的平坦地带肆意晕染开来，土地中不知埋藏了多少大大小小的石头。地处塔克拉玛干沙漠边缘，大陆性气候带来了充足的积温、光照，相差巨大的日温差，干燥少雨的环境，但也给酿酒葡萄生长带来了诸多不确定性的挑战，低温、霜冻、冰雹、大风，大自然用它的“恩威并施”左

焉耆盆地的初雪，银装素裹的塞酒庄

右着焉耆盆地葡萄酒的品质与风格。对此，陈立忠与团队早有心理准备，“在大自然面前，我们能做的很少，更多的是能够建立适应气候条件的种植规范和标准，一步一个脚印地用时间植根于身后的土地，种出好的葡萄。”

时至今日，陈立忠的目标正在逐一实现。天塞酒庄是全国第一家现场通过“葡萄酒酒庄酒证明商标”认证的企业，先后被评为“国家级酿酒葡萄栽培标准化示范区”、新疆维吾尔自治区“首批工业旅游示范基地”、中国酒类流通协会“放心酒工程·示范企业”，荣获第八届“光彩事业国土绿化贡献奖”。酒庄斩获国内外顶级赛事大奖400余项，曾两度荣获RVF中国优秀葡萄酒“年度最佳酒庄”。十三年的时光，天塞酒庄成为国内精品酒庄纷纷效仿仰望的完美样本，期间经历了什么？容我们慢慢道来，先从那片戈壁滩说起。

用虔诚之心与自然对话

2010年，天塞酒庄选择了西戈壁冲积扇上较为平坦的一块土地，面积约2800亩，距离霍拉山仅咫尺之遥。地势呈西南高、东北低，最高点与最低点海拔相差仅45米左右。面对这片从未被开垦过的处女地，天塞酒庄从一开始就坚持高起点、严要求，制定了系统而长远的建园规划，并为此做了大量细致的工作。土地平整、地块划分、防风林种植、作业道路与滴灌设施布局、品种与苗木选择、定植方式、架式与树形设计等方方面面，都经过了反复系统的论证，确立了与葡萄园所在区域土壤、气候完美契合的葡萄园建设和葡萄种植模式。

冲积扇上的戈壁土优点很多，较多的石块、沙

葡萄园的滴灌水源，全部来自天山积雪融水

霍拉山下的天塞酒庄葡萄园

葡萄园工人们正在进行架面修整

砾形成了昼夜较大的地温差，增强了葡萄光合作用的同时削弱了呼吸作用，有利于葡萄的生长和成熟；但缺点也很明显，土壤中有机质贫乏，原始土壤的保肥保水能力差，想要种出好葡萄第一步就是要对土壤进行改良。

戈壁贫瘠、石块多，土壤必须进行改良。天塞酒庄将乱石筛拣出来，并用推土机推开表层土，用挖掘机挖出1.4米深沟，铺上秸秆、牛羊粪等有机肥，再将上层的土壤以及其他地方运来的非盐碱土回填，提升地力的同时还能解决干旱地区因滴灌造成的根系上移的弊端。此后，天塞酒庄建设了有机肥料厂，在葡萄园里养起了羊群，羊吃葡萄叶，粪便还田，形成了完整的有机生态循环。

戈壁风沙大。为了防风固沙、涵养水源，天塞酒庄在葡萄园周边建起了防风林，栽植青杨、白杨、胡杨、沙枣树等树木总计超过5万棵。最初几年，酒庄也曾遭遇过龙卷风、沙尘暴的侵袭，但随着防风林的长成，近年来再也没有出现过类似的情况。

干旱是戈壁上种葡萄最棘手的问题。葡萄要浇灌，水资源也异常珍贵。焉耆盆地的葡萄园从三月出土，到十一月埋土，灌溉必须要及时到位，才能保障葡萄树的健康、原料的品质。如何平衡灌溉和节水，是一门学问更是一门艺术。天塞酒庄从建园时便铺设了滴灌系统，滴灌水源全部来自地下的天山积雪融水。

“四化”成就精品酒庄教科书

焉耆盆地产区是典型的大陆性气候，大陆性气候多变，易出现极端天气，大自然每年一段时间总要考验这些努力生长的葡萄树。建园至今，天塞酒庄曾先后遭遇过严重的龙卷风、霜冻、洪水等诸多自然灾害，但葡萄园却保存得非常完整，成活率很高，基本上没有缺株少苗的情况，这与天塞酒庄科学化、标准化、机械化、精细化的种植管理是密不可分的。

科学、标准建园是天塞酒庄迈出的第一步。天塞酒庄将2000亩葡萄园划分为4个单元32个不同的地块，每个地块45沟，每沟280棵葡萄树；葡萄行距3.5米，株距0.75米，双主蔓倾斜式上架。每一行葡萄藤的杆头都有不同的数字，这是建园时创新地采用现代化GPS定位打桩，让整个葡萄园的苗木被精准定位；每个地块、每株葡萄都被逐一建档，有专人“一对一”负责。如此精细化管理，不仅可以及时发现每一株葡萄树的问题并进行处理，还能令每一瓶葡萄酒可以追根溯源。

天塞酒庄地处南疆，地广人稀，劳动力资源匮乏，机械化是葡萄种植的必由之路。酒庄与中国农机研究院以及装备生产工厂合作，研制生产了深施有机肥、出土机等多台目前国内首创的适合焉耆盆地产区作业的葡萄种植机械，基本实现了葡萄种植过程的全面机械化。每逢出土、采收等需投入大量人工的物候阶段，天塞酒庄依靠葡萄园机械总能从容面对，既减轻了工人的劳动强度，又保障了葡萄树的生长和原料品质。

叶幕控制是天塞酒庄精细化管理的最大体现。天塞酒庄葡萄园为南北行向，东侧葡萄叶往往比西侧更少。这是因为焉耆盆地上午温度偏低，东侧葡萄需要更多的光照，而中午过后温度急剧升高，西侧就需要多留叶片进行遮挡，以免日灼。天塞酒庄与杜邦公司、中国农业大学联手，通过不断试验计算出了最合理的叶片数量，即每个枝条保留至少20片葡萄叶。既能抑制葡萄的植物性生长，又能在成熟季为果实提供充足养分，还能让叶幕之间保持通风干燥，一举多得。

呈现新疆风土之美

建庄十三年来，天塞人始终以科学、严谨、开放的态度不断创新探索，在追寻产品品质、风土个性、品牌影响力的道路上进行着不懈的努力与尝试。

决定葡萄酒味道的要素若干，葡萄品种是最根本的要素。在最初建园时，天塞酒庄便根据当地风土确定栽培方式，科学选育葡萄品种。葡萄园内除了常见的赤霞珠、西拉、美乐、品丽珠、霞多丽、马瑟兰等国际主流酿酒葡萄品种外，还栽种有马尔贝克、小味儿多、小白玫瑰、维欧尼等诸多试验品种。随着对于这些品种种植、酿造表现的总结分析，天塞酒庄将霞多丽、赤霞珠、马瑟兰、西拉列为酒庄的优势品种；歌海娜、马尔贝克、小白玫瑰则是潜力品种。在未来的葡萄品种更新规划中，天塞酒庄会不断提高优势品种种植比例，布局新增潜力品种，并不断观察它们的生长适宜性，深入研究品种特性，以此凸显天塞葡萄酒的独特风格。

“纯净、浓郁、优雅”是天塞酒庄葡萄酒风格的主基调，红葡萄酒突出果味充沛，白葡萄酒则追求清新感。每逢八月采收季节，天塞酒庄便进入了忙碌季，验收、分选、入罐、发酵、储存、调配、冷冻、过滤、灌装……不断重复的酿造工艺中，控温发酵罐、气囊压榨机、细纹橡木桶、膜过滤机等精细化设备的使用，为天塞佳酿的品质与个性添砖加瓦。天塞酒庄对于葡萄酒品质的极致追求，更体现在其产品研发上。天塞酒庄目前拥有印、经典、精选、珍藏、T/S、生肖等多个系列产品。从当年酿造的生肖酒，到入门的经典，再到进阶的精选，乃至只有杰出年份才酿造的珍藏、2020年代战略产品T/S……每个系列酒款无不彰显着焉耆盆地这一干旱产区的风土特点。2022年，天塞酒庄启动建设了特色酒种研发中心，研发具有新疆风土特色的优质特色酒种，还将承担起产区推广技术和科研成果的功能。在现有产品基础上，天塞酒庄还正在进行加香型葡萄酒、加强型葡萄酒、起泡葡萄酒、白兰地等新产品研发。

在品牌推广上，天塞酒庄勇于探索，品牌影响力不断提升。连续十一年发布生肖酒，堪称中国酒庄首创之举；开创“霞多丽女神”评选，打造中国葡萄酒文化IP，被业界誉为“重大赛事”；跨界文学、艺术、体育等领域，成为中国WCBA新疆女篮唯一指定用酒、连续四年成为“中国年青马大赛”官方唯一指定葡萄酒，连续四年为玄奘之路对外经济贸易大学商学院“戈壁挑战赛”冠名；屡次参与重磅权威活动，2020年与2022年成为APEC中小企业工商论坛唯一指定葡萄酒。

在渠道开拓上，天塞酒庄从初期会员渠道逐步到全渠道建设，一直持续用多元方式与消费者链接，业已形成产品力、品牌力、渠道力兼具的全渠道营销格局。近年来，天塞酒庄深耕高端渠道，进驻万豪、柏悦、香格里拉等全球顶级连锁酒店、米其林餐厅、Ole'精品超市及永辉旗下咏悦汇酒库，登陆全球最大星巴克臻选烘焙工坊，亮相2018中国香港诺贝尔奖得主晚宴，远销英国、法国、日本、新加坡等海外市场。同时，陆续进驻京东、天猫等一线电商平台以及合纵文化集团旗下诸多文艺餐厅，并在抖音平台建设拥有百万以上粉丝的新零售渠道“少庄主今天醒酒”。值得一提的是，作为“少

美乐
马瑟兰
马尔贝克
霞多丽
西拉
赤霞珠

庄主今天醒酒”账号主理人，天塞少庄主朱莉莉在踏入中国葡萄酒行业短短两年多的时间里，通过抖音、微信视频号等新媒体平台，持续输出优质有趣内容，吸引了200万忠实粉丝。她深入国内葡萄酒产区，探店寻觅美食美酒，流连各大酒展……普及葡萄酒品鉴知识，推广中国葡萄酒文化，传播中国葡萄酒品牌价值，成为许多年轻消费者了解中国葡萄酒、了解天塞酒庄的重要窗口之一。

焉耆盆地的地标酒庄

在焉耆盆地，天塞酒庄是旅游打卡必去的地标酒庄之一。西域焉耆国深厚的历史文化积淀，别具匠心的酒庄建筑风格和丰富多彩的住游体验，让天塞酒庄成为当地一处不容错过的人文景观。

现代简约的酒庄建筑，雄浑壮美的霍拉山是它天然的幕布。醇厚浓郁的酒红色、光洁明快的银灰色渲染主体建筑；简洁的线条、富有寓意的穿插体块，构成仰天长鸣的头、振翅欲飞的翼，抽象刻画出一只美丽的天鹅，诞生在郁郁葱葱的葡萄园中，与300千米之外的巴州天鹅湖遥相辉映。酒庄内不仅有马术、垂钓、自助户外烧烤、沙滩摩托车骑行等娱乐项目，更有影视厅、卡拉OK厅、室内高尔夫球室、茶室、棋牌室、美容室、医务室等一应俱全的服务设施。

2023年，作为天塞新十年战略升级的重要组成部分，酒庄二期建设完工，涵盖新建的酒庄游客接待中心，落成开馆摄影艺术中心，以及“天边文旅小镇”田园综合体项目和智慧葡萄园项目。小镇中的望山客栈恰如其名，霍拉山近在眼前，景色宜人，客栈外就是草坪、人工湖、有机果园、有机菜园、珍禽乐园……

天塞酒庄名称的灵感来源于摄影界经典镜头Tessar（音“天塞”），表达出天塞人致敬人类经典，期望传承百年的愿景。在酒庄成立之初便组建起自己的摄影俱乐部，汇集了来自四面八方的摄影爱好者，以拍摄新疆山水风光、野生动物为题，走遍新疆，创作出大量珍贵照片，与新疆、天塞结下不解情缘。

天山、巴音布鲁克草原、天鹅湖、开都河、博斯腾湖、塔克拉玛干沙漠、塔里木河、克尔古提乡、雅丹峡谷……这些美景胜地不仅是天塞酒庄文旅线路上的重要节点，更频繁出现在天塞酒庄的早安图中。上到庄主陈立忠下至每一位普通员工，每天都会坚持在朋友圈、微信群用不同的景色问候早安，传递着新疆独有的风土人情。酒庄创始人本就是资深摄影爱好者，由他们传递出的每一帧画面都堪称壁纸级别的美景。天塞酒庄也是国内第一家将摄影作品运用于包装设计的葡萄酒企业，将对摄影艺术、新疆自然风光的理解呈现在酒标之上。

2015年8月，中国酒业协会摄影俱乐部天塞酒庄摄影基地在天塞酒庄成立，并举办了“天塞杯”中国葡萄酒行业第一届摄影展。如今，天塞酒庄摄影艺术中心“天塞之光”落成开放，以回归摄影本质为定位，将展品分为瞬间、靠近、生命、探索、独特、超越、致敬7个专题陈展，展出了品种繁多的上千架相机、镜头，以及布列松、亚当斯、马克·吕布、罗伯特·卡帕、尤色夫·卡什、路易斯·格林菲尔德等大师的摄影巨作。每一位到访者都能在方寸间巡览不同时期、不同国度的优秀品牌相机给人类摄影史留下的灿烂辉煌，了解人类这200多年来对摄影的苦苦追求与热爱。

如今，天塞酒庄早已成为展示新疆自然与人文风光的重要窗口，越来越多葡萄酒、摄影爱好者被天塞酒庄吸引，结伴而来，品尝新疆风味美酒，深度了解中国葡萄酒历史与文化，领略迷人美景与风土人情。

熠熠生辉的人文酒庄

2022年，天塞酒庄迎来了第十三个发展年头。日月不断轮转，在天塞酒庄等一批精品酒庄的带动下，焉耆盆地的景象也发生了翻天覆地的变化，曾经的戈壁变绿洲，生活在这里的人民也摆脱贫困，过上幸福的日子。

这里以人为本。新疆天塞酒庄的种植工人除了来自焉耆本地，还有四川、陕西、河南、甘肃、青海等地，不远千里而来的工人们，基本都是夫妻结伴。天塞酒庄为大家建起规整的员工宿舍房，两室一厅一厨一卫，暖气、燃气、纯净水一应俱全——带有孩子的家庭，还会得到更宽敞的房屋。每家每户门前，自己打理的小菜地，营造出真实的"家"的氛围。

当然，天塞酒庄的员工，远不止种植工人。来自五湖四海的员工们分属于餐饮部、会员部、接待部、财务部、后厨部、生产车间、农经公司、物业部、安保部、物资装备部、种植基地，林林总总十一个部门。忙碌的工作之余，酒庄为丰富大家业余生活，建设篮球场、组织团建、举办职工技能大赛……

天塞酒庄有一个"风华"的栏目时常更新，那是独属于天塞人的人生故事专栏。在这些故事里，你能看到他们在这片土地上是如何劳作的，也能看到他们与天塞酒庄共同成长的经历。他们爱这里的一切，有爱的地方就是家，天塞酒庄就是他们共同的家。

不仅仅是每一位员工把天塞酒庄当作家，每一位到访这里的人都有一种宾至如归的感觉。天塞酒庄这颗"戈壁明珠"如今已成为一座集葡萄种植、葡萄酒酿造、主题旅游观光、葡萄酒文化推广等功能于一体的现代化简约风格高端体验式酒庄。

"自然有疆，美好无界"是天塞酒庄创建的初衷，也是十三年来天塞人奉为圭臬的理想，并不断闪耀着熠熠生辉的人文光芒。当焉耆盆地的历史被风沙翻开了新的一页，葡萄与葡萄酒代替了宗教，再度成为沟通东西方文明的桥梁。这片古老土地的新景色之中，天塞酒庄无疑是最耀眼的一个。

风土档案	
气候带	**温带大陆性气候**
年平均日照时数	2980h
年平均气温	8.5℃
最低温、最高温	-30.7℃，38.8℃
有效积温	≥0℃积温4032℃
活动积温	≥10℃积温3511℃
年降水量、年蒸发量	年降水量79.8mm，年蒸发量1876.7mm
无霜期	185d
气象灾害	春季霜冻，冬季冻害，大风，冰雹
地貌地质	
主要地形及海拔	盆地、冲积扇平原，1100m
土壤类型	沙砾棕漠土
地质类型	海西期褶皱基底之上形成和发展起来的一个中、新生代复合盆地，位于焉耆隆起的霍拉山冲积扇平原
酿酒葡萄	
主要品种	红葡萄品种：赤霞珠、西拉、美乐、马瑟兰、品丽珠 白葡萄品种：霞多丽、维欧尼、玫瑰香

参考文献：

1 天塞酒庄. 2022. 天塞酒庄年份报告：合天地材工以为良. http://www.winechina.com/html/2022/04/202204309221.html[2022-04-20].

2 新浪时尚. 2014. 有关新疆最美酒庄9个不为人知的秘密. http://fashion.sina.com.cn/l/ts/2014-09-04/0922/doc-iavxeafr3610869.shtml[2014-09-04].

3 天塞酒庄. 2022. 天塞酒庄深度游：因为见证，所以信赖. https://mp.weixin.qq.com/s?__biz=MzA4MjIyNzYwOQ==&mid=2649895244&idx=1&sn=590d38e23ad0dd801b996da8b384c00f&chksm=878e69bab0f9e0ac61385026515a2f27d02643b2dac3355f753bf80fa1d9daf4c3c3c7a2e2e5&scene=27[2022-06-24].

4 李凌峰. 2019. 陈立忠：天塞十年如我愿. http://www.winechina.com/html/2019/09/201909298982.html[2019-09-24].

图片与部分文字资料由天塞酒庄提供

中法合营王朝葡萄酒酿酒有限公司

——时代旗帜 品质标杆

在现代中国葡萄酒工业发展进程中，中法合营王朝葡萄酒酿酒有限公司（简称王朝酒业）是一面旗帜。它是天津乃至全国对外开放成果的重要标志。王朝酒业四十余年的发展历程中，它不仅刷新了中国消费者对葡萄酒的认知，还积极引进国际先进酿造技术，努力打造葡萄酒品质标杆，引领中国葡萄酒产业向前发展。

与世界两次握手

王朝酒业虽然始建于1980年，但王朝酒业脚下这片土地与葡萄的渊源要追溯到中华人民共和国成立之初，先后两次与世界的对话，催生了一个现代化葡萄酒企业的横空出世。

1958年，时任国务院副总理聂荣臻携代表团到保加利亚进行国事访问，保方赠送了我国一批葡萄苗，这也是中华人民共和国成立后从国外引种的第一批葡萄苗木，共有包括红玫瑰、巴米托、吉米亚特、马夫鲁特、吉母沙等7个品种8万株。

回国后，聂副总理把这批葡萄苗交给天津，天津于1959年4月在兴淀公路西侧规划建成一座近2500亩的葡萄果园，为表示中国与保加利亚的友好即定名为“天津市中保友谊葡萄园”，为兴淀人民公社管辖的全民所有制单位。第一次与世界的握手，让天津有了发展葡萄与葡萄酒的产业基础，为第二次与世界的握手——王朝酒业的建立埋下了伏笔。

1978年，改革开放的春风打开国门的中国，许多新鲜事物扑面而来，也让西方企业和财团看到了商机。1979年7月8日，《中外合资经营企业法》颁布实施，彻底打消了外资与中国打交道的顾虑。1979年11月，法国人头马集团董事长亲自带队来华，想寻找一家中国企业合资生产葡萄酒，结果在中国转了半圈后没找到合适的合作企业。

一个偶然机会，他辗转来到天津，与天津一轻局下属的天津果酒厂谈合作。当时法国人头马集团要求葡萄酒一定要在葡萄园生产，而果酒厂尽管有生产条件却没有葡萄园，合资未果。时任天津市果酒厂经理刘光启忽然想起了位于北辰小淀的中保友谊葡萄园，便主动牵线搭桥。这时的中保友谊葡萄园面积已发展至3000亩，种植着包括玫瑰香在内的20多个葡萄品种，还有一个作坊式酒厂，主要生产配制果酒或葡萄汁。“机不可失，时不再来，与人头马集团合作学习法国先进的酿酒技术，改变中国、天津葡萄酒产业落后面貌”，成为当时中方决策者们的统一共识。1979年6月，双方当即达成了合资开办葡萄酒厂的初步意向并于1980年5月25日在天津正式签约成立合资企业。

与世界的第二次握手，中国制造业第一家中外合资企业——中法合营葡萄酿酒有限公司开启了中国葡萄酒业国际合作的先河。

打造民族品牌

王朝酒业能够创立，源于改革开放初期我国敞开国门的魄力，也得益于中保友谊葡萄园的基础和王朝初创者们塑造民族品牌的决心。王朝酒业的诞生，搅动了中国葡萄酒业一池春水，为整个行业带来了生机。

在此之前，由于特殊历史条件限制，我国葡萄酒行业不仅在技术层面落后于西方，在观念上对原料的品质也不够重视。国内酿酒葡萄种质资源有限，品种杂乱、典型性差，葡萄园栽培技术低下，所产葡萄整体品质不高。王朝酒业在首任酿酒师彼得等法方技术人员的努力下，考察天津现有的葡萄品种和葡萄栽培水平后，选择了在天津栽培最早、最广、在市场上畅销的鲜食品种——玫瑰香作为酿酒原料，但对于“玫瑰香葡萄能否酿出好酒”，人们还是有顾虑的。

1980年8月25日，玫瑰香采收，为了保障果实新鲜度，坚持沿用法国传统的周转箱收集葡萄，人头马集团技术人员把关指导榨汁酿造。采用当时国际最先进的酿造白葡萄酒的工艺技术和设备，经过精选原料、软压取汁、果汁净化、控温发酵、除菌过滤、隔氧操作、恒温瓶贮等多个工艺环节后，酿造出了全汁半干白葡萄酒，其中，低温澄清、控温发酵是当时国际最前沿的酿酒工艺，国内葡萄酒行业首创，新的酿酒工艺对传统的中国酿酒工艺进行了彻底改革，开辟了我国葡萄酿酒的新纪元。

半干白产品诞生，中法双方在品牌问题上产生了分歧，正巧当时美国电视连续剧《DYNASTY》在香港热映，“DYNASTY”有“王朝”“神州”的意思，中方决策者们便决定以英文“DYNASTY”、中文“王朝”为名，志在中国大地开创葡萄酒的新纪元，在中国乃至世界建立一个酒的“王朝”，既彰显了中国民族文化及深厚底蕴，同时寓意了王朝公司要在中国葡萄酒业腾飞之际大展宏图的壮志雄心。

王朝葡萄基地

天津蓟州西龙虎峪镇南贾庄村葡萄园

王朝酒业采用玫瑰香葡萄酿造的半干白葡萄酒兼有中、西方葡萄酒的典型风格，酒质清澈透明、果香浓郁、酒体爽净1984年，王朝半干白先后在南斯拉夫卢比尔亚娜国际评酒会、民主德国莱比锡国际评酒会上获得金奖。此后王朝葡萄酒又连续在布鲁塞尔国际评酒会荣获14枚金奖，其中王朝半干白葡萄酒获得了6枚金奖，连续5届蝉联金奖，被赛事组委会授予中国葡萄酒界第一枚，也是目前唯一的一枚“国际最高质量奖”奖牌。

中国文化与西方资本的结合给王朝酒业带来了一个快速发展的时期，20世纪90年代，“王朝”成为名副其实的中国葡萄酒第一品牌。从1998年起，王朝葡萄酒连续13年被国家统计局中国行业企业信息中心评为全国同类产品销量第一名，在国内干型酒市场的占有率近50%，被指定为国宴用酒，供应231个我国驻外使领馆，产品远销美国、加拿大、英国、法国、日本、澳大利亚等20多个国家和地区。

从建厂初期的年产量10万瓶到巅峰时的6000万瓶，年销16亿元，很长一段时间内，王朝酒业引领了整个葡萄酒行业的发展。2005年，王朝酒业集团于香港联合交易所上市，与张裕、长城并称国产葡萄酒的“三驾马车”。而王朝半干白四十余年经久不衰，不仅是我国干型葡萄酒中的常胜产品，更成为中国葡萄酒品质发展时代中的滋味记忆。

始于玫瑰香

王朝半干白之所以四十余年保持着稳定的高品质，与天津玫瑰香葡萄有着分不开的关系，其中最有名的便是天津汉沽的茶淀玫瑰香，1985年便开始成为王朝酒业的原料种植基地，并于2007年入选中国国家地理标志产品。

汉沽是渤海湾淤积平原的一部分，属典型的古泻堤间洼地，是蓟运河的入海口，早从东汉时期汉沽地区就有葡萄种植的踪迹。汉沽属于暖温带大

王朝酒业九十年代万亩绿色葡萄园

蓟州西龙虎峪2022年新发展基地

陆季风型气候，四季分明，光、热、水资源丰富，活动积温4100～4200℃，≥10℃的日数为205天，最热月平均气温23～26℃，极端最低温-21℃，年平均气温11.6℃，无霜期195～204天，年降水量600～710毫米，主要分布在7月下旬至8月上旬，立秋后降水量和空气湿度明显减少。日照时数2757小时，土壤主要为淋溶褐土、潮褐土和盐化湿褐土，pH7～8.5，这种风土条件非常适宜玫瑰香葡萄的生长和成熟。

茶淀玫瑰香是王朝酒业在环渤海产区布局的重要一环，此外王朝酒业还在天津东部滨海产区、天津中部沙地产区及天津北部山地产区布局总面积约2万亩葡萄园，主要种植玫瑰香、贵人香，用于半干白、干白酿造；同时发展白玉霓，为王朝白兰地提供优质原料。其中，玫瑰香多栽种于滨海盐化湿潮土，贵人香和白玉霓则多栽种于中北部沙壤土、淋溶褐土。

环渤海产区地势和土壤质地的变化较大且有明显的规律性，地势自南向北逐渐升高（平原到山区）；土质由滨海盐碱黏土，中部沙土、沙壤土到蓟州山区富含石砾的淋溶褐土、潮褐土；土壤中速效钾素含量则是由滨海地区向蓟州呈逐渐减少的趋势。

根据环渤海产区特点和国内葡萄酒市场的需求，王朝酒业开始选择中晚熟抗病国际葡萄名种作为主栽品种。晚熟品种可以充分利用天津的水、气、光、热资源；成熟期可以避开天津夏季的高温多湿，充分利用秋季的晴朗凉爽；抗病品种可以降低生产成本减少农药污染。环渤海产区葡萄种植也面临着风土挑战，该地区冬季较为寒冷，葡萄藤需埋土防寒，加大了种植成本；葡萄成熟前，降雨较多，病虫害易发生；要想获得高质量的葡萄原料，除特定的干旱年份外，还需要更为精细化的葡萄园管理。

为了生产不同风格的优质葡萄酒，王朝酒业开始在全国布局葡萄基地，并制定出基地规范化建设、西北大转移方针。除了天津周边的蓟州区西龙虎峪镇南贾庄村、滨海新区茶淀街道等地种植玫瑰香、贵人香等白葡萄品种，还先后在山东蓬莱、茌平，新疆、玛纳斯、和硕，宁夏青铜峡建设葡萄种植基地，率先在全国实现了葡萄种植的区域化和良种化，并在重点基地周边建立了5000～10000吨生产能力的葡萄原酒加工厂。

在宁夏贺兰山东麓产区，王朝酒业主要种植赤霞珠、梅鹿辄等品种，利用宁夏“国家葡萄酒产业综试区”的政策优势，生产王朝高端产品，打造王朝贺兰山东麓原产地葡萄酒，提升产品品质和品牌影响力。在新疆天山北麓玛纳斯小产区，王朝酒业投资建成2000亩干白葡萄酒原料基地，通过玛纳斯小产区认证，打造王朝产区化产品，丰富产品结

构，提升王朝的品牌形象和市场竞争力。

王朝人深知“好的葡萄酒从好葡萄开始”，葡萄原料基地建设直接影响葡萄原料质量与供给稳定，关系到王朝葡萄酒的品质、酿酒企业的根本利益和长远发展。王朝酒业在这些产区推行“基地建设五项原则”，即酿酒葡萄良种化、区域化种植，建立完善的组织保障措施，建立规范的科研与技术保障体系，总结标准化的栽培管理技术，建立原料溯源制度。

在葡萄园管理上，王朝酒业在各产区实行统一规划、统一建园、统一技术、统一植保、统一收购；采用分类管理、多环节限产、精细管理、采收控制的种植管理模式。将葡萄质量标准与葡萄栽培管理措施有机结合，建立基地基本信息档案，加强葡萄收购管理，具体包括：基地位置、种植品种、肥水管理、病虫害防治、交售葡萄数量及糖度、投入产出等信息，利用先进的信息技术科学管理基地，从源头上解决原料的质量安全问题。

中国风土 王朝味道

王朝酒业建厂之初，便坚持生产技术于一体，1990年建立王朝酒业技术部，1995年成立王朝技术中心，1998年被认定为天津市企业技术中心，2005年被认定为国家级企业技术中心，2020年获人社部批准设立博士后科研工作站，2021年成立酿酒师、品酒师工作室。

为了确立王朝葡萄酒的风格和不断提高酒的质量，王朝酒业从科研、技术推广及生产管理等方面取得了很多的突破，分别与中国农业科学院、天津农业科学院、中国农业大学、西北农林科技大学、北京农学院、山东葡萄研究所等许多科研院所密切合作，围绕生产和市场需要，重点进行了良种区域化、种苗无病毒化、栽培规范化等方面的研究工作。

王朝酒业自成立以来，创造了多个行业第一：国际上第一家用玫瑰香葡萄生产出具有典型风格的半干白葡萄酒的企业；国内第一家规模化的生产全汁葡萄酒的企业；国内第一家将酿造的美酒摆到了国家领导人招待国际四海宾朋的国宴酒会上的企业；国内第一家荣获多枚国际金奖，并被布鲁塞尔国际评酒会授予国际最高质量奖的企业；国内第一家获得ISO9001质量管理体系和ISO14001环境管理体系双认证的葡萄酒企业；国内第一家同时荣获国家两项科技进步奖的企业；国内第一家实现梅鹿辄高档葡萄酒规模化生产的企业；国内第一家在西部产区建立合营原酒加工厂的企业；同时也是国内第一家敞开大门，无私地向国内葡萄酒行业介绍葡萄酒先进生产技术的企业……可以说，王朝酒业的发展带动了中国葡萄酒行业的进步。

2020年5月18日，迎来建厂40周年的王朝酒业发布了5大主线产品系列，其中既包含了畅销数十年的熟面孔：累计销量达5亿瓶的王朝干红、荣获14枚布鲁塞尔金牌的王朝半干白，又囊括了近几年重点打造的全新品系：具备行业引领价值的王朝干化系列；定位高端品鉴、拥有国宴品质的“七年藏”系列；主打商务宴请、多年作为达沃斯晚宴用酒的王朝梅鹿辄系列；定位百姓宴请性价比之选的王朝经典系列，实现了中国葡萄酒市场主流品类全覆盖。

在完善产品体系的同时，王朝酒业还紧跟潮流，将线上云探访与线下实景游进行深度结合，开创了企业产品发布与品牌营销的新模式。从线下到线上，从网购到社群再到直播，未来的市场竞争，将是在多个领域的融合性PK。王朝酒业已陆续引入“云约酒”、抖音直播带货、行业线上糖酒会等多种全新的营销与推广模式，参与行业媒体组织的多场直播、线上论坛等活动，开展多元化的营销活动。2020年，王朝酒业搭建的线上新媒体矩阵将进一步得到完善，利用新媒体加强品牌年轻化推广力度。

天津蓟州山区富含石砾的淋溶褐土

历史成就了“王朝”，“王朝”也创造了历史。43年来，王朝酒业取得过辉煌的成绩，也经历过痛苦的低谷。几经风雨，不忘初心：“做中国葡萄酒，创民族品牌，走出国门，走向世界。”

风土档案

气候带	暖温带半湿润大陆季风型气候
年平均日照时数	2757h
年平均气温	11.6℃
最低温、最高温	−21℃，41.7℃
有效积温	2000 ~ 3000℃
活动积温	3700 ~ 4200℃
年降水量	500 ~ 600mm
无霜期	196 ~ 246d
气象灾害	低温冻害，大风，冰雹、干旱、洪涝
地貌地质	
主要地形及海拔	天津有山地丘陵、堆积平原和海岸潮间带三种地形，以平原为主，地势自南向北逐渐升高；海拔3.5 ~ 1052m
土壤类型	土质由滨海盐碱黏土，中部沙土、沙壤土到蓟州山区富含石砾的淋溶褐土、潮褐土
地质类型	天津地质构造复杂，大部分被新生代沉积物覆盖（平原地区），其中北部是以剥蚀为主的山地
酿酒葡萄	
主要品种	白葡萄品种：玫瑰香、贵人香、白玉霓

王朝酒业地下酒窖

参考文献：

1 刘钊. 2018. "王朝"的诞生，天津第一家中外合资企业如何吃"螃蟹". https://mp.weixin.qq.com/s?__biz=MjM5NjQ5MDY2Ng==&mid=2935103039&idx=2&sn=504a7d56beb81ba291baca5bacebe52f&chksm=8deec2faba994becf964a8c27c5f686c09b3f46dfe78f31693ff85b9d37cf4598ad49784a076&scene=27[2018-12-20].

2 王方，周晓芳. 2021. 不忘初心，不负韶华，开拓进取，再创辉煌. https://www.cada.cc/Item/1288.aspx[2021-09-06].

3 李广禾. 王朝盛世三十年，美酒醇香铸辉煌. 中国农垦，2010.

4 中国食品报. 2018. 葡萄酒开启中国制造业国际合作第一窗. https://www.sohu.com/a/280090090_99927860[2018-12-06].

图片与部分文字资料由王朝酒业提供

正大月谷酒庄

——攀西高原上的一颗明珠

正大月谷酒庄坐落在有着“月城”之称的四川省西昌市。作为泰国正大集团在中国投资的一家葡萄酒生产企业，依托独特的地理位置和气候环境，正大月谷酒庄已成为凉山州安宁河谷里的“宝藏酒庄”，攀西高原上的璀璨明珠！

安宁河谷“寻宝”

1996年，正大集团永远荣誉董事长谢大民先生一行在时任四川省委书记谢世杰先生亲自陪同下，到凉山彝族自治州考察，得知凉山州由于历史原因经济发展滞后，是国家重点扶持的贫困地区之一。为带动农民致富，解决部分就业问题，正大集团决定在西昌地区投资兴建一家葡萄酒生产企业。

正大集团邀请中外葡萄酒专家到凉山州的西昌、德昌等安宁河谷流域的大片丘陵地区进行考察。经过实地勘查和资料分析，1998年2月集团从美国、法国引进真芳德（Zinfandel）、鲁比（Ruby）、梅尔诺（Merlot）、赤霞珠（Cabernet Sauvignon）等酿酒葡萄良种24000余枝条，在西昌大营农场扦插育苗，同年六月建立母本园和示范基地。西昌正大酒业有限公司于2000年4月正式挂牌成立。

凉山历史悠久，人杰地灵。作为凉山的“母亲河”，纵贯凉山州中部的安宁河，从北向南流经冕宁县、西昌市、德昌县，在攀枝花市米易县汇入雅砻江，形成全长330多千米的串珠状盆地，海拔1100～1800米。安宁河切割较浅、河谷宽阔，蜿蜒曲折，分支交错，在干流与支流的交汇处形成巨大的冲积扇，漫滩与江心洲星罗棋布，再加上安宁河独特的羽状水系，最终形成狭窄而漫长的河谷平原。

西昌是我国葡萄品种最优、成熟最晚、面积最大的晚熟葡萄产区，拥有“中国晚熟葡萄之乡”称号，西昌葡萄是国家农产品地理标志产品。西昌有文字记载的葡萄栽培历史最早可上溯至西汉元鼎六年（前111年）。20世纪80年代，葡萄是西昌市种植规模最大的特色水果，主要种植区域是沿安宁河流域的平坝地区，葡萄产业已经成为当地乡村振兴的支柱产业之一。

正大月谷酒庄位于凉山州西昌市的河谷坡地，酒庄距离泸山邛海风景区5千米，酒庄西面是泸山、北偏东是一碧千顷的邛海，南面有碧波浩渺的四五

山谷中的葡萄园

健康的生态葡萄园

水库，周边有安宁河、螺髻山。泸山位于邛海西侧，海拔2317米，北高南低，山脊由北向南延伸。在邛海西南角邛海湾附近出现一个断裂，并形成一个狭长的山谷，向西南方向延伸进入安宁河谷。月谷酒庄就坐落在邛海南岸一个半封闭式小型谷地中，谷地北高南低，谷地在西边大营处山谷变窄，西侧是泸山山脊，东侧也有相对较高的山峰，酒庄位于半圆形谷地的中心。独特的地理位置和小气候环境使得这里比较适宜种植酿酒葡萄。

真芳德中国之家

西昌曾名“建昌”，自古就有“月城”美称。“清风雅雨建昌月”，作为南丝绸之路上四川段“西康三绝”之一，西昌的月亮名不虚传。正是由于得天独厚的气象地理条件，西昌也成为中国最理想的卫星发射基地。随着一颗颗卫星飞向太空，西昌这个原本名不见经传的山区小城，渐渐吸引了全球人的目光。作为“月城”“航天城”里唯一的葡萄酒庄，正大集团也因此给酒庄取名“月谷酒庄”并确定了“月谷”这一葡萄酒品牌。

酒庄葡萄园面积463.26亩，种植有真芳德、梅尔诺、赤霞珠、鲁比。按种植先后顺序，分“A、B、C、D”4个大区域。1998年建园种植A区，1999年新建B区，2000年新建C区，2013年开始建设D区，并带动当地农民种植酿酒葡萄200余亩。其中最具特色的是国内只有正大月谷酒庄种植真芳德葡萄。酒庄利用地形特点，开辟了梯田葡萄园。葡萄园就位于泸山脚下的山坡上，海拔1600 ~ 1650米。

酒庄所在地常年主要为东南风，清凉舒适；冬季偶尔有西北风（当地人称为雪风），带来降温。酒庄背靠泸山、处于半封闭的环抱山谷中，由于地形阻挡北方冷空气，葡萄园受冬季寒潮影响小，无冻害发生。此外，海拔较高，光照充足，受邛海湿

人与自然和谐相处

地的调节，气候温和而不用埋土防寒。酒庄葡萄园均采用单干双臂架型，但受山地地形限制，管理无法使用机械，基本全部人工劳作。

葡萄园土壤是黄红壤土，梯田地形有效避免了土壤积水并且增强葡萄树的采光面积避免相互遮光。充足的光照时间保证了葡萄的生长，平均15～20℃的昼夜温差保证了葡萄糖分的积累。酒庄南面就是水库，水源充足能保证葡萄树对水的需求，但夏季降水量多会引发白粉病、霜霉病、炭疽病等诸多病害，造成减产。根据20年来的栽培经验和自有小气象站的气象信息，且葡萄园有完整的病虫害防治周期表，酒庄能有效地预防病虫害。

在产量控制方面，冬季修剪时真芳德每树留10枝以下结果母枝；梅尔诺每株葡萄树留14枝以下结果母枝；赤霞珠每株葡萄树留12枝以下结果母枝；鲁比每株葡萄树留16枝以下结果母枝，以达到控制产量的目的。真芳德平均亩产320千克，梅尔诺平均亩产180千克，鲁比平均亩产560千克。针对品种的不同生长表现，酒庄在栽培管理上也不断摸索和改进。经过20年的栽培和管理，酒庄当年引进的各品种已逐渐适应西昌气候、土壤等条件，并表现出当地特性，尤其是真芳德品种。

正大月谷酒庄真芳德生长期大约150天，一般在3月中旬萌芽，大约需要28天才能全部萌芽完成，从见花到完全开放需要18天左右，从浆果膨大到开始着色需要50天左右，从着色到成熟要48天左右。该品种葡萄果皮薄，果实结合紧密，且结成一大串簇拥在一起，进入收获季节后要根据成熟度分2～3个批次采收。经过在西昌近20年的栽培，果串和果实已经开始变小。葡萄含糖量第一批次能达到19.8°，平均糖度为18.5°，优质饱满的浆果可以酿造出既香甜又浓烈的葡萄酒。

酿酒人的情怀

为促进正大月谷酒庄的种植和酿造技术升级，公司发展初期邀请泰国葡萄种植和酿造专家团队，Nantakorn Boonkerd、Neung Teaumroong、Chockchai Wanaphu、Sophon Wongkeaw、Lumprai Srithamma博士等专家每年至少两次到公司指导工作，邀请美国酿酒师杰米・马丁（Jamie Martin）先生、约翰・阿

晨曦中的葡萄园

地处安宁河谷的月谷酒庄

酿酒师攀登

恩斯（John Arns）先生以及桑迪·贝尔彻（Sandi Belcher）女士亲自到公司指导酿酒技术。这些技术交流活动极大提高了酒庄葡萄酒酿造的专业水平。

现任酒庄首席酿酒师攀登（Phajon Yuyuen），泰国人，自2003年便扎根西昌，这里已成为他的第二故乡。身在生产一线的他通过多种途径努力提升自己的专业技能和酿造水平，学习到了许多先进技术和经验。2005年考上了素罗娜丽理工大学硕博连读，2012年继续在素罗娜丽理工大学深造，获生物科技专业硕士学位，目前在西北农林科技大学葡萄酒学院读博。此外，他积极到访国内外产区考察学习，诸如到加州大学戴维斯分校葡萄种植与酿造学部门学习葡萄种植与葡萄酒酿造课程，足迹遍布法国、意大利、德国、澳大利亚等国外知名葡萄酒产区。

月谷酒庄人工采摘葡萄、分选，原料入罐后低温浸渍2～3天、酒精控温发酵7～10天、苹果酸乳酸发酵20～30天，发酵结束后进行陈酿1～2年。法国橡木桶占比约30%，旧桶占比约40%。经过调配、下胶、冷冻、过滤等处理后进行装瓶生产，装瓶后的酒经过6个月左右的瓶储再包装上市销售。在攀登眼里，酿酒师为风土而生，是执着而孤独的坚守者，每一次调配都是对葡萄酒的万分热爱和感情倾注，每一瓶葡萄酒都封存着酿酒师的故事。

作为酿酒师，攀登根据每年葡萄的生长和成熟情况，在酿造过程中适时调整和优化辅料配比，使葡萄酒果香突出，细腻易饮，具有很强的亲和力。

风景如画的月谷酒庄

凉山州是全国最大的彝族聚居地，当地的生活习惯和风土人情跟其他地区有很大的差异，酒庄在考察当地居民消费和饮食习惯后，精心酿制了富有民族特色的星级系列、庄园系列的葡萄酒，口感浓郁，受到当地消费者的高度好评。

近年来，正大月谷酒庄产品屡次在金樽奖、亚洲葡萄酒大赛、Decanter世界葡萄酒大赛等国内外专业竞赛中斩获重要奖项，累计有20余项。“月谷”“月谷酒庄”系列葡萄酒受到了国内外专家一致认可。月谷真芳德鲁比干红葡萄酒、月谷赤霞珠干红葡萄酒、月谷真芳德干红葡萄酒、月谷酒庄庄主珍藏赤霞珠干红葡萄酒等都是酒庄极具风土特色的优质产品。

最佳品种及年份

真芳德：中国唯一一块真芳德葡萄园，就在月谷酒庄。优质饱满的浆果可以酿造出既香甜又浓烈的葡萄酒，所以酒庄多款产品中常见它的身影。月谷真芳德干红葡萄酒，清爽、简单易饮，口味多汁，酸甜适口。

最佳年份：2017、2019

风土档案	
气候带	亚热带高原季风气候
年平均日照时数	2200 ~ 2400h
年平均气温	17.5℃
最低温、最高温	历史最高温37℃ 出现在1983年；历史最低温-4℃出现在1977年
有效积温	3600℃
活动积温	6206.2℃
年降水量、年蒸发量	年降水量1000 ~ 1200mm，年蒸发量1900mm
无霜期	250 ~ 300d
气象灾害	地震，干旱，洪涝
地貌地质	**丘陵地貌**
主要地形及海拔	海拔1500m以上，西昌市地形以中山为主，占全市总面积的78.9%，高山、低山分别占1.1%和3.4%；河谷平坝面积占16.4%，是四川省第二大河谷平原
土壤类型	黄红壤土
地质类型	山地
酿酒葡萄	
主要品种	红葡萄品种：真芳德、梅尔诺、赤霞珠、鲁比

参考文献：

1 何勤华．2021．西昌为何叫“月城”自古以来传说多．四川日报．https://baijiahao.baidu.com/s?id=1710375135787188252&wfr=spider&for=pc[2021-09-09].

2 米胖．2007．西昌气候．http://travel.mipang.com/bible/69844[2007-11-25].

3 太空团队．2021．剧透｜这个中秋，“月城”西昌有惊喜！．我们的太空．https://mp.weixin.qq.com/s/Rdl3sZjFLw2fM7kU9fE9hA[2021-09-21].

4 百度百科：西昌、西康三绝、西昌平原、西昌葡萄．https://baike.baidu.com/.

5 百度文库：西昌一年的气候．https://wenku.baidu.com/view/fc922c4086868762caaedd3383c4bb4cf6ecb7e5.html?_wkts_=1689417864794.

6 西昌市人民政府办公室：西昌市概况．http://www.xichang.gov.cn/zjxc_16248/202003/t20200325_1558738.html.

7 文旅凉山．2022．阳光、生态、宜居的安宁河谷平原．https://mp.weixin.qq.com/s/jR4LfLyyibd233tnaoiJag[2022-05-06].

8 李金，冷文浩，张琪．2021．西昌：葡萄产业升级助力乡村振兴．凉山新闻网．http://www.lsz.gov.cn/ztzl/rdzt/xczx/mlxc/202108/t20210825_1990737.html[2021-08-25].

9 绝色西昌．2021．西昌，中秋晚会背后的浪漫月城．智游天府．https://mp.weixin.qq.com/s/Ub9V9xb1Jx8fr0fNxtlbDg[2021-09-24].

图片及部分文字资料由正大月谷酒庄提供

乡都酒业

南疆第一庄

戈壁滩上开垦4万亩葡萄园，带动焉耆盆地葡萄酒产业的兴起；一座中西合璧与戈壁融为一体的酒堡；“一支有生命的葡萄酒”的品牌表达体现了新疆葡萄酒的特质；300万棵杨树防风带正在为当地生态环境发挥着积极作用……走过24年历程的新疆乡都酒业（也称乡都酒堡）已经成为名副其实的南疆第一庄。

葡萄酒热土

新疆焉耆产区葡萄酒产业起步于1998年，创造这一历史的便是李瑞琴一家与他们缔造的乡都酒业。在此之前，焉耆七个星镇是风沙漫卷的荒凉戈壁；从那之后，绿意在沙砾中萌生，葡萄园连片成绿洲。乡都酒业是焉耆产区的拓荒者，是焉耆葡萄酒的开端，相比于众多的后来者，为何要在戈壁滩上种葡萄、酿酒，乡都酒业的观点更具有说服力。

20世纪90年代，办过砖厂、建过皮毛厂、做过边贸生意的李瑞琴创立了新疆仪尔高新农业开发有限公司，开始了她酝酿已久的转型——从商贸转向农业。

恰逢其时，1997年、1998年葡萄酒在中国一夜火遍大江南北，也撩动了李瑞琴的心弦，她在家乡烟台考察期间看到当地葡萄酒产业正在迅速崛起，葡萄与葡萄酒产业符合她企业转型的构思，也让她看到了焉耆戈壁滩的未来与希望。李瑞琴做了一个大胆的决定，拿着做外贸赚的资金回到了自己最初来新疆扎根的地方——焉耆县七个星镇哈尔莫墩村，在戈壁上开荒种葡萄。尽管这一决定遭到了周围朋友、家人的不理解与反对，李瑞琴却表现得格外笃定，她的初衷朴实而热忱，"以前办企业是为了让家人过上好日子，现在决心种葡萄的一个重要出发点是回报第二故乡，让戈壁绿起来，让乡亲们富起来！"

焉耆的戈壁地貌多达数百平方千米，几乎寸草不生，极度不适宜耕作，甚至当地牧民放牧都不会到戈壁上。戈壁滩因为缺少植被，每当有大风天气，必然是飞沙走石、黄沙漫天，戈壁一直困扰着当地政府和百姓。种葡萄既能改善戈壁滩的绿化，又能促进地方经济发展，李瑞琴的设想得到了焉耆县、巴州各级政府的支持，土地很快审批下来，相关优惠政策也先后出台，以至于后来李瑞琴将一段感恩的话镌刻在了酒庄的博物馆内："昔日一片戈壁滩，如今美景连成片，问君何故有其变，党的政策是关键。"

1998年，李瑞琴带领着周边乡亲们，在新疆焉耆县戈壁上打了4眼机井，种下5000亩酿酒葡萄和28万棵杨树防风林，正式进军葡萄酒行业，也拉开焉耆盆地葡萄与葡萄酒产业崛起的序幕。如今，二十四年过去，焉耆盆地已经成为中国西部乃至全国重要的酿酒葡萄生产基地之一，产区酿酒葡萄种植面积12万亩，占全疆酿酒葡萄总面积33万亩的36.3%；酒庄40家，占全疆134家的近30%，形成了诸多精品酒庄为代表的焉耆盆地葡萄酒产业集群，越来越多的酒庄进驻这里，焉耆盆地由此成为一片新兴的葡萄酒热土。而这一切源于李瑞琴，源于乡都，源于那第一锹土，第一口井，第一棵防风树，第一株葡萄苗。

天赐风土

天然高山盆地，葡萄美酒故里。乡都酒业所在的焉耆盆地是塔里木盆地东北缘天山山脉中的一个山间断陷盆地，因盆地中的焉耆县而得名。焉耆盆地被西侧的霍拉山、东部的克孜勒山、南部的库鲁克塔格山和北部的萨阿尔明山所围限，盆地内有中国最大的内陆淡水吞吐湖，广袤的水域对气候有着明显的调节作用，形成了典型干旱区绿洲气候。盆地冬季严寒，春季气温回升迅速，夏季气候温和，秋季气温下降快，是南北疆气候交错带，具有阳光充裕，热量较丰富、气温日较差大、降水量小、蒸发量大、空气干燥等诸多特点。

焉耆盆地日照时间长，名列新疆各县（市）第二位。全年可照时数4440小时，太阳年总辐射量157千卡/平方厘米。充足的光照促进了酿酒葡萄的光合作用，也带来了丰富的热量。乡都葡萄园多分布于霍拉山向阳的东坡，山脉岩石裸露，基本无植被覆盖，比热系数小，葡萄园年温差、日温差较大，尤其在8～9月份的葡萄成熟期仍能保持着15℃的昼夜温差，有助于葡萄风味物质的积累。在焉耆盆地，有时过强的日照会对葡萄造成日灼伤害，乡都酒业葡萄园的叶幕数量往往会多于其他产区。

焉耆盆地深处内陆，降水量稀少，酿酒葡萄生长需要人工灌溉。这里年平均降水量不到80毫米，蒸发量则高达1800毫米以上，空气干燥，病虫害极少，葡萄园健康度高。为了保障葡萄园灌溉用水，乡都酒业先后打下几十口机井，平均150米深，最深的达到200米左右，汲取天山融雪的纯净地下水进行滴灌。以色列高标准节水滴灌技术不仅能最大限度地减少水分的流失和蒸发，还可以有效抑制盐碱，保护葡萄藤根系生长。

葡萄园里还有“穿堂天风”。在焉耆盆地，风是影响葡萄质量的关键因素之一，乡都葡萄园里的风就兼具了季风、山风与谷风的特点，其对产区葡萄生长、风味形成具有重要影响。这与大气环流有关，同时又与天山山体有着直接的关系，这种流经盆地全境的风，乡都酒业总酿酒师杨华峰把它形象地称作“穿堂天风”。

白天，由于山区暖空气沿

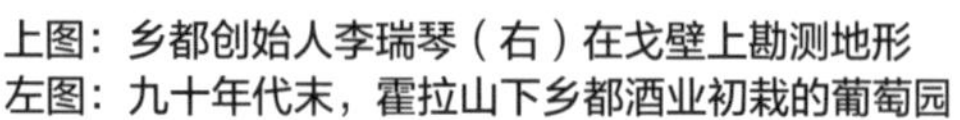

上图：乡都创始人李瑞琴（右）在戈壁上勘测地形

左图：九十年代末，霍拉山下乡都酒业初栽的葡萄园

右图：乡都酒业建立之前的焉耆盆地景象

着坡地向上运动，产生谷风，增加了空气的流动程度，带来了盆地底部博斯腾湖的水汽，缓解了强烈日照下高温影响，延长了葡萄的生长季。夜晚，聚集在盆地边缘山顶处的冷空气因为重力的作用而快速下降到较低的盆地底部，形成山风，从而使得缓缓降低的盆地坡地地区的温度相对较低，加大了昼夜温差。同时，沿地势自西北向东南而下的山风沿途掠过开都河，进一步增大了葡萄园里的湿度，有效防止春天霜冻对葡萄的影响。

乡都葡萄园生长年历

戈壁上植被少，风沙多，大风带来了干燥的空气环境，也易引起扬尘，吹折葡萄的枝条和花序。乡都酒业在葡萄园周围栽种了由300万株杨树组成的防护林。防护林降低风速、削减风害，为葡萄园提供保温、保湿，改善土壤，还具有增加土地储水能力、提高有机质、生物多样性等诸多作用。

乡都葡萄园距离天山余脉霍拉山直线距离仅5千米，是山前洪积扇的扇缘地带，当从空中俯视，我们能发现乡都葡萄园位于河流相的沉积平原，这是一片经过风蚀脱落的霍拉山山岩经开都河水、山洪冲积漫流以及狂风涤荡作用而形成的集卵石、沙砾、细沙、淤泥等于一体的沉积混杂体，在地貌的最终呈现上就是一片苍茫的戈壁滩。戈壁滩土壤盐碱重，但乡都酒业在垦荒种葡萄时依然保持了独特的原生状态。碱性土壤中生长出的葡萄能保持良好的酸度，这对于干热的西部产区是弥足珍贵的特质。此外，戈壁土壤还拥有良好的排水性和透气性，有利于葡萄根系健康地生长，更好地吸收土壤中的水分和营养成分。

乡都酒业拥有焉耆盆地产区最大的连片葡萄园，区域跨度大，葡萄园的土壤类型也有很大的变化。乡都酒业根据土壤类型对葡萄园进行了分区，其中一区是河流相淤泥土壤，二、四区是河流相沙土壤，三区、五区是河流相沙砾土壤。根据土壤种类的差异和葡萄品种的不同，乡都酒业针对性地制定相适应的栽培技术和田间管理措施，让乡都随身随性的种植酿酒理念深入葡萄园的每一块条田，也赋予了产自不同区域的葡萄酒不同的个性。

灿烂阳光、天山之水、穿堂天风、戈壁之土构成了乡都葡萄酒独特的风土特点，乡都酒业也结合这些得天独厚的自然优势总结出一套完整的葡萄园管理技术体系，让天赐的风土成为真切影响葡萄酒品质与风格的决定性因素。

时光做证

在焉耆盆地，乡都酒业如同戈壁滩上的一座丰碑，所有对巴州葡萄与葡萄酒产业感兴趣的人，在下定投资决心之前都要来乡都走上一遭，这些络绎不绝的考察团队来此不仅仅是了解李瑞琴一家人的创业经历，更是从乡都身上了解焉耆盆地的风土，

汲取与戈壁博弈的经验。

距离乡都酒业创立已经过去了二十余年，乡都酒业再也不是这片土地上孤独的拓荒者。如今的焉耆盆地葡萄酒产业早已红火起来，数十万亩的葡萄园分布于“巴州北四县”——焉耆、和硕、博湖、和静，曾经的戈壁滩被一点一点唤醒，成为酿酒葡萄生长的乐园。乡都酒业作为焉耆盆地最早的品牌，对于当地风土潜力的挖掘，品种适应性、种植模式的尝试，产区葡萄酒风格的塑造等方面做出了卓越的贡献。

在种植方面，乡都酒业率先在产区内推行自种、自管、自摘的可控管理模式，聘请澳大利亚农业科学家丹尼尔·菲什尔（Daniel Fischl）博士为葡萄种植顾问，先进的滴灌系统引来了纯净的天山雪融水，原始状态的土壤中营养物的不足、保水能力差的情况通过人工施加肥料而逐步得到改善，葡萄园只施撒经过腐熟无害化处理的牛、羊粪，杜绝使用化学农药、无机肥料。

在品种选育方面，当年初栽品种大多根据市场热销品种顺势引入，并未针对品种框架进行相对严谨的科学规划，但随着时间、风土的检验、筛选，经过二十多年的优胜劣汰，乡都酒业4万亩葡萄园由8个主要品种构成，其中不乏赤霞珠、品丽珠、贵人香、霞多丽、西拉等国际主流酿酒葡萄品种，也有马瑟兰、玫瑰香、白水晶等特色品种。

对于乡都酒业来说，赤霞珠的地位亦是不可撼动，乡都阿耆尼、典藏、安东尼赤霞珠、金贝纳等，都是以赤霞珠葡萄为主要原料酿制而成。品丽珠是这些年来乡都的优势品种，生于七个星戈壁滩上的品丽珠，有甜美的龙葵野果子香，混合可口的桑葚和黑樱桃的果味，同时亦有足够的单宁支撑，让酒的骨架较硬朗，从而保证了酒的整体均衡性。西拉是近年来国内市场上最受追捧的品种之一，在干旱产区的成功先例也让乡都极为重视西拉的表现。西拉在焉耆戈壁滩上长势强劲，属早熟品种，酿成的葡萄酒富有黑果、桑葚、紫罗兰、蓝莓等花果味。马瑟兰是乡都的新兴品，之前是与其他品种混酿。2018年，乡都酒业首次将马瑟兰单独采摘酿造单品种酒，具有甜美的鲜草莓果酱的气息。

乡都酒业的白葡萄品种也不少，霞多丽多用于酿制果香清新，橡木气息轻淡的干白葡萄酒，并与新疆本土品种沙斯拉混合酿制乡都干白；贵人香主要用于和霞多丽混酿干白或者迟摘甜白葡萄酒；乡都酒业还于2016年冬自云南丘北普者黑引入白水晶栽种，并通过大棚扦插的方式进行育苗，如今苗木长势良好，不仅能适应戈壁滩的盐碱土壤，也能耐受冬季的酷寒。此外，乡都酒业还栽种有用于鲜食的玫瑰香，作为旅游采摘项目品种。七个星戈壁滩上出产的玫瑰香滋味纯正，深受消费者喜爱，有时也会用来酿制甜红葡萄酒。

为了酿造高品质的葡萄酒，乡都按照“随身随性”“好葡萄酒是种出来的”的酿造理念，聘请中国酒业协会葡萄酒技术委员会的专家委员杨华峰博士为总酿酒师。同时，聘请法国勃艮第一级酒庄“波玛酒庄”园主、CFPPA国际葡萄酒学院教授多米尼克·华先生为酿酒顾问，坚守“不为强壮，但求精美”的产品风格，为酒庄的技术保驾护航。

葡萄酒是大自然的“恩赐”，作为“天”“地”“人”的和谐统一，乡都葡萄酒结合了焉耆风土和乡都人的执着，如此乡都葡萄酒，甚美。将美好的葡萄酒献给世人，是乡都二十四年来一直践行的信念，时间便是最好的见证！

最佳品种及年份

品丽珠：品丽珠适应于在南疆焉耆盆地的风土，在乡都酒业是一个能独挑大梁的品种，而并非用于调配或补充。品丽珠栽种于海拔1100米的天山南麓霍拉山洪冲积扇缘地带，土壤质地大部分为粗沙、细沙和少量砾石。这里生长的品丽珠在口感上表现得细腻与精美，拥有充沛果香的同时多了硬朗的单宁，树势虽然不旺，但酿出的葡萄酒滋味浓郁。

最佳年份：2014、2018、2019

参考文献：

1 李凌峰. 2022. 李瑞琴：初心不变躬耕不辍. http://www.winechina.com/html/2022/06/202206310135.html[2022-06-13].

2 杨华峰. 2019. 葡萄酒个性化（风土）解读. http://www.winechina.com/html/2019/02/201902297155.html [2019-02-20].

3 博雅旅游. 2020. 霍拉山上的古代遗址. http://www.bytravel.cn/landscape/93/huolashanfosiyizhi.html[2021-03-14].

图片与部分文字资料由新疆乡都酒业提供

风土档案	
气候带	温带大陆性气候
年平均日照时数	2980h
年平均气温	8.5℃
最低温、最高温	-30.7℃，38.8℃
有效积温	≥0℃积温4032℃
活动积温	≥10℃积温3511℃
年降水量、年蒸发量	79.8mm，1876.7mm
无霜期	185d
气象灾害	春季霜冻，冬季冻害，大风，冰雹
地貌地质	
主要地形及海拔	盆地、冲积扇平原，1125m
土壤类型	沙砾棕漠土
地质类型	海西期褶皱基底之上形成和发展起来的一个中、新生代复合盆地，位于焉耆隆起的霍拉山冲积扇平原
酿酒葡萄	
主要品种	红葡萄品种：赤霞珠、品丽珠、马瑟兰、西拉 白葡萄品种：霞多丽、贵人香、玫瑰香、白水晶

中粮长城葡萄酒（新疆）有限公司

——『长城』味道中的新疆风土

中粮长城葡萄酒（新疆）有限公司立足于新疆产区，充分发挥新疆产区优势，目前在天山北麓、伊犁河谷、焉耆盆地三大新疆子产区均建立了酿酒葡萄基地。基于不同产区风土条件，长城工厂实现了标准化管理与灵活性的创新，不仅产量品质“双提升”，还解锁了新疆风土的更多可能，也为“长城”味道埋下更多伏笔！

抢滩新疆，落子三产区

天山北麓地理特点可以概括为：干燥、凉爽，海拔相对较高（450～1000米），大气透明度高、光能资源丰富，属长日照地区，并有便利的灌溉条件。公司基地所在的101团、共青团农场地处天山北麓、准噶尔盆地南缘，昌吉州境内，三屯河流域下游，属中温带大陆性气候，深居亚欧大陆腹地，干旱、高温、光照时数多，昼夜温差大，气温变化剧烈，年均气温6～7℃，1月平均气温17.6℃，7月平均气温24.6℃。由于冬季寒冷，葡萄需要埋土防寒。无霜期158～180天，日照时数为2800～3000小时。年降水量170～230毫米，年平均降水量190毫米，年蒸发量1700～2200毫米，属于绿洲灌溉型农业区。

千里天山，东西横亘，既可抵御西伯利亚的寒流南下，又阻挡了南侧塔里木盆地的干热风，构成了得天独厚的风土条件。较长的日照时间及充足的热量对葡萄花芽形成、产量和质量起着重要作用，尤其是8～9月长日照、高热量、大温差有利于葡萄色素形成和糖分积累，是葡萄种植的优良产区。土壤为壤土，土层深厚，保水保温且通透性良好。此外，灌溉水为纯净天山雪水或地下水，无污染具备生产绿色葡萄原料的有利条件；受降水、自然灾害影响较小，葡萄易保持优质稳产。

中粮长城葡萄酒（新疆）有限公司（简称长城新疆工厂）位于第六师五家渠市共青团农场，是集葡萄种植示范园、葡萄酒加工和高端酒生产为一体的庄园式葡萄酒工厂。葡萄产业是新疆兵团第六师五家渠市六大产业之一，并率先实现规模化经营和集约化生产。作为六师五家渠市现代农业观光旅游的重点单位之一的共青团农场逐步形成了集葡萄种植、葡萄酒酿造、葡萄酒观光农业、旅游休闲为主的产业体系，葡萄酒产业集群效益显现，犹如丝绸之路经济带上一颗璀璨的“紫色明珠”。

除天山北麓产区外，中粮长城在伊犁河谷67团、焉耆盆地的和硕产区也都建立了合作基地。新疆伊犁河谷是中国唯一受大西洋地中海暖湿气流影响的区域，67团是伊犁河谷最佳的酿酒葡萄种植产区，位于伊犁河南岸，背靠乌孙山，面向伊犁河，天然呈15‰坡度，排水性好。属温带亚干旱气候，年均气温8.4℃，土壤以戈壁沙质为主，略显淡红色，透气性良好。水资源丰富，光热资源充足，光照年均3010小时，有效积温3540℃，昼夜温差较大，生长季年降水量为200～300毫米，得益于其凉爽的气候，葡萄享有较长的成熟期，无霜期155～188天。这里的空气湿度高于新疆其他产区，气候变化也没有其他产区剧烈。

焉耆盆地的和硕县位于天山南麓，平均海拔约为1100米，是典型的大陆性干旱气候，降水量小，温差大，日照时间长，年日照时数3128.9小时。背靠天山，西边有霍拉山，东南方向是中国最大的内陆淡水吞吐湖——博斯腾湖，形成了一个三面环山、一面临湖的独特区域小气候。偏碱性砾石沙壤土质，土壤通透性好，导热性强，排水良好，先进的滴灌系统，优质的天山地下雪融水为葡萄生长提供足量的水分。

标准化管理 筑品质“基石”

葡萄酒质量的提高要遵循产区第一、产量控制与栽培技术并重的原则。好的葡萄酒一定需要好的产区，同时要重视葡萄产量控制与栽培技术。长城新疆工厂葡萄园面积大，分布广，三个子产区呈现不一样的风土条件。如何选择适合产区特点的栽培技术并如何落实推广是长城新疆工厂葡萄园管理的重点。这需要根据气候、土壤条件与实际资源配置，积极完善种植技术管理措施，保证葡萄产量与质量的提升。

新疆土地资源丰富，葡萄种植容易形成规模。病害容易控制，食品安全很容易得到保证。长城新疆工厂葡萄园管理的目标就是充分挖掘新疆产区风土，选出更适宜的品种，建立优质标准化基地，产出性价比更高的原料。长城新疆工厂于2019年提出葡萄园标准化管理，自2020年就开始正式推行。诸如架面高度、基部抹除、枝条长度、病害控制、水肥控制、田间杂草管理等方面都有明确的标准。在标准化前提下，三个产区在水肥控制、病害防控、树形管理方面有细微差别。因为不同产区的基础条件不一样，在标准化管理方面大同小异。

标准化的管理要结合产区的现实条件和产区风土特点，诸如焉耆盆地和硕产区，葡萄园几乎全年没有病害，但伊犁河谷67团每年就需要关注白粉病和霜霉病的防治。天山北麓产区要根据当年实际的降雨情况，来制定防控措施。树形管理方面，因为行向的不同，留枝条的长度上也会有区别。伊犁河谷和焉耆盆地葡萄园为东西行向，天山北麓产区葡萄园为南北行向。针对东西行向的葡萄园，南面的枝条会适当留长一些，北面的适当留短一些，而在天山北麓就没有这方面的具体要求。水肥控制方面，伊犁河谷、天山北麓产区控制严格，尤其伊犁河谷产区正常年份雨水多，枝条特别容易旺长。

在天山北麓六师基地，长城新疆工厂种植了赤霞珠、梅鹿辄、西拉、小味儿多、霞多丽、贵人香、小芒森品种；在焉耆盆地和硕县，主栽赤霞珠；伊犁河谷67团主栽赤霞珠，其中有120亩限产示范园。另外，沿厂区周围配套30亩厂字形小芒森示范园。近几年，各子基地葡萄园标准化管理已经突破瓶颈，葡萄质量稳步提升，控产措施的效果也已经显现。长城工厂将原料划分为C、B、B+、限产园等级。目前，C级所占的比例已极少，B级以上优质原酒的比例大幅提升。

伊犁基地赤霞珠　　和硕基地赤霞珠

此外，长城新疆工厂在新品种试验方面取得突破。2012年，长城新疆从蓬莱苗木基地引进了小芒森、西拉、小味儿多等多个品种。经过几年的种植、酿造尝试，技术团队发现小芒森的表现突出，近几年采收糖度都在300g/L以上，难得的是小芒森还具有良好的自然酸度，高糖高酸的特点非常适于酿造高品质的甜白葡萄酒。小芒森甜白新酒2019、2020年份，连续荣获中国优质葡萄酒挑战赛新酒优胜奖、金星奖。作为非常有潜力的产品，未来小芒森产品将定位中高端。

天山脚下的伊犁葡萄园

此外，长城新疆工厂还相继推出了多款经典特色产品，诸如长城天露西拉维欧尼以及源自天山北麓产区的长城北山羊梅鹿辄/赤霞珠干红葡萄酒、长城北山羊赤霞珠干红、长城北山羊美乐干红葡萄酒等。值得一提的是，2019年，长城天露西拉维欧尼干红葡萄酒2015相继获得了布鲁塞尔国际葡萄酒挑战赛金奖、Decanter世界葡萄酒大赛铜奖以及IWC伦敦国际葡萄酒挑战赛铜奖。新疆风土中的“长城”味道，华丽绽放世界舞台！

大西洋水汽滋润的葡萄园

最佳品种及年份

小芒森：小芒森甜白葡萄酒体呈迷人的金黄色，浓郁的桃、杏、柑橘的水果芳香中萦绕着蜂蜜、香草、奶油的陈酿气息，口感甘润甜美，柔滑细腻，回味典雅绵长。

最佳年份：2019、2020

六师（天山北麓）葡萄园

风土档案	
气候带	
年日照时数	天山北麓产区：3000h 伊犁河谷产区：2870h 焉耆盆地产区：3100h
有效积温	天山北麓产区：3500℃以上 伊犁河谷产区：3000～3500℃ 焉耆盆地产区：3500℃以上
年降水量、年蒸发量	天山北麓产区：年降水量170～230mm，年蒸发量1700～2200mm 伊犁河谷产区：年降水量420mm左右，年蒸发量1800mm左右 焉耆盆地产区：年降水量80mm左右，年蒸发量1050mm左右
无霜期	天山北麓产区：160～170d 伊犁河谷产区：160～180d 焉耆盆地产区：180～185d
地貌地质	
主要地形	天山北麓产区：准噶尔盆地南缘 伊犁河谷产区：伊犁河谷 焉耆盆地产区：焉耆盆地
海拔	天山北麓产区：400～700m 伊犁河谷产区：450～800m 焉耆盆地产区：1000～1200m
土壤类型	pH8.0，弱碱性砾石沙壤土 少氮磷、富钾钙和矿物质元素的砾石沙质土壤
酿酒葡萄	
主要品种	白葡萄品种：霞多丽、贵人香、小芒森 红葡萄品种：赤霞珠、梅鹿辄、小味儿多、西拉

和硕土壤多砾石，酸碱适中

参考文献：

1 中葡网团队．2020．【中国葡萄酒地理9】焉耆盆地：山湖戈壁 美酒天堂．中国葡萄酒信息网．http://www.winechina.com/html/2020/12/202012302946.html[2020-12-01].

2 中葡网团队．2020．【中国葡萄酒地理11】伊犁河谷：北疆湿岛 佳酿天成．中国葡萄酒信息网．http://www.winechina.com/html/2020/12/202012303010.html[2020-12-08].

3 中葡网团队．2020．【中国葡萄酒地理7】新疆产区之天山北麓：冷凉北疆 葡萄故乡．中国葡萄酒信息网．http://www.winechina.com/html/2020/11/202011302901.html[2020-11-25].

4 第六师五家渠市人民政府-自然地理、自然资源．http://www.wjq.gov.cn/p10226/index.htm.

5 新疆兵团农六师五家渠垦区．2013．新疆生产建设兵团农六师五家渠垦区国家现代农业示范区“十二五”发展规划．中华人民共和国农业农村部．http://www.moa.gov.cn/ztzl/xdnysfq/fzgh/201301/t20130121_3204306.htm[2023-01-21].

6 海川新盟．2016．新疆兵团第六师共青团农场葡萄酒产业集群势头强劲．https://mp.weixin.qq.com/s/ZwxQ-eYDhMPdhTaxiJhi3w[2016-09-29].

图片及部分文字由中粮长城葡萄酒（新疆）有限公司提供

中粮长城葡萄酒（蓬莱）有限公司

——打造海岸葡萄酒的旗舰品牌

在胶东半岛最北端的山东蓬莱，不仅以山海仙境的秀美风光而闻名于世，也以其稀有的风土条件塑造了国家地理标志“蓬莱海岸葡萄酒”的滋味与神韵。在过去二十多年里，中粮长城葡萄酒（蓬莱）有限公司一直发挥着中流砥柱的作用，从引进、培育纯正葡萄苗木，重视葡萄园建设，到不断创新酿酒工艺，塑造海岸葡萄酒风格，再到推广海岸葡萄酒品牌，实现产区与品牌的共生共赢，堪称“海岸葡萄酒”旗舰品牌。

海岸产区 美酒名城

中粮长城葡萄酒（蓬莱）有限公司（简称长城蓬莱工厂）坐落于山东省烟台市蓬莱区刘家沟镇，这里是蓬莱“一带三谷”葡萄酒产业布局的核心区——滨海葡萄酒庄聚集带。从烟台到蓬莱的206国道旁，随着“红色国酒”四个大字的出现，这座集“多品类精品酒生产、高度智能化运营管控、国家级科技创新平台、品牌文化展示体验”四位一体的创新型现代化工厂也随之映入眼中。

回顾蓬莱产区悠久的产业发展历史，长城蓬莱工厂一直发挥着举足轻重的作用，甚至可以说它的创立开启了蓬莱葡萄酒的黄金发展期。1998年，中粮集团进驻蓬莱，中粮长城葡萄酒（蓬莱）有限公司成立，在葡萄园建设方面开创“龙头企业+专业合作社+基地+农户”的运作模式，带动了蓬莱葡萄酒产业的快速发展。

2005年，长城葡萄酒与法国合作成立中粮长城阿海威葡萄苗木（烟台）研发有限公司，这是国内首家集酿酒葡萄苗木生产、研发、新品种（系）培育示范推广于一体的科研型生产企业，先后三次从意大利、法国引进马瑟兰、小味儿多、小芒森等世界优良酿酒葡萄品种40个、品系70个、砧木品种11个，建立了酿酒葡萄及砧木品种资源圃300余亩。2018年，长城着眼于中国风土，推出了以产区为基础、极具风土特色的战略单品群，其中的“长城海岸”正是对蓬莱风土的全新表达。为了配合这一战略，公司更名为中粮长城葡萄酒（蓬莱）有限公司。

近年来，长城蓬莱工厂把助力乡村振兴作为企业高质量发展的重要落脚点，展现了央企担当，助推蓬莱乃至中国葡萄酒产业的高质量发展，扩大海岸葡萄酒产量、打造海岸葡萄酒名品、增加葡萄种植面积，直接和间接带动上万名农民创收增收，不仅是蓬莱产区当之无愧的龙头企业，更是助力乡村振兴的“长城”样板。

在龙头企业的带动下，蓬莱葡萄酒产业转型升级，产业竞争力进一步提升，越来越多的酒庄落户蓬莱，构建出由滨海葡萄酒庄聚集带、南王山谷、平山河谷、丘山山谷组成“一带三谷”产业新格局。在“优质产区、特色葡萄园、精品酒庄、标准引领”

成熟等待采收的霞多丽

一年一度的葡萄采收拉开序幕

白葡萄是海岸葡萄酒代表性品种，通常最早被采收

工人们细检查葡萄的成熟度和健康度

采收后的葡萄要经过多道筛选才能压榨发酵

产业发展思路指引下，蓬莱产区突出优质示范园建设，制定蓬莱海岸葡萄酒国家标准，培育“蓬莱海岸葡萄酒”产区品牌，打造“一带三谷”酒庄聚集区，产业发展步入国内产区前列。

北部海湾 稀有风土

蓬莱，位于山东省烟台市境北部，地处胶东半岛北部突出部分，濒临渤海、黄海，既有长达64千米的绵延海岸线，也有起伏的艾山牙山低山丘陵。蓬莱葡萄园有的靠近海岸，有的在山谷中，不同的土壤、气候、光照角度、风向形成、海拔高低与小气候影响，早中晚熟各品种葡萄都有适宜栽植的地块，因此所酿出的葡萄酒也风格各异，有着众多的可能性。

蓬莱三面临海，境内多丘陵山地，中、南部以丘陵地形为主，北部沿海一带地势较为平坦，境内山地占比44%，丘陵、平原各占28%。产区受海洋气候的影响较大，属于暖温带季风区大陆性气候中的山东半岛北部半湿润温凉气候分区。年平均降水量592毫米，年日照时数2852.2小时，年平均气温12.5℃，年活动积温4164.0℃，葡萄生长季节有效积温1625℃，无霜期216天，生长季节气候条件变化缓和，成熟过程维持时间长，成熟前日温差为7.5～8.0℃，相对湿度在成熟季为65%～85%，降水量在8月中旬开始减少。尽管四季分明、雨热同期，雨水相比国内其他产区要偏多，但这里冬季气候温和，空气湿度较大，蒸发量较小，葡萄枝条不易失水，是国内极少数冬季不需要埋土的葡萄产区之一，有利于葡萄藤的延续，为老藤培育提供了良好的基础。

长城蓬莱工厂拥有酿酒葡萄5000亩，红色酿酒葡萄品种有马瑟兰、小味儿多、赤霞珠、美乐、品丽珠等，面积合计约3800亩，主要白色酿酒葡萄品种有霞多丽、雷司令、贵人香、小芒森等，面积合计约1200亩；主要栽培架型分为单干双臂、单干单臂和双层三种。

葡萄园分成5大片区，主要分布在丘山山谷、南王山谷和206国道两侧葡萄观光产业带，包含山地丘陵、谷地梯田、滨海平原等诸多地貌，因此土壤类型也各不相同。蓬莱当地土壤分为棕壤、褐土、潮土、风沙土四类，在特定的生物气候、地形、母质和水文的综合影响下，形成了以棕壤土为主的土壤分布规律，土壤偏微酸，pH约为6.3，土壤含沙粒约30%，适宜葡萄根系生长。

其中，滨海葡萄观光带土壤以棕色壤土为主，土壤优点是土层深厚，有机质含量较高，土壤微生物活跃，保水保肥能力较强，相对较为肥沃；南王山谷土壤以沙壤土为主，土壤优点是土壤颗粒大小适中，通透性良好，含有较为丰富的矿物质营养；丘山山谷土壤以沙质土为主，土壤优点呈矿物质含量丰富，比热系数小，通透性强。

海岸葡萄园的引领者

与黄海、渤海不同的距离位置、不同的地形地貌、不同的土壤类型造就了蓬莱产区稀有风土条件，也为长城海岸葡萄酒的多样风格提供了可能性，最直接的体现就在于长城蓬莱工厂对葡萄园的建设与管理，其中尤以长城海岸龙脊园为代表。

长城海岸龙脊园位于刘家沟镇乌沟张家村西南，S17蓬栖高速西侧。2019年，长城蓬莱工厂技术团队就对蓬莱全境可种植酿酒葡萄的土地进行了考察调研，最终选择了这片缓坡丘陵，葡萄园坐落在连绵起伏的山脉脊背之上，因此得名龙脊园。

龙脊园远离工业区，环境洁净度高，与海洋直线距离不足10千米，从葡萄园最高处即可俯瞰海面，且无障碍遮挡，受海陆风效应影响明显。蓬莱海岸产区降雨比较频繁，潮湿的环境更易让葡萄受到病虫害侵扰，所以葡萄园的通风条件便显得尤为重要。龙脊园地处战山东侧，乌沟河道、高速公路旁，位于海陆风的主要路径之上，葡萄园内常年有风，通风条件极佳。

龙脊园建园之前的土地是零散的梯田，周边村民在这里种植着各类农作物，长城团队接手之后对土地进行了缓坡整形，因此龙脊园虽处于丘陵地带，但葡萄园整体的地势起伏落差并不大，坡度差维持在2°～3°，坡向以朝阳向居多。园内土壤以沙砾土为主，尽管处于山脊之上，土层平均厚度达3米以上，土壤通透性好，利于排水、透气。

龙脊园栽种着420亩马瑟兰以及80亩霞多丽，从建园起就对标国际最高标准，缓坡整形便于排水，深挖定植沟让葡萄根系深扎土层，2.4米的行距、0.8米株距既保证了机械化作业又不会浪费土地，葡萄园架设有滴灌系统，可进行水肥一体化管理。葡萄园西侧是凤凰湖，是蓬莱城市的水源地之一，引水灌溉极为便利，葡萄园内还修建了水源拦蓄工程。

目前，龙脊园正在进行智慧葡萄园搭建，依托大数据、物联网等技术实现气象、土壤、水文等数据监测，实现葡萄园管理标准化、可视化、远程可操控化，打造成蓬莱产区乃至国内葡萄酒行业的标杆葡萄园。

如果说龙脊园代表着长城蓬莱工厂海岸葡萄园建设的高度，那么位于南王山谷的凤凰湖母本葡萄园则承载着长城蓬莱工厂海岸葡萄园建设的历史。凤凰湖母本葡萄园是2004年起中粮集团与法国阿海威苗木合作建设的，是蓬莱产区品种适应性试验的重要基地，先后筛选出马瑟兰、小味儿多、霞多丽、小芒森等产区优势品种。此外，这片葡萄园还在为中粮阿海威苗木公司提供纯正的苗木种质资源，生产的高品质嫁接苗源源不断供应全国其他产区。蓬莱产区2010年曾遭遇过一次严重的冻害，自根苗葡萄园损失严重，凤凰湖母本园因为栽种着抗性较好的嫁接苗而得以完整存留，目前已经是蓬莱产区最古老、品种品系最丰富的一片葡萄园。

除了长城海岸龙脊园、凤凰湖母本园外，长城

育苗基地内的葡萄舒展新芽

蓬莱工厂白葡萄品种基地主要分布于气候较为冷凉的沿海葡萄观光产业带，还在龙山店、丘山谷与当地农户建立上千亩合作基地。随着蓬莱产区海岸葡萄酒产区定位的提出，长城蓬莱工厂在《酿酒葡萄种植技术标准》《酿酒葡萄栽培技术规范》等葡萄园管理标准制定上做出了巨大贡献，并探索出了极简化修剪、行间生草、枝条覆盖、叶幕简约化管理、花序整形、调亏灌溉等一套生态标准化的种植模式，以标准化葡萄基地建设引领蓬莱葡萄酒产业的健康发展。

温润柔雅 打造海岸葡萄酒的旗舰品牌

灿烂阳光、旖旎海风和疏松沙砾，是长城海岸葡萄酒温润调性的基石，多品种的酿酒原料才是铺就长城海岸温润口感之路的灵魂主角。

从每年榨季开始，长城蓬莱工厂按“品种、地块、树龄、等级、成熟度”进行五级精细化分级采收管控，酿酒师以日积月累的经验，捕捉恰到好处的采摘时间，糖分与酸度完全平衡的酿酒葡萄才有资格被摘下，这是葡萄转化为海岸佳酿的第一步。

在产品研发方面，长城蓬莱工厂秉持“特色化酿造、优势化发展”的酿酒理念，建立了“干型酒、起泡酒、甜型酒、白兰地”的多酒种生产技术体系，塑造了马瑟兰、小味儿多、霞多丽、贵人香、小芒森等产区优势品种，形成以干型酒为主、多品种和多品类的产品格局。蓬莱海岸产区的温润风土铸就了长城海岸葡萄酒的独特风味，柔性压榨、全自动控温保证的温润工艺助力长城海岸葡萄酒温润柔雅的风格发挥到极致。其中以马瑟兰、起泡酒、白兰地最具代表性。

马瑟兰是长城蓬莱工厂当之无愧的核心品种，近20年的潜心研习，让长城读懂了马瑟兰特有的美学。2004年，长城建立马瑟兰专属种质资源苗圃园，研究其引种适应性和品种植物学表现。经过长城酿酒师团队的精心种酿，马瑟兰葡萄酒充分展现了海岸产区特色葡萄品种的特点与优势，酿酒表现优异，果香突出、颜色鲜艳、单宁细致。2009年之后，长城在蓬莱开始大规模种植发展马瑟兰。作为国内第一家马瑟兰品种规模化生产经营的企业，长城走在了国内马瑟兰品种种植研发的前端，展现出开放包容的海岸风格和企业态度。

为实现马瑟兰品种特色与长城海岸品牌的高效关联、实现品种品牌化，充分挖掘马瑟兰葡萄品种的内在优势和特色，长城蓬莱工厂开展了整穗入罐、部分破碎、浮选澄清技术、多类型酵母联合发酵等一系列创新型工艺的研发，建立了以低温浸渍、二氧化碳浸渍等工艺为核心的马瑟兰多品类关键工艺技术体系，开发了马瑟兰干白、二氧化碳浸渍法新酒、起泡酒、桃红、高端陈酿型干红等一系列创新产品。

基于起泡酒市场的快速发展，长城蓬莱工厂是国内最早开展罐式起泡酒技术研发的葡萄酒企业，充分利用表现优良的霞多丽、贵人香、小白玫瑰等品种，保压条件下，开展三级裂殖酵母扩培技术、缺氮环境二次发酵技术、联合抑制中途终止发酵技术、等压条件下稳定性处理技术等先进的酿造技术研究，开发出符合中国人口味的高品质起泡葡萄酒系列产品。

在葡萄酒风格塑造上，长城蓬莱工厂针对产区葡萄酒生青味重、酒体单薄、产区特色风格不突出等问题，开展了葡萄酒呈香和呈味物质的代谢规律及其在酿造过程中变化规律的研究，明确了2-甲氧基-3-异丁基吡嗪（IBMP）、酵母可同化氮等酿酒葡萄主要呈香物质及其前体的代谢规律，确定了单宁、花色苷等酿酒葡萄主要呈味物质生物合成的调控机制和影响因素，集成了以提高原料品质、抵御逆境伤害、合理供应营养为核心的酿酒葡萄生产技术规程和以发挥原料优势、弥补原料缺陷、提升风味质量、完善产品风格为核心的酿酒技术规程。

最佳品种及年份

马瑟兰：浓郁的树莓、蓝莓、樱桃等浆果香气中蕴含着香草、烟熏、巧克力气息，单宁较柔和，与赤霞珠混酿，具有“温润柔雅”的酒体风格。

最佳年份：2015、2016、2019

小味儿多：浓郁甜美的樱桃、李子等红色浆果香气，萦绕着橡木、烤面包的气息与紫罗兰花香。遵循品种典型风味，与梅鹿辄融合混酿优势互补。

最佳年份：2013、2016、2019、2020

霞多丽：浓郁的菠萝、柑橘和成熟柠檬的水果芳香，白色花瓣、矿物质气息，入口丰润甘美，酸度适宜，口感浓熟，饱满平衡。

最佳年份：2014、2015、2017、2019

风土档案	
气候带	**温带大陆性季风气候**
年平均日照时数	2852.2h
年平均气温	11.7℃
最低温、最高温	-14.9℃，38.8℃
有效积温	2216.4℃
活动积温	3654.4℃
年降水量	564mm
无霜期	206d
气象灾害	低温冻害，冰雹，多雨
地貌地质	
主要地形及海拔	丘陵缓坡，30～117m
土壤类型	棕色沙质壤土为主
地质类型	土壤成土母质以砂岩、石灰岩、花岗岩为主，个别区域存在页岩、片岩以及玄武岩风化形成的土壤
酿酒葡萄	
主要品种	红葡萄品种：赤霞珠、马瑟兰、丹菲特、美乐、泰纳特、小味儿多、品丽珠 白葡萄品种：霞多丽、贵人香、小芒森、维欧尼

中粮长城龙脊园风貌

参考文献：

1 蓬莱葡萄酒发展促进中心．2015．中国优质葡萄与葡萄酒名城．https://m.winesinfo.com/NewsDetail.aspx?id=13724[2015-06-04].

2 蓬莱发布．2020．中粮长城："温润柔雅"，品出海岸的味道．https://www.sohu.com/a/409537467_120206859[2020-07-24].

3 烟台广播电视台．2021．海岸风土守望者．https://m.thepaper.cn/baijiahao_15260873[2021-11-06].

图片与部分文字资料由中粮长城葡萄酒（蓬莱）有限公司提供

怡园酒庄

——中国精品酒庄的探索者

怡园酒庄自1997年起扎根黄土高原，崇尚美好生活，用家族的荣誉酿造每一瓶葡萄酒。25年来，怡园人凭借坚韧与智慧，走上了多品种、多产区、多酒种的可持续发展之路。

山西太谷-大峡谷风貌

葡萄故里 酒庄梦想

1972年，陈进强先生来到山西太原工学院（现为太原理工大学）读书，由此开启了陈先生和山西至今半个世纪的情缘。而在创业期间，山西的焦炭、铁合金、生铁也让陈先生赚了很多钱。他的私人心愿想要报答山西，想给山西做一件可持续发展的事情。所以，他决定建一座葡萄酒庄。

1997年，抱着“既然要给山西引进美好的东西，就要做像欧洲那样的葡萄酒庄，而且要做中国最好的葡萄酒，就算眼前行不通，我相信将来山西会美好，中国人会欣赏美好的葡萄酒”这样的理想，在世界著名的法国葡萄酒学者丹尼斯·博巴勒（Denis Boubals）教授的协助下，陈进强先生和来自法国的詹威尔先生（Sylvain Janvier）在山西省晋中市太谷联合创办了怡园酒庄。怡园酒庄在这片拥有浓重葡萄与葡萄酒文化的土地上开启了家族的酒庄梦想，并让这片贫瘠的土地重新唤起世人的瞩目，同时，也开启了山西省真正大面积种植欧洲酿酒葡萄的新纪元。

2002年，陈进强先生将酒庄传给了他的女儿陈芳。陈芳早年留学美国，毕业后在国际知名的投行工作。在父亲的召唤下，投入了家族的事业，由此掀开了怡园酒庄新的篇章。2018年，怡园酒业控股有限公司（简称怡园酒业）在中国香港上市，完成了从一个家族企业到公众企业的转变。如今，怡园酒业旗下拥有（酿造生产葡萄酒的）山西怡园酒庄、宁夏怡园酒庄和（从事威士忌生产的）福建德熙酒庄，实现了多产区的战略部署，为未来发展夯实了基础。怡园酒业用时间和行动去实现可持续性发展，成为中国优秀的精品酒庄，不再只是一个梦想。

晋中盆地 国潮酒庄

太谷是闻名遐迩的晋商发祥地之一。太谷不仅对近代山西的经济金融产生了重大影响，平遥古城、乔家大院、王家大院、常家庄园等历史建筑，也成为中国北方地区颇具特色的民族遗产。而在太谷区任村乡东贾村，有一座中国精品酒庄——怡园酒庄。怡园酒庄，取名“怡园”，喻义“心旷神怡的花园”，就是希望喜爱怡园的朋友把怡园视作一片宁静的乐土，就如自己的后花园，和自己喜欢的人一边品尝优质美酒，一边怡情尽兴。

“国潮”是对国货品牌和中国文化自信的回归。怡园要做中国的精品葡萄酒。在陈庄主眼里“没有自己的风格永远没有巅峰。”他拒绝给酒庄起洋名，也拒绝给外省品牌灌瓶做加工，坚持打山西品牌。“用家族的荣誉来酿每一瓶酒”，面对复杂多变的天气，难以捉摸的市场，怡园酒庄不变的是做精品和讲传承的态度。历经25年，在中国怡园成为大家普遍认可的家族精品葡萄酒品牌。怡园葡萄酒以稳定的高品质输出，赢得了越来越多中国消费者的喜爱，成为“国货之光”。

怡园酒庄不仅“耐得住寂寞”酿好酒，奉献到国人、世人的餐桌上，还不忘传承中国传统文化，比如说怡园酒庄推出的第一款酒“庆春”。这不仅仅是简单的酒，它们是耕耘与付出，是对中国文化及家族文化的传承，更是对于酿造品质中国葡萄酒的一份坚持。“怡园庆春”诗词版（2012起），甄选一首古诗词作为当年“庆春”的主题，一起欣赏古诗词，传承中国传统文化，成为怡园酒庄和酒友们之间独特贺岁的方式。

从黄土高原到贺兰山

发现太谷风土。山西地处黄河中游、黄土高原东部，是典型的为黄土广泛覆盖的山地高原，地势东北高西南低。山西省的地貌特征是“两山夹一川”，即东部太行山与西部吕梁山之间有一条贯彻南北的河流——汾河，东西两侧为山地和丘陵的隆起，中部为一列串珠式盆地沉陷，平原分布其间。太行山耸立在黄土高原与华北平原之间，而怡园酒庄所在位置恰好就在二者之间的交通要道附近，太行八陉之一的井陉就从北部晋中通过。太行山还是华北地区一条重要的自然地理分界线，西侧是黄河流域，东侧是海河流域。太行山脉北侧之脉太岳山从怡园酒庄东侧向北延伸，这里便是黄河流域与海河流域的分水岭。

山西怡园酒庄坐落于晋中盆地（也称为太原盆地）东北部太谷区一片黄土高坡，位于汾河左岸，这里是河谷平原与低山丘陵的过渡带，太行山与吕梁山的环抱之中。怡园酒庄在太谷断裂带北段，晋中盆地的边缘。葡萄园错落有致地分布于太行山西侧的梯田地带，呈阶梯状辐射周边村落，地理坐标是东经112º48′，北纬37º31′，海拔高度870～950米，落差近100米。地形东北向西南倾斜，坡度小于15°，至汾河的水平距离38千米。土壤是风积土，褐土、中壤，土层深厚（600米以上），沙壤土质地，疏水、透气性好、排水性良好，适合葡萄根纵向生长。土壤肥沃，各种元素含量均衡，富含镁、钙。

山西山地高耸，控制山体走向多呈北东向及北北东向。这样的山势恰与夏季东南季风的来向相垂直，或成斜交，形成天然屏障，阻挡着潮湿气团，使其不易向内陆伸入。在冬季，强大的大陆干冷气团，来势凶猛，长驱直入，山西地势又难以阻隔，

降温早，降温幅度大，海拔高起，气温低，冬季时间长。太谷产区是典型的大陆性气候，四季分明，干旱，雨水少且日光强烈、昼夜温差大，是种植酿酒葡萄的理想地带。年平均日照时数为2600小时，活动积温约为3657℃，有效积温约为1900℃；平均年降水量450毫米，年蒸发量1766毫米。初霜日10月3日左右，终霜日4月13日左右，无霜期170~190天。风向冬季以西北风为主，夏季以东南风为主。

晚霜冻是本地区近年表现比较突出的自然灾害，一般在春季的4月底5月初发生，严重时影响产量的90%，轻时影响产量20%~30%。其次受秋雨影响，在葡萄将近成熟时的绵绵细雨，雨量不是很大，但持续的时间比较长，低温寡照的天气条件，不利于葡萄质量的提高，极易造成各种病害的爆发。风灾以5月中旬到6月上旬为多，风力可达4~5级，短时8级，不仅加重春季的旱情，而且此时葡萄正是新梢生长期，极易吹断绿枝，致减产15%~20%，有时伴有沙尘暴，危害更重。其他的自然灾害也有偶发的现象，如干旱、冰雹等。

倒春寒是一种让人难以适应的“善变”天气，怡园酒庄从2014年土地流转至今，分别在2018年和2020年出现了两次比较严重的倒春寒天气。在4月份葡萄出土后，天气回暖的过程中，因雨雪天气或者冷空气的侵入，使气温明显降低，因而出现倒春寒。针对倒春寒，目前采用的方法是喷施预防冻害的药剂进行防冻，并辅助人工熏烟。此外，太谷葡萄园区降水量较多且主要集中在下半年葡萄成熟期间，目前主要是通过科学合理的用药，在尽量减少用药的同时，努力预防降雨带来的影响。喷药方式由原来的人工喷药改为机械喷药。

针对当地风土特点，酒庄在基地管理模式及园区管理方面做了相应调整。自2014年公司花费大量人力、财力进行了土地流转，将目标地块全部流转回来后自行管理，使得葡萄园区管理各项工作能严格按照公司的要求进行，公司葡萄原料的品质有了很大的提升。基地统一流转后，采收前酒庄可以清晰地划分地块，根据成熟度的要求，可以选择不同的采收窗口，工艺方面可以做更多的发酵实验，增加原酒的复杂度。

园区管理方面，酒庄将原来的扇形修剪模式改成厂字形修剪模式，结果部位提高，架面变薄，既有利于预防病害，同时成熟度一致，便于园区操作，提高了工作效率。后期的一些管理调整包括：提高打顶高度；提前疏叶确保通风透光，为葡萄成熟及病害预防提供保障；个别产量高的品种进行疏果确保品质；合理修剪、科学留条等其他操作方式的改变也对葡萄原料品质的提升起到了积极的作用。埋土方面，改变原有全部人工埋土方式，目前全部实行人工压条、机械埋土的方式，既提高了工作效率又提高了埋土质量。

抢滩贺兰山。2007年10月份的采收期，山西经历了连续1周的降雨，葡萄几乎都感染了很严重的

怡园酒庄山西太谷葡萄园

怡园酒庄宁夏贺兰山东麓甘城子葡萄园

怡园：令人心旷神怡的花园

灰霉，气候很不稳定，至此酒庄决定寻找新的葡萄产区。宁夏产区与山西产区最大的区别是自然条件好，降水量相比山西要少200多毫米，干燥多风，每年的葡萄质量均比较稳定，病虫害少，葡萄成熟度较高。酒庄很早就关注了贺兰山东麓产区，走访后发现甘城子产区海拔在1200多米，常年有风，降水量更少，土壤干燥，主要以灰钙土、砾石土、沙土为主，土壤排水性高，温差较大，葡萄成熟期的稳定性更高，葡萄园稍加管理就会有不错的葡萄原料。葡萄园可采取不同的整形架势，葡萄产量与原酒质量上有很大的可控空间。

宁夏怡园酒庄地处银川平原西部边缘，系黄河冲积平原与贺兰山冲积扇之间的洪积平原地带。贺兰山屏障于西，黄河流经其东，形成“山河相拥，山川夹廊”的地理格局。葡萄园为南向坡地，平均海拔1202～1222米。这里全年日照时数2851～3106小时，全生育期积温（≥10℃）在3400～3800℃·d，4～10月有效积温1483～1534℃。平均年降水量179.3毫米，年蒸发量1214.3～2803.4毫米。早霜日平均出现在10月4日，晚霜日平均出现在4月19日，年平均无霜期170～199天。全年主导风向为东北偏北风，沙尘暴日数为3.4天。土壤为淡灰钙土、沙壤土，含砾石，透气极佳，矿物质含量高，下层土质松软，在可控的灌溉条件下，可使葡萄树体内的水分更容易调节，并使根系下扎得更深。该产区有时遭遇晚霜，葡萄园主要病害是霜霉病。花期有时遇沙尘暴，越冬期出现极端低温现象。

因为气候因素，山西的葡萄品种从不成熟到成熟，会经历从青椒、红椒到红果，诸如草莓、樱桃的味道，很难出现成熟的黑果味，普遍是在红黑之间。但宁夏常年干旱少雨，日照时间长，利于葡萄后期的生长。怡园经过几年的尝试，发现一些在山西葡萄园难以成熟得很好的品种，如西拉和品丽珠，在宁夏得到了很好的成熟度。不同的产区会带有不同的风土特色与产区结构，怡园酒庄有机会使用不同气候、土壤、风土的葡萄原料来进行搭配，是一件很有趣的事。比如说，宁夏青铜峡做的酒可能酒精度稍微高一些，味道也比较浓一些；山西的相对比较轻盈优雅一些。怡园一直在坚持探索，想去酿造出一款真正代表中国不同产区风格的葡萄酒，而且这也是酿造葡萄酒本身的乐趣所在。

多品种探索之路

目前，怡园酒庄主要葡萄品种有赤霞珠、梅鹿辄、品丽珠、霞多丽、阿里亚尼考、马瑟兰、西拉等。赤霞珠、品丽珠、梅鹿辄、品丽珠自1997年引种，1998年种植，阿里亚尼考自2006种植，怡园酒庄也是中国最早种植阿里亚尼考的酒庄。马瑟兰自2006年起开始种植，西拉自2007年起开始种植。此外，酒庄还少量种植桑娇维塞，并开始试验酿酒。“在哪里种”和“种什么品种”是怡园一直在思考的问题。在宁夏基地，还种植西拉、雷司令、长相思等品种，只为酿造一款能真正代表中国产区风格的葡萄酒。

怡园酒庄从1997年开始多次尝试引进例如霞多

丽、长相思、雷司令、灰皮诺等白葡萄品种，但唯有霞多丽最适宜山西的风土。太谷产区霞多丽，较好地保留了果实的酸，果香浓郁，以柠檬、橙子、香瓜、菠萝，凤梨香气为主，口感清爽，不肥腻。陈年后，具悦人的果香和酒香，具牛奶般的圆润感，醇和润口，有独特的风味，酒质上等。气候冷凉时，酒体结构丰满，复杂，具有长时间陈酿潜力。良好的适应性使得霞多丽既适合酿造静止酒，也适合酿造起泡酒，在怡园，酿酒师会根据不同的酒款风格来决定是否让酒液经过橡木桶熟化。

2006年起，怡园酒庄就开始种植阿里亚尼考，是中国首个种植该品种的酒庄。品种实验园位于海拔900米的坡地，葡萄整体种植密度小，有很好的通风条件，土壤主要是沙壤土。怡园种植的阿里亚尼考，不同于意大利产区阿里亚尼考高酸度、高单宁，具花香、黑樱桃、黑莓果香等特点，口感上焕然一新。第一瓶怡园德熙珍藏阿里亚尼考2012，出道即惊艳。

马瑟兰也是怡园酒庄从2006年开始在品种实验园种植的品种。经过多年的种植及酿造实验后，马瑟兰终于在2012年份以单一品种酿制，酒款于2015年上市发售。在2017年Decanter亚洲葡萄酒大赛中，怡园德熙珍藏马瑟兰2015荣获最高奖项——赛事最优白金奖。

对于怡园酒庄的种植和酿造团队来说，最大的挑战除了尽可能保持每一款酒、每个年份的质量“稳定性”，还有用无数次的尝试和实验，去寻找“在哪里种”和“种什么品种”两个问题的答案。结合风土条件，酒庄也在尝试不同的发酵容器和不同的储酒容器，除不锈钢罐、橡木桶外，水泥罐、陶罐等也在进行实验性的使用，蛋型水泥罐是酒庄目前投资较大的固定资产。原酒管理上更多地采用了低硫处理，最少量添加或不添加二氧化硫，生产过程中最大限度地减少干预等诸多要求，酒庄认为“低干预”是未来的发展方向。两代庄主执拗地要走做精品、做好酒的道路，种植师和酿酒师们也坚持不断创新，怡园酒庄的每一款酒值得用时间来检验。

怡园，中国精品酒代名词

怡园酒庄在这片难得的土地上种植和酿造葡萄酒，使得这片贫瘠的土地重新唤起世人的瞩目。历经25年发展历程的怡园酒庄，已经成为中国备受肯定的精品葡萄酒庄，被誉为中国精品酒庄的标杆品牌，获得了国际葡萄酒界的广泛好评。

怡园酒庄葡萄酒风格：优雅、平衡。怡园酒庄葡萄酒现有产品系列包括：“顶级系列——怡园庄主珍藏、怡园庄主珍藏·记忆、财神版怡园庄主珍藏；旗舰系列——怡园深蓝；单一品种体现独立个性和不同风土的怡园德熙珍藏系列；进阶系列——怡园精选和怡园特酿；入门级——怡园系列和庆春系列；德宁起泡酒（年份和无年份）；跨界合作产品——年华；宁夏产区旗舰产品——“怡园留白”等酒款。

截至目前，怡园酒庄葡萄酒在国内外葡萄酒大赛获得金奖12项、最优白金奖1项。其中包括：Decanter世界葡萄酒大赛金奖，Decanter亚洲葡萄酒大赛最优白金奖，吉尔伯特·盖拉德国际葡萄酒大赛金奖，RVF中国优秀葡萄酒年度大奖金奖等奖项。

最佳品种及年份

霞多丽：山西葡萄园

良好的适应性使得霞多丽既适合酿造静止酒，也适合酿造起泡酒，在怡园，酿酒师会根据不同的酒款风格来决定是否让酒液经过橡木桶熟化。

最佳年份：2015、2019、2020、2021

阿里亚尼考：山西葡萄园

单一品种酿造的阿里亚尼考，清新的红色水

果，明显的胡椒香气。鲜明的成熟浆果风味，黑巧克力与辛香在品尝后期逐渐明显。酒体圆润，单宁柔和细腻，酸度适中。

最佳年份：2012、2015、2018、2019

马瑟兰：山西葡萄园

马瑟兰在山西太谷实验园发挥了其极强的适应力，绚丽丰富的风味，饱满和集中的口感，浓郁而富有层次的结构使口感更加持久，柔顺的单宁与酸度达到完美的平衡。常见樱桃，草莓，覆盆子，醋栗红色浆果气息，黑加仑黑色浆果香气，以及紫罗兰、玫瑰花香，且具有薄荷、荔枝和青椒的香气。

最佳年份：2015、2017、2018、2019

西拉：宁夏贺兰山东麓葡萄园

西拉是目前宁夏怡园酒庄代表性的品种，也是酒庄宁夏酒款“留白”的主要酿造品种。留白酒液为明亮深红色，伴有浓郁的黑莓、八角、茴香以及烘烤橡木和肉豆蔻的香气。口感细腻而富有层次，充满着蓝色水果、烤面包和可可的味道。单宁精致，充足的酸度和甜美度平衡良好。

最佳年份：2017、2018、2019

参考文献：

1 怡园酒庄. 2022. 怡园25周年|少年励志不言悔. https://mp.weixin.qq.com/s/8NRF4_4GFoa1Au6fhk_mAg[2022-06-16].

2 申延玲. 2022. 怡园25周年|交出了一份骄人的答卷. 葡粹俱乐部. https://mp.weixin.qq.com/s/ApiZtDxlv_oqw3T_98dv4Q[2022-07-14].

3 怡园酒庄官网. http://www.grace-vineyard.com.

4 怡园酒庄微信公众号. 认证主体：山西怡园酒庄有限公司.

图片及部分文字由怡园酒庄提供

风土档案

气候带	**温带大陆性气候（山西太谷）；大陆性干旱半干旱气候（宁夏甘城子）**
年平均日照时数	2600h（山西太谷）；2851~3106h（宁夏甘城子）
年平均气温	9.6℃（宁夏甘城子）
有效积温	1900℃（山西太谷），1483~1534℃（宁夏甘城子）
活动积温	3657℃（山西太谷）；全生育期积温（≥10℃）3400~3800℃·d（宁夏甘城子）
年降水量、年蒸发量	450mm，1766mm（山西太谷）；179.3mm，1214.3~2803.4mm（宁夏甘城子）
无霜期、历史早晚霜日	早霜日在10月3日左右，晚霜日4月13日左右，无霜期在170~190d（山西太谷）；早霜日平均出现在10月4日，晚霜日平均出现在4月19日，年平均无霜期170~199d（宁夏甘城子）
气象灾害	晚霜冻、秋雨、风灾、干旱、冰雹等（山西太谷）；早晚霜，越冬期极端低温，花期沙尘暴（宁夏甘城子）
地貌地质	
主要地形及海拔	晋中盆地东北部太谷区黄土高坡，平均海拔870~950m（山西太谷）；黄河冲积平原与贺兰山冲积扇之间的洪积平原地带，平均海拔1202~1222m（宁夏甘城子）
土壤类型	沙壤土，土层深厚，排水性良好，适合葡萄根纵向生长。风积层土，沉积形成，土层厚600m以上，疏水、透气性好，肥沃。土壤为褐土类，中壤，pH7.8左右，各种元素含量均衡，富含镁、钙（山西太谷）；沙砾结合型土质，透气极佳；土壤为淡灰钙土、沙壤土，含砾石，有机质含量高，下层土质松软，在可控的灌溉条件下，可使葡萄树体内的水分更容易调节，并使根系下扎得更深（宁夏甘城子）
酿酒葡萄	
主要品种	红葡萄品种：赤霞珠、梅鹿辄、品丽珠、阿里亚尼考、马瑟兰、西拉等 白葡萄品种：霞多丽

元森酒庄

——东戈壁生存法则

物竞天择，适者生存。万物都有自己的生存法则，酒庄亦不例外，何况是在条件艰苦的南疆戈壁滩上那些财力有限的小酒庄。新疆元森酒庄2008年建园，熬过难捱的初创期后，专注于脚下的土地探索与市场开拓，成为当地特色鲜明的企业。它的生存法则，想必对中国众多小酒庄的发展有着宝贵的参考价值。

元森酒庄位于焉耆盆地东戈壁上的葡萄园

葡萄园内土壤基本保持了戈壁原有的面貌

法则一：敢于挑战

新疆地形多样，戈壁是非常重要的一部分。尤其在天山以南，随处可见茫茫的戈壁滩，满眼的乱石沙砾，植被稀少。“风吹石头跑，地上不长草”，是南疆焉耆盆地七个星镇二十多年前的真实写照。如今，这里绿意浓浓，曾经的戈壁被数万亩葡萄园替代，仿佛换了人间。

七个星镇得名于戈壁地形，霍拉山的冲积扇让这里的地形上窄下宽，形似蒙古人长袍衣叉子的角状，清代蒙古族土尔扈特部在此定居，便称这里为“锡格沁”，意为“三角叉”，后来演变成了“七个星”。七个星镇的戈壁被当地人习惯称为东戈壁和西戈壁，西戈壁位于霍拉山至国道218之间，东戈壁则位于公路东侧与开都河之间。1998年，第一株葡萄在东戈壁上生根发芽，拉开了茫茫戈壁旧貌换新颜的序幕。

焉耆盆地属于典型的干旱区绿洲气候，降雨极少，蒸发量巨大，空气干燥。在这样的环境下种葡萄，必须要有足够的灌溉水源，但传统灌溉方式行不通，浪费水源且易造成土地盐碱化、葡萄根系上移，所以当地葡萄园必须架设滴灌，元森酒庄庄主张军有正是因滴灌与东戈壁结缘。那时，张军有从事机械加工行业，并在焉耆盆地产区葡萄酒产业蓬勃兴起之际转向节水滴灌设备销售与安装，焉耆、和硕不少葡萄园都是张军有带着工人建造的，他也因此接触和了解葡萄与葡萄酒产业，并渐渐对此着迷。

2008年，张军有萌生了一个“大胆”的想法——在焉耆种葡萄，建酒庄。当时正值焉耆葡萄酒产业发展如火如荼之际，焉耆专门成立了葡萄产业园区管委会，出台了一系列产业扶持政策。在选择酒庄地块时，张军有结合自身资金情况并没有选择开垦难度较大的西戈壁，而是选择在海拔较低的东戈壁

元森酒庄创始人张军有

开始了种植探索。

东戈壁靠近开都河流域的绿洲地带，气候相对平和，物候期比西戈壁要晚7~10天，葡萄往往能在春季躲过晚霜危害。东戈壁相距霍拉山近20千米，冲积扇土壤中石块更细碎，风沙土、泥沙土含量更高。海拔低，更接近地下水、靠近开都河，这里的土壤含水量相对偏高。再配合高效节水的滴灌系统，一口机井便能满足葡萄园灌溉、酒庄生产用水需要。

元森酒庄并非财力雄厚的企业，每一笔投入都要精打细算，所以建园时并未对数百亩土地进行彻底改良，而选择保持戈壁原生态的地貌和土壤结构，因此也造就了周边自然植被多，生物多样性好的特点。这一点，从元森酒庄酒标上便能体现出来，银螳螂、红蝴蝶、蓝蜻蜓，这些可爱的昆虫一直是元森葡萄酒的标志性元素，设计灵感来源于葡萄园内随处可见的益虫，这些益虫不仅能捕食害虫，还能在花期帮助葡萄授粉。葡萄园给予了它们栖息之地，它们也维护着葡萄园的生态平衡。

尽管葡萄是一种对环境适应能力很强的植物，但在戈壁上仍面临着干旱、高温、盐碱等诸多环境胁迫，每年都会有因恶劣气候造成的缺株少苗。因此，在戈壁上种葡萄不仅仅是对葡萄自身的一种挑战，更是对于投资者财力、信念的考验。能适应这里，就纵情生长；不能适应，只能黯然离场。

法则二：先行后知

在焉耆盆地，元森酒庄是一个草根色彩浓厚的小酒庄，投资不多，规模不大，酿酒设备也并不先进，甚至发酵罐、葡萄园机械工具都是庄主亲自焊接制作的，但就是这样一个小酒庄，从建庄之初酒款便保持着稳定的品质和超高的性价比。究其原因，不仅得益于焉耆东戈壁优秀的风土条件，更依靠着“先行后知”的经营理念。

与张军有同一时期在戈壁上建酒庄的人，大都因忍受不了漫长的回报周期半途而废，张军有却始终咬牙坚持，许多人都劝他抽身离开，放弃遥不可及的梦想。那段艰

元森酒庄榨季喜迎丰收

元森酒庄开辟新园，丰富、更新品种

难、苦闷的日子里，张军有就站在葡萄园地头上，一根儿接一根儿地抽着烟，看着他种下的一株株葡萄树，几番挣扎暗暗下了决心，一门心思做酒庄。他以大儿子的名字“元森”为酒庄命名，把酒庄当孩子一样养，没钱了卖车卖房卖工厂也投进来。或许也正是这样一段艰难的创业经历，让张军有成为戈壁滩上勇敢的务实者。

相比于许多精品酒庄的先谋而后定，元森酒庄有种“先行后知”的魄力，在庄主张军有的认知里，一个行动胜过百个空想。“说干就干”是他的人生信条，也赋予酒庄灵魂，“人类对于自然的了解始终是浅薄的，你无法预料每一场霜冻、每一场暴风，甚至不能准确知道采收期的天气变化，而我们所能做的就是先把葡萄种上，去观察、总结它的变化，可能会走一些弯路，但同样也会积累更多的经验”。

建园伊始，元森酒庄定植了600亩赤霞珠，这是当时市场上最常见的葡萄品种，种它的唯一理由就是相对保险，酿出来的酒“应该好卖”。物多则不贵，不仅仅在焉耆乃至全国赤霞珠几乎是占据着绝对主导地位，元森酒庄的品种在当时则显得过于简单了。同样，在生物角度上讲，一个地区如果长期只种植过于单一作物品种，其土壤肥力会随着时间慢慢下降，动物、植物、微生物的功能也会消失，病虫害将会逐年加重。当病害大规模发生时，过于单一的作物品种，抵抗力差，是无法阻止病害流行的，是极为致命的隐患。

从2015年开始，元森酒庄便开始了漫长的品种革新计划。赤霞珠表现不好的地块，改种其他品种；管理不佳、缺株少苗的地块，再补种新苗；甚至元森酒庄主动削减了葡萄园的面积，将不适宜种葡萄的地块改造成花园、房车营地、集装箱营地。

2015年，酒庄新增霞多丽15亩、马瑟兰80亩，西拉55亩；2018年，将100亩赤霞珠架型做了更新调整；2019年，新增美乐44亩、西拉26亩；2020年、2021年又陆续新增80亩赤霞珠；2022年，新增马瑟兰30亩、西拉20亩。截至目前，元森酒庄葡萄园从600亩精简至450亩，“葡萄园少了，管理质量却上来了，整体品质也自然提升”。随着葡萄品种比例的逐步调整，元森酒庄的产品品类也愈加丰富，马瑟兰、西拉、美乐、霞多丽等单品种酒款不断推陈出新，也曾在中国优质葡萄酒挑战赛上创下连续多年获奖的纪录。

法则三：爱上戈壁

去看具体的风景，去做具体的事，是元森酒庄与戈壁和解共生的最好方式。这几年，元森酒庄响应当地“旅游+文化+活动”旅游模式，元森农庄建成营业，蒙古毡房、有机菜园、垂钓鱼池、游泳池、民宿客房，吃喝玩乐住样样俱全。

随着短视频的火爆，元森酒庄早早便入驻抖音、快手等短视频平台。庄主张军有亲自出镜，带着稚嫩可爱的小孙子，没有多华丽的特效，没有编排好的剧本，甚至背景音乐都是普普通通的歌曲。在他的视频里，有酿酒葡萄、冬枣、枸杞、杏子、黄桃，还有农庄里种植的各类有机蔬菜，当然还有元森酒庄的葡萄酒。

在市场上，元森酒庄更关注性价比，一直秉持优质低价的思路致力于向更多消费者推广葡萄酒。在酒庄发展过程中，为了生存也为其他品牌代加工过，也做过贴牌酒，让利于经销商，让合作伙伴与酒庄真正成为命运共同体。元森酒庄也不曾忘记社会责任，曾先后帮助梨农收购被冰雹打掉的果子，帮助周边其他的葡萄种植户解决原料销售问题……因为自己淋过雨，所以总想给别人撑把伞。

当我们了解元森酒庄的发展历程之后，才发现英雄主义的叙事方式不过是一些琐碎的日常。正所谓，人生海海，山山而川，不过尔尔。元森酒庄是新疆焉耆盆地葡萄酒产业发展的一个缩影，也是中国葡萄酒发展浪潮中一朵小小的浪花。正如元森酒庄的生存法则，当你无力改变环境，那就选择去适应，与这个世界和解。

最佳品种及年份

赤霞珠： 元森酒庄葡萄园位于更为冷凉、温差较小的东戈壁，土壤中黏土、有机质含量更高，这使得元森酒庄的赤霞珠有突出的果香，轻盈秀气野果子气息非常明显，并带有野性未驯的单宁，口感淳朴率性，结构略显强壮，并有率真跃动的酸度。

马瑟兰

最佳年份： 2012、2014、2018

马瑟兰： 元森酒庄马瑟兰是始栽于2015年的小树，已近盛果期，其马瑟兰风格表现与赤霞珠相似，但展现出较多的紫罗兰花香、荔枝、红薯干等典型的品种香气，以浓郁、醇厚、粗犷的风格为主，酸度好、有力度，陈酿潜力极佳。

最佳年份： 2018、2020

风土档案	
气候带	大陆性干旱半干旱气候
年平均日照时数	3005h
年平均气温	8.8℃
最低温、最高温	−28.6℃，37.8℃
有效积温	≥0℃积温3948℃
活动积温	≥10℃积温3498℃
年降水量、年蒸发量	81.3mm，1812.3mm
无霜期、历史早晚霜日	187d
气象灾害	春季霜冻，冬季冻害，大风，冰雹
地貌地质	
主要地形及海拔	盆地、冲积扇平原，1035m
土壤类型	沙砾棕漠土
地质类型	海西期褶皱基底之上形成和发展起来的一个中、新生代复合盆地，位于焉耆隆起的霍拉山冲积扇平原
酿酒葡萄	
主要品种	红葡萄品种：赤霞珠、马瑟兰、美乐、品丽珠 白葡萄品种：霞多丽

参考文献：

1 中葡网团队. 2020. 张军有：我的酒庄在新疆. http://www.winechina.com/html/2020/02/ 202002300362.html[2020-02-25].

2 李凌峰. 2019. 元森酒庄：从平凡走向卓越. http://www.winechina.com/html/2019/12/ 201912299642.html[2019-12-03].

3 李凌峰. 2015. 元森酒庄：小酒庄有大志向. http://www.winechina.com/html/2015/09/ 201509277294.html[2015-09-02].

图片与部分文字资料由新疆元森酒庄提供

张裕黄金冰谷冰酒庄

——长白山『破冰之旅』

2006年，张裕宣布其国际化、高端化战略，携手国际冰酒巨头在长白山开启了“破冰之旅”。从葡萄栽培管理的探索到酿酒工艺的创新，从冰酒文化的普及推广到牵头制定国家标准，创新行业产品，张裕以大企业的担当与国际化视野推动着中国冰酒产业的健康发展，成为全球高端冰酒的有力竞争者并在全球冰酒阵营中占有一席之地！

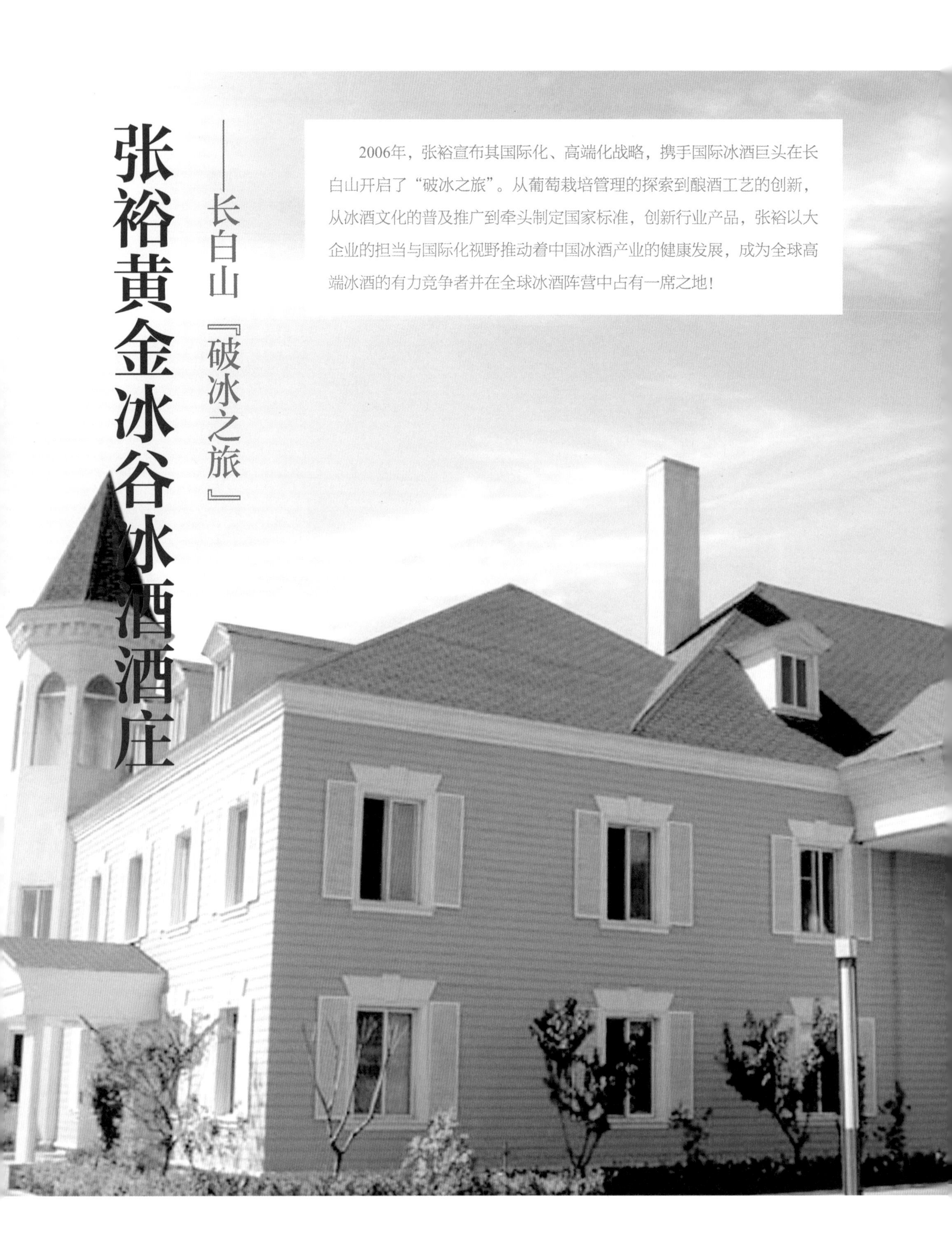

百年张裕“破冰之旅”

冰酒是一种使用自然冰冻后的葡萄酿造的高档甜葡萄酒。200多年来，由于其严苛的生产条件所限，冰酒向来是加拿大、德国、奥地利等少数几个国家的特产，产量极为稀少，因此一直是身份与地位的象征，被誉为“液体黄金”。

2001年，桓仁县政府领导在赴加拿大考察后决定发展大力冰酒产业。同年，从加拿大引进了威代尔葡萄苗，2003年又扩大种植规模，新增3000亩威代尔葡萄园。2005年，由教育部主持，中国农业大学联合张裕、长城、王朝等企业共同参与了“威代尔冰葡萄酒生产技术与其酚类物质研究”，并通过国家成果鉴定，结论为桓仁的冰葡萄生产技术总体达到国内先进水平，酚类物质研究达到国际领先水平。2006年，桓仁冰酒获得国家质监总局的国家地理标志产品保护。

2006年，张裕宣布其国际化、高端化战略，自此开启国际化模式。同年9月，与加拿大冰酒巨头——奥罗丝冰酒有限公司正式签署合作协议，在辽宁省桓仁县桓龙湖畔共同打造全球最大的冰酒酒庄——张裕黄金冰谷冰酒酒庄，开启了百年张裕的“破冰之旅”。张裕投入5000万元资金，在桓龙湖畔建起5000亩的冰葡萄基地，种植品种是威代尔。张裕黄金冰谷冰酒酒庄与传统的德奥产区、20世纪70年代兴起的加拿大产区形成三足鼎立之势。

张裕自1892年创立以来，酿造出了干红、干白、白兰地、起泡葡萄酒、加香葡萄酒，而随着张裕黄金冰谷冰酒的上市，张裕已在国内葡萄酒行业建立起类型最齐全葡萄酒生产线。张裕公司董事长周洪江曾经表示：“冰酒是张裕在新世纪的‘破冰之旅’，张裕黄金冰谷冰酒拥有明显的产区优势和产能优势，一开始就占据了全球冰酒的制高点，下一步的目标是保持和放大这一优势，在全球冰酒市场确立相应的影响力。”

威代尔——“冰雪女王”

桓龙湖畔“黄金冰谷”

张裕黄金冰谷冰酒酒庄位于北纬41° 的桓龙湖湖区，这里是鸭绿江最大支流——浑江中段的一个河谷盆地。桓龙湖沿线长81千米、水域面积14.8万亩、平均水深15米（最深处达60余米）、总库容量34.6亿立方米。桓龙湖周边地区的森林覆盖率达75%，被称为“中国的枫叶之乡”。来自“枫叶之国”加拿大的亚伯特·米兰先生考察后十分惊喜，称桓龙湖湖区为“黄金冰谷”。他说：“桓龙湖湖区完全能够符合冰酒生产苛刻的地理和气候要求，这在世界范围内也极为罕见，堪称冰酒的‘新大陆’。”

张裕黄金冰谷冰酒酒庄葡萄园主要分布在桓仁县北甸子乡桓龙湖畔，国家地理标志产品“桓仁冰酒”行政区域内，现有葡萄种植面积2500亩，其中合同制基地1000亩，主要分布在大牛沟、湾龙背2个村。主栽品种威代尔，另有少量北冰红、北玫等品种。奥罗丝冰酒有限公司总经理兼首席酿酒师亚伯特·米兰亲自参与到冰酒酒庄技术支持与运营全过程，给酒庄产品酿造打下坚实基础。

桓龙湖湖区之所以堪称冰酒的“新大陆”，具有如下六大优势：

一是地理位置优越，北纬41°可在适当时机确保零下8℃的严寒环境，是种植冰酒葡萄的绝佳地带。

二是气候适宜，年降水量为800～900毫米，年日照时数为2381.6小时，无霜期为142天，可以使葡萄完全成熟。

三是土质优异，主要为棕壤、草甸土和水稻土，土壤偏酸性（pH5.5～6.5），含大量氮、磷、钾等有机质，非常适合优良冰酒葡萄品种威代尔的生长。

四是地势得天独厚，酒庄位于桓龙湖北岸，浑江在此接纳富尔江之后形成一个“S”形转弯，把葡萄园包围起来，形成一个三面环水的半岛小气候。这里海拔400米左右，葡萄园缓坡向阳，十分有利于形成夏季温暖但昼夜温差大、冬季寒冷但不干燥的湖区小气候。

五是冬季寒冷但光照充足，11～12月湿度65%以上，高光照、高湿度、低温、雾气交替，给葡萄带来“贵腐”的香气。

六是12～次年1月平均气温-10℃左右，可以连年稳定地提供“需冷量”，对葡萄在-8℃的自然条件下冰冻超过24小时具有充分的保证，葡萄自然结冰，可低温采摘压榨。这是加拿大的尼亚加拉湖区也难以企及的优势。

烟台张裕葡萄酿酒股份有限公司总酿酒师李记明博士说：“种种优越条件可保证桓龙湖湖区威代尔葡萄经压榨后的葡萄汁白利糖度能够达到每升350克（35° Bx），完全达到甚至高于加拿大酒商质量联盟（VQA）和国际葡萄与葡萄酒组织（OIV）的标准。”

酒庄结合当地的小气候特点，创新了葡萄栽培管理模式，保证了原料的高品质。诸如提出了“小棚架”的葡萄架势，将产量和葡萄质量控制相结合；确定葡萄合理的负载量为500～650千克，写入基地合同，矫正重产量轻质量的生产模式；提出葡萄单穗模式，果穗之间距离不少于10厘米，利于光照和保障质量；葡萄的成熟期跟踪方法和检测，例如当葡萄糖和果糖的比例接近1∶1时可采收挂果；葡萄需要较长时间的低温环境和适宜的湿度，提出适合当地栽培的小气候条件；规定冬季气温低于-8℃，累加30天以上才能采摘，以获得特殊的口感和风味，葡萄采收后24小时内压榨。

多年来，公司牵头制定了我国冰酒的国家标准，在冰酒生产过程中，从葡萄优质栽培、低温保糖发酵、稳定性处理、自动化灌装等方面进行系统化研究和建立生产体系，逐步引进世界先进的冰酒生产工艺和冰酒生产、灌装生产线（目前行业最先进的控温发酵罐，酒类行业先进的过滤设备——错流过滤机、膜过滤机、自动化灌装生产线）。张裕黄金冰谷冰酒酒庄也是产区首家被授权永久使用“桓仁冰酒”地理标志产品标识的酒庄，同时挂牌“国家冰酒葡萄综合标准化示范区”。

目前，张裕冰酒各类技术水平达到了行业领先，在最近5年里，冰酒酒庄以提升产品内在质量为中心，通过细化葡萄采收加工、落实全程防氧化、建立产品追溯体系、消除产品观感缺陷、确立产品风格特点、提高货架期等措施，不断做强品牌。张裕黄金冰谷冰酒酒庄的建设发展不仅带动了桓仁县冰酒产业高质量发展，也引领中国冰酒产业走向世界水平。

中国高端冰酒品牌的“代言人”

与加拿大原产地相比，桓仁冰酒呈现出了高糖、高酸、高干浸出物的特点，且含糖量较高，冰葡萄酒口感甜润，高糖搭配高酸，优雅协调，这也是桓仁冰酒的重要特点，与加拿大冰酒相比，桓仁产区的冰葡萄酒口感更加圆润，香气更加奔放。

2020年，张裕冰酒在“全球最佳冰酒盲品赛”上，以93分好成绩跻身全球最佳冰酒第一阵营。当年张裕冰酒夺得国际7项赛事的金奖。2021年，“桓仁冰酒”产品位列“中欧100+100”地理标志互认产品名录，张裕黄金冰谷冰酒酒庄全程主导了该项目。

冰葡萄严格的手工采收

冰葡萄采摘：凌晨三点的时间较量

经过16年的发展，张裕黄金冰谷冰酒酒庄已稳定年销售冰葡萄酒200多吨，形成了金钻、蓝钻、黑钻三个等级、30多款产品体系，产量已占世界冰酒产量的四分之一，世界冰酒市场形成了加拿大、德国、中国三足鼎立的局面，在国内市场占有率已超过50%，是国内市场冰酒的第一品牌，也是世界上产量最大的冰酒品牌，部分产品已出口德国、美国、瑞士、加拿大、日本、韩国、马来西亚等国。

此外，张裕冰酒成为全国冰酒唯一国家地理标志保护产品，先后获得本溪市市长质量奖、布鲁塞尔、德国国际葡萄酒大赛（Mundus Vini）、国际葡萄酒暨烈酒大赛（IWSC）、Decanter世界葡萄酒大赛（DWWA）、德国柏林、国际领袖产区葡萄酒大赛、亚洲葡萄酒质量大赛、国际葡萄酒（中国）大奖赛等国内外知名葡萄酒大赛的60多个金奖，出现在德国汉莎头等舱、英国王室BBR专柜、迪拜帆船酒店、维多利亚女王号豪华游轮等世界顶级消费场所，被誉为“中国冰酒之光”，为我国冰酒的品牌走向世界做出了突出的贡献。

桓龙湖的小气候环境为冰酒生产创造了绝佳的条件

风土档案	
气候带	**中温带大陆性湿润季风气候**
年平均日照时数	2200h
年平均气温	7.8℃
最低温、最高温	-27.7℃，35.4℃
有效积温	1850℃
活动积温	3336℃
年降水量、蒸发量	957mm，1150mm
无霜期、历史早晚霜日	183d，早霜10月中旬，晚霜4月中旬（最长191d，最短115d）
气象灾害	夏季短时间暴雨
地貌地质	
主要地形及海拔	长白山余脉，海拔400～800m
土壤类型	棕壤土、草甸土、水稻土
酿酒葡萄	
主要品种	白葡萄品种：威代尔 红葡萄品种：北冰红、北玫

威代尔的“小棚架”式栽培

参考文献：

1 凤凰网商业. 2011. 发现中国的“黄金冰谷”. http://biz.ifeng.com/v/special/zy/ziliao/detail_2011_12/23/131895_0.shtml[2011-12-23].

2 勇军，祝有. 2007. 张裕集团携手国际巨头 目标锁定全球行业十强. 烟台日报社-水母网. http://news.sohu.com/20070321/n248877372.shtml[2007-03-21].

3 许巍. 2006. 张裕、奥罗丝打造世界最大冰酒酒庄 辽宁“黄金冰谷”成就冰酒鼎足. 中国质量新闻网. http://finance.sina.com.cn/roll/20060907/0733910120.shtml?from=wap[2006-09-07].

4 姚在魁. 2010. 从桓仁僻壤穷乡到世界黄金冰谷——北甸子乡发展冰葡萄产业的启示. 农业科技与装备. 百度学术. https://xueshu.baidu.com/usercenter/paper/show?paperid=47d06af9f9ba61a95759d5e01e10976d&site=xueshu_se.

图片及部分文字内容由张裕黄金冰谷冰酒酒庄提供

中菲酒庄

——石头阵里的优质葡园

新疆焉耆盆地，七个星镇西戈壁，山脚下葡萄园分布零散、毫无章法，但却是中菲酒庄创始人视为珍宝的土地。十多年前，老庄主纪昌锋因一次南非旅行而深感葡萄酒的魅力，便燃起了在南疆戈壁上种葡萄、建酒庄的“疯狂”想法。让一望无际的荒原变幻成草木欣盛的葡萄园需要付出多少？或许只有葡萄园旁那原始戈壁的地貌，一座由土地中石头堆成的“白石山”才能诉说清楚。当中菲葡萄酒无数次在国际舞台上闪耀之时，便是对过往善待自然、尊重土地的最好诠释，更揭开了以中菲酒庄为代表的中国精品酒庄品牌崛起的奥秘。

藏在冲积扇里的风土密码

如果从空中俯瞰焉耆的七个星镇，戈壁与绿洲之间边界清晰、色彩分明，褐黄的戈壁滩如同一张底片，记录着过往岁月里流水、风沙的痕迹。

霍拉山，这条属于天山中脉的分支在焉耆盆地走到了尽头，它拱卫着盆地的西南侧，抵挡了从塔克拉玛干沙漠吹来的风沙。山中高处的雪融水从沟壑中流出，宽阔处天山雪水流淌不息，形成了河流、沟口、绿洲。山体之外，盆地里为数不多的水汽不时在空中汇聚，最终凝结成暴雨降下，在霍拉山沟谷中形成洪水，裹挟着泥沙岩石倾泻而下。

当洪水冲出山口，由于坡度骤降，水流逐渐变得缓慢而分散，无数细流漫无目的流淌开来，或渗入干涸的土地，或被强烈的日照蒸发。散乱而摇摆的水流逐渐在山前消失了，留下一道道水渍，逐渐形成了厚厚的洪积扇。

中菲酒庄的葡萄园就位于这片山前洪积扇的最上端，但却不似其他酒庄葡萄园那般规整，地块位置零散、边缘曲折、多呈不规则状。十多年前，老庄主纪昌锋来到这片戈壁滩投建酒庄时像样的土地早已不多，除了那些未经开垦、最原始的戈壁荒滩之外，只能从一些经营不善的企业手中收购被拆分的地块。

尽管中菲酒庄建园之初因为种种原因在地块上没有太多选择的余地，但并不影响酒庄的耕作者、酿酒师在这片冲积扇里寻找出深藏着的风土密码。建园十年来，中菲酒庄始终倡导和践行“善待自然”理念，重塑荒原废土，改变了脚下戈壁滩沙石遍布、草木难生的命运；精心对待每一株葡萄、埋头酿酒，屡次斩获国际大奖，向世界展示焉耆风土的独特魅力，缔造了一个后来者居上的传奇故事。

霍拉山偏爱中菲葡园

中菲酒庄所在的七个星镇位于焉耆县西约25千米处。在1998年之前，七个星镇与霍拉山之间广袤土地还是一望无际的茫茫戈壁，被当地人习惯称为“东戈壁”“西戈壁”。

随着当地葡萄酒产业的发展，东西戈壁在二十多年里发生了翻天覆地的变化，一片片生机盎然的葡萄园出现，绿意装点了荒漠；一座座酒庄拔地而起，翻开了东西戈壁的新篇章。如今，以国道218为界，东戈壁被称作“泰葡庄”，西戈壁称作“华萄园”，中菲酒庄就位于西戈壁华萄园的最角落里，也是距离霍拉山最近的酒庄。

酒庄马瑟兰、西拉两大优势品种均栽种于海拔1200米左右的冲积扇缓坡带上。千百年来，不知道多少次暴雨洪水裹挟着霍拉山上的泥沙岩石倾泻而下，土地里石块是最让葡萄种植者头疼的。这些石头大小不一，分布不均，散落在土地里如同石头迷宫一般。

在焉耆盆地的戈壁滩上，想种葡萄第一件事就是要从土地中筛拣出这些石头，便于机械埋土作业，否则坚硬的山石会分分钟报销掉埋土机械的铁犁。通常越靠近山体石块数量越多、体积越大，尽管土层下的片岩含量很高，但筛拣的难度和耗费的成本也更大，这也是最初有许多极具潜力的葡萄园被荒废弃置的缘故。

在筛拣石头这件事上，中菲酒庄可谓不计成本，做到了极致。老庄主夫妇亲力亲为，带着工人们一起寒来暑往，将一块块石头筛拣出来，又从霍拉山里拉来了质地较细的沙砾土壤，整整覆盖了70厘米，为了改善贫瘠土质，提升地力，中菲酒庄还不惜每年花费巨资购买羊粪用以播施。

从葡萄园里拣拾出来的大大小小的石块足足有3000吨之多，这些石块被堆砌成一座小山，旁边还有一片保留着原始地貌的戈壁地块。这些都是老庄主执意保留下来的，“这些都是我们为土地付出的印记，让我们在耕种的时候不忘记大自然的本来面貌，不忘中菲的初心和毅力。”

虽然有这么多恼人的石头等不利因素，大自然会用另外一种方式回馈那些愿意付出的人们。在这片葡萄园里土层下面还有相当比例的片岩，地下深处有更加纯净的冰雪融水，还有强劲的山谷风。

珍稀的片岩土壤

中菲酒庄葡萄园距离霍拉山近在咫尺，位置更靠近霍拉山冲积扇的扇顶，从山体上剥落的片岩碎石因重量缘故并不会移动太远，逐渐堆积在此，所以越靠近山体的地块土壤中片岩含量就越高，土壤条件更具潜力。

片岩是葡萄酒世界中极为出色的土壤类型之一。片岩含水好，即便在降水量极低的地区，也能让葡萄根部保持足够的湿度；片岩土壤矿物质含量较多，土质疏松，具有良好的透气性以及排水性；片岩还拥有良好的储热性能，孕育自这种土壤的葡萄可以酿造出风格宏大、强劲有力且富含矿物质气息的葡萄酒。

冰雪融水山中来

焉耆盆地属于典型的大陆性干旱气候，蒸发量和降水量不平衡，年平均蒸发量为年平均降水量的18.5倍。尽管戈壁上降水量小，但霍拉山里有丰富的冰雪融水，它们汇成河流、湖泊和地下水资源，让这里的灌溉条件其实超出很多人的想象。冰雪融水中的氮素含量比同体积的雨水高出4倍，非常有利于作物的生长发育。

为了解决葡萄园灌溉用水的问题，中菲酒庄在建园之初便开凿了14口地下井，从平均深度180米的地下取用霍拉山上下渗的冰雪融水。水是戈壁上最珍贵的资源，有水的地方就形成绿洲，中菲酒庄自然懂得水资源的珍贵，在已开发的葡萄园中铺设了总长度超过600千米的滴灌管道。用最节水的滴灌方式对葡萄园进行灌溉，用水不忘节水，珍惜自然给予的每一份资源，是中菲酒庄善待自然最好诠释。

中菲酒庄葡萄园旁的石头山，这些石块都是从原有土壤中筛选出来的

神奇的山谷风

山谷风，是出现于山地及其周边地区的、风向有明显日变化的风。白天，山坡接受太阳光热较多，空气增温快；而山谷上空，同高度上的空气因离地较远，增温较少；山坡处形成“暖低压”，谷底处形成“冷高压”，空气由高压处流向低压处，即地面风从谷地吹向山坡，形成“谷风”。夜间，山坡上的空气受山坡辐射冷却影响，空气降温较多；而谷地上空，同高度的空气因离地面较远，降温较少；山坡处形成“冷高压”，谷底处形成“暖低

压”，空气由高压处流向低压处，即地面风从山坡下滑吹向谷地，从而形成“山风”。

中菲酒庄葡萄园由于更靠近霍拉山，受山谷风效应影响更加明显，相比周边低海拔位置的葡萄园，这里的日温差、季节温差更小，空气对流性更强，意味着这片葡萄园生长期更长，葡萄园健康度更好，“山上的园子葡萄皮成熟和糖分积累速度较慢，所酿制的葡萄酒具有更为浓郁、明显的浆果香气，通常颜色更深，单宁结构更紧实，有更好的陈年能力”，酒庄首席酿酒师张炎最中意的马瑟兰地块#2-1就在这里。

在焉耆盆地，山谷风是极其重要的物候因素。焉耆盆地地形东西长南北窄，地势西北高东南低，是一个狭长的山谷型盆地，也一定程度上强化了山谷风效应。风的存在平衡了温度与湿度，也容易带来戈壁上的风沙碎石，当地葡萄园萌芽期、花期都会受风灾困扰，甚至有葡萄树被风整行刮倒，但也从另一方面对葡萄产生了自然疏果、限产的作用。

中菲酒庄葡萄园零散分布于霍拉山东侧，山体西北—东南的走向阻挡了西南风的推进；为了抵御风沙，中菲酒庄还在葡萄园旁种下四万棵青杨与胡杨，这些西北地区最常见的树木为葡萄园构筑了一道“绿色长城”，防风固沙，保持水土。因此，中菲酒庄葡萄园历经十年也未曾遭遇严重的强风、冰雹等极端天气侵扰，不仅与其所处的自然地理环境相关，更和人与自然的和谐相处密不可分。戈壁上的胡杨是最好的见证者，中菲酒庄也将胡杨、葡萄的形象镌刻于酒标之上，为品牌赋予深刻的地理内涵。

西拉

马瑟兰

品种革命 精准管理

如果说片岩土壤、冰雪融水、山谷风都是霍拉山赐予中菲酒庄的宝贵财富，那么中菲酒庄结合当地风土元素在酿酒葡萄品种的选择，在种植、酿造的精准管理等一系列举措才是最终决定其酒庄酒品质高度的关键。

中菲酒庄总面积占地10000亩，已定植6000亩葡萄园，在建园品种选择方面中菲酒庄不仅种植了赤霞珠、美乐、霞多丽等主流国际酿酒葡萄品种，还根据产区、地块等气候、土壤因素，有选择性、针对性地种植了马瑟兰、西拉、品丽珠、长相思、威代尔等当时国内并不多见的品种，以期望通过种植探索寻找到既适宜产区风土，又能展现中菲酒庄与众不同的“本命”品种。

在种植方面，中菲酒庄实行“宽行距、浅沟墼”的栽种模式，这种栽种模式广泛应用于西部产区，这是因为西北地区冬季寒冷，葡萄需下架埋土防寒越冬。4米宽的行距可以就地取用防寒土，也方便埋土、除草等葡萄园机械行进，浅沟栽植让来年葡萄出土更加容易。

中菲酒庄每一株葡萄的栽植都带有地理坐标，

从葡萄园的每个方向看去都是一条直线，这种近乎严苛的种植方式不仅颜值高，通风好，还有利于葡萄园机械作业和后期管理。架型选择上，中菲酒庄主要采用厂字形、独龙干两种架型，厂字形果实成熟度一致性好，独龙干便于管理、产量大，各有优势特点。

在叶幕管理方面，中菲酒庄遵循25：1的最佳叶果比。即通过疏果使每条新梢保留一串果穗，保证每条新梢留叶25张左右，在花穗上留6叶打顶，顶端以下每个副梢留1张叶片摘心。在果实着色期进行截顶，把幼嫩的叶片、未老成熟的新梢剪截，使果实得到充足养分，果实上色均匀、糖度高，通风效果好，减少病虫害概率。

在产量控制方面，中菲酒庄从不一味地追求控产，而是根据不同地块情况确定优质适产量。以马瑟兰为例，用于酿造新鲜型马瑟兰的地块亩产可达1000千克，而橡木桶陈酿马瑟兰控制在500 ~ 600千克，最高等级的珍藏系列则在300千克左右。

在酿造方面，每年8月中旬酒庄进入采收季，通常采收期为期一个月左右，酒庄坚持传统的人工采摘方式，在酒庄的前处理阶段，葡萄经过除梗破碎后开始进行发酵，陈酿级别以上原料要经过粒选。

根据不同的产品定位，中菲酒庄会采用不同的发酵容器进行发酵，新鲜型采用不锈钢发酵罐，陈酿级别则采用敞口发酵罐。该设备是中菲酒庄自行研发、获国家专利认证的酿酒设备，是保证中菲酒庄高端产品品质的“黑科技”。相比于传统发酵罐，敞口发酵罐直径宽，渣酒液接触面积大，浸渍更充分，颜色深、香气浓；采用人工压帽，萃取轻柔，单宁更细致；开放发酵，能快速挥发香气、酒体中的不良物质；该发酵罐主要用于马瑟兰、西拉高端产品系列的酿造发酵。

近几年，中菲酒庄马瑟兰、西拉的表现最具代表性。马瑟兰、西拉均初栽种于2013年，马瑟兰抗性优秀，西拉长势出色，不仅适宜当地干热气候，还都在保证品质的同时拥有稳定可观的产量，使中菲酒庄的葡萄酒在同质化严重的市场中脱颖而出，掀起了一场“品种革命”，也改变了世界对中国葡萄酒的看法。

精品马瑟兰 当仁不让

马瑟兰，是中菲酒庄最具标志性的酿酒葡萄品种，没有之一。2013年，在酒庄总顾问李德美的建议下，中菲酒庄当年一口气栽种了450亩马瑟兰，一举成为当时中国种植马瑟兰单体最大的酒庄，目前中菲酒庄马瑟兰栽种面积已达650亩。

相比于早已功成名就的马瑟兰，中菲酒庄西拉近几年的表现也格外抢眼，这个在法国、澳大利亚都有过成功表现的国际品种，因为其在干热环境下的良好适应性而被引种到焉耆盆地产区。经过几年的种植、酿造尝试，中菲酒庄西拉呈现出颜色深，香气以果酱、干果香为主的特性，非常具有新疆地域特色。

春季，焉耆戈壁稍显绿意，葡萄园工人们便开始为出土上架而忙碌

在产品研发方面，中菲酒庄的表现更像是一个全能的六边形战士。酒庄曾于2015年发布了国内首款品丽珠起泡红葡萄酒，酒庄旗下的霞多丽也极具特色，从早期走勃艮第路线的过桶陈酿霞多丽，到如今适应市场需求推出的清新易饮的霞多丽、长相思混酿，都是新疆干热产区优秀的白葡萄酒代表。2022年4月，中菲酒庄又推出了百元内单品克拉克·贰克拉干红葡萄酒，凭借亲民价格和向大众敞开怀抱的态度，打破了人们对精品酒庄“虽然质量好，但产量少、价格高”的固有印象。

如果有幸造访酒庄，或许还能有机会喝到庄主、酿酒师珍藏如宝不轻易示人的威代尔冰酒，如果喝腻了葡萄酒，在中菲酒庄还能找到桑葚酒、桑葚白兰地等果酒产品。始终走在产品差异化前沿，是中菲酒庄短短十余年内能够在同质化严重的市场中脱颖而出的重要原因。让无数期待中国葡萄酒的目光投向了焉耆盆地，也用一枚枚沉甸甸的赛事奖牌改变了世界对中国葡萄酒的看法。

最佳品种及年份

马瑟兰：中菲酒庄现有600亩马瑟兰葡萄园，

初夏，当葡萄园绿意葱茏之时，远处的霍拉山仍积雪皑皑

幸福的笑容挂在每一位葡萄园管理者的脸上

是国内种植马瑟兰单体最大的酒庄，中菲酒庄马瑟兰距离霍拉山非常近，海拔更高、土壤沙砾含量高，是焉耆盆地干热大气候中难得的冷凉地块。微气候赋予了中菲马瑟兰更为平衡的酒体表现。颜色深、果香浓，并具薄荷、荔枝、青椒等复杂气息，酒体轻盈，单宁细致，口感柔和，入口柔顺，极为平衡。

最佳年份：2015、2017、2019

西拉：中菲酒庄西拉园海拔略低于马瑟兰，作为较早成熟的葡萄品种，西拉在这片土地上展现出成熟饱满的黑色水果香气，并带有类似胡椒辛辣气息，经过陈酿之后带有少许香草和咖啡香气，单宁柔软，酒体中等，回味纯净，典型性强。中菲西拉、马瑟兰均运用了敞口发酵罐发酵，让香气更加奔放浓郁。

最佳年份：2015、2018

风土档案	
气候带	**大陆性干旱半干旱气候**
年平均日照时数	2980h
年平均气温	8.5℃
最低温、最高温	-30.7℃，38.8℃
有效积温	≥0℃积温4032℃
活动积温	≥10℃积温3511℃
年降水量、年蒸发量	79.8mm，1876.7mm
无霜期、历史早晚霜日	185d
气象灾害	春季霜冻，冬季冻害，大风，冰雹
地貌地质	
主要地形及海拔	盆地、冲积扇平原，1125m
土壤类型	沙砾棕漠土
地质类型	海西期褶皱基底之上形成和发展起来的一个中、新生代复合盆地，位于焉耆隆起的霍拉山冲积扇平原
酿酒葡萄	
主要品种	红葡萄品种：赤霞珠、美乐、西拉、品丽珠、马瑟兰 白葡萄品种：霞多丽

参考文献：

1 李凌峰. 2018. 令人惊艳的中菲马瑟兰. http://www.winechina.com/html/2018/01/201801293608.html[2018-01-24].

2 中葡网团队. 2020. 中菲酒庄，道法自然得佳酿. http://www.winechina.com/html/2020/04/202004300828.html[2020-04-27].

3 李凌峰. 2017. 中菲酒庄：善待自然的恩赐. http://www.winechina.com/html/2017/05/ 201705290281.html[2017-05-10].

4 李凌峰. 2017. 张炎：尊重自然，做好细节. http://www.winechina.com/html/2017/05/ 201705290483.html[2017-05-24].

图片与部分文字资料由新疆中菲酒庄提供

中国长城葡萄酒有限公司

——河谷风起 五星之魂

位于河北怀来的中国长城葡萄酒有限公司（以下简称中国长城）是我国葡萄酒历史发展的见证者和参与者，更是“干白葡萄酒新工艺”里程碑的奠基者。怀来的河谷风吹动着葡萄藤蔓，掀起了历史的风潮，自然赐给怀来多样的风土，也为长城葡萄酒注入了灵魂。长城葡萄酒无数个第一背后，不仅是技术层面上的不断突破，更有“长城人”勇于担当的家国情怀。

中国长城 历史担当

在河北张家口怀来县西南，城市与乡野的边际，是长城葡萄酒的起点。见证过中国第一瓶新工艺干白、第一瓶传统法起泡酒和第一瓶国际标准白兰地诞生的中国长城坐落于此。在长城葡萄酒的版图里，这里是“长城五星”的大本营，常被称为“沙城工厂”，但熟悉这里的人更愿意称之为“大厂”。中国长城之所以能在历史进程中肩负重任，不仅仅得益于河北怀来上千年的葡萄种植历史，更是因为中华人民共和国成立后独立自主发展农业、轻工业的宏大背景。

1973年，国家轻工业部、农业部等部委组织专家全面分析了怀来产区的气候、土壤条件后引进酿造葡萄新品种，发展葡萄基地。随后，中国农业科学院提交了一篇报告，阐述了怀来、涿鹿地区有利于发展葡萄酒产业的分析：昼夜温差大、日照时数长、降水量低、病害少以及当地群众有悠久的葡萄栽种的传统。

不久，中国长城在原轻工部的技术指导和要求下，开始重点科研项目“干白葡萄酒新工艺”的研究。中国长城（前身为沙城酒厂）科研人员在葡萄酒泰斗郭其昌指导下，采用怀来特有的龙眼葡萄作为原料，于1976年成功研发中国第一瓶干白葡萄酒。干白葡萄酒新工艺的研究成功，改变了当时国内葡萄酒以甜型、配制酒为主的状况，为我国葡萄酒与国际接轨迈出了关键性的一步。

本土葡萄品种，完全自主研发，这瓶干白的意义不仅仅是中国葡萄酒技术层面零的突破，更彰显了中国葡萄酒人不甘人后、勇于奋进的民族自信心。

长城葡萄酒 为怀来代言

怀来南北群山起伏，层峦叠嶂，中部是河谷平川，两山夹一川形成“V”形盆地，惯称“怀来盆地”，官厅水库居盆地之中。地势由盆地向南北崛起，西北高东南低，平均海拔792米。地貌形态主要以河谷

官厅水库北岸，有着大片面积的平坦土地适宜酿酒葡萄种植

平原、丘陵、山地为主。平原面积602平方千米，占总面积的33.4%；丘陵面积450平方千米，占总面积的25%；山地面积749平方千米，占总面积的41.6%。

山脉、河流、湖泊将怀来盆地自然划分为官厅湖南岸片区、官厅湖北岸片区、沙城片区、桑园片区、小北川片区五个小产区。而中国长城就位于沙城片区永定河北岸，与道教名山老君山隔河相望。

洋河、桑干河在此处交汇，成为永定河新的起点。而这里也是长城葡萄酒的起点，桑干酒庄、中国长城，花开两朵，各自芬芳。如果说桑干酒庄代表长城葡萄酒的品质高度，那么中国长城则执掌着怀来风土的话语权，是长城葡萄酒的根基与底气。

中国长城在怀来产区拥有土木基地、长城葡园、星级葡园、湖岸葡园、玉石山葡园5个主要地块，其中土木基地（1800亩）、星级葡园（200亩）、湖岸葡园（3650亩）为河谷地带，长城葡园（350亩）为平原地带，玉石山葡园（310亩）则位于海拔更高的丘陵之上。

多样性地形地貌、多类型土壤、差异较大的气候特点，为不同品种的葡萄生长营造了不同的微气候。土木基地、长城葡园是中国长城的老园子，种植着产区内树龄最长的赤霞珠，平均树龄11~25年，截然不同的地貌、行向的差异让相同品种呈现出不同的表现。

星级葡园、湖岸葡园是中国长城近几年重点开辟的新园，平均树龄4~6年，种植的品种也更为丰富，有传统的赤霞珠，马瑟兰、小味儿多、西拉、琼瑶浆、小芒森等怀来产区优势、特色品种。其中，位于官厅湖北岸的星级葡园是“长城五星”的主要原料基地。

怀来纬度较高，为了让葡萄迎合阳光照射，星级葡园行距达2.5米，有利于出土埋土的机械作业；叶幕高度1.2~2.2米，厚度40~60厘米；既保证了光照，又避免夏日强光灼伤。星级葡园临近官厅湖湿地，生物多样性十分丰富，为了维持好生态平衡，园内采取行间生草栽培模式。架型是倾斜主干水平龙干型，葡萄的结果部位、成熟度都能得到良好的统一。

中国长城的葡萄园多分布于怀来中部，地形为东西走向的河谷平原，河谷走向与盛行风平行，河谷的狭管作用使经过这里的气流速度加快，大风天气居多，尤其以官厅湖东南沿岸的南马场一带风速最大。南北丘陵、山地，风速有所减弱。冬季刮风日最多，占全年大风日的40%，春季大风日占全年大风日的32%，夏秋季节各占11%和17%。正是由于怀来的大风特殊气候，在官厅北岸土木一带早期种植葡萄园为保护葡萄藤减少风害，选择种植行向为东西向，但这样会造成葡萄藤阴阳面受热和光照不均、成熟不一致等缺陷，所以此后新建的葡萄园大都是南北走向，利用栽种防风林减少风害影响。

河岸葡园内成熟季等待采收的红葡萄

怀来土壤母质主要为残积物、风积黄土和冲洪积物等。河川地区多为沙壤土，坡地多为风积粉细沙质土壤。土层具有良好而有效的排水功能，土层深厚，上下一致，往往深达数十米，土质不变。根系的相对活力强，可汲取深层的养分，利于葡萄营

养的储存，同时有丰富地下水可打井灌溉。

永定河、桑干河、洋河和妫水河汇入官厅湖，使后者成为怀来的心脏，在一年四季的气候变化中扮演着重要角色。早春、秋、冬，官厅湖水体有助于提升周边地面气温和湿度，帮助冬埋的葡萄更好越冬，抵御极端天气，为来年的生长蓄积能量，同时在早春时分有效降低晚霜的风险。夏季，燕山余脉在一定程度上阻隔了来自东南方的暖湿气流，降低雨季的降水量和空气湿度。官厅湖开放性的水面、附近湿地、植被蒸发水汽的同时吸收了大量的热能，有效降低了周边环境温度。干燥、平稳气候能让这些葡萄园安然度过雨季，不至于有过多的病害和极端天气。

怀来境内的盆地地貌

每逢金秋时节，长城的酿酒师们在不同地块上来回奔走忙碌，通过观察葡萄的颜色、品尝葡萄的甜度和酸度等来预判成熟度，然后以专业设备测出准确数据。在10月中旬，果实糖酸比大于20、达到理想的酚类物质成熟度时，葡萄就达到了理想的酿酒工艺成熟度，丰饶的榨季也随即开启。

北国明珠 五星之魂

中国长城不断探索着怀来的风土潜力，由其主导起草的河北省团体标准DB13/T 1142—2009《酿酒葡萄生产技术规程》针对性规范河北省主要产区的优质酿酒葡萄生产，弥补了相关国家地方标准的空白，通过优质酿酒葡萄生产技术的规范，全面推进河北省葡萄产业转型升级。

标准开创性规定了酿酒葡萄生产中采用“倾斜主干水平龙干（厂字形）”栽培架势，适用于我国北方埋土防寒地区葡萄生长特点，达到结果部位均一，生长势均一，成熟度均一，优于现行地方标准及国际标准。中国长城通过智能信息化技术应用和葡萄园精细化管理，控水控肥并且严格控制产量，根据对气候以及原料的定期监控适当推迟采收期并由酿酒师亲自把控，经人工采摘、逐穗分选、逐粒筛选，从而保证原料品质。

在工艺环节，中国长城不仅有精品小罐低温平稳发酵、定向浸渍萃取以及橡木桶恒温酿造等国际一流的先进酿酒手段，还保留着被誉为“贮酒魔方”的水泥池酒窖。酒厂内1283个水泥池，贮酒能力可达3万吨，是国内建设最早、规模最大的水泥池酒窖。巨大的水泥酒窖由地下一层和地上两层组成，恒温恒湿，便于葡萄酒的成熟稳定。

《酿酒葡萄生产技术规程》中还开创性增加了酿酒葡萄生产中苗木选择绿枝嫁接苗木，既保留了砧木品种的优良抗性，又针对性适合北方酿酒葡萄生产过程中的埋土防寒操作，为国际、国内同行业相关标准领先，中国长城所引用的砧木来源便是在怀来有着悠久历史的“龙眼葡萄”。

龙眼葡萄在张家口怀来、涿鹿地带种植历史悠久，曾被郭沫若誉为“北国明珠”。怀涿盆地也因盛产龙眼葡萄而获得国家葡萄酒原产地区域认证。怀来现存百年树龄龙眼葡萄老树根系发达，深入土层15米以下，具有优异的抗寒、抗旱、耐涝、耐

怀来土壤有着明显的堆积分层，越往下层土质越发细腻

酸、耐盐碱的特性。

中国长城的园艺师们以百年树龄龙眼葡萄树为砧木，以酿酒葡萄品种赤霞珠、马瑟兰为接穗进行绿枝嫁接，葡萄品种亲和性良好，易形成愈伤组织，且不会影响接穗品种的遗传特性。绿枝嫁接2年即可结果，3年后即可达到黄金树龄期，龙眼老树繁茂的根系吸收土壤营养，为赤霞珠、马瑟兰等酿酒葡萄的成熟及多酚类物质的积累提供充足的条件，缩短了优质酿酒葡萄原料的产出周期，对于产区的葡萄种植和葡萄酒酿造产业的发展具有重要的意义。

中国长城的酿酒师们对于龙眼的研究也一直持续深入，在种植、酿造、品种特性研究、新品类开发方面投入了许多，也取得了不俗的成果。

用龙眼酿造的橙酒，体现了中国长城发掘当地特色品种上的技术创新；陈年超过25年的长城龙眼白兰地则彰显了怀来产区厚重的葡萄酒历史积淀。

“不断探索，不忘传承”，不仅是中国长城葡萄酒，更是怀来葡萄酒，中国葡萄酒心向往之的精神高地。

最佳品种及年份

龙眼：龙眼葡萄在怀来有超过800年的种植历史，龙眼葡萄萌芽晚，副芽萌发能力好，抗晚霜危害能力也较好，再加上结实能力强，龙眼葡萄在中国华北地区一直被广泛种植。龙眼葡萄酒具有浅浅的禾秆黄色，泛白；香气细弱，果味主导，似青梅、白梨；入口柔和，中等酒体，口感活泼而爽净，具有一定的长度，收尾具轻微收敛感。

最佳年份：2017、2019、2021

琼瑶浆：中国长城从1979年开始栽种琼瑶浆葡萄，在怀来琼瑶浆是最晚采收的品种。从金秋到初冬，粉色的果粒肆意享受秋天的阳光，在枝条上充分浓缩糖分和香气。晚收让琼瑶浆葡萄得以浓缩风味与糖酸，随后的保糖发酵保留了葡萄中天然的葡萄糖和果糖。而复杂的蜂蜜、果脯、藏红花等陈年香气，则来自瓶中陈酿带来的复杂演化。

最佳年份：2015、2018

风土档案	
气候带	温带大陆性季风气候
年平均日照时数	3072h
年平均气温	12.07℃
最低温、最高温	-21.3℃，36.6℃
有效积温	3100～3800℃
活动积温	≥10℃积温3532℃
年降水量	<400mm
无霜期	230d
气象灾害	低温冻害、大风、冰雹
地貌地质	
主要地形及海拔	河谷盆地、燕山余脉，396～872m
土壤类型	沙壤土、褐土、风沙土、砾石土等
地质类型	地质构造属燕山沉降带，地貌按成因可分为剥蚀构造地形、剥蚀堆积地形和冲积地形。地势由中间“V”形盆地分别向南北崛起，西北高而东南低
酿酒葡萄	
主要品种	红葡萄品种：赤霞珠，马瑟兰，小味儿多，西拉、美乐、黑比诺等 白葡萄品种：龙眼、霞多丽、雷司令、琼瑶浆、小芒森等

参考文献：

1 投资界. 2022. 长城葡萄酒，与中国历史一同奔涌向前. https://news.pedaily.cn/20220402/32714.shtml[2022-04-02].

2 酒业时报. 2020. 长城五星葡萄酒：绽放在舌尖上的“中国陈酿”. https://baijiahao.baidu.com/s?id=1670178303078175250&wfr=spider&for=pc[2020-06-22].

3 中国劳动保障新闻网. 2022. 怀来工匠：陈佳威. https://www.clssn.com/2022/07/04/997912.html[2022-07-04].

图片与部分文字资料由中国长城葡萄酒有限公司提供

紫晶庄园

——官厅南岸的风土典范

紫晶庄园位于河北怀来的瑞云观乡，官厅水库的南岸。燕山、太行山在怀来相会，河流、湖泊、山脉交错构成了河谷盆地地貌，并赋予这片土地独特的微气候环境，成就了酿酒葡萄生长的优异风土。山水环抱，风起尘落，官厅南岸风土条件也成就了紫晶庄园，简约低调的建筑风格，自然朴素的红瓦灰墙，平凡的外表下却有着不平凡的理想——酿造展现怀来风土的中国精品酒庄酒。

依山傍水 景观葡园

紫晶庄园地处怀来官厅南岸的瑞云观乡大山口村北，这里是燕山支脉军都山与官厅水库之间的山前冲积平原地带。葡萄园与水库直线距离不足5千米，因向南贴近军都山，葡萄园呈北低南高走势，海拔572 590米，是南岸众多葡萄园中距离山体最近的一片。

伫立于紫晶庄园葡萄园高处向北眺望，官厅水库近在眼前，湖水连着湿地，碧波万顷、风景如画，再往北是高耸巍峨的燕山山脉。回头南望，是宛如屏障的军都山，山顶处还有著名的大营盘长城古迹。

如果从空中俯瞰，我们能轻易地发现紫晶庄园的葡萄园恰好坐落在山前的一块盆地之中，我们姑且称它为瑞云观小盆地。盆地西起小山口村、大山口村交界，东至东湾村，向北以京藏高速为界，往南则到小西山村——瑞云观村一线。这里地势平坦开阔，如同一个圆形“聚宝盆”，东西南三个方向均有山脉、丘陵围限。

依山傍水的地理特点，平坦开阔的盆地地貌，以及距离京藏高速G6怀来县东花园出口仅2千米的便利区位优势，城市化的脚步也早早抵达此处。随着周边越来越多的楼宇拔地而起，葡萄园成为难能可贵的自然风景。

官厅南岸 风土典范

在古地质年代太古代和早远古代时期，现今怀来所处区域为下沉区，被海水所覆盖。随着地壳运动以及燕山造山运动，在河北的西北地区形成多条地堑和地垒，并由地堑发育而成的谷地和盆地成串珠式分布，由怀来和逐鹿组成的怀涿盆地是其中最大的一个。

怀涿盆地，北依燕山、南靠太行余脉，地处我国第二阶梯与第三阶梯分界线之上，中有桑干河、

夏季，紫晶庄园内热烈生长的葡萄藤蔓

怀来气候冷凉，每年葡萄出土季前后仍会有降雪

紫晶庄园仍保持着人工采收的传统

厂字形的架势可以让葡萄结果位置统一，品质均衡

洋河横贯汇流，注入中华人民共和国成立后建立的第一座大型水库——官厅水库。地势由中间“V”形，分别向南北崛起，按海拔由低到高分布有河川平原、低山丘陵、山地等诸多地貌。

在怀涿盆地，官厅水库的风土意义极大。不仅调节着局部区域的气候，还能为周边葡萄园丰富生物多样性。如今，官厅水库的南北两岸分布众多葡萄园和酒庄，已形成两条别具特色的高端精品酒庄产业带。相比于有着悠久葡萄栽种历史的北岸，官厅南岸在近二十年凭借着重大历史机遇、不凡的风土条件成为怀来葡萄酒的新版图。

官厅南岸的崛起要从20世纪90年代末说起。1997年，中法两国商定在中国建立中法合作葡萄种植与酿酒示范农场，推广法国酿酒葡萄品种及酿酒技术，推动中国葡萄酒业发展。两国专家小组在对中国山东、天津、宁夏、河北等地进行考察筛选后，最终确定项目在河北怀来官厅湖南岸的东花园镇实施，书写了中法两国葡萄酒合作的新篇章，开启了官厅南岸的风土纪元。

专家组之所以选择了怀来的官厅南岸，是综合了各产区的气候、土壤、海拔、降雨等各方面条件因素，最终认为官厅南岸是国内最适宜栽种酿酒葡萄的产地之一，也正是有了中法示范农场珠玉在前，让在海外经商多年的马树森看到了这片土地的潜力，于2008年在怀来官厅南岸创建了紫晶庄园。

紫晶庄园所在的瑞云观小盆地受山脉丘陵阻隔作用影响，冬季寒冷的季风很难吹进，气候整体偏温和，冬季、初春积温较高，有利于葡萄越冬和萌芽。夏季，军都山的雨影作用阻隔了来自东南方的暖湿气流，降低了南岸葡萄园雨季时的降水量和空气湿度。

紫晶庄园的葡萄园位于官厅水库与军都山之间，受湖陆风影响显著。由于湖泊与陆地之间的热力差异，白天温和的湖风从官厅水库吹向紫晶庄园，夜晚湖陆之间的高低压转换，凉爽山风从军都山高处吹向低处，由此形成了独特的湖陆风循环。风的出现为葡萄园带来了很多好处，春季的晚风能够吹散园中下沉凝聚的冷空气，防止霜冻的发生；在夏季能出现明显高温，延长葡萄生长季；在雨后，风能吹散云层、带走园中湿气，减少真菌病害。因此，南岸的紫晶庄园葡萄萌芽、花期往往早于北岸，转色、成熟期温度偏低，葡萄整体的生长期和成熟期更长，能获得更好的成熟度和酚类物质积累。

怀来多样性地形地貌造就了多类型的土壤结构，紫晶庄园所在的南岸河川地带多为夹杂着火山砾石的沙壤土，表层土壤砾石含量较少，底层砾石含量逐渐升高，土壤颜色也随着砾石含量的升高从淡黄褐色到深褐色。

在生长季中，表层和底层土壤中砾石的含量对于根际环境的增温起到重要的作用。在白天，明亮的土色趋向于反射更多的光照，深色土壤趋向于日间储存热量，夜间释放热量。这些被储存下来的光能在夜间进行释放，有助于维系葡萄藤的光合作用，在浆果生长的新陈代谢过程中，也有利于驱动香气物质和酸的产生，决定了葡萄酒的风味平衡。此外，在雨季时，土壤良好的排水性有利于水分快速下渗，造成周期性水分胁迫的发生，有利于葡萄树活力的控制和浆果的成熟。

在紫晶庄园葡萄园内，有一处深达数米的地坑，原是计划扩建酒窖挖掘的，这里藏着土地岁月的秘密。深坑的横剖面上，沙壤土、火山砾石、石灰石层叠交错，这是因为在几亿年的漫长时间里，怀来所在的区域经历持续的地质演化，特别是在燕山运动和喜马拉雅运动作用下，加之风蚀、雨水河流冲刷搬运，从而形成了如今多样化的地貌和土壤类型。

如今，紫晶庄园内这处“风土深坑”已经成为享誉国际葡萄酒界的“打卡地”，世界著名酒评家、世界葡萄酒大师杰西丝·罗宾逊（Jancis Robinson），拉非集团全球技术总监，罗曼尼康帝酒庄的种植顾问等葡萄酒行业知名专家都曾慕名到访，观察、拍摄、分析土壤结构，以此作为窗口来了解、探究怀来产区的风土奥秘。

脚踏实地 志存高远

与周围许多精美小巧的酒庄相比，紫晶庄园是一个拥有3000吨庞大产能的酒庄。在酒庄庄主马树森的观念里，酒庄的建筑、酿酒设备只要舍得投入很快就能建好、配备好，但酒庄产品与众不同的风格养成却非一日之功。从建庄起，马树森就把更多的精力放在了葡萄园的建设和管理上，“只有脚踏实地把葡萄种好，找到适应性强的品种，酿出的酒才能展现产区风土”。

紫晶庄园在军都山山前栽种着700亩葡萄园，树龄已近15年。尽管面积不大，但品种却非常丰富。其中，霞多丽（106亩）、马瑟兰（103亩）、赤霞珠（86亩）、美乐（75亩）是紫晶庄园的优势品种；品丽珠（45亩）、琼瑶浆（45亩）、小芒森（20亩）是潜力品种。

葡萄品种是影响葡萄酒风格的重要因素，从2008年起，紫晶庄园开始了漫长的品种革新。在

紫晶酒庄“风土深坑”内可清晰看到官厅南岸土壤的剖面结构

最初栽种的品种里，雷司令、维欧尼、烟74先后被淘汰。雷司令、维欧尼膨大期时会出现果粒过密、相互挤压的情况，有烂果增多滋生病虫害的风险。烟74原是考虑用来补充红葡萄酒的颜色，但因为各红葡萄品种着色表现良好而最终无用武之地。原有雷司令地块改种了表现较好的马瑟兰，维欧尼地块改种了小芒森，烟74地块则改种了小味儿多。

酒庄对这些品种进行了种植方面的规划，同时进行了酒品风格及类型的规划。庄主马树森认为紫晶酒庄的优势是保持品种特色，尽力、用心去呈现怀来产区风土特色理念，“早熟的美乐容易躲过成熟期雨水；马瑟兰粒小皮厚，产量可观，品质稳定；赤霞珠要看年份，干热年份能诞生伟大的赤霞珠，冷凉年份则考验酿酒师的能力，往往更具有挑战。小芒森表现不错，不过目前种植面积还太小，未来会扩种……”

针对官厅南岸日照长、积温高的气候特点，紫晶庄园100%的南北行向、厂字形的架势能让架面两侧均匀接受光照和热量，从而保持果实成熟的一致性。在葡萄园灌溉方式的选择上，紫晶庄园也未采用时兴的滴灌，而是沿用传统的漫灌，这是因为葡萄园土层深厚，富含矿物质，漫灌方式有利于引导葡萄藤根系自然向下生长，深邃的根系结构能够从复杂的土层中汲取不同的营养物质，从而增加葡萄酒风味的复杂性。

在如今采用嫁接苗居多的大环境下，紫晶庄园却不走寻常路，选择全部采用扦插苗。庄主马树森认为，怀来当地有一千多年的葡萄种植历史，不必担心根瘤蚜的危害。怀来地处作为需要埋土防寒的北产区，葡萄苗需要每年的出土、埋土，免不了嫁接接口处造成机械损伤而影响长势，采用怀来当地的扦插苗，种植适应性好，抗机械损伤能力强，初建园成型快，管理更容易。

在橡木桶的运用上，紫晶庄园是有自己的执着和坚持的，酒庄很多好年份产品往往被庄主马树森“按”在酒窖里陈年而不上市销售，无形中增加了很大一部分成本。有很多人替马树森着急，但他却总说慢慢来，“一方面现在市场太混乱，我们不想迎合现在的市场；另一方面，我对我们酒的陈酿潜力有足够信心，酒庄最好的酒还一直没拿出来参赛”，在地下酒窖的一角，一个瓶储的格子里就存放着10吨已经灌装的瓶装酒，像这样的格子，酒窖里足足有26个，“陈酿潜力不是嘴上说说，我们更要用时间去证明”。

马瑟兰是目前紫晶庄园当之无愧的明星品种。从葡萄园园艺师的角度来看，这个葡萄品种适应性强、生长势强劲、对病虫害抗性较好，易于管理；从酿酒师的角度来看，马瑟兰风格多变，既可以与其他品种进行混酿调配来提供深邃的颜色、丰富的香气和柔顺的单宁质感，也可以酿造100%的单品种酒来展现怀来马瑟兰的风土典型性。能酿造果香甜美喜人的小清新派，也能运用高超的桶陈技巧来获得极具陈年潜力的大作。

马瑟兰的优秀不过是紫晶庄园真正实力的一个侧面。2016年，在上海举办的中国葡萄酒发展峰会上，紫晶庄园葡萄酒得到了三位葡萄酒大师的一致推荐和认可，摘得“年度十大中国葡萄酒”“年度最具潜力中国葡萄酒”荣誉。不仅如此，近年来紫晶庄园凭借着优异表现先后被评为“中国葡萄酒金牌酒庄”“最佳中国酒庄”“十大中国酒庄”，酒款在国内外各项专业赛事中获得了100多个重量级奖项，始终保持着高歌猛进的节奏。

属于怀来官厅南岸紫晶庄园的风土奇迹，仍在继续！

最佳品种及年份

马瑟兰：紫晶酒庄马瑟兰种植在怀来军都山前的一片平坦的土地上，位于官厅南岸的这片葡萄园

热量高，葡萄成熟快，紫晶马瑟兰带有黑葡萄干、乌梅、黑莓等一系列成熟水果的奔放香气，复杂的河谷土壤结构又让马瑟兰具有良好的酸度和骨架，并有肉桂和豆蔻等香料气息。除了美妙的单宁控制外，酒末淡淡的松烟更有画龙点睛之妙，是集味度、深度和力量于一体的马瑟兰。

最佳年份：2014、2018、2019

参考文献：

1 卢诚，于海森，王洪江．沙城葡萄产区怀涿盆地的形成及地质地貌特性[J]．中外葡萄与葡萄酒．2009，7．

2 王翔．2020．怀来的大风和葡园里的春天．http://www.winechina.com/html/2020/04/202004300771.html[2020-04-21].

3 李凌峰．2020．马树森："倔"老头的酒庄梦．http://www.winechina.com/html/2020/02/202002300336.html[2020-02-19].

图片与部分文字资料由紫晶酒庄提供

风土档案	
气候带	暖温带大陆性季风气候
年平均日照时数	3167h
年平均气温	11.2℃
最低温、最高温	-20.6℃，37.2℃
有效积温	3200～3850℃
活动积温	≥10℃积温3547℃
年降水量	431mm
无霜期	150d
气象灾害	低温冻害、大风、冰雹
地貌地质	
主要地形及海拔	河谷盆地，520～585m
土壤类型	以砾石、细沙及石灰岩为主的土壤结构
地质类型	地质构造属燕山沉降带，地貌按成因可分为剥蚀构造地形、剥蚀堆积地形和冲积地形。地势由中间"V"形盆地分别向南北崛起，西北高而东南低
酿酒葡萄	
主要品种	红葡萄品种：马瑟兰、赤霞珠、美乐、品丽珠 白葡萄品种：霞多丽、琼瑶浆、小芒森

中信国安葡萄酒业

——丝绸之路上的尼雅传奇

在古今丝绸之路的重要通道上，中国新疆葡萄酒如火种般传承，跨越千年仍闪耀着熠熠光辉。西域文明、尼雅文明都曾是它在历史长河中的重要篇章，如今，一家在新疆耕耘二十余载的葡萄酒企业，依托天山北麓、伊犁河谷得天独厚的自然条件，以“倡导产地生态消费，引领品质生活”为理念，构建独属于“东方葡萄酒”的文化体系，培育出了尼雅、西域、新天等多个知名品牌。这就是中信国安葡萄酒业股份有限公司（以下简称中信国安葡萄酒业），自然风土的探秘者、尼雅文化的传诵人。

注：原“中信国安葡萄酒业股份有限公司”已于2023年10月正式更名为“中信尼雅葡萄酒股份有限公司”，简称为“中信尼雅”。

尼雅文化 书写丝绸之路上的人文地理

在今天的新疆玛纳斯城东，中信国安葡萄酒业葡萄园内有一座“天山北麓葡萄酒博览园”，里面的葡萄酒之路博物馆详细介绍了葡萄酒在西域的传播，尼雅文化便是其中的重要内容。

千年尼雅，灿若星河。现位于新疆和田民丰县的尼雅遗址是塔里木盆地南缘规模最大的聚落遗址群。根据考古发现并结合文献，确定尼雅遗址即史书所记汉代丝绸之路南道重要绿洲城邦——“精绝国”故地。历史中的尼雅城，地处古丝绸之路南道的交通要冲，曾是古代东西方文化交流融汇之地。20世纪初，英国人斯坦因首次发现了尼雅遗址，后随着中日联合考古、发掘，这个曾经在历史中绽放华光的神秘古国，才渐渐向世人展露出真容。

在遗址南部的古河岸边，仍能看到一座保存完好的葡萄园遗迹。尽管遗迹内葡萄根木已散落倒伏，但却能看出相当整齐的行距、株距，说明尼雅古国已经广泛、成熟地掌握了葡萄的种植。这在遗址中出土的佉卢文书和木牍上也得到了印证，上面大量记载着关于葡萄种植、葡萄园买卖、葡萄酒酿造以及酒税管理的内容，其中一份写着：“……此处酒局已立有账目。税吏苏祇耶在彼屋内将酒浪费，应免去彼税吏之职。彼等欠酒局之皇家之酒，该酒苏祇耶及钵祇没务必付清，旧欠之酒仍应由彼等征收……”可见，那时尼雅古国已开设酒税管理的酒局，葡萄酒是当时买卖、转换、抵押等重要货币单位，酒税也是国家主要的财政来源。在一些木简上，还记录着当时百姓嫁女，以男方家葡萄园面积来衡量富有程度。

此外，一段更广为人知的史料也能辅证尼雅葡萄酒的辉煌过往。《史记·大宛列传》记载了张骞出使西域，见到了“宛左右以蒲陶为酒，富人藏酒至万馀石，久者数十岁不败”的繁华景象。随后他将西域葡萄酒和酿酒技艺带回中原，从此拉开了中国

尼雅遗址：千年前的葡萄根木匍匐在地

乃至东方葡萄酒的序幕。

因佉卢文的记载，由此也证明了尼雅是迄今为止有文字记录的中国葡萄酒文明发源地，是中国葡萄酒精神根脉的重要所在。

玛纳斯 天山北麓璀璨明珠

发源于天山北麓依连哈比尔尕山的玛纳斯河自南向北静静流淌，这是准噶尔盆地南缘最大的一条融雪型山溪河流，并在上游形成了绵延数十千米的玛纳斯河大峡谷。峡谷山坡险陡，河水汩汩，谷旁绿意盎然的草地与色彩丰富的丹霞地貌相互映衬，构成了壮美的景观。河流出峡谷后形成了一片广袤的山前冲积扇缓坡，这就是中国首个葡萄酒生态小产区所在地——新疆天山北麓玛纳斯。

玛纳斯地处于1990年被联合国教科文组织设立的“博格达《人与生物圈》保护区”范围内。这里位于欧亚大陆腹地，准噶尔盆地南缘，属于典型的温带大陆性干旱气候。全年光热资源极佳，年均日照2800小时；昼夜温差大，最大可相差20℃以上；450～1000米的海拔高度，空气纯净、紫外线强烈，促使葡萄果皮中生成更为丰富的花青素，为葡萄酒带来卓越的色泽和丰富的风味物质。

随着山势起伏与河流冲积，玛纳斯河沿岸形成了富含砾石的沙壤土，土壤pH8.0，呈弱碱性，少氮磷却富含钾钙和矿物质元素。土壤中的砾石白天储存热量，夜间缓慢释放，持续为葡萄的生命活动提供能量。含砾石土壤具有良好的通透性和排水性，有利于葡萄根系向下延伸，汲取更深土层中的营养物质，葡萄果实中能集聚更复杂的风味物质，目前最深的葡萄根系已达4米。

尽管玛纳斯气候干燥少雨、蒸发量大，但葡萄园可依靠玛纳斯河的天山冰雪融水进行灌溉，水质纯净且富含矿物质。与此同时，河流分支形成的广袤湿地也成为一道天然屏障，缓和夏昼高温，营造凉爽夜晚，延长了葡萄的生长期，为积累细腻的酸

伊犁河葡萄园

天山北麓葡萄酒产区

度和丰富的香气提供条件。

玛纳斯的纬度、海拔、土壤、水文、空气、日照、昼夜温差、微气候等自然元素共同构成了酿酒葡萄适宜生长的条件，并进一步深刻影响着葡萄酒的品质。健康、成熟，颜色深、糖度高、酸度适中，香味物质发育充分……正是看到了新疆天山北麓玛纳斯葡萄酒产业的无限潜力，以及为建设美好新疆贡献更多力量的初心，中信国安葡萄酒业在这里开启了尼雅葡萄酒的复兴之路。

中信国安葡萄酒业玛纳斯葡萄酒小产区葡萄园以军马场、园艺场为中心向四周辐射到凉州户镇、玛纳斯镇、包家店镇、乐土驿镇、兰州湾乡、广东地乡等地，带动当地上万户果农从事酿酒葡萄种植。除此之外，在天山北麓建设了天池葡萄园、昌吉屯河葡萄园，在伊犁河谷开辟了伊犁河葡萄园，是最早发现伊犁河谷风土潜力的葡萄酒行业龙头企业。在天山北麓产区，中信国安葡萄酒业是当之无愧的奠基者，而在伊犁河谷，则扮演着启蒙者的角色。

不断探索 发现“小产区”风土价值

好葡萄酒是种出来的。中国葡萄酒想要达到国际一流水平，就必须具有自己的风格。“产区决定风格”已成为葡萄酒行业的金科玉律，“旧世界”葡萄酒先行了数百年，“新世界”葡萄酒也已开始了几十年。如今，东方葡萄酒也迎来了破局者。

1998年，中信国安葡萄酒业落户天山北麓玛纳斯，开始了对这片土地的耕耘与研究。2009年，中信国安葡萄酒业与中国农业大学、玛纳斯县人民政府合作探索中国葡萄酒玛纳斯小产区基地建设。2012年，中信国安葡萄酒业园艺场基地被中华人民共和国农业农村部、财政部确立为国家酿酒葡萄产业体系新疆北疆片试验点。同年，园艺场引进4个品种9个品系纯品种酿酒葡萄，建成100亩纯品种酿酒葡萄品种圃，引进赤霞珠169、191两个品系，建成60亩采穗圃，为品种更新改造打下基础。

2016年，中信国安葡萄酒业联合中国农业大学食品科学与营养工程学院葡萄与葡萄酒研究中心主任、国家葡萄产业技术体系首席科学家段长青教授团队首次发布了玛纳斯产区风土研究的阶段性成果——《新疆天山北麓玛纳斯产区赤霞珠葡萄酒风

格的发掘与固化》报告，以“精准调控、定向酿造”的行之有效的种植及酿造办法，开创以科学方法论和翔实数据来诠释“风土”的先河。2017年，在中信国安葡萄酒业的大力推动建设下，玛纳斯正式获得由中国酒业协会专家团队认证的国内首个“中国葡萄酒小产区”称号。这不仅对中国小产区建设起到了先行示范作用，也为促进中国小产区科学、合理划分，推进小产区及葡萄酒产品的个性化建设，提供了一个可以遵循的标准及高水平标杆。

2018年9月27日，中国首个酿酒葡萄认证小产区的荣誉称号落户新疆玛纳斯，中信国安葡萄酒业军马场、园艺场葡萄园双双通过认证，其背后是中信国安葡萄酒业20多年来在这片土地上不断探索的光辉历程。

科技、文化加持 赋能品牌突破

深耕风土建设，并在酿造上严格标准，不断创新，这就是中信国安葡萄酒业能够重塑尼雅葡萄酒辉煌的秘密。亚洲最大单体酒厂；从葡萄原料种植、采摘、酿造到成品酒的灌装全流程一体化技术；拥有国际酿酒大师弗莱德·诺里奥（Fred Nauleau）领衔的酿酒师团队50多人；世界领先的一流酿酒设备与严苛的法国橡木桶熟成陈酿标准……中信国安葡萄酒业凭借领先的技艺，融合东西酿造之精华，淋漓尽致展现了新疆天山北麓产区得天独厚的地域特色，将精湛技艺、环环必究的严苛把控与独特的自然风土融入每一滴醇酿之中。

中信国安葡萄酒业不断寻求技术上的创新与突破，与高校及科研机构展开合作，深入研究并解决葡萄酒技术难题，不仅连续担任新疆“十三五”“十四五”重大科技专项主持单位，上榜首批新疆产业创新研究院名单。基于长期的研究与数据积累，建立了5个国家级科研技术平台“食品真实性技术国际联合研究中心——新疆葡萄酒分中心”“中国轻

雪水灌溉

工业酒类品质与安全重点实验室”与“国家特种膜工程技术研究中心葡萄酒应用分中心”，5个省级科研平台“自治区企业技术中心”及“新疆酿酒葡萄与葡萄酒工程技术研究中心”“新疆葡萄酒与葡萄烈酒工程研究中心”“新疆酿酒葡萄与葡萄酒重点实验室”、自治区重点林木良种基地等，聚集了一批疆内外一流科研专家，创新了混酿与特种膜渗透技术，首次构建了世界干旱、半干旱区葡萄酒小产区评价体系，形成新疆生产优质葡萄酒的技术工艺体系以及“精准调控、定向酿造”体系……这些科研成果转化，填补了国内外葡萄酒相关研究领域的空白，让新疆复杂多样的风土通过产品表现出来，持续为打造世界一流的中国葡萄酒注入底气。

随着现代经济的不断发展，在当下健康生活消费的新态势下，对于个性化、品质化的追求日益增加。中信国安葡萄酒业迅速洞察，“以用户为中心”，不断突破，推出以5个葡萄品种混酿的尼雅传奇、天方夜谭葡萄富集酒、无醇葡萄酒等创新产品，以个性化特色，满足消费者需求。

同时，中国传统文化的崛起，也让中国葡萄酒受到更多关注。中信国安葡萄酒业传承尼雅葡萄酒两千多年的文化底蕴与价值，打造新疆原产地生态游与文化品鉴课程，同时依托政府在新疆、浙江、广东等核心区域的新疆葡萄酒体验中心，通过葡萄酒文化沉浸式体验，让更多人爱上中国葡萄酒，助

力中国葡萄酒的推广，向消费者传递中国葡萄酒的美好生活内涵。

凭借在科研技术、品牌文化上的不断投入以及对品质的不懈追求，中信国安葡萄酒业先后获得中国轻工业联合会科学技术进步二等奖、中国酒业“仪狄奖”科技创新奖、新疆维吾尔自治区人民政府质量奖等殊荣。旗下产品荣膺国家生态原产地保护产品认证，并在比利时布鲁塞尔国际葡萄酒大奖赛、Decanter世界葡萄酒大赛、IWC国际葡萄酒挑战赛、柏林葡萄酒大奖赛等大赛中屡次摘取大金奖最高分，在国际舞台上大放异彩。尤其在2023年，尼雅和西域葡萄酒分别在柏林葡萄酒大奖赛、MUNDUS VINI 德国国际葡萄酒大赛以及FIWA法国国际葡萄酒大奖赛中，斩获最高级别大金奖3枚，最高分2项，以及“最佳中国葡萄酒”殊荣。

基于新疆天山北麓与伊犁河谷两大产区，从种植源头把关，进行风土的科学研究，运用与世界接轨的先进酿造设备，在技术上持续创新，在文化上挖掘内涵，中信国安葡萄酒业展现出大时代下中国品牌的担当。

最佳品种及年份

赤霞珠：玛纳斯小产区园艺场和军马场的赤霞珠，树龄在15年以上。尼雅传奇、粒选、五星东方等年份葡萄酒只选取表现卓越的年份、黄金树龄的高品质赤霞珠葡萄，优质限产、手工采摘、逐粒筛选。赤霞珠具有莹澈深邃的宝石红色，略带紫色色调，浓郁的黑莓、黑加仑、草莓酱等成熟水果香气，经过橡木桶陈酿后又展现出可可、黑咖啡、烤面包等烘焙香气，单宁结构感明显，与酒体丰满度形成优美的平衡，有明显的地域特征，并具较强陈年潜质。

天山北麓生态葡萄园砾石沙壤土

最佳年份：2016、2018、2020

霞多丽：玛纳斯小产区地块的霞多丽表现突出，树龄20年以上，尤其是军马场葡萄园。霞多丽呈明亮的浅禾秆黄色，香气浓郁宽广，散发馥郁的柠檬、柑橘、桃子等水果香气，典型的风土特性得以与橡木桶培养、酒泥接触、苹果酸乳酸发酵等复杂工艺相结合，使果香中融入优雅的香草、坚果气息，酒体具美妙的复杂度和细腻感。

最佳年份：2018、2019、2022

风土档案	
气候带	**温带大陆性干旱气候**
年平均日照时数	2796h
年平均气温	7.2℃
最低温、最高温	−18.4℃、24.4℃
有效积温	2000～3000℃
活动积温	3200～3800℃
年降水量	107～322mm
无霜期	165～172d
气象灾害	秋季早霜、冬季冻害、春季晚霜
地貌地质	**河谷地貌**
主要地形及海拔	南部天山山地及丘陵、中部平原绿洲、北部盆地沙漠三大部分。450～550m
土壤类型	成土母质为灰漠土、砾石土、沼泽土等，富含砾石，pH8.0，弱碱性，矿物质含量丰富多样
地质类型	玛纳斯县的地质、地貌经历了海洋、浅海、湖泊、沼泽、山地、准平原、山与盆地的变化过程，发生过多次大地构造运动，出现过多种沉积环境
酿酒葡萄	
主要品种	红葡萄品种：赤霞珠、美乐、马瑟兰、西拉、品丽珠、小味儿多等 白葡萄品种：霞多丽、贵人香

天山北麓葡萄园丰收啦！

参考文献：

1 百度文库. 玛纳斯县园艺场酿酒葡萄基地发展史. https://wenku.baidu.com/view/95f23695a3116c175f0e7cd184254b35eefd1a11.html?_wkts_=1689420484238&bdQuery=%E7%8E%9B%E7%BA%B3%E6%96%AF%E5%8E%BF%E5%9B%AD%E8%89%BA%E5%9C%BA%E9%85%BF%E9%85%92%E8%91%A1%E8%90%84%E5%9F%BA%E5%9C%B0%E5%8F%91%E5%B1%95%E5%8F%B2.

2 玛纳斯葡萄酒小产区培训教材编写（初级）.

3 余建. 2023. 从尼雅遗迹出土文物，读懂丝路文化. 中国文化基金会. https://mp.weixin.qq.com/s/OfsqIO3omzb2UwjDnSTiig[2023-02-02].

4 张玉忠. 葡萄及葡萄酒的东传. 新疆社会科学院考古研究所文献. 百度学术. https://xueshu.baidu.com/usercenter/paper/show?paperid=bac5fa7465ad2bf155dbfd22e1409d7d&site=xueshu_se.

5 仲高. 1999. 丝绸之路上的葡萄种植业. 新疆大学学报. 百度学术. https://xueshu.baidu.com/usercenter/paper/show?paperid=f69ec6027b3cf5a17e71c6c751363bb8&site=xueshu_se.

图片及部分资料由中信国安葡萄酒业提供

第四篇

中国葡萄酒品种地理

“橘生淮南则为橘，生于淮北则为枳”。即便是相同的酿酒葡萄品种，在不同的地理环境影响下也会表现出截然不同的风味，这或许就是葡萄酒的奇妙所在吧！

蛇龙珠的百年孤独

酿酒葡萄蛇龙珠（Cabernet Gernischt）自清末进入中国，从此故乡成远方，他乡变故乡。百年时光宛如一段无法回头的孤独旅程，曾九死一生，也曾辉煌极盛。如今蛇龙珠坐拥中国酿酒葡萄品种第二把交椅，它的身世却仍扑朔迷离，鲜明的个性也让人对它又爱又恨。

第一章　蛇龙珠的百年孤独

一、远涉重洋，九死一生

我国引种葡萄的历史虽然久远，但在19世纪末期以前，各地多为零星栽植，少有成片建园进行经济栽培。19世纪中后期，随着天主教、基督教的传播和西方文化的输入，欧美葡萄品种和葡萄酒酿造技术也随之传入我国，最初的落脚点是山东烟台。

据烟台地方志记载，1861年，美国传教士约翰·倪维思（John L. Nevius）受长老会派遣，从上海来到山

申延玲摄

东登州（今蓬莱），1864年返美，1871年重返烟台，带来了美洲葡萄等果树品种，在烟台毓璜顶东南山麓栽植，建立“广兴果园”。这是中国近代关于引进葡萄成片栽培的最早记载。

1892年，烟台张裕葡萄酿酒公司成立，华侨张弼士从德国、奥地利、西班牙、意大利引进120多个世界著名的酿酒葡萄品种，在烟台东山、西山和南山建成葡萄园，这是我国近代葡萄栽培和采用优良酒用葡萄品种酿酒的起始。

然而，这些远涉重洋的葡萄苗木几乎都经历了九死一生的命运。一段段史料也记载了这段中国葡萄引种历史上的至暗时刻。

1895年，张弼士曾将烟台所产葡萄送与南洋英国、荷兰化验师检验，结果证实品质不佳。于是，张弼士先从美国采购有根葡萄苗2000株试种，结果试种失败。

1896年冬，张弼士从奥京（奥地利首都维也纳）采购葡萄苗十四万株，于1897年夏到烟台，结果存活率约有三成。

1897年冬，又向奥京续购葡萄苗50万株，1898年夏到烟台，经栽植活之仍不多，即使活秧也病弱不堪。原因为所采办的葡萄苗均为无根，再加运至上海、烟台码头时，装运葡萄根苗的箱子因无栈房收贮，散乱堆放，根苗直接置于阳光下蒸晒，致使枯死。

1901—1903年，张弼士数度寄购接根葡萄总计5万株，起初存活有八九成。不料两三年后，仍有焦枯现象，存活苗不过五六成。经查验得知，皆因根带甜味，招致虫蚀所致。

据张裕公司早期产品说明书记叙：“筹思再四，每一葡萄本必自舶来，只有少而无多，难期繁殖，以收大效。故此，又重新寄购可做接根的本国苦味山葡萄秧自种，并购来接根机自接，至1906年方见自接葡萄可靠。之后，每年嫁接，每年培植，每年补苗，以致年年不息，不再外求。”

自1892年起，张裕公司陆续从西方引进并嫁接葡萄品种124个，其中有20余种因不适应本地水土，而逐渐被淘汰。到了20世纪80年代后期，张裕公司自营葡萄园由初办时的124个品种，仅保留下来25个传统名种（其中有些品种经重新培植后死而复生），即品丽珠、蛇龙珠、赤霞珠、法国兰、醉诗仙、梅鹿辄、大宛红、阿芳香、玛泊春、北塞魂、盖北塞、汉北塞、紫北塞、雷司令、李将军、贵人香、大宛香、琼瑶浆、长相思、阁月兰、田里汉、琼州牧、冰雪丸、水晶丸、魏天子。

张裕公司有关蛇龙珠的最早的种植记载出现于民国大正五年（1916年）日本南满洲铁道株式会社地方部编印的《满洲之果树》，蛇龙珠（Cabernet Gernischt）的编号为5号，品丽珠（Cabernet Franc）是4号，赤霞珠（Cabernet Sauvignon）是6号。

二、中文名“蛇龙珠”的来历

当时张裕公司所引进的葡萄品种，都是世界著名的酿酒葡萄品种。这些品种，大多是我国第一次引进的欧洲葡萄品种，只有外文名字，没有中文名字。多少年以后，不同的葡萄品种，不仅结了果，也做成了单品种酿造的葡萄酒。每当秋风送爽、葡萄成熟之际，张裕公司会邀请有名的诗人、作家、学者，到葡萄园里，对照着每一棵树上挂的葡萄，品尝着葡萄，回味着葡萄酒，给每一号葡萄起个中文名字。就这样产生了1号玛瑙红，2号大宛红，3号大宛香，4号品丽珠，5号赤霞珠，6号蛇龙珠，7号冰雪丸，17号雷司令，72号紫北塞，129号玫瑰香等。还有醉诗仙梅鹿辄、长相思、琼瑶浆等，都有相应的编号。直到20世纪70年代，张裕公司葡萄园的老工人还能准确地把每一种葡萄的编号和名称对应起来，或称其名，或呼其号。

关于蛇龙珠名字的来历，虽然目前尚无史料能直接论证，但有两个推测说法较为贴近：一是《本草纲目》记载："葡萄，汉书作蒲桃，可以入酺，饮人则陶然而醉，故有是名。其圆者名草龙珠，长者名马乳葡萄，白者名水晶葡萄，黑者名紫葡萄。"蛇龙珠的命名，或许是从"草龙珠"得到灵感，具体需查证。二则，蛇龙珠的名字，蕴含了中国"蛇修炼百年成蛟千年化龙"的古老传说，有蛇幻化成龙的美好祝愿在其中。

关于蛇龙珠的外文Cabernet Gernischt一词的来历，1999年中国农业大学罗国光教授在《关于蛇龙珠的起源探讨》提出："正确的德文原名是Cabernet Gemischt，其真实词义是'Cabernet Mixed'，即'混合的（或混杂的）Cabernet'。这表明在其标记下的一批苗木既不是纯正的Cabernet Sauvignon（赤霞珠），也不是纯正的Cabernet Franc（品丽珠），而是此二品种的混合体或混杂体。当时将原文名误写为Cabernet Gernischt，翻译者就以为它是赤霞珠和品丽珠之外的又一个Cabernet类型品种，因而另取了'蛇龙珠'（Cabernet Gernischt）的名称。"张裕早期葡萄品种都带有浓厚的德语色彩，因为张裕首任酿酒师巴保男爵（Baron Maxvon Babo）就是来自奥匈帝国，中国农业大学果树系的罗国光教授据此推测：蛇龙珠的外文名称Cabernet Gernischt，很可能是德文Cabernet Gemischt的误写，把Gemischt的m误写为r、n了。

三、蛇龙珠的百年孤独

我国先后多次从国外引进酿酒葡萄品种，但是蛇龙珠却始终没有再被单独提及过。

1949年以后，我国共从国外引种葡萄160多批次，累计引进品种2100余份。1951—1966年，我国从苏联、东欧各国引种约33批次，品种1200份；1968—1978年，引种地区逐渐由苏联转向东欧、西欧、日本和美国。先后引种34批次，品种160个；1979—2000年，我国葡萄引种指导思想趋于成熟，注重良种引进，先后引种100多批次，品种约800个。鲜食品种主要引自日本和美国，酿酒葡萄则引自法国和意大利；2000年以来，累积引进300多个葡萄品种品系，引种的区域主要是美国、日本和欧洲，引进品种以鲜食品种为主，兼顾了酿酒葡萄的优良品种品系。

在中华人民共和国成立后原轻工业部组织的酿酒葡萄品种选育中，蛇龙珠或许因它的特殊身世，没有引起足够的重视。始于1959—1965年的酿酒葡萄选育，由第一轻工业部发酵工业科学研究所、中国科学院植物研究所北京植物园和中国农业科学院果树研究所等三家单位负责。第一批试验成果于1965年3月进行了鉴定。酿酒试验128个品种和杂交单株，从中选出在北京、兴城两地栽培的酿酒的优良品种16个。红品种有：黑品乐、法国兰、晚红蜜、北醇、北红、北玫、塞必尔2002号；白品种有：李将军、贵人香、白品乐、白羽、巴娜蒂、白雅、新玫瑰、白马拉加和底拉洼。上列16个品种中黑品乐、晚红蜜、法国兰、北醇、白羽、贵人香、白雅等7个品种已在生产中发挥了作用，酿成的酒有些已成为名优酒。

不仅如此，蛇龙珠在张裕公司的酿酒葡萄品种分类里也曾一度受冷落，1984年被分为三类中的第二类，1989年归入七类中的第三类。

正所谓百年一参透，百年一孤独！蛇龙珠何时真正走入人们的视野？可能是近几十年的中国葡萄酒产业发展，被各地引种开枝散叶；也可能是因为解百纳的声名鹊起，赤霞珠、品丽珠、蛇龙珠三"珠"鼎立；也可能是遇到了一些真正读懂了它的人，让蛇龙珠从默默无闻走向世界舞台！

第二章　中国蛇龙珠地图

然而，蛇龙珠在中国的传播首先是从胶东半岛开始的。之后，全国各主要产区陆续引进试种，经过自然淘汰的层层筛选以及多年的栽培管理和酿酒方面的经验积累，目前可以说蛇龙珠在国内找到了适合它的中国风土，也成为中国葡萄酒走向世界的名片。

20世纪七八十年代，黄河故道、宁夏、甘肃、新疆等地陆续从山东引进种植。在宁夏贺兰山东麓产区，最早1982年引入玉泉营农场，1997年青铜峡开始种植，逐渐形成规模。在甘肃河西走廊产区，莫高酒庄最早于1983年种植蛇龙珠，种植面积最高达3000多亩，目前缩减为1200亩，之后祁连酒业1998年开始种植。蛇龙珠1982年引入新疆，最早栽植于吐鲁番。河北怀来产区自1996年引入蛇龙珠，主要集中在涿鹿县、怀来县桑园镇。2000年前后，蛇龙珠相继被引入内蒙古、四川、云南等地。2010—2019年前后，随着国内各产区一批精品酒庄的崛起，蛇龙珠在中国又迎来种植高潮，酿酒潜力再次被挖掘。

一、胶东半岛产区

代表企业｜张裕卡斯特酒庄、九顶庄园、国宾酒庄、君顶酒庄等。

蛇龙珠在胶东半岛产区有着100多年的种植历史，早已适应了这里的风土条件。胶东半岛作为非埋土防寒区，无霜期长，积温高。有利于这个晚熟品种的缓慢成熟，是蛇龙珠生长的理想产区。烟台现有蛇龙珠种植面积近20000亩，是全球最大的蛇龙珠葡萄种植基地，主要得益于张裕公司对该品种的研究和发展，蛇龙珠主要分布于烟台开发区，蓬莱大柳行、小门家，莱州朱桥等地。此外，青岛莱西也有少量种植。

二、怀来产区

代表企业｜中国长城、马丁酒庄。

怀来产区在1996年引进一批蛇龙珠，主要集中在桑园镇和涿鹿。当地酒庄少有种植该品种，大都由农户零散种植，且一般与赤霞珠混种。桑园镇有蛇龙珠800亩左右，涿鹿的东小庄、双数村共计约500亩。蛇龙珠在怀来因为积温不够，较难成熟，不成熟的蛇龙珠酒会有青草味。目前蛇龙珠在桑园镇表现较好，需加强葡萄园精细化管理。

三、贺兰山东麓产区

代表企业｜西夏王酒业、贺金樽酒庄、西鸽酒庄、禹皇酒庄、沙坡头酒庄、容园美酒庄、尚颂堡酒庄等。

宁夏贺兰山东麓产区是目前栽种蛇龙珠的第二大产区，在银川玉泉营、青铜峡甘城子均有种植，种植面积约15000亩。种植方面，蛇龙珠抗逆性强，

蛇龙珠在中国的传播历程

树势强壮，风土适应性强，抗病，在瘠薄沙石土壤种植可缓和树势，不宜在肥沃的壤土上栽种。宁夏蛇龙珠葡萄园多采用独龙干架形、厂字形架势。蛇龙珠长势强，果穗大（150克以上），挂果率低，叶片大，在转色后期有红叶与卷叶现象。在修剪上采用留弱不留强的原则。采收日期通常在每年的10月上旬后，略晚于赤霞珠。蛇龙珠成熟时颗粒大，在遮阴采光不良的地方，着色不好。在热量欠缺的年份，通常葡萄籽木质化不好。

酿酒方面蛇龙珠表现的典型性比较强，蛇龙珠干红葡萄酒具有明显的红色浆果气息，新酒往往带有淡淡的青椒味，陈酿一段时间会有草本气味。蛇龙珠的单宁含量较赤霞珠低，所以酿造的干红葡萄酒单宁柔和、入口顺滑。蛇龙珠酿成的酒呈宝石红色略有粉红色边晕，清新的草本植物香。在热量多的年份与管理好的葡萄园，会有湿草地与薄荷的清凉感。中等或偏上酒体，单宁质地绵软。在成熟度欠缺的年份，或有不成熟的单宁质地。

四、内蒙古产区

代表企业｜沙恩庄园、吉奥尼酒庄、汉森酒业。

内蒙古产区有蛇龙珠葡萄园约1500亩，主要集中在阿拉善乌兰布和、乌海乌兰淖尔等地，蛇龙珠葡萄于4月中旬开始发芽，10月初晚于赤霞珠成熟，葡萄生长势较旺，成熟果粒较赤霞珠略大，与美乐果粒大小相当，呈蓝黑色，果穗中等大小。在酿酒方面，蛇龙珠酒果香浓郁，以果酱和黑色浆果（黑醋栗、黑莓、桑葚）香气为主，胡椒和焙烤类（烟熏、香草）香气明显，有烟草气味。口感圆润饱满、单宁细致，酒体平衡，回味持久。

五、河西走廊产区

代表企业｜莫高酒庄、祁连酒业。

甘肃河西走廊蛇龙珠最早引进栽种于1983年，目前种植面积超过2000亩，分布于武威市凉州区、张掖市高台县。河西走廊的土壤、气候条件适宜蛇龙珠葡萄的栽培；蛇龙珠属于晚熟品种，可以避免与大多数中、早熟葡萄集中成熟而对酒厂生产造成压力；蛇龙珠也能丰富产区品种，优化企业产品结构。

蛇龙珠属于中晚熟品种，生长旺盛，果粒适中，特别适宜沙土中生长，具有抗旱、抗病性强，不裂果等优点。蛇龙珠葡萄生长势强，抗性较好，栽培上需要掌握好营养生长与生殖生长的平衡，否则容易造成营养生长强，花期大量落果，该品种容易受葡萄卷叶病毒的侵染。葡萄果实皮厚，颜色紫黑色，果皮有浓郁的香味。

六、新疆产区

代表企业｜楼兰酒庄、冠颐酒庄、伊珠股份、丝路酒庄。

蛇龙珠1982年引入新疆，最早栽植于吐鲁番楼兰酒业母本园。此外，在新疆天山南麓的和硕产区、伊犁河谷兵团第四师67团也均有栽植，种植总面积约2000亩。

蛇龙珠属于中晚熟葡萄品种，喜欢气候相对干燥的地方，在潮湿的地方极易生病，在石灰石、火山岩结构土壤品种特性表现突出。蛇龙珠干红葡萄酒，整体表现优良，尤其果香浓郁，单宁柔和，酒体饱满醇厚，入口丝滑，平衡活泼，回味绵长。品种果香很浓郁，单宁细腻，紫罗兰、草本、薄荷、胡椒、果香浓郁，酒体细腻而又不失厚重。

七、西南产区

代表企业｜康定红酒庄、香格里拉酒业。

蛇龙珠于2000年后陆续引入四川甘孜州、云南迪庆州等地。在西南产区，蛇龙珠树势强，3月底至4月初萌芽，5月中下旬始花，10月中下旬果实成熟。生长期210天以上，有效积温3200℃以上。芽眼萌发率较高。果粒中等大小，圆形，果皮厚，紫红色，上着较厚的果粉。味甜多汁，具有青草味。抗病力强，耐旱，耐瘠薄，抗寒性弱。在疏松土壤、沙质壤土和干、湿地栽培均宜。

八、其他地区 河南、山西、陕西、青海等

除以上产区外，河南的天明民权葡萄酒有限公司、山西的格瑞特酒庄、陕西的太浩酒庄、青海的颂伊思酒庄等均有种植蛇龙珠。

蛇龙珠在国内的主要表现为长势旺，抗病性好，果粒大，产量中等。如果充分成熟，颜色好，紫色调很深、香气比较好，单宁很细腻。蛇龙珠在种植管理方面有着一定的要求，要加强管理且不能长势过旺，修剪方面要长短梢修剪、去强留弱，与一般品种修剪方式有所不同。另外，注意把握采收时机，诸如晚采收，保障成熟度，减少生青味。因此，积温热量不够的产区，蛇龙珠很难成熟，也少有种植。另外蛇龙珠带毒率高，尤其是卷叶病毒病，会对产量和质量造成不利影响。注意育苗必须选取优良植株，采用脱毒育苗。

第三章　蛇龙珠的前世今生

蛇龙珠是我国最早引进的酿酒葡萄品种之一，在国内有着广泛的种植，但其来源和品种的亲缘关系问题在业内曾一直存在较大争议。主要有两种说法，一是推测蛇龙珠就是品丽珠（Cabernet Franc），或可能是经过多年人工选择下形成的品丽珠新品系；第二，蛇龙珠与法国波尔多古老酿酒品种佳美娜（Carmenère）的遗传距离更近，推断蛇龙珠与佳美娜就是同一品种（系）。

一、蛇龙珠是品丽珠

1. 根据蛇龙珠不明来源品种名在我国的唯一性以及它与品丽珠的相似性分析，葡萄品种叶形结构参数，再加上品丽珠比赤霞珠稍大的果穗以及更化渣的果肉都与蛇龙珠相似，由此推测蛇龙珠可能就是品丽珠（尹克林等，1998）。

2. 根据对品种原产地的探索考证和在青岛、烟台、昌黎等地葡萄园的考察，联系国内外有关研究资料，推测蛇龙珠就是品丽珠，或可能是经过多年人工选择下形成的品丽珠新品系。

3. 通过蛇龙珠葡萄品种亲缘关系的RAPD分析得知，蛇龙珠和品丽珠的遗传距离最近，其次是梅鹿辄和赤霞珠，故认为蛇龙珠在中国应该是一个独立存在的品种。

二、蛇龙珠即佳美娜

1. 2004年8月，法国蒙彼利埃国际高等农业大学葡萄与葡萄酒研究所所长Alain CARBONNEAU教授来宁夏考察，认为蛇龙珠与法国波尔多古老的酿酒品种佳美娜（Carmenère）的植物学特性十分相似，可能是同一品种。

为了进一步阐明蛇龙珠的来源和亲缘关系，宁夏大学王振平博士还在Alain CARBONNEAU教授的帮助下，特地从法国引进佳美娜葡萄品种，并以品丽珠为对照，采用在酿酒葡萄上扩增谱带清晰且多态性好的14个引物进行RAPD分析，以便进一步确定蛇龙珠与佳美娜的亲缘关系。

分析表明，蛇龙珠与佳美娜的遗传距离为0.15，与蛇龙珠与品丽珠的遗传距离为0.33，并由此可以推断，蛇龙珠与佳美娜可能就是同一品种（系），其遗传距离的差异可能是一百多年来在不同生长环境条件下发生变异的结果。

2. 2012年出版的《酿酒葡萄：1368个葡萄品

种的起源及风味完全指南》(杰西丝·罗宾逊、朱莉娅·哈丁、何塞·乌亚莫兹合著),把蛇龙珠视为佳美娜(Carmenère)的"主要别名"之一。瑞士纳沙泰尔大学(Universite de Neuchatel)植物遗传学研究员何塞·乌亚莫兹博士(Dr. Jose Vouillamoz)对蛇龙珠进行DNA分析的样本即是采集自张裕公司的葡萄园,证明它跟佳美娜是同一个品种,DNA配对99.999999999%。

书中160~161页记录了蛇龙珠为佳美娜的别名之一,并罗列了一些研究结论(包括何塞博士的DNA分析手段),从而论证了蛇龙珠和佳美娜同宗同源。

乌亚莫兹博士曾在2013年德国杜塞尔多夫ProWein国际酒展"稀有葡萄品种"论坛发表的演讲指出:"采集自中国张裕公司的蛇龙珠,类似于1783年就在法国南部有种植的佳美娜。该品种酿造的葡萄酒,具有活泼的果味、柔顺的单宁、特有的辛香。"

三、"宗主"佳美娜

林裕森在他的《葡萄酒全书》中就提到智利的佳美娜,不过一开始被误认为是美乐,他还描述到,这个来自波尔多的品种单宁涩味较重,但有独特的花草香气,相当特别,已经逐渐成为智利特有的代表性品种。

经查佳美娜是原产于法国吉伦特省的古老葡萄品种。DNA分析表明它是品丽珠与Gros Cabernet(大卡本内)的杂交品种。Gros Cabernet本身就是品丽珠的远亲,具有草本植物,比如番茄、胡椒以及新鲜浆果的香气。果实高度成熟时则体现黑莓、蓝莓、咖啡和黑巧克力的香气。

然而,智利佳美娜的故事,与中国蛇龙珠的故事似乎有着惊人的相似。佳美娜葡萄在19世纪末被带到智利,刚引入时被错误地标记为美乐(或黑美乐Merlot Noir)。原来,在19世纪末,葡萄根瘤蚜几乎摧毁了欧洲所有的佳美娜,在随后的许多年里,当地人认为它已经完全绝迹了。1994年,法国葡萄品种学家让·米歇尔·伯瑞斯科特(Jean-Michel Boursiquot)在智利的一个葡萄园里发现了"黑美乐",并认定是佳美娜。DNA鉴定证实了他的判断,由此佳美娜的真实身份被揭晓。自这一发现以来,佳美娜已成为智利的超级明星品种。1998年,它被智利当局认定为本国的官方品种。

第四章 永远的蛇龙珠

一、天地人合成功名

蛇龙珠在中国经历了一个世纪的孤独之后,终于走入了人们的视野。这里有市场消费的推动,更是中国葡萄酒行业不断探索的一种精神体现。

蛇龙珠的发展,首先离不开张裕公司对它的重视。自2004年以来,张裕投入巨资用于蛇龙珠的种植基地扩展、品种选育和技术研发以及种植工人的技术培训。实践证明,在烟台种植的蛇龙珠所表现出来的适应性、抗逆性、丰产性,均优于我国其他产区。在酿造工艺方面,经过70余年的技术积淀,张裕解百纳从葡萄种植到发酵、橡木桶陈酿、调配等环节,已形成系统的操作规范和标准,确保张裕解百纳的高品质、独特性,从而巩固了70年品质保证的高端品牌地位。

张裕公司技术中心科研团队长期注重对蛇龙珠的科学研究,并与江南大学、中国农业大学和鲁东大学等科研单位合作,近年来在专业期刊发表了大量专门研究蛇龙珠的学术论文,例如《烟台地区蛇龙珠优良新品系的筛选》《土壤质地对蛇龙珠葡萄酿酒品质的影响》《不同树龄对蛇龙珠葡萄果实品质的影响》《蛇龙珠葡萄最佳采收期的研究》《不同酵母在蛇龙珠干红葡萄酒酿造中的应用》《蛇龙珠葡萄特征香气成分的确定及对葡萄酒风味的影响研究》《烟台蛇龙珠干红葡萄酒酚类物质含量与感官质量之间的关系研究》……覆盖了从种植到酿造的多个重要环节，建立了系统的蛇龙珠学术资源数据库。

二、争奇斗艳 姹紫嫣红

以蛇龙珠为主要原料酿造的张裕解百纳自1931年诞生，1937年商标注册以来，至今已有88年历史。张裕解百纳干红，在年轻时通常具有紫罗兰、覆盆子和草莓的香气，并且飘逸着一种雨后割过的青草味道，色泽呈优雅的宝石红。经过陈年后，解百纳会发展出甘草、胡椒、咖啡、雪茄盒的深邃香气，单宁圆润，结构平衡。

据江南大学生物工程学院与张裕技术中心合作进行的“蛇龙珠葡萄特征香气成分的确定及对葡萄酒风味的影响研究”表明：在蛇龙珠中检出构成葡萄酒品种香气重要成分的萜烯类化合物多达26种，而在赤霞珠（Cabernet Sauvignon）、品丽珠（Cabernet Franc）、美乐（Merlot）中分别检出的此类成分分别为17种、15种、16种，即蛇龙珠此类成分的含量远远高于后三者。

张裕解百纳目前已出口欧美亚28国，进入欧洲5000多家卖场销售，是全球30强葡萄酒品牌之一，是具有国际影响力的中国葡萄酒大单品。近年来，张裕公司蛇龙珠相关产品参加各类国际葡萄酒大赛共斩获16项国际大奖。张裕解百纳取得2019年“全球畅销葡萄酒盲品赛”TOP5佳绩。

英国著名酒评家、葡萄酒大师杰西斯·罗宾逊2012年9月14日在她的葡萄酒栏目发表品酒笔记《2011年份张裕解百纳》，给予分数16分。杰西丝·罗宾逊评分系统的满分为20分，其中对16分的定义为“Distinguished”即“杰出”。

在河北怀来产区，蛇龙珠易管理，比较抗病害，不足之处是生长旺盛。要想得到好的蛇龙珠葡萄，关键是要采取措施最大限度地通风、透光、使果穗松散，并且迟采收。蛇龙珠在酿造方面要有相对较长的冷浸渍和后期相对较高的发酵温度，可以尝试不同的橡木桶中进行苹乳发酵和陈酿。蛇龙珠的特点就在于其口感酸度和单宁都相对赤霞珠弱，更具有适饮性。

蛇龙珠在宁夏、内蒙古、甘肃等产区也有不俗的表现，主要是各地有适宜其生长的小气候，但有些酒庄并不喜欢蛇龙珠，认为颜色和香气衰败比较快，只适合做新鲜性的酒，不适合做高端陈酿型的酒。不过仍然有对蛇龙珠情有独钟的酒庄，在专家的建议下，蛇龙珠在剪枝方面去强留弱，精准把握采收时机，注意采收温度，原料采收后最短时间内入罐防止氧化；并使用有机肥，减少生青味，增强葡萄枝蔓的木质化程度，保障果实成熟度。

在新疆焉耆盆地的和硕、伊犁河谷的67团，蛇龙珠表现也很突出。南疆有着丰富日照和热量，温暖条件下蛇龙珠可以充分成熟，完全没有生青味，并表现出馥郁的红色浆果气息；酿造经过粒选、整粒（或轻度破碎）、低温发酵、陈酿等工艺，酒体圆润饱满，单宁的质感可以非常柔和细腻，而且单品种酒风格鲜明，具有品种典型性。伊犁河谷整体气候温润，再加之特殊的河谷气候，蛇龙珠有着更长的生长期，能在成熟后期积累丰富的糖和酚类物质，既可以被用于混酿，也能酿造单品种酒。

有关蛇龙珠目前在各产区或酒庄的突出表现，在此不一一列举。基于蛇龙珠对当地风土的适应性，目前国内很多葡萄酒企业正不断挖掘它的酿酒潜力，无论是作为单品种还是混酿，蛇龙珠有着独特且不可替代的作用，被认为是一种优质的、独具地域特点的酿酒葡萄。用蛇龙珠做单品或混酿品种，成了很多酿酒师乐于尝试的挑战。天地人合一，我们期待蛇龙珠迎来它的高光时刻！

三、蛇龙珠能否担纲中国葡萄酒的未来

对于这个问题，很多行业人士早已给出了答案。

世界十大酿酒顾问、著名葡萄酒专家李德美老师曾经表示，如果你真的认同意大利全国有上千个不同酿酒品种的话，那么蛇龙珠就是蛇龙珠而不是佳美娜。蛇龙珠的引进，已经是上百年前的事情，目前蛇龙珠品种已经跟中国风土融合，成为中国葡萄酒的一张名片。蛇龙珠有着红色水果的味道，果味浓郁充沛，能搭配大部分中国菜。

蛇龙珠作为迄今唯一被国际上认可的中国独有的酿酒葡萄品种，对中国葡萄酒行业的发展意义非凡。张裕公司于2016年5月25日在Vinexpo香港酒展期间倡导设立"世界蛇龙珠日"，这是中国第一个以葡萄品种命名的节日，旨在提升蛇龙珠的国际影响力，推动蛇龙珠的科学研究和学术交流，助力中国葡萄酒品牌走向世界。

在2016年5月25日首届"世界蛇龙珠日"活动中，**全球葡萄酒行业最权威人士之一、国际葡萄与葡萄酒组织（OIV）前总干事让·马里·奥兰德**（Jean-Marie Aurand）在品尝了由蛇龙珠酿造的张裕解百纳干红后就称赞道："蛇龙珠是一个堪称完美的葡萄品种，也是有中国特色的葡萄品种。"

在随后每年举办的国际酒展上，张裕公司都会举办张裕解百纳主题推介会，向世界推广蛇龙珠所酿造的中国风味。此外，在一些重要酒展举办大师班里，张裕也会以蛇龙珠酿造的葡萄酒参与其中，比如参与2019年香港国际酒展世界葡萄酒大师李志延及世界侍酒大师联合举办的全球Cabernet鉴赏大师班中，向业内人士推广蛇龙珠品种。

世界葡萄酒大师李志延说："蛇龙珠是一个很有中国特色和风格的品种，我很惊讶在中国能种出这么好的酿酒葡萄。"因为"世界蛇龙珠日"，张裕对中国葡萄酒行业来说是一个"合格的领导者"。

著名意大利葡萄酒评论家伊安·达加塔评价说："智利的佳美娜与中国的蛇龙珠相比，有一种青草味，但在中国的蛇龙珠没有这种不舒适的味道，所以我觉得中国蛇龙珠比智利佳美娜要好。"

中国葡萄酒信息网主编孙志军评价醉诗仙："有浆果、青草香，香料气息，口感轻柔，易饮。"

滨州医学院教授、葡萄酒专家夏广丽评价解百纳："深宝石红色，浓郁覆盆子、蓝莓果香，辅以橡木香。香气和谐，入口顺滑，中等酒体，平衡易饮。"

在2020第五届"世界蛇龙珠日"期间，张裕公司围绕"爱上中国葡萄酒"主题，将从两大层面展开：线上主要在各大数字媒体平台、电商平台，以精品内容、精彩直播等主题活动吸引目标消费者参与、分享；线下将整合张裕全球终端渠道、酒庄、酒文化博物馆、先锋葡萄酒培训学院等优势资源，以品鉴会、讲座、主题营销等方式，全面向消费者普及中国葡萄酒文化。通过线上线下齐发力，驱动蛇龙珠花样出圈，让更多的消费者体验到蛇龙珠的魅力，从而爱上中国葡萄酒。

蛇龙珠的传奇故事，似乎还在继续。在每个专属于它的节日里，我们似乎应该喝上一杯蛇龙珠，敬它的百年苦旅，敬它的百折不挠！

参考文献：

1 孔庆山. 中国葡萄志[M]. 北京：中国农业科技术出版社，2004.

2 郭其昌. 新中国葡萄酒业五十年[M]. 天津：天津人民出版社，1998.

3 兰振民. 张裕公司志[M]. 北京：人民日报出版社，1999.

4 段长青，刘崇怀，刘凤之，等. 新中国果树科学研究70年——葡萄[J]. 果树学报，2019，10.

5 孔庆山等. 中国葡萄志[M]. 北京：中国农业科学技术出版社，2002.

6 王恭堂. 百年张裕传奇[M]. 北京：团结出版社，2015.

7 郭其昌，等. 新中国葡萄酒业五十年[M]. 天津：天津人民出版社，1998.

部分资料来源于张裕公司及国内各产区代表企业

中国马瑟兰地理

中国葡萄酒从业者们正迫切寻找一个能真正反映中国风土的代表性酿酒葡萄品种，马瑟兰（Marselan）被寄予厚望。这个诞生于1961年法国南部的品种，自2001年引入中国后表现惊艳，几乎在每个产区都有令人惊艳的酒款。

2001年，马瑟兰第一次引入中国，在河北怀来的中法庄园种植，首个年份酒于2003年问世。2004年，位于山东蓬莱的中粮长城阿海威酿酒苗木有限公司再次引进和繁育马瑟兰品种。经过多年的推广，自东向西胶东半岛产区、秦皇岛产区、房山产区、怀来产区、山西产区、贺兰山东麓产区、河西走廊产区、南疆产区、天山北麓产区、伊犁河谷产区等国内产区均有种植马瑟兰，许多酒款已经在英国Decanter、德国柏林、比利时布鲁塞尔等国际一线葡萄酒赛事中问鼎金奖、大金奖。早有专家预言："马瑟兰非常适宜中国人的口味，是一个很有发展潜力的品种，在追求品质和差异化的今天，相信马瑟兰酿酒葡萄品种将得到迅速发展。"随着栽培面积的快速增长以及越来越佳的酿酒表现，马瑟兰成为中国的代表性品种似乎只是时间问题。

马瑟兰在种植上适应性好、抗性强，便于管理；果粒小、品质优、产量高，经济效益好。成熟晚于美乐，早于赤霞珠，在许多产区都能够完全成熟，采收后树体有足够时间回流养分，藤蔓较柔软，易于埋土防寒作业。在酿酒表现上，马瑟兰果皮厚，风味物质和酚类物质多，酒液颜色较深且靓丽，有很好的香气和口感辨识度。香气多呈现红色水果、黑色水果、荔枝、紫罗兰花香，酒体饱满，口感多汁，肉质感强，单宁细

朗格斯酒庄　提供

腻，具较强的陈酿潜力。尽管马瑟兰优点很多，但也有反馈表示，马瑟兰在抗盐碱性、抗寒能力方面表现不佳，易染霜霉病，需通过加强葡萄园管理的手段加以改善。

当然，马瑟兰目前在国内还尚属小众品种，在种植面积方面无法与赤霞珠、美乐等传统波尔多品种相提并论。马瑟兰引入中国不足20年，虽表现出一些特点和优势，但其在中国各产区的适应性还需更为长久的研究与探索。马瑟兰在中国，或许还有很长一段路要走。

一、胶东半岛产区

引种时间：2004年

面积：超过7900亩（蓬莱区葡萄与葡萄酒产业发展服务中心提供数据）

代表企业｜蓬莱产区的中粮长城葡萄酒（蓬莱）有限公司、君顶酒庄、国宾酒庄、龙湖酒庄、龙亭酒庄、安诺酒庄、苏各兰酒庄、瓏岱酒庄等。此外，青岛莱西的九顶庄园、即墨的薇诺娜庄园也有栽种。

中粮长城葡萄酒（蓬莱）有限公司2004年自法国引进马瑟兰脱毒嫁接苗木，并在蓬莱产区建立专属种质资源苗圃实验园，开展产区适栽性和酿酒学特性研究。2009年开始，长城在蓬莱开始大规模种植发展马瑟兰，目前拥有国内最大的马瑟兰规模化、标准化葡萄种植基地，主要位于龙山山谷、丘山山谷等产区核心区域的向阳坡地。胶东产区其他酒庄大部分于2008年、2009年、2017年试种马瑟兰。

“马瑟兰与蓬莱海岸风土完美契合，栽培和酿酒特性优异，兼具歌海娜红色浆果的优雅香气和赤霞珠的紧实口感，是业内公认的中国最具发展潜力的代表性红色葡萄品种，也是长城海岸葡萄酒的代表性品种之一。”长城海岸总酿酒师李进介绍。2018年，长城海岸马瑟兰混酿酒款先后获得布鲁塞尔国际葡萄酒大奖赛大金奖、Decanter世界葡萄酒大赛金奖。2019年6月，长城海岸又推出了战略大单品马瑟兰鉴藏级干红。

君顶酒庄目前还没有酿造单品种马瑟兰，目前为止酒庄马瑟兰最好年份是2019，这年份新酒在当年蓬莱产区新酒品评中获得最佳新酒奖。从2014年起，蓬莱国宾酒庄马瑟兰便开启了获奖模式，中国葡萄酒大师邀请赛、RVF中国优秀葡萄酒中都有收获。2018年、2019年连续两年在蓬莱新酒品评中，国宾酒庄马瑟兰都斩获最佳新酒奖。

经过了十多年的探索，**瓏岱酒庄**酿酒团队对马瑟兰钟爱有加，“马瑟兰以其抗病虫能力强，适应蓬莱风土快的特点为自己挣得了话语权，成为酒庄重要品种。在瓏岱酒庄，‘适合’才是最高标准”。在瓏岱酒庄首个年份酒中，马瑟兰占比25%，它的加入带来了“微妙的香甜香料和紫罗兰芳香”。

2019年，**安诺酒庄**收获了首个年份的马瑟兰，在中国优质葡萄酒挑战赛（新酒类）中这款新酒表现出众，饱满、充沛的果香给评审团留下了深刻的印象，最终斩获一枚优胜奖。

青岛莱西九顶庄园于2019年酿造出了第一个年份马瑟兰，并计划推出单一园单品种酒。青岛薇诺娜庄园也有马瑟兰的种植。

二、秦皇岛产区

引种时间：2005年

种植面积：3000多亩

代表机构、企业｜河北农科院昌黎果树研究所、河北科技师范学院、秦皇岛出入境检验检疫局、华夏长城、朗格斯酒庄、金士国际酒庄、茅台葡萄酒等。

近几年，秦皇岛产区高度重视马瑟兰品种的培育和推广。在七个小产区，包括碣阳酒乡、凤凰酒谷、柳河山谷、燕河、天马山等进行试验示范推广，马瑟兰品种无论是感官评价还是技术指标，在秦皇岛地区的典型性被业界认可。2016年12月24日，中国首届马瑟兰节在秦皇岛产区举行。2017、2019年，秦皇岛产区又先后举办了两届中国·国际马瑟兰葡萄酒大赛。

2018年，秦皇岛产区在成都糖酒会期间发布了马瑟兰酿酒葡萄品种试验推广成果。2019年12月，秦皇岛产区发布了《河北碣石山产区马瑟兰酿酒葡萄栽培技术规程》和《河北碣石山产区马瑟兰葡萄酒标准》，要求产区各企业结合本地和企业实际，按照技术规程要求进一步加强马瑟兰酿酒葡萄栽培技术管理工作和马瑟兰葡萄酒标准的管理工作。

朗格斯酒庄近三个年份（2017—2019）马瑟兰表现都很出色，其中2018年表现最佳。朗格斯酒庄珍藏马瑟兰2018先后在中国国际马瑟兰葡萄酒大赛、中国优质葡萄酒挑战赛上获得大金奖、金奖等殊荣。金士国际酒庄坚持马瑟兰葡萄酒发展战略，于2015年酿造出第一个年份马瑟兰葡萄酒。酒评家贝尔纳·布尔奇（Bernard Burtschy）在造访金士国际酒庄时曾高度评价马瑟兰，“我有一种感觉，也许将来马瑟兰会在中国取得空前的成功”。

三、怀来产区

引种时间：2001年

种植面积：1000亩

代表企业｜中法庄园、中国长城、紫晶庄园、马丁酒庄、贵族庄园、德尚酒庄、百花谷、怀谷庄园等。

怀来是马瑟兰进入中国的第一站，也是诞生中国第一瓶马瑟兰葡萄酒的地方。2001年，中法示范农场（中法庄园前身）共引进16个品种21个品系的葡萄苗木，马瑟兰种植排名位居第四，仅次于赤霞珠、美乐和霞多丽。产区内的紫晶庄园、马丁酒庄分别从2010年、2014年栽种马瑟兰。近二十年的精细栽培和科学管理，马瑟兰早已适应了怀来产区的风土，成为当地的明星品种。

中法庄园酿酒师赵德升介绍：“马瑟兰在怀来不需要担心成熟度不足或早霜冻的影响，葡萄藤在采收后有足够的时间积蓄养分，为过冬和来年出土做充分的准备。马瑟兰藤蔓较赤霞珠更加柔软，埋土更容易。马瑟兰果皮厚实，酒款颜色通常比其他品种较深，而且有很好的香气和口感辨识度，可以做单品种酒款，亦是调配的很好选择。”

中法庄园2011、2013、2014、2017这四个年份马瑟兰表现最为突出，尤其是2014年份备受国际酒评家的喜爱。葡萄酒大师James Suckling曾为中法马瑟兰2014打出94分，这款酒也被评为发现中国·中国葡萄酒发展峰会年度最具潜力葡萄酒。

紫晶庄园马瑟兰曾在中国优质葡萄酒挑战赛上荣获金、银奖，此后的多个年份在布鲁塞尔国际葡萄酒大奖赛、“一带一路”国际葡萄酒大赛、Decanter世界葡萄酒大赛、G100、WINE100等各项赛事中获奖不断。2019年发现中国·中国葡萄酒发展峰会上，马丁酒庄2016年份马瑟兰获评中国10大葡萄酒。

四、山西晋中

2006年，怡园酒庄在山西晋中太谷基地试种马瑟兰，酒庄马瑟兰葡萄园约70亩，分布在东卜、东贾、郝村三个地块。怡园酒庄酿酒师李衍彦（Yean Lee）表示，马瑟兰在山西的潜力令他感到惊喜：“由于不是主流酿酒品种，马瑟兰几乎被人遗忘，移植到山西太谷后却能独挑大梁，发光发热。”怡园珍藏马瑟兰2015荣获2017年度Decanter亚洲葡萄酒大赛赛事最优白金奖。

五、贺兰山东麓产区

引种时间：2005年（贺兰晴雪酒庄）

种植面积：5000多亩

代表企业｜蒲尚酒庄、华昊酒庄、贺兰神酒庄、玖禧酩庄、圆润酒庄、天赋酒庄、夏木酒庄、长和翡翠酒庄、美贺酒庄、维加妮酒庄、贺兰晴雪、夏桐酒庄、银色高地酒庄、贺金樽酒庄……。

贺兰山东麓产区于2009年、2010年、2013年、2016年陆续引进马瑟兰。目前，新增葡萄园面积也在不断增加，随着新栽种的马瑟兰进入挂果期，不久的将来，宁夏还会诞生一大批品质上乘的马瑟兰酒款。

蒲尚酒庄酿酒师姜婧透露："为了避免同质化，酒庄另辟蹊径，选择了还很小众的马瑟兰作为主力品种。"2013年是酒庄的第一个年份，从那以后蒲尚的马瑟兰似乎就走上了一条摘金夺银之路，早早地就通关了世界三大赛，更是让各路国际酒评人青睐有加，堪称C位出道。

贺兰神酒庄酿酒师梁洪表示："马瑟兰长势中等，抗病性良好，结果率较高，在宁夏产区适应性较强，单品种酒颜色艳丽，果香浓郁，具薄荷、荔枝、蓝莓等香气，酒体轻盈，单宁细致，口感柔和。"2014、2015两个年份的贺兰神珍藏版马瑟兰干红表现不俗，先后在布鲁塞尔、Decanter赛事中摘得银奖。

2018年中国优质葡萄酒挑战赛的最高奖项被**华昊酒庄**庄主珍藏华昊马瑟兰干红2017摘得，这是酒庄的第一个年份酒，之后酒庄的马瑟兰一直保持着亮眼的表现。在2019年Decanter亚洲葡萄酒大赛上，玖禧酩庄遇悦马瑟兰2018一举夺魁，拿到了96分金奖。这是酒庄第一个年份的马瑟兰，出道即巅峰。

六、内蒙古产区

马瑟兰在内蒙古的乌海、阿拉善乌兰布和都有种植，始种于2014年、2015年，代表性酒庄有吉奥尼酒庄、沙恩庄园。在沙漠地带的马瑟兰整体凸显黑色浆果香气，焦糖以及胡椒气味。**吉奥尼酒庄**马瑟兰先后在两届中国·国际马瑟兰葡萄大赛获金奖，并在两届世界沙漠葡萄酒大赛中荣膺大金奖。**沙恩庄园**第一个年份马瑟兰便收获了沙漠葡萄酒大赛金奖、中国国际马瑟兰大赛银奖。

七、河西走廊产区

威龙葡萄酒在甘肃武威市凉州区清源镇栽种有500亩马瑟兰，最早栽种于2007年。在偏冷凉的河西走廊产区，马瑟兰想获得更高的品质，需要适当控产。另外要注意的是，在武威地区个别年份马瑟兰不能充分成熟，2015、2016、2019几个年份目前来看表现最优。2017年，威龙葡萄酒推出"大单品"——威龙有机葡萄酒马瑟兰C18、C10，正是使用的马瑟兰单一品种。其中马瑟兰C18连夺2017德国帕耳国际有机葡萄酒大赛金奖和2018比利时布鲁塞尔国际葡萄酒大奖赛金奖，极大地提升了中国有机葡萄酒的知名度。

八、新疆产区

引种时间：2009年（焉耆）

种植面积：超过3000亩（待考）

新疆马瑟兰主要分布在天山北麓、焉耆盆地和伊犁河谷。**天山北麓产区**有中信国安葡萄酒业、印象戈壁酒庄等企业栽种，**焉耆盆地**代表酒庄有中菲酒庄、天塞酒庄、乡都酒业、元森酒庄、佰年酒庄、磐玉酒庄等。**伊犁河谷**则集中在67团千回西域酒庄和丝路酒庄。

马瑟兰的品种特点不仅极其适宜新疆产区的风土特性，酿造出的产品也极具产区差异化。在不同的酒庄和地块有不同的风格和表现，每一家的马瑟兰都各有千秋。

在玛纳斯的**中信国安葡萄酒业**，最初马瑟兰主要用于与赤霞珠、美乐调配开发新天系列混酿产品。2016年起，部分马瑟兰限产园的原料开始酿造陈酿型酒，将其少量与赤霞珠、小味儿多等调配，并经橡木桶陈酿，如尼雅2016粒选等产品，早已多次在各类比赛中获得殊荣。2018年，公司开始少量生产以马瑟兰为主的单品种酒。

位于焉耆盆地的**中菲酒庄**是目前国内马瑟兰种植面积最大的单体酒庄。得益于南疆风土和敞口发酵罐的“黑科技”加持，中菲酒庄·马瑟兰系列葡萄酒早就名声在外，在国际赛事的舞台上，大放异彩、屡获殊荣——2015年份·中菲珍藏马瑟兰干红，在2018年“布鲁塞尔国际葡萄酒大赛”获得大金奖和中国最佳；2016年份·中菲橡木桶马瑟兰干红，在2018年Decanter亚洲葡萄酒大赛上获得白金奖、英国Decanter世界葡萄酒大赛上获得金奖……

马瑟兰是**天塞酒庄**的王牌之一。截至目前，天塞酒庄马瑟兰在Decanter世界葡萄酒大赛、“一带一路”国际葡萄酒大赛、RVF中国优秀葡萄酒评选、IWC国际葡萄酒挑战赛等国内外顶级赛事中获得20项荣誉，并入选《贝丹德梭葡萄酒年鉴》中文版，获世界顶级评酒师詹姆斯·萨克林团队92分评价。此外，乡都酒业从2018年开始酿造单品种马瑟兰葡萄酒。而元森酒庄、佰年酒庄的马瑟兰葡萄酒也均已上市。

伊犁河谷的马瑟兰也有不俗的表现。北岸（62团）马瑟兰红色水果的香气更多一些，酒体更为轻盈；南岸（67团）的马瑟兰早熟，有紫罗兰、桑葚、薄荷、红枣、树莓酱等香气，单宁极为优雅，酒体细长。

你说的白是什么白？

眼前的黑不是黑，你说的白是什么白……（摘自《你是我的眼》歌词）——题记

在国际上，白葡萄酒的市场份额一直不高，这是一个基本的事实；在中国，红葡萄酒更是占据绝对优势，葡萄酒常被消费者简单地统称为“红酒”，以此来区别于其他酒种。作为葡萄酒的一个重要类别，白葡萄酒长期处于“叫好不叫卖”的尴尬境地，这也导致了前些年全国白葡萄种植面积减少，某些产区或企业白葡萄酒产量降低、品质不高的状况。

中葡网团队在2021年初策划了白葡萄酒地理专题，对国内各产区白葡萄种植、干白葡萄酒酿造、市场推广等情况进行了调查采访，盘点“中国白”有哪些主流品种、主要产区以及重量级品牌，摸清白葡萄酒在市场上的痛点所在，了解哪些品牌的白葡萄酒正在逆势而起……

我们将有关干白葡萄酒的工艺探讨深入到中国酿酒师群体，收集到具有产区代表性的14款干白葡萄酒作为培训用酒，邀请国内资深酿酒师和专家与从业者分享白葡萄的种植与酿造经验，还邀请到侍酒师从市场角度介绍白葡萄酒推广经验，意在让中国酿酒师关注干白葡萄酒品类的发展潜力，关切白葡萄酒占比低的现状，推动葡萄酒企业的产品创新。

龙亭酒庄　提供

一、中国主流白葡萄酒酿造所用品种一览

霞多丽（Chardonnay） 又名莎当妮。我国最早于1979年由法国引入河北沙城，又多次从法国、美国、澳大利亚引入。目前在山东、河北、山西、陕西、宁夏、新疆、云南、西藏等地均有栽培。

在种植方面，该品种长势旺，结果力强，易丰产，但抗病性较弱，易感染白粉病、灰霉病、炭疽病及黄金叶病，对于田间管理和病虫害防治要求较高。从酿酒师的角度来说，霞多丽可塑性强，根据不同酿酒工艺可获得不同风格的产品。在冷凉产区，霞多丽会呈现出白色水果、白花等香气，清爽、爽脆的口感特点；在炎热产区，它又会呈现出热带水果香气，饱满、肥美的口感特点。

贵人香（Welschriesling） 又名意丝琳、威尔士雷司令。贵人香是1892年张裕引入的124个品种之一。之后，在20世纪中期再次从欧洲引入。山东、河北、山西、陕西、天津、北京、甘肃、宁夏等地有较多栽培。贵人香适宜酿造新鲜型的干白，也可推迟采收酿造丰满柔和的陈酿型干白，另外贵人香在酿造半甜、甜酒、起泡葡萄酒也有优秀的代表产品。

贵人香属中晚熟品种，植株生长势中等。贵人香的适应性强，各地栽培均表现较好，抗白腐病能力较强，在沙质壤土、丘陵山地生长结果质量较高。在缺钾缺硼的葡萄园中易出现营养不良和大小粒现象，在多雨地区易得炭疽病。

雷司令（Riesling） 雷司令于19世纪末引进烟台栽培，20世纪80年代又从德国陆续引进栽培，目前主要分布于山东、河北、陕西、宁夏、新疆、甘肃、陕西等地。

雷司令长势强劲，果粒小、果穗紧实、皮薄，容易受到各种腐烂病、霉菌侵害。根据产区、陈酿时间不同，雷司令能展现出清新花香、白色核果到蜂蜜、黄色水果甚至油质和蜡质等一系列香气表现，雷司令是为数不多陈酿潜力较强白葡萄品种，很少入桶。

小芒森（Petit Manseng） 小芒森引入中国的时间并不久，最早是2001年引入中法庄园栽种，之后在山东、河北、北京、宁夏、新疆等产区均有种植，且表现不俗。小芒森果粒小、皮厚、抗性好，是目前国内甜型酒酿造极具潜力的品种之一，近几年有部分酒庄利用其酿造干白葡萄酒。

龙眼（Longyan） 属欧洲种（Vitis vinifera），鲜食、酿酒兼用葡萄，在中国种植超过800多年历史，在河北、山西、宁夏、山东等地种植较多。龙眼葡萄萌芽晚，副芽萌发能力好，抗晚霜危害能力较好，结果实能力强，龙眼葡萄在中国华北地区一直被广泛种植；晚熟，果肉硬实，果刷结实。1979年中国长城葡萄酒公司在河北怀来利用龙眼为原料，酿制出中国第一瓶新工艺干白葡萄酒。之后，以龙眼葡萄为原料的长城干白出口到世界各地。目前，中国长城仍然选用龙眼、琼瑶浆混酿长城五星干白。

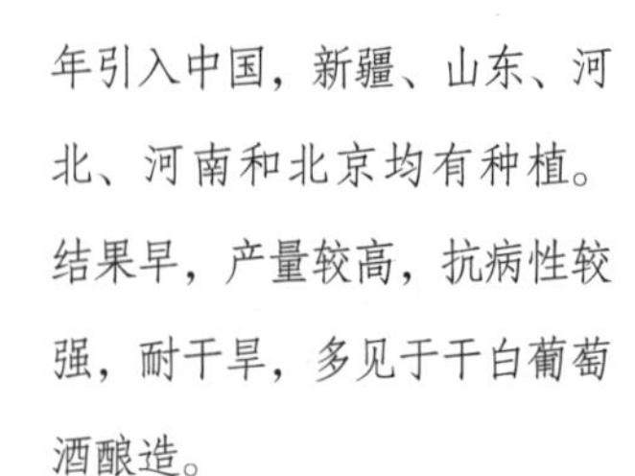

白羽（Rkatsiteli） 1956年引入中国，新疆、山东、河北、河南和北京均有种植。结果早，产量较高，抗病性较强，耐干旱，多见于干白葡萄酒酿造。

水晶（Niagara Grape） 原产于美洲，酿酒、鲜食兼用，在云南有上百年的种植历史，近年在新疆、西藏也有少量种植，多见于甜型酒、蒸馏酒酿造。香气突出，评价两极化差异明显，堪称葡萄品种里的“香菜”。

琼瑶浆（Gewurztraminer） 果皮呈粉红色的芳香型白葡萄品种，国内多见于山东、河北、甘肃，国内有甜酒、混酿干白。

胡桑（Roussanne） 北京、河北有少量种植，多见于干白葡萄酒混酿。

维欧尼（Viognier） 分布于北京、宁夏、新疆。香气“发动机”，可以与西拉混酿红葡萄酒，也可单酿、混酿干白葡萄酒。

小白玫瑰（Muscat Blanc a Petit Grains） 山东、河北多见种植，产品以甜白、罐式法起泡酒、混酿干白、混酿桃红等为主。

威代尔（Vidal） 常见于酿造冰葡萄酒、迟采甜酒，山东、宁夏、甘肃、辽宁、新疆、云南、西藏等地普遍种植，极少用于干白葡萄酒酿造。

长相思（Sauvignon Blanc） 著名的芳香型品种代表，分布于山东、北京、河北、宁夏、西藏，是引种历史较早的白葡萄品种，但发展面积不大。

阿拉奈尔（Aranel） 在河北有少量种植，果串大而果粒小、高糖高酸香气浓陈酿潜力好，可混酿也可酿造单品种葡萄酒。

白玉霓（Ugni Blanc） 高产高酸、风格清淡纤瘦，是酿造顶级白兰地的最佳品种，目前在山东、河北、山西、宁夏、内蒙古、甘肃、新疆、云南等地广泛种植。

二、中国白葡萄酒主要产区及酒庄

胶东半岛产区

主要白葡萄品种：霞多丽（莎当妮）、白玉霓、雷司令、贵人香（薏丝琳）、小芒森、小白玫瑰、玫瑰香、长相思、维欧尼、匹诺莱托等，总面积约3万亩。

胶东半岛产区海洋性气候对于白葡萄品种的香气物质积累非常有利，同时温和的阳光增加了白葡萄品种香气的复杂感与酒体的细腻度。霞多丽种植面积较广，其次是贵人香，霞多丽、贵人香主要用于果香型和陈酿型干白葡萄酒。

在胶东半岛，霞多丽、贵人香表现各有千秋。霞多丽成熟往往早于贵人香，两个白葡萄品种皆受雨热同期影响较大，多雨年份不仅会影响果实成熟度与品质，也会增加真菌病害风险。在葡萄园管理上，需格外注意降雨与相关病害的预防工作，在采收方面针对性地进行分批次采收、提前或者推迟采收时间。小芒森是近几年产区表现稳定的特色小品种，主要用于酿造甜白葡萄酒，该品种果穗较松散，果皮厚，抗病性强，糖高酸高，缺点是生长期长，管理成本相对较高，易受鸟害、炭疽病等危害。

胶东半岛白葡萄自1892年由**烟台张裕葡萄酿酒公司**系统化引入，历经130余年筛选，目前张裕卡斯特母本园内仍保留着14个白葡萄品种，其中霞多丽100亩，初栽于2001年；白玉霓500亩，初栽于2013年，这片白玉霓表现极佳，目前是**张裕可雅白兰地酒庄**的主要基地之一。除卡斯特酒庄外，张裕公司莱州朱桥，开发区牟子国、张裕工业园等葡萄园内均有白葡萄品种栽种。

蓬莱产区的**中粮长城、君顶酒庄、国宾酒庄、安诺酒庄、仙岛酒庄、龙亭酒庄、逃牛岭酒庄**也都有优质的白葡萄酒产出，当地白葡萄品种丰富，酒款风格多样。

除了烟台之外，青岛也是国内白葡萄酒传统产区之一。以崂山**华东百利酒庄、莱西九顶庄园**为代表，前者是国内现代干白葡萄酒的引领者，也是国内为数不多以白葡萄酒建庄立本的葡萄酒企业。九顶庄园则致力于酿造经典的勃艮第风格白葡萄酒。在威海乳山的台依湖酒庄也有不小白葡萄种植面积，尤以小芒森表现尤佳。

秦皇岛碣石山产区

主要白葡萄品种：霞多丽、贵人香、小芒森、维欧尼、小白玫瑰、胡桑、阿拉奈尔、白玉霓。

碣石山产区起初主要以赤霞珠等红葡萄品种为主。白葡萄品种霞多丽在当地的种植历史要追溯到20世纪80年代。2006年，**中粮华夏长城葡萄酒有限公司**从法国引进小白玫瑰。2008年，**朗格斯酒庄**从怀来引进霞多丽、小芒森、赛美容、白诗南、长相思、雷司令、阿拉奈尔，从房山引种维欧尼、胡桑进行试验。目前，产区主要葡萄酒企业都在尝试白葡萄的种植和酿造。碣石山小产区气候较冷凉，具有优质白色酿酒葡萄品种栽培生长的理想条件。近几年，随着对当地风土条件的深入研究，酿酒葡萄品种丰富多彩，改变了过去过于单一的品种结构。**华夏长城、朗格斯酒庄、金石国际酒庄、茅台葡萄酒、仁轩酒庄、燕玛酒庄、香格里拉酒业（秦皇岛）**皆有高品质白葡萄酒。

河北怀来产区

主要白葡萄品种：霞多丽、雷司令、长相思、琼瑶浆、小芒森、小白玫瑰、龙眼、白玉霓、赛美容。

河北怀来是中国白葡萄酒发展历史进程中一个非常重要的产区，作为中国新工艺干白葡萄酒的诞生地，怀来结合了中国东部产区和西北产区的优势，除适宜的气候条件，产区内海拔高度变化和复杂的土壤类型，均造就了怀来葡萄品种的特色和多样。既有霞多丽、雷司令、琼瑶浆、小芒森这一类国际品种的出彩表现，又有栽种历史悠久、极具中国本土特色的龙眼葡萄的优势资源。

长城桑干酒庄的雷司令、赛美容干白、霞多丽传统起泡酒、琼瑶浆甜白有着出色品质；除了常规工艺外，酒庄在天然酵母实验方面有着多年积累，本土酵母菌株发酵有着突出的花果香、酯类香气。

霞多丽、雷司令、长相思在怀来高海拔地块有着不俗的表现，海拔1000米左右是白葡萄品种在怀来的成熟临界区域，这个海拔高度可以为霞多丽等品种提供较好的生长周期，香气中带着柠檬、橘皮和矿物类的气息，又保持了良好的自然酸度。

另外，小芒森也是怀来产区甜酒的优质品种，2001年从法国引进，是国内最早引种小芒森的产区。当地小芒森每年11月中下旬或至12月采收，酒体呈金黄色，散发柑橘类水果、白色花香，伴有矿物质香气，漂亮的酸度使回味清新悠长。**中法庄园（迦南酒业）**、**紫晶庄园**、**马丁酒庄**均有高品质霞多丽、小芒森酒款。

北京产区

主要白葡萄品种：霞多丽、维欧尼、小芒森、威代尔、胡桑、长相思、莱恩堡公主。

目前，北京周边白葡萄主要产区分布在房山、密云、延庆等地，其中以房山产区为主。房山产区精品酒庄众多，大多数酒庄都种植有白葡萄品种。例如**波龙堡酒庄**的维欧尼、胡桑；**瑞登堡酒庄**的霞多丽、小芒森；**年度酒庄**的小芒森、长相思；**仙露堡酒庄**、**紫雾酒庄**主栽霞多丽、威代尔；**丹世红**、**佳年酒庄**以霞多丽为主；**莱恩堡酒庄**则自主选育新品种——莱恩堡公主，用于酿造干白，半干，半甜等酒款。

位于密云的**张裕爱斐堡国际酒庄**目前种植的白葡萄品种有霞多丽、长相思等，均初栽于1999年。霞多丽品种在密云产区表现优异，呈现奶油、香草以及丰富的水果类香气，口味圆润、爽净、浓厚、雅致，有极强的典型性。

天津产区

玫瑰香葡萄（Muscat Hamburg）同龙眼一样，也是优良的鲜食、酿酒葡萄品种。**中法合营王朝葡萄酿酒有限公司**以其为主要原料酿造的王朝牌干白、半干白葡萄酒已形成独特的风格：禾秆黄色，晶亮透明，果香浓郁，酒香浓郁，酒体丰满，柔顺适口，爽净活泼，极具典型性和地域特征。

东北产区

东北产区主要白葡萄品种是威代尔，绝大多数用于冰酒的酿造。位于黑龙江东宁市的**芬河帝堡国际酒庄**每年会酿造少量威代尔干白葡萄酒，产量在30吨左右。另外，东北产区内还种植有少量公主白和白玉霓。目前，产区内酒厂大都选用公主白进行一些试验性酿造，诸如做桃红、甜白、利口酒及白兰地。

宁夏贺兰山东麓产区

主要白葡萄品种：霞多丽、贵人香、雷司令、维欧尼、长相思、小芒森、威代尔、白玉霓等。

宁夏贺兰山东麓自80年代初先后引种龙眼葡萄、白羽、雷司令、玫瑰香等用于酿造白葡萄酒。银川产区的贵人香、霞多丽、雷司令、维欧尼等白葡萄品种表现出色，这一区域海拔位置相对较低，属于宁夏的平原地带，土壤基本以沙壤土为主，霞多丽种植表现较好。**西夏王**的贵人香干白，**保乐力加**、**立兰酒庄**、**贺兰晴雪**、**留世酒庄**、**志辉源石**的霞多丽干白，**夏桐酒庄**的霞多丽起泡酒，**美贺庄园**的维欧尼、**迦南美地**的雷司令都是有品质号召力的白葡萄酒款。**巴格斯酒庄**还有宁夏极为罕见的威代尔冰酒。此外，**张裕龙谕酒庄**还有一款特殊的白葡萄酒，采用赤霞珠酿造，不仅有常见的白色果香、白色花香，更有白葡萄酒中比较罕见的红果、玫瑰等香气，口感也较此品种的酒更饱满、强劲，香气浓郁度、口感复杂度都更胜一筹。

海拔位置更高的贺兰金山也是高品质白葡萄酒的子产区，由**银色高地、贺金樽、嘉地酒园、夏木酒庄**等一系列精品酒庄领衔。霞多丽、贵人香、雷司令、维欧尼在这里展现出更为清新、多样的风格，果香丰富、酸度清冽是这里白葡萄酒的标志性特点。

青铜峡也是宁夏白葡萄酒极为重要的产区，霞多丽、长相思、贵人香、白玉霓、小芒森为主要白葡萄品种。**西鸽酒庄、禹皇酒庄、陆壹酒庄、皇蔻酒庄、华昊酒庄**的白葡萄酒风格差异明显，整体调性展现出丰富的热带水果香气、丰腴圆润的酒体口感。

最北边石嘴山产区的**贺东庄园**、最南边红寺堡产区的**汇达阳光酒庄**也都有霞多丽。在贺兰山东麓，还有很多优秀的独立酿酒人和小品牌，彭帅、孙淼博纳佰馥的霞多丽自然酒，戴鸿靖的小圃酿造橙酒，刘员外的停云干白，邓钟翔的时光机系列，等等。

新疆产区

我国新疆地区幅员辽阔，吐哈盆地、天山北麓、焉耆盆地、伊犁河谷每一个子产区都有表现优秀的白葡萄酒。

主要白葡萄品种：霞多丽、雷司令、贵人香、小芒森、白羽、白诗南、白玉霓、柔丁香、威代尔、水晶、小白玫瑰、莎斯拉、无核白等。

在吐哈盆地，栽植有白诗南、霞多丽、赛美蓉、白羽等酿酒葡萄品种，还有常见的制干品种无核白，也可用于酿酒，当地常用该葡萄酿造甜酒、蒸馏酒。在吐鲁番**蒲昌酒庄**，也有小部分白羽葡萄，且有很长的栽种历史。白羽与贵人香进行了一定比例的混酿，能酿出酸度良好、风味平衡的白葡萄酒，带有桃子、青柠果香以及矿物质的味道，表现非常迷人。

天山北麓产区的白葡萄分布于玛纳斯、石河子、五家渠，最早栽种的白葡萄品种可以追溯到1998年，主要白葡萄品种包括：霞多丽、贵人香、小芒森和雷司令。**中信国安葡萄酒业、新疆巴保男爵酒庄、中粮长城葡萄酒（新疆）有限公司**在该区域深耕多年，各自旗下的白葡萄酒皆有上佳品质。新疆日照时间长，天黑时间较晚，酒庄为保证白葡萄的新鲜度采取夜间采收。

受大西洋气候影响，伊犁河谷偏冷凉的气候造就了雷司令的绝佳表现，易于栽培管理，生长势强。无论是霍尔果斯市62团的**中信国安葡萄酒业**，还是巩留县库尔德宁**丝路酒庄**，尽管海拔不同，雷司令却都能展现出洁净浓郁的花香、白瓜、柠檬、柑橘香气，并有着明亮悦人的酸度。

位于南疆的焉耆盆地气候干热，当地酒庄所酿造出的白葡萄酒散发着新鲜热带水果气息、口感纯净活泼，结构紧实丰富，通常会经橡木桶陈酿，具有奶油坚果味等层层递减的香气。每年8月中上旬当地开始进行采收霞多丽、贵人香、维欧尼、雷司令等白葡萄，唯一的挑战在于采收季温度较高，糖酸比变化较快，考验酿酒团队对于采收时机的把握。焉耆的**天塞酒庄、中菲酒庄、元森酒庄**以霞多丽闻名，和硕的**国菲酒庄、芳香庄园**则更擅长酿造雷司令。

内蒙古沙漠葡萄酒产区

主要白葡萄品种：霞多丽、贵人香、爱格丽、媚丽（红）、小芒森、威代尔。

霞多丽在阿拉善沙漠地区种植成熟度好，含糖量高，但需控制酸度，防止糖高酸低，在种植过程尽量保留叶幕，防止日灼，每年9月15日前后采摘；威代尔长势旺，产量高，糖度积累高，酸度适中，在11月20日前后采摘用作冰酒。贵人香成熟较早，易生病，需保持通风，在9月12日前后采摘。

在乌海产区，贵人香高产，霞多丽抗病性强，但结果率低，采收时间一般为9月中上旬。媚丽葡萄皮呈现浅红色，在乌海相对早熟，成熟时糖分和酸度适中。媚丽干白葡萄酒（专利号：201910167072.8），也成为当地最具特色的自然白葡萄酒。

山西产区

主要白葡萄品种：霞多丽、贵人香、爱格丽、小芒森。

山西乡宁的**戎子酒庄**种植有霞多丽和贵人香。葡萄成熟和当地的雨季重合，病害防控压力大。在葡萄管理过程中，通常减少留枝量，保证通风透光以及花期和成熟期的果穗病害防控。戎子酒庄还总结了干白葡萄酒的技术要点，包括压榨环节葡萄汁抗氧化、品质、糖酸、pH等指标的把控以及酵母的选择，对发酵速度和香气的控制，酒泥陈酿时间等环节。

位于山西太谷的**怡园酒庄**主要白葡萄品种是霞多丽，面积50亩。初次栽种是在1997年，初次酿酒2001年。霞多丽在太谷产区抗霜霉、抗白腐，但易感灰霉，采收时间基本在8月底，控产300～400千克/亩。

霞多丽酿造方面的技术难点在于抗氧化，需要在每个工艺阶段特别注意对酒的保护。酒庄的核心酿造工艺是全部整串低温压榨，发酵选用小容量发酵罐、橡木桶发酵；发酵温度控制在10～15℃，陈酿期间每周1～2次搅拌（橡木桶）；近几年在陈酿及装瓶方面进行低硫尝试。目前，怡园酒庄成功推出了多款产品，包括怡园干白葡萄酒、怡园精选干白葡萄酒、怡园德熙珍藏霞多丽干白葡萄酒、怡园德宁喜悦霞多丽起泡葡萄酒、怡园德宁珍藏霞多丽起泡葡萄酒。

陕西渭北旱塬产区

主要白葡萄品种：贵人香、白玉霓、爱格丽、公主白。

1987—1990年，陕西省丹凤县根据4年的栽培性状综合评价与研究，初步选出适宜丹凤县乃至秦岭山区栽培的8个品种，其中包括赛美蓉、白诗南、雷司令、白玉霓等品种，其中雷司令、赛美蓉和白玉霓的适应性广。但由于白葡萄品种在个别地块表现不佳，且当前白葡萄酒所占市场份额很小，目前陕西渭北旱塬产区种植的酿酒白葡萄品种不多。

陕西张裕瑞那城堡酒庄2009年定植贵人香25亩、2009年定植白玉霓150亩。酒庄位于咸阳市渭城区。在渭北旱塬产区，这些品种相对属于中早熟品种，基本避开了当地的雨季，在酒庄都有很好的栽培和酿酒特性表现，适合本区域种植，所酿造的酒也能代表当地特有的风土特点。

西南产区

主要白葡萄品种：霞多丽、雷司令、威代尔、水晶。

霞多丽品种最早由**香格里拉酒业股份有限公司**从山东、河北引进到云南迪庆高原产区。为试验酿造高原冰酒，**太阳魂酒庄**又引进了雷司令。而鲜食兼酿酒的水晶葡萄是云南本土品种，在产区已有上百年的种植历史。

当地葡萄园基本分布于海拔2600～2900米。霞多丽等白葡萄品种在当地种植需注意预防白粉病及灰霉病，并且不同海拔高度采收时间也各不相同，一般10月上旬至中旬进行采收。同产区的**敖云酒庄、酩一酒庄**也均有少量的霞多丽。

云南也是我国纬度最低的冰葡萄酒产区，在维西有近万亩威代尔葡萄园，最早栽种于2008年。因地处低纬度高海拔的地域特性，威代尔在这里表现出了丰富热带水果香气的同时也兼具高冷地域的清爽感，**腊普河谷、帕巴拉酒庄**是其中的佼佼者。

云南弥勒产区主要白葡萄品种是水晶，种植面积3万余亩，当地主要用来做葡萄汁、干白及葡萄烈酒。水晶葡萄长势中庸，抗病性强，无虫害，病菌害特别少，产量高，需进行产量控制，其糖分和香气表现较好。成熟的水晶葡萄具有浓郁的芭蕉、荔枝果香和甜蜜的蜂蜜香。水晶酿造的难点在于浸渍的时间控制、香气的保持以及颜色衰退的控制。

西藏、青海

主要白葡萄品种：水晶、霞多丽、威代尔、雷司令、白玉霓、长相思、赛美蓉、琼瑶浆。

在藏东地区芒康县种植有水晶、霞多丽以及少部分威代尔，主要用于酿造甜白、利口酒。昌都左贡县中林卡海拔2600～2800米种植有少量长相思。

青海民和县种植有霞多丽、长相思、赛美蓉、威代尔、琼瑶浆。初次栽种于2013年，2016年初次酿酒。

在西藏、青海高海拔、高寒产区，长相思极易生灰霉病和白粉病，需要进行有效的控制。该地区生产的长相思带有中等的酸和青草香气。霞多丽在该地区种植成熟度很好，但是容易受春季霜冻的危害，与长相思混酿具有甜瓜和百香果的香气。威代尔耐寒性和抵抗霜霉病的特点，适合此地区种植。

甘肃河西走廊产区

主要白葡萄品种：霞多丽、贵人香、赛美蓉、长相思、雷司令、威代尔、白羽、白玉霓、白比诺、灰比诺。

莫高庄园自1983年建园，经过多年的种植，筛选出霞多丽、白比诺、雷司令、贵人香、白羽、灰比诺、长相思、白玉霓等适宜当地气候的白葡萄品种。**祁连酒业**目前种植的白葡萄品种有赛美蓉、贵人香、霞多丽。霞多丽酿造干白，贵人香、赛美蓉用于冰酒酿造。霞多丽更适宜于木桶发酵、陈酿，赛美蓉更易突出果香、花香，以清新为宜。**紫轩酒业**引进白葡萄品种以威代尔、贵人香、霞多丽、白玉霓为主。威代尔品种耐盐碱、抗寒，适宜于在嘉峪关地区栽培，同时品质表现优良。受当地独特气候影响，贵人香品种特性表现优异。**甘肃夏博岚酒庄**种植的白葡萄品种包括赛美蓉、霞多丽、琼瑶浆、雷司令、索莱丽、阿内斯，成功推出了诸如霞多丽、雷司令、索莱丽单品种及多品种的混酿干白葡萄酒。

【结束语】

目前国内很多产区白葡萄种植面积减少，市场上白葡萄酒消费乏力。在这种大环境下，仍有部分企业白葡萄酒的销量仍然持续走高，甚至表示扩大种植面积，增加新的白葡萄品种，这是我们希望看到、值得期待的行业发展愿景。

在种植方面，东部产区面临着成熟挑战以及雨季的病虫害防治压力，而西部的酿酒师却想着如何在炎热的采收期保持白葡萄的酸度。在酿造上，低温采收、气囊压榨、不锈钢或者橡木桶内控温发酵、有针对性的酵母选用、带酒泥接触、橡木桶陈酿、错流过滤等都是目前白葡萄酒酿造常规的工艺手段。白葡萄酒的原料、工艺缺陷容易被放大，很难补救，严格控制发酵温度和工艺的精准度是酿造白葡萄酒的重中之重，在一些设备完善、技术成熟的企业，娇贵的白葡萄酒酿造起来反而更容易一点。中国白葡萄酒的质量水平在香气、酒体、陈年等方面还有待提高，这也需要更多庄主、种植师、酿酒师的努力。